国家出版基金项目

教育部文科重点研究基地重大项目

叶朗 主编　朱良志 副主编

中国美学通史

隋唐五代卷

HISTORY

OF

CHINESE

AESTHETICS

汤凌云 著

江苏人民出版社

图书在版编目(CIP)数据

中国美学通史.隋唐五代卷/叶朗主编;汤凌云著.--
南京:江苏人民出版社,2021.3
ISBN 978-7-214-23588-6

Ⅰ.①中… Ⅱ.①叶…②汤… Ⅲ.①美学史-中国
-隋唐时代②美学史-中国-五代十国时期 Ⅳ.
①B83-092

中国版本图书馆 CIP 数据核字(2020)第 036363 号

中国美学通史

叶 朗 主编 朱良志 副主编

第四卷 隋唐五代卷

汤凌云 著

项 目 策 划	王保顶	
项 目 统 筹	胡海弘	
责 任 编 辑	胡海弘	
装 帧 设 计	周伟伟	
出 版 发 行	江苏人民出版社	
地 址	南京市湖南路 1 号 A 楼,邮编:210009	
网 址	http://www.jspph.com	
照 排	江苏凤凰制版有限公司	
印 刷	苏州市越洋印刷有限公司	
开 本	652 毫米×960 毫米 1/16	
印 张	214.75 插页 32	
字 数	2 980 千字	
版 次	2021 年 3 月第 2 版	
印 次	2021 年 3 月第 1 次印刷	
标 准 书 号	ISBN 978-7-214-23588-6	
总 定 价	880.00 元(全八册)	

江苏人民出版社图书凡印装错误可向承印厂调换

总　序

一

中国历史上有极为丰富的美学理论遗产。继承这份遗产，对于我国当代的美学学科建设，对于我国当代的审美教育和审美实践，对于 21 世纪中华文化的伟大复兴，有着重要的意义。近代以来，梁启超、王国维、蔡元培、朱光潜、宗白华等前辈学者对这份美学理论遗产进行了整理和研究，取得了重要的成果。20 世纪 80 年代以来，学术界开始尝试对中国美学的发展历史进行系统的研究，出版了一批中国美学史的著作。我们试图在前辈学者和学术界已有研究成果的基础上，写出一部更具整体性和系统性的中国美学通史，力求勾勒出中国美学思想发展的内在脉络，呈现中国美学的基本精神、理论魅力和总体风貌。

二

我们在《中国美学通史》的写作中注意以下几点：

一、《中国美学通史》是关于中国历史上美学思想的发展史。美学是对审美活动的理论性思考，是表现为理论形态的审美意识，所以这部美学通史不同于审美文化史、审美风尚史等著作。

二、中国美学史的发展,在一定程度上体现为美的核心范畴和命题的发展史。一个时代美学的核心范畴和命题的形成和发展,反映那个时代美学的基本精神和总体风貌。这部通史重视研究各个时期的重要美学概念、范畴和命题,力求通过这样的研究勾勒出一个理论形态的中国美学发展的历史。

三、这部通史注意在历史发展过程中把握中国美学的内在逻辑线索,不同于孤立地介绍单个的美学家和单本的美学著作。

四、中国美学的一个重要特点是它不限于少数学者在书斋中做纯学术的研究,而是与人生紧密结合,与各个门类的艺术实践紧密结合,它渗透到整个民族精神的深处。因此,我们这部通史既注意在哲学、宗教等相关著作中发现有价值的思想,又注意发掘艺术理论、艺术批评中所蕴涵的丰富的美学思想,同时还注意到各个时代的社会生活中寻找美学理论与现实人生相互联结的各种材料,以更深一层地显示美学理论的时代特色。

五、这部通史注意新材料的发现,同时力求以研究者独特的眼光去发现和照亮历史材料中的新的意蕴。这部通史的写作还力求体现我们这个时代的时代精神。这部通史从上古时期的商代开始一直写到1949年,反映中国美学从上古时代到近现代的全幅波动,但并不意味着把它写成过往时代历史材料的堆积,我们力求使这部通史反映当代的理论关注点,反映当代的美学理论的追求,从而在某种程度上使它成为一部闪耀着当代光芒的美学史。

三

这部《中国美学通史》是由教育部文科重点研究基地北京大学美学与美育研究中心组织编写的。由叶朗任主编,朱良志任副主编。全书由江苏人民出版社出版。

这部美学通史共有八卷,分别是先秦卷、汉代卷、魏晋南北朝卷、隋唐五代卷、宋金元卷、明代卷、清代卷、现代卷。

　　这部书的著者以北京大学的学者为主,同时邀请了国内其他高校的一批有成就的中青年学者参加。本书从 2007 年启动,前后经过六年多时间。全书初稿完成后,又组织几位学者进行统稿。参加统稿的学者为:叶朗、朱良志、彭锋、肖鹰。统稿时对各卷文稿作了若干修改,其中对个别卷作了较大的修改。

　　这部美学通史被列入教育部文科基地重大项目,并获得国家出版基金资助,我们对此表示深深的谢意。本书编写过程中得到北京大学相关部门的帮助,很多学者参加过本书从提纲到初稿的讨论,在此一并表示谢意。

　　由于多方面的原因,全书还存在着很多缺点,敬请读者提出批评意见。

目　录

导　言

隋唐五代(581—960)是中国古代历史发展的重要时期。这个时期可以分为隋(581—618)、唐(618—907)两代以及五代十国(907—960)这个介于唐宋之间的特殊时代。

隋唐五代处于中国历史文化发展的转折阶段。盛唐之世开创了社会稳定、经济发达、国力强盛、文化开放、艺术繁荣、宗教兴盛的强国局面。也就在这个千载难逢的历史时期,各种社会矛盾逐渐升级,并不断激化,进而发生了"安史之乱"等重大的历史事件。此后,唐王朝逐渐显示出衰落之势,后来朝野上下虽有中兴之举,但终究大势已去,国运不再,晚唐的钟声似乎成为一个朝代走向末运的标志。接着,中国历史又进入五代十国这个分裂割据的乱世。隋唐五代美学正是在这种复杂的历史情境之中形成、发展与演变的。

第一节　隋唐五代美学的历史分期

如果将隋唐五代美学看做一个整体,那么,唐代美学无疑是这个整体的主体部分,而隋代美学、五代美学只能作为唐代美学的前奏及余响而已。这个说法并不是基于朝代发展的简单分段,它的主要依据在于,隋唐五代美学的价值重心应该落在唐代。

隋代的历史较为短暂，它在思想文化领域的建树也不够突出。唐承隋制[1]，并不限于典章制度，隋代审美遗风在初唐时期依然可见。但是，唐代在思想文化建设等方面所取得的成就远非隋代可比。唐代历史跨度较长，思想文化高度发达，唐人既善于理论探索，又重视审美活动，这都为唐代美学的繁荣奠定了良好的基础。考虑到唐代开放的文化格局、崇高的国际地位及其卓越深远的社会影响，唐代美学成为隋唐五代美学的中流砥柱，其地位是不容置疑的。继唐而起的五代十国战乱不定，各种政权此起彼伏，如走马观花，为时亦短。虽然这个时期的审美活动并不逊色，且稍有新变迹象，但其审美风尚主要承续晚唐余韵，美学理论方面同样缺乏创新性的建树。

关于隋唐五代美学的历史分期，在此做些简要说明。

唐代美学在隋唐五代美学中的主体地位与突出价值值得充分肯定，但是，也不能简单地在初唐、盛唐、中唐、晚唐这种传统历史分期的基础上再增加隋代、五代作为隋唐五代美学的分期依据。这是因为，这种传统的分期方法固然照顾到唐代历史各个阶段的不同特征，有助于突出唐代审美风貌的时代性、社会性及其流变轨迹，但是，对于作为哲学史分支学科的美学史建构来说，却相形见绌。美学史具有理论史/思想史的学科属性，这就注定了它的分期不可能完全采用通常的历史学分期模式。历史学的分期更多考虑的是社会历史事件与当时社会、政治、经济、文化等多方面因素的相互影响与相互作用，并尽可能使其历史叙述清晰化、简单化与具体化；而作为具有理论史/思想史属性的美学史建构，它更应该突出美学理论本身发展与演变的轨迹，因而它不必，实际上也不可能考索出美学理论与社会历史事件的对应关系。美学史的分期需要处理的是特定时代的美学理论史或审美观念史，或者说，它需要解决的是在

---

[1] 陈寅恪指出："李唐传世将三百年，而杨隋享国为日至短，两朝之典章制度传授因袭几无不同，故可视为一体，并举合论，此不待烦言而解者。"（陈寅恪：《隋唐制度渊源略论稿》，第3页，北京：生活·读书·新知三联书店，2001年）

特定文化环境里的审美精神流变史,否则,就只能导致对同时代历史的亦步亦趋,削足适履,使美学史成为历史学的附庸或辅证材料,从而丧失美学史应有的独立的学科属性与文化身份。

以传统的历史学分期方法处理美学史还有一个操作层面的问题,就是它会使美学史建构显得过于零散,流于具体历史时段社会文化发展的细枝末节,难以整体把握特定时代重要美学问题的基本状况。这种做法显然不利于开掘美学理论的精神内涵,也难以窥测隋唐五代美学的总体风貌。

因此,可将隋唐五代美学分为两个阶段。第一阶段从隋代到盛唐时期,第二个阶段从中唐到五代时期。历史学界一般将唐代宗大历初至文宗大和末(771—835)这个时段称为中唐。对于研究中国历史、思想与文化及其他学科而言,“中唐”无疑是一个非常关键的时段,它在很多方面都具有历史转折的意味。中唐的转折意味并不是现代人的发现,仅就诗学领域而言,明清学人早已言及。明人高棅《〈唐诗品汇〉总叙》有诗分“四唐”的说法,“中唐”即为其一。清人叶燮进而指出,中唐是古今文运、诗运的大关键,他甚至断言:“此‘中’者,乃古今百代之中,而非有唐之所独得而称‘中’者也。”①这两位诗学家都肯定中唐对于中国诗学发展史的特殊意义。特别是叶燮的这个断言,其意义不局限于文学领域,他关于中唐之“中”的解释,精要地把捉到了中国思想文化重大转变的关键所在。如果说,国内外学术界广泛讨论的“唐宋思想转型”“唐宋变革”这些说法可以成立②,那么,如何更为细致地考察唐宋转型或唐宋变革,必然离不开对中唐思想文化状况的深入研究,这是推进唐宋思想文化转型论或变革论的突破口之一,也是反思唐宋历史、思想与文化关系绕不过去的必经之路。对于隋唐五代美学研究来说,中唐也就意味着一个很好的

①　[清]叶燮:《百家唐诗序》,《己畦文集》卷八,《丛书集成续编》第124册。
②　早期的代表有日本东京学派的内藤湖南、宫崎市定等,中国历史学家陈寅恪、柳诒徵、吕思勉等人。晚近论甚多,如,Peter K. Bol,“This Culture of Ours”：Intellectual Transitions in T'ang Sung China, Stanford University Press, 1992;浅见洋二:《距离与想象——中国诗学的唐宋转型》(金程宇、冈田千穂译,上海:上海古籍出版社,2005 年)等。

分界线。

采用两阶段分期法来研究隋唐五代美学,有助于考察这前后两个阶段在美学理论与审美活动方面的相互关系以及彼此差异。美学理论与审美活动都属于人的精神活动,所以美学史研究应该关注美学理论与审美活动背后隐含的丰富而复杂的人文精神,而人文精神的发展流变并不承诺一定严格遵循线性进化论的思想路线。加之中国美学史通常是美学理论与审美活动交互前进的历史,所以倘若要将这两个阶段再作细致的划分,具体落实到确定的时间,目前来说,困难较大。

可见,两阶段分期法在隋唐五代美学研究方面有其优势,但是,不宜直接套用学界默认的以"安史之乱"作为前后两个阶段的分期界线的方法。"安史之乱"是唐代社会由盛转衰的重要标志,这个历史事件对中唐以来的政治、社会、思想、文化、艺术等诸多领域都有直接而深远的影响,这是不容否认的。仅就审美领域而言,它影响到文人的处世态度、人格理想、审美境界等。但是,直接以"安史之乱"作为隋唐五代美学的历史分期标准,同样没有走出将美学史简单化、图式化的理论误区。唐代社会、思想与文化的转型有一个渐变的过程,"安史之乱"的发生因而也不能仅仅看做是一个偶然的历史事件。

再说,任何美学理论史或审美观念史的发展都不可能是单线直行的,都有其自身的发展线索与理路,有其美学理论或审美观念本身的复杂性与丰富性,隋唐五代美学的发展同样也是如此。隋唐道教兴盛,佛教禅宗、华严宗的崛起及其在文人阶层的广泛传播与深入渗透,应该是促成中唐以来美学呈现新的面貌的更为深层的原因。况且,任何历史事件对人的精神世界的影响是复杂多样的,没有一成不变的模式。对于当事人来说,其影响可能是直接的、明显的,而对于不在场者或后来者而言,这种影响更多地是间接的、潜在的,有时甚至是极其微不足道的。历史事件要引起后来者的精神共鸣,或在后世产生较大的反响,大多需要一个较长的认同过程。这都表明,不能因为某些历史事件具有重大的社会意义,就简单地拿来作为重要的美学现象,对号入座地放在美学史研究当中。因此,本卷没有将"安史之乱"作为隋唐五代美学历史分期的基本依据,主要考虑到这个时期美学史本身的复杂性与丰富性。

这种两阶段分期方法的理论优势在于,它能突出中唐这个关键时段对于中国美学史的重要意义,又在一定程度上避免了六段论分期法的琐碎,从而简要地勾勒出隋唐五代美学的整体风貌。这种分期方式还能突出隋唐至盛唐、中唐至五代这两个时段审美观念的时代差异、美感经验的变迁脉络,合乎美学理论与审美精神发展流变的事实。

尽管两阶段分期法有其可行性,但对于隋唐五代美学分期的必要性,本卷不准备展开详细的论证。或者说,我更愿意避免人为的历史分期处理模式,而主张直接进入纷繁复杂的美学文献世界,打捞那些凝聚着中古审美智慧的人文碎片,通过阅读体味其中蕴含的重要的美学问题与审美话题,尽可能接近隋唐五代美学的历史现场,进而探寻隋唐五代美学的精神之路。

第二节　隋唐五代美学的研究领域

在本卷看来,隋唐五代美学研究主要涉及以下三个领域:一是隋唐五代哲学美学领域,二是隋唐五代艺术美学领域,三是隋唐五代休闲文化与审美领域。

（一）隋唐五代哲学美学领域

隋唐五代哲学美学领域的研究主要介绍隋唐五代道教、禅宗、华严宗哲学的美学意蕴。宗教哲学本身并不等于美学,但上述三大宗教哲学都与中国美学存在密切的联系。在隋唐五代,这三大宗教分别达到了鼎盛阶段,各自的哲学价值极高,其中蕴含的美学智慧也极为丰富,对隋唐五代美学的影响极大。因此,在本卷第一章到第三章,依次探讨隋唐五代道教、禅宗、华严宗哲学与美学的关系。

读者或许会问,为何不列儒家美学?

隋唐五代虽然也是儒学发展的重要阶段,如唐代出现了孔颖达等卓有成就的经学家,韩愈等试图复兴儒学道统,但从总体上讲,隋唐五代算不上儒学发展的高峰阶段,其理论建树甚微,相比之下更显不足:它朝前比不上先秦两汉,往后更不如宋明理学,即使把它放在同时代的其他哲学流派之间,也远远逊色于道教与佛教各宗。这样说,并不是否定隋唐五代儒学的历史贡献,只是想说明,隋唐五代儒学重在注疏之功,而缺乏原创之力,在当时的社会、政治、思想、文化等领域,儒学的实际影响仍然存在,不可忽视。即使在隋唐五代美学领域,儒家思想的印迹依然明显。所以,在研究隋唐五代哲学美学时,不必单独安排章节评述儒家美学,但在某些具体的艺术美学(如诗歌美学、书法美学、音乐美学等)领域,在论述相关的美学问题时,将会触及儒家美学的内容,对此将有具体的介绍。

道教是唐代国教,道教在唐代走向鼎盛,其地位空前绝后,远非其他朝代可比。隋唐五代道教注重理论思考,隋唐重玄道重义理探索,晚唐内丹道讲心性修养,隋唐五代道教还普遍关注道性遍在、生命观念、养气颐性、形气神合一、不落有无等与中国美学密切相关的理论问题。在这些理论问题的探讨过程中,可以大致总结出隋唐五代道教的美学意蕴。

隋唐五代,佛教禅宗崛起,禅宗文化的基本格局是在唐代奠定的。禅宗是富有审美气质的宗教,是讲究生命智慧的哲学,也是追求存在境界的美学。隋唐五代禅宗在诗与禅、觉悟、无生观、心与境、幻与真等问题的探讨方面,与中国美学有着密切的思想关联。

华严宗也是隋唐五代很有影响的佛教宗派之一,唐代是华严宗的鼎盛时期。华严教理与盛唐时期的审美活动相得益彰,互为表里。华严宗倡法界圆融,讲性相一如,推重圆悟与妙观,向往华严境界,华严教理庄严完美,极富艺术意味,也具有美学价值。

隋唐五代儒学相对衰弱,却给中国宗教哲学的发展与繁荣提供了理论空间,创造了有利的现实条件。道教、佛教在与儒学的对话中发展很快,并对传统儒学产生了巨大的冲击。隋唐五代道教、禅宗、华严宗虽然教理有别,但它们都是具有时代特征(非其他时期中国美学所共有)与本土特色(人间化、世俗化等)的宗教形态,其宗教哲学与美学的关系较为复杂。它们又都注重内在心性的超越路径,对隋唐五代美学产生过直接而深远的影响。

（二）隋唐五代艺术美学领域

隋唐五代艺术高度繁荣,各艺术美学部门也得以充分地发展。当时的美学家善于从具体的审美活动与艺术批评中探讨美学问题,交流审美经验,不断总结、归纳并提炼出带有普遍意义的美学理论。本卷将介绍的主要艺术美学部门有:诗歌美学、绘画美学、书法美学、音乐美学、园林美学等。这些艺术美学领域之间存在共通之处,如面对同样的社会文化环境,参与探讨近的美学问题等。当然,也由于艺术门类的特殊性,各艺术美学部门所关注的美学问题存在差异,彼此所运用的理论视角也不尽一致。

关于这个领域的研究,将在本卷第四章至第八章依次展开。这几章主要围绕当时广泛关注的重要美学问题,如艺术的审美功能、美感体验、审美情感、审美心境、审美趣味、审美形式、审美境界等展开论述。具体而言,在诗歌美学、绘画美学、书法美学这三章,将主要介绍这些领域代表性的美学家、美学论著及其美学理论。在音乐美学、园林美学这两章,则以当时重要的美学问题为线索,带动相关美学家、美学论著及其美学理论的研究。可见,后者的写法不同于前者,这样安排,试图做到点、线、面的结合,彼此照应,相互补充,共同丰富隋唐五代艺术美学的理论形态。

（三）隋唐五代休闲文化与审美领域

隋唐五代休闲文化的内容较为繁杂,似乎很难将它归入常规的美学研究领域。但是,事实上,隋唐五代休闲文化与审美活动有着紧密的联系。从美学的角度观照隋唐五代休闲文化,会发现它既离不开哲学美学的理论指导,又不限于哲学美学领域,而具有应用性、生活化审美形态的属性。隋唐五代休闲文化既包括自然美欣赏（赏花、旅游休闲等）,又与社会生活中的审美活动紧密相连（文人雅集、品茶等）,它还与艺术审美活动存在一定的联系（棋艺、赏玩等）。可见,美学意义上的休闲文化属于综合性的审美形态。因此,本卷第九章专门讨论隋唐五代休闲文化与审美这个涉及面广、意蕴丰富的领域,以体证隋唐五代美学的丰富多彩,同时也引出隋唐五代美学与宋金元美学的思想联系。

隋唐五代休闲文化颇为繁荣,不少文人在参与休闲活动的过程中对具体的休闲文化进行了审美层面的观照,形成了较为系统的休闲理论,留下了丰富的审美休闲体验。如,陆羽的品茶理论、中晚唐赏玩界的审丑/审怪之风,都是隋唐五代休闲文化对中国美学的重要贡献。

第三节　隋唐五代美学的基本特征

总体而言,隋唐五代美学具有以下四个方面的特征。

（一）哲学美学与艺术美学出现了齐头并进的发展趋势

这个时期,宗教哲学与美学的关系值得探讨,特别是道教、禅宗、华严宗这三大宗教哲学与美学的关系密切。它们不仅具有深厚的美学意蕴,而且随着这些宗教哲学的广泛传播,其教理教义已经渗入当时具体的审美领域。隋唐五代,文人修道、参禅之风盛行,这为宗教哲学的广泛传播提供了条件,促使道教、禅宗、华严宗哲学与审美活动结合起来,影响着文人审美人格的形成,同时也提升着艺术的审美境界,使得隋唐五代艺术充满着形而上的宗教情怀。在不断开展审美活动,积累审美经验的基础上,各艺术门类的美学家也纷纷总结、概括并提炼出一些富有时代性的审美观念,与哲学美学一起,共同参与到隋唐五代美学建设中来。隋唐五代美学高扬人的审美创造力,强调审美人格的培育,注重审美境界的提升,这一方面可以在当时的哲学美学领域找到相关的思想,另一方面也能在某些艺术美学领域找到对应的表述。这是隋唐五代哲学美学与艺术美学齐头并进的体现。

（二）在理论建设方面,隋唐五代美学做到了传统与现实的兼顾,创新与承传的并重

隋唐五代美学处于中国美学发展的中间阶段,这就意味着这个时期

的美学理论建设既要面对传统,又要面向现实,不能顾此而失彼,舍本而逐末。先秦两汉以来,中国美学逐渐形成了由很多概念、范畴、命题与学说等组成的理论传统,需要后起的美学家们接续承传,并发扬光大。这是任何理论创新的起点,也是隋唐五代美学家必须面对的现实。他们在美学理论的建设方面,既尊重传统,又不拘泥于传统,既提倡创新,又注重承传,从而取得了美学理论建设的巨大成就,为中国美学的发展作出了杰出的贡献。例如,"唐代美学中的一个重要成果,就是使境界上升为美学中的一个重要概念。境虽在唐代之前已经成为一个哲学概念,但在美学与艺术理论中,尚未成为一重要的美学概念。这样的情况至唐才真正出现"①。审美境界这个概念的产生表明,一方面,唐代美学家的理论建设继承了已有的中国美学传统,另一方面,他们又始终面向唐代现实的文化环境,在承传的基础之上不断创新。这是隋唐五代美学理论建设的一个突出的特征。作为隋唐五代美学较为突出的理论问题,审美境界在唐代取得了重大的拓展与突破,它在诗歌美学、绘画美学、园林美学、休闲文化与审美等领域都有很多深入的表述,由此可见隋唐五代美学理论建设的时代性与现实性。

(三)与隋唐五代哲学、思想、文化领域相互融合的趋势一致,隋唐五代美学也是在相互融合的过程中协调发展的

隋唐以来,佛教在魏晋南北朝的基础上已经有了很大发展,本土化的特色越来越明显,佛教融会儒道思想,出现了禅宗这种生活化的宗教形态。在隋唐五代佛教内部各个宗派之间,也出现了相互融合的趋势。同时,隋唐五代道教的发展也融入了佛教与儒家的思想成分。隋唐五代宗教之间注重思想交融,当然也包括它们在美学层面的融汇沟通。

隋唐五代美学是在相互融合的过程中协调发展的,这个趋势也体现在某些艺术美学领域,彼此在探讨相近的美学问题时存在一定的互通性和互补性。从美学家个体来说,这种多元文化融合的趋势也大量存在,

① 朱良志:《中国美学十五讲》,第 283 页,北京:北京大学出版社,2006 年。

其中最具代表性的当推白居易。他兼容儒释道,同时还吸收了民间文化。可以说,白居易涉及的美学领域最为广泛,论述最为深刻,总体上说,他是隋唐五代最有理论建树的美学家。因此,白居易的审美观念也就呈现出复杂而丰富的特征。他既主张恢复儒家的诗歌教化传统,又提倡闲适的审美情调,他既以佛门居士自况,又不排斥洛下新声。

其他美学家,如李白趋道,杜甫近儒,王维好佛,这是从总体特征而言的,落实到他们的思想世界,往往也是三家兼容,彼此交融的。这是隋唐五代美学家思想背景的重要特征。从艺术美学领域来说,很多理论话题也经常是相互融通的,如诗歌美学与音乐美学都探讨审美感应、审美情感问题,诗歌美学与书法美学都关注审美风格问题等。这些不同艺术领域的美学问题没有彼此隔绝,而是体现出沟通与对话的趋向。不同领域的美学家面向的是当时带有普遍性的美学问题,并展开理论的探讨与交流。基于这种相互融合、协调发展的趋势,必须尊重美学史的历史发展情况,不能只考虑彼此探讨内容的接近而任意取舍,随意处理。那样,不仅不能勾勒出隋唐五代美学的面目,而且还将丧失历史叙述的价值诉求。

(四)隋唐五代非常重视美感经验的积累与审美体验的描述

隋唐五代是一个美感经验与美感体验特别丰富的时代。隋唐五代很多诗文歌赋都记述了当时人在审美活动中生发的审美体验,敞开了一个个微妙多姿的美感世界。影响隋唐五代重视美感经验积累的原因很多,其中既有审美观念方面的因素,又包括审美活动中的细微感受,还包括审美欣赏者精妙的话语传达等。从审美观念来看,隋唐五代道教、禅宗、华严宗哲学都主张以审美的眼光体验生活,以超然的心境感受存在,让人在有限的生命旅途中体验无限的精神超越的自由。这种注重精神超越的生命智慧,为隋唐五代人美感经验的积累与审美体验的描述提供了思想支持。

隋唐五代人将审美的眼光投向普通的生活,在赏花、玩石、观棋、品茶等日常生活当中感受人生的美妙;隋唐五代人或以妙悟的心智聆听风琴松声,笑看云卷云舒,在花开花落的刹那领悟生命的须臾灿烂;隋唐五代人也借助艺术的方式来实现自我与世界、自我与他者、自我与生命本身的交流沟通,或思忖人生、历史、宇宙等形而上的话题,为漂泊的心灵寻觅一方诗意的居所,或感受日常世界活泼泼的生意,为寂寞的生命找到一个安顿的法门。

以上从四个方面概括了隋唐五代美学的基本特征,这四个特征共同构成了隋唐五代美学的总体风貌。实际上,任何特征的概括都是为了论述的需要,因此难免挂一而漏万。真正想要领略隋唐五代美学的特征,唯一的办法就是体证,即进入隋唐五代美学的历史现场,体验之,亲证之。

第四节　隋唐五代美学的影响

最后,简要谈谈隋唐五代美学在中国美学发展史上的影响。

如前所述,隋唐五代是中国美学发展史上一个非常重要的阶段。隋唐五代美学进一步发展与丰富了魏晋南北朝以来的美学传统,同时又对宋元以来美学的发展起到了引导作用。隋唐五代美学承上启下,继往开来,其地位独特,影响深远,远非中国美学发展史上的其他任何阶段可以替代。

关于隋唐五代美学的影响,可以概括为两个方面:一是它丰富着中国美学的理论内涵,影响到宋元以来中国美学的发展走向;二是它成为现代中国美学理论建设的重要思想资源之一。

其一,隋唐五代美学家们提出的美学理论丰富了中国美学的既有传统,并影响到宋元以来中国美学的发展走向。这个时期形成的美学传统使得中国美学的基本特征、理论内涵、人文精神得以确立,并逐渐发展成为中国美学的主流传统。例如,道教、禅宗、华严宗的觉悟学说(妙悟、圆悟等),王昌龄提出的审美境界理论,皎然关于禅与诗关系的探讨,白居易、刘禹锡主张"中隐""吏隐"的处世哲学,中晚唐以来闲适审美情调的盛行，对逸品人格境界的推重，对日常生活美与社会美的关注等，这些美学理论不仅在当时及随后的审美领域得以具体地落实或印证，而且也都逐渐进入中国美学史，并被后来的美学家不断阐发与弘扬。现代意义上的中西方美学比较，其中有关中国美学的理论形态与精神内涵，就主要是以隋唐五代以来形成的美学传统为基本参照的。

其二，隋唐五代美学也是现代中国美学理论建设的重要思想资源之一。现代美学家多从隋唐五代美学获得理论的灵感。例如，宗白华就多次谈到隋唐五代的审美经验，并试图寻找其现代价值。他称五代是"艺术的热情时代"，并对这个时期敦煌宗教艺术飞腾动荡、生气活跃的审美境界称赞不已。[①] 宗白华还以唐代诗歌中所体现的民族精神作为提升民族自信力，重振民族精神，重构民族审美理想的理论支持。[②] 叶朗指出，在儒道释三家文化的共同影响下，中国美学形成了三种审美范畴，分别是以杜甫为代表的沉郁、以李白为代表的飘逸、以王维为代表的空灵。他进而将这三种审美范畴提升为美学的基本范畴。[③] 可见，上述美学范畴的提炼也是基于对唐代美学精神的把握的。

除此之外，还有很多学者也纷纷从隋唐五代美学与审美经验相结合的角度寻找现代中国美学的发展动力，并以现代的眼光将相关美学理论转化成既有中国特色，又有现代价值与人文精神的新的美学传统。隋唐五代休闲文化既包括休闲理论的建设，也指向休闲活动中人的创造力与审美体验的激发。它能为现代休闲文化建设提供富有美学价值的思想资源。这样的休闲文化，无疑具有审美活动的性质，它既是中国的，又是现代的。

总之，对于推进中国当前的美学学科建设来说，隋唐五代美学的深入研究不仅具有深刻的理论价值，而且也富有极强的现实意义。

[①] 宗白华：《略谈敦煌艺术的意义与价值》，《宗白华全集》第 2 册，第 419—422 页，合肥：安徽教育出版社，1994 年。

[②] 宗白华：《唐人诗歌中所表现的民族精神》，《宗白华全集》第 2 册，第 121—140 页。

[③] 叶朗：《美在意象》，第 407—434 页，北京：北京大学出版社，2010 年。

第一章 道教与美学

　　隋唐五代道教在魏晋南北朝道教的基础上又有很大的发展。这个时期道教信众增多,教理也逐渐完善。唐代道教远承秦汉道教,在道教义理阐发方面也多有推进。隋唐时期,"三洞真经"已经成为成熟的宫观道教的最高义理体系,以义理著称的重玄道教也在初唐形成了兴盛的局面。

　　虽然道教在隋代也得到了统治者的支持,但是它的地位和影响还远远不如当时的佛教。有唐一代,道教的地位和影响极于鼎盛,可谓空前绝后。唐代道教不仅被尊为李氏皇族的宗教,而且还被尊奉为国教。道教文化地位之高,社会影响之大,远非其他宗教派别所可比拟。究其原因,主要有三。

　　首先,李氏皇族不断确立与强化道教的地位。唐代皇室出身于北周军阀,有着鲜卑血统,他们把宗族归属于陇西李氏,再把家族谱系推及老子,以李氏皇族为老子后裔,并尊崇老子为道教教主。据《唐会要》《历代崇道记》等文献记载,李渊开国,李世民发动"玄武门之变",都受过道士的舆论引导。于是,唐代建立之后,不断制造关于老子的神话,各地也纷纷修建老君庙宇,表达对道教的感念。武德八年(625),李渊诏布三教次序,即以道教为首:"老教、孔教,此土先宗;释教后兴,宜崇客礼,令老先、孔次、末后释。"①李世民即位后，封老子李耳为道教祖师，尊之为太上老君。唐高宗李治即位后，也推行崇道抑佛的政策，追封老君为"太上玄元皇帝"，命各州设置道观。尽管武则天时期曾经重佛抑道，但后来的唐玄宗却又大力扶持道教，遍置老君庙观，大造玄元道像，册封老君为"圣祖大道玄元皇帝"。由于唐代统治者的推重与扶持，道教在唐代拥有至高无上的地位，这为道教的发展壮大提供了有效的保障。

其次，在文化政策与教育考试制度等方面，唐代政府也为道教的发展提供了多方面的保障。唐代统治者既想利用炼丹术来满足养生乃至长生不老的愿望，又期望通过道教来祈福消灾，巩固与维护安定太平的社会局面。唐代统治者推崇《道德经》，以道教经典作为人才选拔的重要方式，实行道举制度。唐代统治者高度重视道教典籍的整理与注疏工作，借此推进道教文化的传播，实现具有李氏家族特色的文化理想。唐高宗仪凤三年（678），以《道德经》为上经，列为科举取士的考试内容，使之成为贡举人员必须通晓的科举考试的正式科目。从实际的社会影响来说，道教至高地位的确立，有助于道教文化的广泛传播与深入推广。唐玄宗开元年间，正式确立了道举选拔官员的制度。唐玄宗在位期间，规定以《道德经》为诸经之首，并亲自为之作注。② 这些文化政策与教育考试制度方面的保障也有助于道教文化的兴盛。

再次，道教的长生承诺与义理探求满足了唐代人的精神需求。从当时社会发展的状况看，唐因隋制，大力发展经济，促进各民族之间的文化交流，国力得到了进一步增强。尤其在盛唐时期，出现了中国古代社会的鼎盛局面。当时的社会矛盾虽然存在，但是尚处于潜隐的未被激化的状态，国泰民安的时代氛围也激发出时人对现世生活的热爱和珍惜之情。于是，道教的长生承诺与义理探求满足了唐代人的精神需求，道教徒乐观自信的生命态度更是与盛唐时代的人文精神相互契合。道教对

---

① ［唐］唐高祖：《先老后释诏》，《全唐文》附《唐文拾遗》。
② 详见《唐玄宗御注道德真经》及《唐玄宗御制道德真经疏》，《道藏》第11册。

道家经典的阐释满足了文人们形而上思考的理论诉求，内丹道注重心性修为的主张也为中国人提供了精神超越的智慧。这些因素使得道教文化的广泛传播与深入发展具备了现实生活的基础与理论建设的肥沃土壤。

可以设想，在这种普遍重视道教文化的政治政策、文化环境与社会氛围当中，唐代道教的繁荣兴盛与发展壮大也就势在必行了。

道教是中国土生土长的宗教信仰，自成独特的理论体系。从现代学科的归属来看，道教与美学本来属于不同的领域，具有不同的学科性质与研究内涵。但是，道教文化在隋唐五代审美领域产生了直接或间接的影响，道教思想又与中国美学存在诸多观念层面的契合。因此，探讨隋唐五代美学，首先可从道教这种富有时代精神与民族特色的宗教哲学形态入手。本章着重探讨隋唐五代道教与美学的关系，或者称为隋唐五代道教的美学意蕴。

第一节　道性遍在

道性遍在，这是隋唐五代道教最为重要的理论命题之一，也是隋唐五代道教哲学心性论的核心思想。这个命题承传了先秦道家关于道与言、象关系的思考，它是在隋唐五代佛教天台宗、禅宗佛性论的基础上，融汇佛老，而提出的富有时代特征的道教理论。这个命题发展了魏晋南北朝道教的心性论。本节先介绍道性遍在命题的理论内涵，再集中探讨它的美学意蕴。

一、道体与道性

道体即道，它是道教哲学的最高范畴。道性是道教关于道的性质的基本体认。隋唐五代道教认为，道体与万物是体与用的关系。道体虚极无名，万物是道体的妙用，物殊则用异，用异而体同。司马承祯说："夫道者，神异之物，灵而有性，虚而无象，随迎莫测，影响莫求，不知所以，不然而然,通生无匮,谓之道。"①这里的"灵而有性",就是指道体,其中也有对道性的规定。王玄览说:"不但可道可,亦是常道可。不但常道常,亦是可道常。"②王玄览援引佛教缘起论,阐明"可道"与"常道"的关系。"可道"是道性的起用,"常道"是指道体,二者相因相生。因此,"可"与"常"都是人心所现,道体空寂,本无生灭,也就无所谓"常"与"可"的分别。

道体真常而应用无方,慧心外无所因,内无所滞,以体验道性的微妙。周固朴说:"道者至虚至寂,真性真常,冠五气而播三才,布一真而生万象,离合无际,天地有宗,超出神明,靡该意象,无名无氏,有动有常,离四句六因,绝名言譬喻。"③"至虚至寂"是对道体的一种描述,一般认为妙悟之心方能契入。不过,不同的道教流派对道体的表述也不尽相同。五代内丹道教学者张果说:"天真一者,纯而无杂,谓之真,浩劫长存谓之一。""一者本也,本乃道之体,道本无体,强名曰体。有体之体,乃非真体,无体之体,日用不亏矣。真体者,真一是也,乃人之神。"④张果所说的"天真一",就是对道体的描述。"真一",即万物之本,它日用而无亏。隋唐五代道教学者对道体与道性的表述不尽一致,但是他们的思想有一个共同的特征,即承传了先秦道家关于道与言、象关系的思考。

道家认为,象以言诠,道以象现。言是象的显现工具,象是意的显现手段。借用能、所之分,言与象、象与道存在类似能诠与所诠的关系。无言,则象无法显;无象,则道无从显。但是,如果执著于言,而不味象,执著于象,而不味道,则会舍本逐末,本末倒置。面对这种表达的困境,言、象的局限性到底该如何超越? 在儒家看来,"立象以尽意"是一种可行的方式。儒家让"立象"负载起"尽意"的使命,使之成为沟通器物与心灵、人与世界的最起码的工具。面对同一困惑,道家的思路与儒家差别很大。老子之"道",差可以大象拟之。恍惚性、混沌性、整全性等等,都是

---

① [唐]司马承祯:《坐忘论》,《道藏》第 22 册。
② [唐]王晖撰,王大霄编录:《玄珠录》卷上,《道藏》第 23 册。
③ [唐]周固朴:《大道论》,《道藏》第 22 册。
④ [唐]张果:《太上九要心印妙经》,《道藏》第 4 册。

先秦道家对道体的描述性规定。通行本《道德经》第二十五章:"有物混成,先天地生。寂兮寥兮,独立不改,周行而不殆,可以为天下母。吾不知其名,字之曰道,强为之名曰大。"王弼注:"名以定形。混成无形,不可得而定,故曰'不知其名'也。夫名以定形,字以称可。言道取于无物而不由也,是混成之中,可言之称最大也。吾所以字之曰道者,取其可言之称最大也。"①有系则有分,有分则失其极,道体至大无极,无系无分,所以"强为之名曰大"。可见,"道"是不可分割、至大无外的大全整体,这就是道家之道体。

老子反复强化这一道理。《道德经》第四十一章:"大方无隅,大器晚成,大音希声,大象无形,道隐无名。"道体无形、无名、无声,一旦有形、有名、有声,它就不再成为道体,而只能是具体的事物了。一旦有分别,道体就降落到具象的层次,难以保全它的整全性了。所以,老子认为,由知识理性、逻辑运思不能体味大全之"道",只会造成对道体的贬损。所谓"方""器""音""象",都只是道体的起用,而不是道体本身。在这些具象之前,约之以"大",道的整全无缺才能彰显。《道德经》第六十七章:"天下皆谓我道大,似不肖。夫唯大,故似不肖。若肖,久矣其细也夫!""肖"意味着相像,类似某一事物,"肖"则失其所以为"大",不如无形、无名、无声的道体,因此,老子宁可取"大"与"不肖",而舍弃"细"与"肖",以保证道体的整全性。无象之象,是万象的根本,是万象的本源,它超越世俗之象,这就是道,也就是道家对道体与道性的总体看法。实际上,老子之"道"已经成为道教道体论的理论基石。

道家认为,"无"是指大道未分的整全状态,"有"是指分化着的事物的生成过程。《道德经》多次谈到道体渊然深邃、冲虚缥缈的特性。《道德经》第十四章:"迎之不见其首,随之不见其后。"大道即象,遍在一切处所,具象是大道的起用。大道广邈无限,深远莫测,玄妙无定,不可定为一物。大道没有边界,无法限约。王弼也说:"夫'道'也者,取乎万物之

---

① [魏]王弼撰,楼宇烈校释:《王弼集校释》,第63—64页,北京:中华书局,1980年。

所由也；'玄'也者，取乎幽冥之所出也；'深'也者，取乎探赜而不可究也；'大'也者，取乎弥纶而不可极也；'远'也者，取乎绵邈而不可及也。"①道体周流六虚，无形无状，不可把捉。先秦道家的道论为隋唐五代道教的道体论与道性论提供了思想启发。当然，隋唐五代道教的心性论不可避免地具有宗教的属性，也不能排除它在特定历史文化情境之下的表现特征，因而，隋唐五代道教的道体论与道性论在理论内涵方面不能完全等同于先秦道家的道论。但是，从体用不二的超越理路而言，它们又都富有一定的美学意蕴。

二、众生皆有道性

隋唐五代道教规定了道性的内涵，也提出了道性遍在这个道教哲学命题。约成书于武则天时期的《道教义枢》指出，道性是人人具足的清净心、妙心、真一妙智。② 初唐重玄家融汇佛老，认为道体无情有性，遍在万物，因而人人都有道性，即一切众生都有修道成真的禀赋。潘师正说："窃以法性常湛，真理唯寂。虽混成而有物，而虚廓无朕。机感所及，冥然已周。因教立名，厥义无量。夫道者圆道之妙称，圣者玄觉之至名。一切有形，皆含道性。"③所谓道性遍在，是指道的理想存在状态。事实上，修道者的天机悟性有别，因而其得道的程度也有深浅之别，各人修道成真的境界也并不一致。通俗而不通真，不能算是得道。觉悟浅近而不深远，不能称为圣人。王玄览说："道能遍物，即物是道。物既生灭，道亦生灭。为物是可，道皆是物。为道是常，物皆非常。"④道是万物的本根，但道不离物，道可即物而显真。道同样不离众生，道性是人人具足的本源心性。所以，道与众生"亦同亦异，亦常亦不常"。道与众生相因而有，所以称为"同"。众生有生灭，道却无生灭，所以称为"异"或"不常"。

---

① ［魏］王弼撰，楼宇烈校释：《王弼集校释》，第196页。
② ［唐］孟安排：《道教义枢》卷一，《道藏》第24册。
③ ［唐］潘师正：《道门经法相承次序》卷上，《道藏》第24册。
④ ［唐］王晖撰，王大霄编录：《玄珠录》卷上，《道藏》第23册。

"同"或"异"、"常"或"不常",这些名称都是一时的权宜说法,而道体是真实无妄的。道性不离众生之性,皆以因顺自然为归依。

既然众生禀承道性而生,是否可以将众生等同于道?关于这个问题,王玄览解释说,众生虽然禀承道性而生,然而众生并非等同于道。众生不是道,因而必须经由修持才能得道。道无常性,众生修习到无常之性,才能与道为一。众生不自名,因道始得名。道不自名,因众生而得名。即道是众生,即众生是道。所谓"即",是指事物的不二关系,它证会于修道者的妙悟之心。隋唐五代道教注重修持功夫。道性与众生之性相因而存,所谓有众生即有道,众生若无道亦无。道教的目的就是劝人修习,与道同往,与道俱顺。修道者倘若真正体证到了道性,便可以舍离修持之法。道性与众生之性应和,能所修持,一时忘却。修持法门只是觉悟的手段,不可执为实存。如果心灵抵达修道成真的境界,那么这时道教的种种言说便如同糟粕,弃之毫不足惜。因此,道性、众生与道教的觉悟法门,宛如水中之月,了无可得,却又不可落入虚无。三者不合也不离,真实应如是。

众生之性与道性隐显有异,或此显彼隐,或此隐彼显,本不相离,不属有无之别。所以,当道性未曾显现出来时,众生务必修持,以使其充盈丰满并得以彰显;当众生的习性未曾泯灭之时,则要舍弃欲求,以使其逐渐泯灭。如果人的习性隐匿,合于道性,则其应世接物莫不自在圆通。当人的本源道性处于潜隐状态之时,就会烦恼不断,痛苦不堪。大多数人都有避免痛苦、追求快乐的需求,这就得不断修持,使心与道合,切实体证道性,不为生死所缚,从而获得解脱。至此,道与众生,皆是假名安立,契入玄同之境,则可离修离教,习性道性双忘。这是修道成真的根本目标与极高境界。

三、万物皆备道性

隋唐五代道教指出,众生皆有道性,万物皆备道性,道性是万物具足的本真之性。《道教义枢》认为,道性理存真极,义实圆通。它虽然冥寂一源,却周备万物。道性也具有真如空性,强调道性的虚空不实,目的在于破除道性空与不空的边见。从性体的角度而言,道显现之时为道果,道隐匿之时为道性。道果为显,道性为隐,是凡是圣,全在道性的显隐之间。道性遍于一切事物,对于没有情识的草木瓦石,也不能执著它们道性的有或无。"道性以清虚自然为体,一切含识乃至畜生果木石者,皆有道性也。"①万物皆有道性,且道性本来清净,由于心念颠倒妄起,才落入凡俗境地。道性不落有无,不住色心,无得无失,它是万物的本真之性。"自然真空,即是道性。"能体验到万物的本真之性,即成正道。《道教义枢》指出,大道无所不在,道性遍在万物之中,有知无知,有识无识,理无二致。如果说,有知与无知的事物都有道性,那么,有识与无识的事物也都能成道。如果万物皆有道性,即使不能成道,也不妨碍事物有知无知、有性无性的规定。

隋唐五代道教心性论认为,道性是事物普遍具有的本真之性,是事物的本来面目,是事物存在的本真境界。道性不可落入一物,也不可落入一心。道性微妙,处乎显隐之间。这种道性论是在参照当时佛教天台宗、禅宗佛性论的基础上形成的。荆溪湛然(711—782)中兴天台宗,他依据色心一如之理,提出"无情有性"说,发展了天台宗的心性论,主张佛性遍及法界,不隔有情,即草木、瓦石等无情物也有佛性。在唐代文士阶层,湛然的影响很大。由《道教义枢》关于万物皆备道性的表述可知,它在思想上受到天台湛然的影响颇为明显。此外,南宗禅也主张人人皆有佛性,马祖道一主张即心即佛。这都是隋唐五代道教道性遍在论的重要思想背景。

四、道性遍在的美学意蕴

道性遍在是隋唐五代道教心性论的重要命题。先从美学的角度考察这个命题的理论内涵,然后概括它的美学意蕴。

---

① 〔唐〕孟安排:《道教义枢》卷之八,《道藏》第24册。

　　道性遍在这个道教命题的理论内涵体现在三个方面,即直指心源,即心即道,心境俱忘。

　　从修炼方式看,隋唐五代道教已经由外丹修炼逐渐转向内丹修炼,不再盲目地向外求道,而是把心性的修持当作修道成仙的主要途径。因此,隋唐五代道教纷纷强调心源的开启。司马承祯说:"天尊重说偈,直为指心源。吸引迷惑者,令归解脱门。"①在他看来,大道玄妙,非关视听,以视听求道,不求真道,转而生疑。道应物而生,临机起用,心源开启,修道成真。司马承祯又说:"心之虚妙,不可思也。夫心之为物也,即体非有,随用非无,不驰而速,不召而至。"②心为众邪之主,又为众妙之门。心之起用,神妙无方,这个能开二门的心源,具有变幻莫测的不确定性,心识生灭,转瞬即逝,忽来忽往,不可端倪,动寂莫名,可否无时。心性是神识之源,莫不因心而照亮。

　　长生阴真人注《紫元君授道传心法》:"夫授道先授心,心真道不二,心伪道不真。志管心中气,气从心中生。乃成心中至,付道在师心。领道心如是,两心合一心。心元都不二,奉师先奉心。"③一般认为,该书出于唐代。人自出生以来,只因混沌元气而在,世俗之人妄在身心之外求法,失却道元之根。心为创造之源,可以调服五藏,强身健体,也可澄澈神志,使心明如镜。心是修道成真之本,直入心源,方是正道。权德舆是唐代名士,他有一定的道教文化造诣。权德舆有句:"心源暂澄寂,世故方纠纷。终当逐师辈,岩桂香氲芬。"④"澄寂"是心源的本有体性,在澄寂的心境中,人回到了自身,回到人的本真境界。同时,澄寂之心有助于超越世俗之念与功利欲求,为道教徒的修道成真提供了心境。这种澄寂之心,接近于审美心境。道性遍在直指"心源",从而开启人的审美之心,提升修道者的精神境界。

---

① 〔唐〕司马承祯:《太上升玄消灾护命妙经颂》,《道藏》第5册。
② 〔唐〕司马承祯:《坐忘论》,《道藏》第22册。
③ 长生阴真人注:《紫元君授道传心法》,《道藏》第4册。
④ 〔唐〕权德舆:《卧病喜惠上人、李炼师、茅处士见访,因以赠》,《全唐诗》卷三二〇。

即心即道,是指心与道的不二关系,或者说修心与修道具有同一性。《太上老君内观经》:"众思不测谓之神,邈然应化谓之死,所以通生谓之道。道者有而无形,无而有情,变化不测通神。群生在人之身则为神明,所谓心也。所以教人修道则修心也,教人修心则修道也。"①这部道经指出,修心与修道不二,修心的具体方法是内观于心。修道即修心,这种思想在《洞玄灵宝定观经》中也有表露。该经认为,要修道成真,必须先学会放弃,外事都绝,毫无兴忤之心,然后安坐。道由心学,神依形住。人的灵明亘古亘今,不起妄心,不失道源。周固朴说:"夫心情识智意智,皆从道妄立也。道外无心,心外无道,即心即道也。"②在周固朴看来,道与心不二,心不离道,道不异心,即心是道。《三论元旨》:"妙达此源竟无差舛,心等于道,道能于心,即道是心,即心是道,心之与道,一性而然,无然无不然,故妙矣。"③世人沉沦苦海,不得解悟,莫不因心而起。灭妄归真,妙合自然之源,即是清净心源,也就是"真一之源"。《三论元旨》讲即心即道,既承认心与道的不二关系,又强调心无所执,情无所滞,所以能"妙达此源"。通心达观,心识不落有无,道性无处不在,无所不通,融会神合,极乎无极,契入真常之性。即心即道,对于理解美与美感的同一性颇有启发。

心境俱忘是对修道成真境界的描述,或指以心体验大道的妙悟状态。《大道论》:"妙本自然,体性虚无,固无得无丧。"④道无取舍,道不外求。道不可执,执之则离道越远。心不可求,求之则心反成乖。心能忘道,方能得真一之道。芟悟道之心,剪认道之识,祛证道之智,除得道之智,薙了道之意,忘知,忘意,忘智,忘识,忘心,自然道无可求,道无可趋。除修习之迹,谓之真得道。隋唐五代道教主张心境俱忘,将妙悟注入心性论之中。周固朴说:"悟心者悟道之心也,修心者修道之心也,证心者

① 《道藏》第 11 册。

② [唐]周固朴:《大道论》,《道藏》第 22 册。

③ 未题人:《三论元旨》,《道藏》第 22 册。

④ [唐]周固朴:《大道论》,《道藏》第 22 册。

证道之心也。心绝缘虑，意绝妄想，智绝分别，是则真见无不见，邪见有不见，真闻无不闻，邪闻有不闻，真觉无不觉，邪觉有不觉，真知无不知，邪知有不知。若真邪双泯，知觉两忘，则达乎忘心忘境也。心境俱忘，冥合道矣。"①周固朴描述的悟道境界，是心境俱忘的成真之境，很接近心物合一、物我两忘的审美境界。

这种道教义理与审美境界契合的情况，在隋唐五代道教思想界并不是个别的偶然现象，在另一位道教学者吴筠那里也有体现。② 吴筠（？—778），字贞节，华阴人，唐代神仙学者。吴筠志性高洁，不甘流俗，举进士不第。开元中，他南游金陵，访道茅山，后东游天台、会稽等地。吴筠入嵩山，拜上清派潘师正为师。"安史之乱"前后，他与李白、孔巢父唱和，逍遥林泉。③ 吴筠有道教论著《玄纲论》《形神可固论》等。吴筠东游天台时，与越中文人诗酒相会，唐玄宗闻其名，曾遣使诏见。吴筠《游仙诗》其二十四："返视太初先，与道冥至一。空洞凝真精，乃为虚中实。变通有常性，合散无定质。不行迅飞电，隐曜光白日。玄棲忘玄深，无得固无失。"④这首诗描述的修道体验，也颇能体现道教推重的心境两忘、与道冥合的境界。这也是隋唐五代很多游仙诗普遍追求的审美境界。

对于审美活动来说，道性遍在这个道教哲学命题含有丰富的美学意蕴，可以概括为两个层次。

首先，道性遍在这个命题表明，艺术家应树立自信心和自尊心，开启超越世俗功利的审美心源，起用至真至纯的本性。这种开启心源的思路与道教以及南宗禅提升人的自信心和自尊心的做法密切相关。可见，心源问题不只为南宗禅所关注，它也是隋唐五代道教心性论的重要话题。

---

① ［唐］周固朴：《大道论》，《道藏》第 22 册。
② ［唐］权德舆《中岳宗元先生吴尊师集序》："先生讳筠，字贞节，华阴人。生十五年，笃志道，与同术者隐于南阳倚帝山，阅览古先，遐蹈物表，芝耕云卧，声利不入。"（《全唐文》卷四八九）
③ 《旧唐书》卷一九二，第 5129—5130 页，北京：中华书局，1975 年。权德舆又称赞吴筠："凡为文，词理宏通，文采焕发，每制一篇，人皆传写，虽李白之放荡，杜甫之壮丽，能兼之者，其唯筠乎。"（权德舆：《吴尊师传》，《道藏》第 23 册）
④ ［唐］吴筠：《宗玄先生文集》卷中，《道藏》第 23 册。

学界对此多有忽视,需要重新梳理。由道教的心源说可知,艺术家既要颐养自家的心性,又要以妙悟之心参究宇宙万物之理,发挥人的审美创造力。

其次,既然一切事物都有道性,那么飞潜动植、山河大地莫不是道性的显现。这就为审美领域的拓展提供了理论支持,也体现出审美物象之间的平等不二,真实无妄。这对于解释唐宋以来的自然美、社会生活美的丰富性和多样性,都有很强的说服力。

进一步讲,将隋唐五代道性论落实到美学领域,对于探究中国美学的以下问题启发较大。

其一,道体至高至深、至纯至真,道性神异多端,变幻莫测,超越一般的物象世界。道性既可作为审美者的精神境界,也可转化为艺术的审美意蕴。这对于理解审美境界、艺术品第、艺术的真实性等问题有一定意义。

其二,道性至虚至寂,而又妙用无方。在审美活动中,无论是审美创造,还是审美鉴赏,都需要审美者具备圆活自在的审美心境,传达微妙难言、不可端倪的审美体验。可见,审美活动的特性与道性的特征存在契合之处。

其三,道天真纯一,日用而不亏。也就是说,要以艺术或审美的方式思考人生,感悟世界,既不可离开"体",又不能脱离"用",最佳的方式就是体用一如,取舍无碍。道教的道性论已经隐含着中国人的超越智慧与审美人生。

其四,道性的显现需要言、象、意等各种因素的配合,但是,又必须警惕言、象的局限性,不可过分执著于言、象等传道的工具或手段。这表明,应该从多个角度看待艺术媒介、审美形式等因素在审美活动中的地位和作用。

简言之,道性论是道教最为关键的理论之一,道性遍在是隋唐五代道教普遍认可的哲学命题。这个命题在整个道教思想体系中也占有重要的地位,所谓牵一发而动全身,这个命题的确立必然触及很多与之相关的道教哲学问题。追问道性或探究道体,这是道教哲学的核心问题。就道教的美学意蕴来说,道性是最高的真理,是修道者关于美的性质的体证,或者说是道教的最高审美境界或审美理想。这是中国人借助道教义理来思考人生、洞察世界、领悟存在、追求真理的特殊方式。这其实也是中国哲学与美学高度关注的问题。

第二节　生命观念

道教是中国的本土宗教,它从一开始就认为人能通过修道而实现长生不老的愿望,或迷恋于青春永生。英国学者李约瑟指出,中国是世界上长生不老或青春永生思想的发源地。① 日本学者窪德忠也说,人想在地球上无限延长自己的肉体生命,永远享受生命的快乐,进而希求永生不死,这正是神仙道教长生思想的出发点和最终归宿。自公元前四世纪至今,神仙一直是中国人梦想的偶像,首要的原因在于神仙能满足人永远年轻、不老不死的愿望。② 这种特异的神仙思想在其他国家是没有的,它是道教生命观念的核心内涵,也是中国人生命意识的体现。

这两位学者对中国人的长生梦想与道教神仙思想的解释有一定道理。追求长生不老,的确是早期道教生命意识的流露。在《庄子》内篇之《逍遥游》《齐物论》《大宗师》里,就有关于"神人""至人""真人"风姿的描绘,道教援引过来,作为修道成仙之士的楷模。《楚辞》有不少篇幅流露出超越现世的渴望,《山海经》中也有关于"不死民""不死国""不死山""不死树""不死药"的记述。先秦典籍《左传》《吕氏春秋》也有长生不死的论调。秦汉以来的神仙道教也以肉身的长生为生命意义的寄托。《汉书·艺文志》:"神仙者,所以保性命之真,而游求于其外者也。聊以荡意平心,同死生之域,而无怵惕于胸中。"《汉书》代表了儒家正统史学的观点。这里对神仙道教的评价总体上是准确的。然而,道教神仙之说却因

① 李约瑟著,何兆武等译:《中国科学技术史》第 2 卷,第 154 页,北京:科学出版社,1990 年。
② 窪德忠著,萧坤华译:《道教史》,第 52 页,上海:上海译文出版社,1987 年。

其诞欺怪迂而被视为远离圣王之教,故为儒家所不齿。

神仙道教讲究炼形,也主要出于生命永存的渴望,以获得生命的喜悦体验。神仙道教重视长生,体现在"贵生""重生"意识等方面。《太平经》:"是曹之事,要当重生。生为第一,余者自计所为。"①这里说的"重生",就是指长生久视。这种思想在神仙道教界极为普遍。如,《老子想尔注》就以"生"为道之别体,并将《道德经》第十六章"公乃大,王乃大"改为"公乃生,生乃天",又将第二十五章"道大,天大,地大,王乃大,域中有四大,而王处一"中的两处"王"字改作"生"字。②可见,"贵生""重生"意识在神仙道教的生命观念中占有重要的地位。早期神仙道教视"长生"为最根本的生命观念。河上公注《道德经》,就把"常道"释为"自然长生之道"③。《太上老君内观经》则认为,道不可见,因为重生而明道,生命不可固常,需要用道来守护。假如生命消亡,道也随之废弃。同理,当道被废弃,也就意味着生命的消亡。道教提倡身体与道为一,追求长生不老,羽化登仙。在道教看来,人能内观于心,则能使生命长存。陶弘景说:"故养生者慎勿失道,为道者慎己失生。使道与生相守,生与道相保。"④陶弘景认为,生命与道共在,养生与修道不异。但在现实生活世界,人常常"失道""去生",也就是丧失自家的生命本性,背离养生全形之方,难以修道成真。因此,回归生命与大道为一的状态,才是护养生命的明智之举。

东晋神仙学者葛洪(284—364或343)巩固了修道之人的生命信仰,并通过技术手段证明,长生是现世之人可以了却的心愿。人虽为陶冶造化之灵长,但各人的天机有深有浅。天机浅者使用万物,天机深者慕求神仙之道,服药以养生,炼形以延年。所谓神仙中人,就是借药物以养身,会数术以延命,身体不生疾病,外患莫能侵入。经过葛洪的理论改

---

① 王明:《太平经合校》下册,第613页,北京:中华书局,1997年。
② 饶宗颐:《老子想尔注校证》,第20—21,31—32页,上海:上海古籍出版社,1991年。
③ 王卡点校:《老子道德经河上公章句》卷一,第1页,北京:中华书局,1993年。
④ [南朝]陶弘景:《养性延命录》卷上,《道藏》第18册。

造,秦汉以来的神仙道教思想更为系统化,早期道教的"贵生""重生"意识逐渐发展成"长生"的宗教信仰,修道成仙也相应成为采用某些特殊的技术手段可以实现的目标。葛洪说:"天地之大德曰生。生,好物者也,是以道家所至秘而重者,莫过于长生之方也。"①珍重人的肉身存在,这是人类的生命本能,而神仙道教则以宗教的形式将人的这种生命本能与长生欲望合理化。

唐代道教学者吴筠承续了神仙道教以生为美的生命态度。吴筠指出:"仙者,人之所至美者也。死者,人之所至恶者也。"②这种以生为美、以死为恶的生命态度的实质在于,它是人渴望长生的生命本能需求。德国宗教社会学家马克斯·韦伯(Max Weber)曾评价过道教,谈到道教的长寿之术。他说:"以老子学说为基础的一个特殊学派的发展却受到了中国人价值取向的普遍欢迎:重视肉体生命本身,亦即重视长寿,相信死是绝对的恶,一个真正的完人应当能避免死亡。因为,真实的完人(真、清、神)一定是不能侵犯的、有神秘天赋的,——否则,何以证实其卓越呢? 这是一个非常古老的评价标准。"③韦伯的评价是对道教长生思想的总结。虽然不能将道教的长生思想推演成中国人普遍的生命理想,但是,韦伯对道教以生为美、以死为恶的生命态度的概括无疑是确当的。

对于隋唐五代道教来说,关注人的感性生命,也就是韦伯说的"重视自然生命本身",始终是其思想的闪光之处。隋唐五代道教强烈的生命意识,对中国人的审美人格、审美理想、审美境界都产生了非常深远的影响。在隋唐五代文人的精神世界,"重生""贵生"的观念更多地被高昂进取的时代氛围所弥漫,又被佛教禅宗的乐天情怀所感染,因而,隋唐五代道教乐生的生命意识被照亮,并被转化成带有乐生情调的人生态度和审美态度。

---

① [东晋]葛洪:《抱朴子内篇》卷一四,《道藏》第28册。
② [唐]吴筠:《宗玄先生玄纲论》,《道藏》第23册。
③ 马克斯·韦伯著,王如芬译:《儒教与道教》,第241—242页,北京:商务印书馆,1999年。

一、以此生为美

道教以生为乐,以生为美,早期道教即是如此。《太平经》说:"人最善者,莫若常欲乐生汲汲若渴,乃后可也。"[1]隋唐五代道教的乐生意识更为明显。珍重感性生命的存在,就是这种意识的流露。初唐道士王玄览、王太霄、王仙卿、赵仙甫等皆传道蜀中。李白在蜀中生活期间,走访过峨眉山、青城山、戴天山、紫云山等道教名山胜地。李白有求仙炼丹的经历,其诗文中常流露出对道教的向往之情。在二十岁之前,他隐居于戴天山,焚香读道经,心作神仙游。天宝元年(742),李白因道教名士吴筠之荐,奉玄宗之诏入朝,供奉翰林。这都表明,李白与道教文化的渊源很深,远非当时一般文人所及。

李白自道:"十五游神仙,仙游未曾歇。吹笙吟松风,泛瑟窥海月。西山玉童子,使我炼金骨。欲逐黄鹤飞,相呼向蓬阙。"[2]可见,他以自在的神仙生活为生命理想。贺知章称他为"谪仙人",李白对此非常满意。在他人面前,李白也以神仙中人自居:"青莲居士谪仙人,酒肆藏名三十春。湖州司马何须问,金粟如来是后身。"[3]很难说,李白对道教飞升成仙的神仙思想有坚定不移的虔诚信仰,他主要是想借助道教的生命理想排解心灵的痛苦,追求幸福自由的生活,寻找感性存在的快乐。李白说:

> 夫天地者,万物之逆旅;光阴者,百代之过客也。而浮生若梦,为欢几何?古人秉烛夜游,良有以也。况阳春召我以烟景,大块假我以文章。会桃李之芳园,序天伦之乐事。群季俊秀,皆为惠连;吾人咏歌,独惭康乐。幽赏未已,高谈转清。开琼筵以坐花,飞羽觞而醉月。不有佳咏,何伸雅怀。如诗不成,罚依金谷酒数。[4]

---

[1]《太平经》卷四十,《道藏》第24册。
[2] [唐]李白:《感兴・其四》,《李太白全集》卷之二十四。
[3] [唐]李白:《答湖州迦叶司马问白是何人》,《李太白全集》卷之十九。
[4] [唐]李白:《春夜宴从弟桃李园序》,《李太白全集》卷之二十七。

李白深受道教文化的熏陶,其及时行乐的生命理想表露出道教乐生的生命意识。及时行乐不是醉生梦死,纸醉金迷,而是对生命精神的张扬,是对现世存在价值的充分肯定。"幽赏未已,高谈转清。开琼筵以坐花,飞羽觞而醉月。"人从世俗的功利性生存状态超脱出来,让身心获得即刻的放松、须臾的解脱与短暂的逍遥,品味生命存在的意味,聆听心灵深处最为真切的呼唤。

隋唐五代道教热爱生命,讴歌生命,促成了时人逍遥人生的处世态度。上清派是隋唐五代影响最大的道教流派。王远知是陶弘景的弟子,深受隋炀帝、唐太宗尊奉,他为上清派的兴盛作出过贡献。王远知传嵩山潘师正,潘师正又传司马承祯(647—735)。据史书记载:"司马炼师以吐纳余暇,琴书自挨,潇洒白云,超驰元圃。"①又据《仙鉴》,司马承祯与陈子昂、卢藏用、宋之问、王适、毕构、李白、孟浩然、王维、贺知章等文人交游,号称"仙宗十友"。与此接近的,还有"方外十友"的说法。② "仙宗十友"是指一群爱好方外之游的文人,交游地点以嵩山司马承祯所在的道观为中心,时间约在 685 年至 696 年之间。司马承祯是茅山道派的重要传人,对"仙宗十友"与道教文化结缘有过直接的影响。他曾多次受到唐玄宗召见,唐玄宗让他在王屋山自选形胜,筑阳台观以居之。司马承祯与宋之问相友善,宋之问也曾表示对神仙世界的向往:"卧来生白发,览镜忽成丝。远愧餐霞子,童颜且自持。旧游惜疏旷,微尚日磷缁。不寄西山药,何由东海期。"③这种向往神仙世界的生命理想,不是个别现象,而是隋唐五代文人较为普遍的精神诉求。

与一般人迷恋于金石炼丹之术不同,陈子昂、宋之问、卢藏用、张说、

---

① [唐]刘肃:《大唐新语》卷一〇。
② 《新唐书·陆余庆传》有"方外十友"之说,分别是陆雅善、赵贞固、卢藏用、陈子昂、杜审言、宋之问、毕构、郭袭微、司马承祯、释怀一。有学者认为,"仙宗十友"中的陈子昂、卢藏用、宋之问与李白、孟浩然、王维没有交往,因而这一说法并不可信。这两个称号中的"十友"或许只是概数,难以一一考证,其意义在于,它不是作为一种偶然的文化现象而出现的,它是当时文人思想状况的真实反映。
③ [唐]宋之问:《寄天台司马道士》,《全唐诗》卷五二。

张九龄等文人接触道教,并与司马承祯交往密切,主要是与道教义理心有神会。他们借助道教义理思考生命的意义,探究宇宙、人生与历史的奥秘。陈子昂(661—702),字伯玉,唐代文人,有《陈拾遗集》传世。他的父亲是忠实的道教信徒,陈子昂也深爱黄老之言,道士潘师正去世后,陈子昂曾为之撰写碑颂,他还以道教义理思考"时""才""命"的关系,作有《感遇诗》三十八首。宋之问早年在弘农清庐,后购陆浑山庄、蓝田山庄,主张归隐乡村山林。"仙宗十友"一改魏晋时人"小隐隐林薮,大隐隐朝市"①的做法,多隐居于山林,恰如宋之问所言:"大隐德所薄,归来可退耕。"②

　　文人归隐方式的选择,并不只是个人的兴致使然,这种选择行为本身就含有某种审美意蕴。其中,最突出的审美意蕴在于,它促使自然山水成为文人艺术家的重要审美物象。归隐方式的选择也促使私人别业得以大力发展。私人别业是文人的栖居之所,也是友人之间的交流场所,这为山水田园艺术的创造提供了氛围和素材,使得自然山水之美进而成为当时重要的审美领域。同时,私人别业的大力发展也有利于园林艺术的兴盛。这个时期,很多文人都写过与园林有关的诗词文赋,不少画家细致入微地描绘过园林的美妙图景,促进了六朝以来园林美学的发展,这也反映出隋唐五代园林兴盛的大体状况。由此可见,道教的隐逸理想影响着文人归隐方式的选择及其审美化人生境界的生成。

　　隋唐五代道教珍重感性生命的存在价值,崇尚生命的活力,中国人将道教乐观的生命意识转化为以此生为乐的人生态度与以此生为美的审美态度。许宣平是唐代道士,曾经受到李白的赞许。他有这样一首题壁诗:"隐居三十载,石室南山巅。静夜玩明月,清朝饮碧泉。樵人歌垄上,谷鸟戏岩前。乐矣不知老,都忘甲子年。"③据史书记载,唐睿宗景云年间,许宣平隐居于城阳山南坞,结庵以居,修身有道,身体强健,以砍柴

---

① 〔晋〕王康琚:《反招隐诗》,《先秦魏晋南北朝诗》,第 953 页,北京:中华书局,1988 年。
② 〔唐〕宋之问:《奉使嵩山途经缑岭》,《全唐诗》卷五一。
③ 〔唐〕许宣平:《庵壁题诗》,《全唐诗》卷八六〇。

卖薪为生,扁担上常挂一花瓢和曲竹杖,醉行腾腾,吟哦以归:"负薪朝出卖,沽酒日西归。时人莫问我,穿云入翠微。"①可见,许宣平向往自在逍遥的生活。仅仅品读其诗文,可能很难觉察许宣平的道教信仰,读者却会为他的乐观态度所折服。以往的中国道教思想史研究多强调道教与禅宗之别,其实,在归隐方式的选择与生命自由的追求等方面,隋唐五代道教与禅宗又有颇为接近之处。

许宣平是一位融会道禅精神的文人,唐代道教学者潘师正也是如此。据《新唐书》载,潘师正自幼丧母,以孝闻名,后师王远知修道,居逍遥谷,唐高宗幸东都时召见他,问他有何需求。潘师正答:"茂松清泉,臣所须也,既不乏矣。"②这表明,道士的心性舒卷离不开清泉幽谷的滋养,任他花鸟笑,酣醉卧楼台,以此生为乐的人生态度促成了当时文人的逍遥性情。吴子来说:"此生此物当生涯,白石青松便是家。对月卧云如野鹿,时时买酒醉烟霞。"③正所谓,山光物态收眼底,清溪薄雾尽沾衣。隋唐五代道士嗜好山水,钟情于清幽之境。在他们看来,步虚须是挚友相伴,嬉戏为乐。体道当有青山云水,惠风新月。唐代道士张令问隐居天国山,自号天国山人。他长年寄居山林,以隐居闲适为乐:"试问朝中为宰相,何如林下作神仙。一壶美酒一炉药,饱听松风清昼眠。"④张令问与道士杜光庭私交甚密,常以诗文唱和。他们都热爱生命,充满审美情趣。杜光庭有句:"闷见有人寻,移庵更入深。落花流涧水,明月照松林。"⑤醉卧林泉,浪迹烟霞,是唐代道士生活的写真,也是隋唐五代道教乐观的生命意识的流露。唐代道士张辞好酒耽棋,他"身即腾腾处世间,心即逍遥出天外"⑥,也是一派乐观风度。因为热爱生命,他们身处世间,笑看落花,清吟淡月;因为尊重生命,他们心性逍遥,任世浮沉,及时行乐。

①［元］赵道一:《历代真仙体道通鉴》卷三七,《道藏》第5册。
②［宋］欧阳修、宋祁:《新唐书》卷一九六。
③［唐］吴子来:《留观中诗》,《全唐诗》卷八五二。
④［唐］张令问:《寄杜光庭》,《全唐诗》卷八六一。
⑤［唐］杜光庭:《山居》,《全唐诗》卷八五四。
⑥［唐］张辞:《别令诗》,《全唐诗》卷八六一。

　　吕岩是晚唐道教内丹派的倡导者,他的诗文也很能体现出道教乐观的人生态度。他把大自然的生机流荡、田园牧歌声中的乐生心绪传达出来。如,《牧童》:"草铺横野六七里,笛弄晚风三四声。归来饱饭黄昏后,不脱蓑衣卧月明。"①任兴起卧,独走天涯,安然自乐,胜似神仙。功成归物外,自在乐烟霞。斗笠为帆扇作舟,五湖四海任遨游。这种吟唱在吕岩的诗篇中俯拾皆是。隋唐五代道教并没有厌弃现世而寻求出世,而是将生命的意义安放在现世生活与现实人生里,并由此探求存在的永恒、精神的快乐与心性的逍遥。俗话说,快乐似神仙。这句话很能概括吕岩等道士的人生态度。这种快乐主要不是肉体生命的快乐(当然也不可否定这一层),而是精神生命的自由洒脱。在隋唐五代,道教逍遥自在的人生态度同时意味着审美化的人生理想与生命境界。它质疑世俗生存的存在价值,明月清风、幽泉碧云、琴棋诗酒成为他们诗意人生的知音。

　　修道者乐观的生命意识影响到当时文人的人生理想与审美态度。不少文人深切认同道教的生命观。整顿衣襟拂净床,一瓶秋水一炉香。身不出家心出家,残年逍遥坐道场。这能大致描述当时部分文人的人生理想与审美态度。韦应物说:"旷岁恨殊迹,兹夕一披襟。洞户含凉气,网轩构层阴。况自展良友,芳樽遂盈斟。适悟委前妄,清言怡道心。岂恋腰间绶,如彼笼中禽。"②不少文人都表现出对道士生活的向往,其实质是对道教乐观的生命意识的诉求。诗人孟浩然一生的大部分时光都是在隐居生活中度过的,李白称他"红颜弃轩冕,白首卧松云",是说他高逸出俗,超然世表,性情逍遥。孟浩然诗中的道士常是"傲吏"式的隐逸之人。孟浩然说:"傲吏非凡吏,名流即道流。隐居不可见,高论莫能酬。水接仙源近,山藏鬼谷幽。再来迷处所,花下问渔舟。"③这种"傲吏"式的道流耕种田园,酌酒自劝,采樵卖药,日出而游,日夕而归,过着陶渊明式的诗酒生活。他们杖策相逢,邂逅成欢,啸傲江湖,归卧青山,梦游清都,

①〔唐〕吕岩:《牧童》,《全唐诗》卷八五八。
②〔唐〕韦应物:《夜雨宿清都观》,《全唐诗》卷一九二。
③〔唐〕孟浩然:《梅道士水亭》,《全唐诗》卷一六〇。

饮露餐霞,乐此不疲。"既笑接舆狂,仍怜孔丘厄。物情趋势利,吾道贵闲寂。"①物情交织,不干我心,是非得失,无伤我性。心境闲寂,任它云卷云舒。静观流水,焉知水流心流? 道教的生命意识成就了隋唐五代文人的逍遥心性,也奠定了隋唐五代艺术的审美情调。

隋唐五代道教推重逍遥自在的生命态度,源于先秦道家对人的自由境界的向往。庄子认为,事物的天性合乎自然之道即为真;伪饰做作,就是不自然、不真实。庄子主张返璞归真,得其天全。在《庄子·秋水》里,北海若举例说,牛马四足,任其天性,谓之得其天全,倘若将马的头络起来,或者将牛的鼻子穿起来,牛马的自由被剥夺了,它们就丧失了本真的天性。庄子借北海若代言:"无以人灭天,无以故灭命,无以得殉名。谨守而勿失,是谓反其真。"在庄子看来,人与天本无间隔,只因人处处按照自己的意志行事,使得事物背离了真实的状态。如果人安于天命,依乎事物的自然本性而行,万物就能从被扭曲的状态中解放出来,回归到道法自然、各尽其性的境界。免于形累,形备神全,与天为一,与道同归。

如果说,"乘云气,御飞龙,而游乎四海之外"(《庄子·逍遥游》)的逍遥之境是道家最自由的存在境界,是近乎高不可攀的真人境界,那么,庄子也给世人留下了经由体道而抵达自由存在的希望,那就是"法天贵真,不拘于俗"(《庄子·渔父》)。"法天贵真"是指受命于天,因顺自然而不拘于俗,与之对称的是沿袭世俗之礼的愚者。从尘世的樊笼中解脱出来,超越囚徒般的生存困境,是庄子反复言说的生命自由的话题。在隋唐五代,这两种追求生命自由的境界都是存在的,尤以第二种为主。向往自由,体现出个体生命的觉醒意识,这与人关注自身、尊重生命的真实意义有关。南朝道士陶弘景道法高深,品行高尚,深受梁武帝敬重。梁武帝曾多次召他出山,都遭到了陶弘景的婉言谢绝。据说,陶弘景为了表达自己不愿出山的决心和志趣,画了两头牛,"一牛散放水草之间,一

---

① [唐]孟浩然:《山中逢道士云公》,《全唐诗》卷一五九。

牛著金笼头，有人执绳，以杖驱之"①。这幅画明确地表明，陶弘景不愿为官场的囚笼所束缚，也体现出道教追求生命自由的价值取向。陶弘景宁可散漫于江湖之上，却不愿插身于名利之场，也不甘依附于权贵之间，他不想让纯洁的生命受到世尘的污染，而忠诚于生命的本真天性。在追求生命的逍遥自在方面，隋唐五代道教与庄子哲学的价值取向是一致的。

《庄子·逍遥游》："今子有大树，患其无用，何不树之于无何有之乡，广莫之野，彷徨乎无为其侧，逍遥乎寝卧其下。无夭斤斧，物无害者，无所可用，安所困苦哉！"唐代重玄派道教学者成玄英疏："彷徨，纵任之名；逍遥，自得之称；亦是异言一致，互有文耳。"②又，《庄子·让王》："逍遥于天地之间而心意自得。"《庄子·天运》释"逍遥"："古之至人，假道于仁，托宿于义，以游逍遥之墟，食于苟简之田，立于不贷之圃。逍遥，无为也；苟简，易养也。不贷，无出也。古者谓是采真之游。"成玄英疏："古之真人，和光降迹，逗机而行，博爱应物，而用人群，何异乎假借涂路，寄托宿止，暂时游寓，盖非真实，而动不伤寂，应不离真，故恒逍遥乎自得之场，彷徨乎无为之境。"③成玄英注疏"逍遥"时很看重精神超越的品性，这在隋唐道教思想界很有代表性。

在《南华真经疏序》里，成玄英还记述了自古以来有关"逍遥"的三种说法。其一，顾桐柏说："道者，销也；遥者，远也。销尽有为累，远见无为理。以斯而游，故曰逍遥。"其二，支道林讲："物物而不物于物，故逍然不我待，玄感不疾而速，故遥然靡所不为。以斯而游天下，故曰逍遥游。"其三，穆夜说："逍遥者，盖是放狂自得之名也，至德内充，无时不适，忘怀应物，何往不通，以斯而游天下，故曰逍遥游。"④成玄英有调和诸家之意，但在主张生命个体的精神快乐、张扬超越世俗的精神自由以及传达生命的愉悦体验等方面，他与上述三家的解释又是一致的。

---

① ［唐］李延寿：《南史》卷七六。
② ［唐］成玄英：《南华真经注疏》卷之二，《道藏》第16册。
③ 同上书，卷之一六。
④ ［唐］成玄英：《南华真经注疏·南华真经疏序》，《道藏》第16册。

那么,怎样才能做到心境两适,处处逍遥?成玄英援引大乘佛教的般若空观来阐释道教义理,认为世间事物都是虚幻不实的,世人沉迷于尘俗之事而不知自拔,因而苦恼不堪,难以解脱,不得逍遥。运之以虚空之心,于尘世境界了无分别,去除执情迷妄,方能步入逍遥之境。成玄英说:"可欲者,即是世间一切前境色声等法,可贪求染爱之物也。所言不见者,非杜耳目以避之也,妙体尘境虚幻,竟无可欲之法,推穷根尘不合故也。既无可欲之境,故恣耳目之见闻而心恒虚静,故言不乱也。"①体证事物的虚幻体性,不必刻意而为,不必闭目塞听,只要和光同尘,无为恬淡,外无可欲之境,内无可欲之心,尘累自然脱落。处染无染,心境两忘,逍遥顿时备至。

隋唐五代道教哲学映现出闲适的审美情调,这与内丹道的兴盛是分不开的。内丹道将修炼的方式转向个人心性的颐养,甚至认为道不可求,道不用修,不假修持,即可体道成真。

内丹道士不以金石炼造长生之躯,而主张心性的修养之功,以清净淡泊的心性成就超然尘俗的境界。闲来无事看青山,闷即街头酒为丹。逍遥于碧嶂青松之下,醉吟于洞庭山水之间。这是道士吕岩的生活写照。吕岩说:"世上何人会此言,休将名利挂心田。等闲倒尽十分酒,遇兴高吟一百篇。物外烟霞为伴侣,壶中日月任婵娟。他时功满归何处,直驾云车入洞天。"②闲适之心是修道悟真的最佳心境,因为心境闲适,就能超然世事,不为尘俗所染。这首诗给修道之人体道成仙许下了承诺。唐代女道士鱼玄机也颇有闲适之致:"春花秋月入诗篇,白日清宵是散仙。空卷朱帘不曾下,长移一榻对山眠。"③吟明月,任春风,不张罗于世事,却能体味水流花开的闲情逸致。隋唐五代道士们的闲心,在审美领域转化成一种闲适的美感体验与审美情调。

---

① [唐末五代]强思齐:《道德真经玄德纂疏》卷一,《道藏》第 13 册。成玄英疏"不见可欲,使心不乱"。
② [唐]吕岩:《七言》,《全唐诗》卷八五七。
③ [唐]鱼玄机:《题隐雾亭》,《全唐诗》卷八〇四。

二、超越之境

隋唐五代道教珍重感性生命，关注现世的存在，具有明显的世俗化特征。然而，道教学者并没有放弃精神超越的理想。或者说，隋唐五代道教的超越精神，是与追求感性的快乐结合在一起的。如果说，早期神仙道教的"贵生""重生"意识主要体现在注重肉身存在的永久性，那么，隋唐五代道教已不太关注肉体存在的永久性，而主要追求人的精神生命的永恒价值，吴筠就是其中的杰出代表。

吴筠有《高士咏》五十首，主要称赞道教神仙、先唐隐士和其他历史名人。除了称道广成子、南华真人、冲虚真人等与造化同流，逍遥于神明之域的仙道人物之外，他还歌赞了伯夷、叔齐、陶渊明等品行高洁之士。他歌赞许由："大名贤所尚，宝位圣所珍。皎皎许仲武，遗之若纤尘。弃瓢箕山下，洗耳颍水滨。物外两寂寞，独与玄冥均。"①吴筠歌赞高人逸士，他还探索神仙修炼之法，其中也贯穿着追求精神永恒的生命信仰。吴筠列举的近于仙道境界的历史人物②，都是志性高洁的名流隐士，他们隐逸不群的生存方式也合乎儒家的理想人格标准。这些隐士无一不以精神的永恒而闻名。这表明，隋唐五代道教与儒家文化存在相互交融的态势，也可见出道教向往神仙境界的诉求，以及追求精神永恒的超越理路。

从隋唐五代修道者及文人们的游仙诗文来看，道教哲学与美学的超越境界主要体现在以下三个方面。

（一）超然尘世之外，向往淡泊寂寥的世界

游仙诗是道教超越精神的体现。游仙诗意象纷呈，意境玄远虚寂，往往展现出不同于现世生活的别一天地，这就是世人津津乐道的神仙世

---

① ［唐］吴筠：《宗玄先生文集》卷下，《道藏》第 23 册。
② 吴筠说："其次至忠，至孝，至贞，至廉；按《真诰》之言，不待修学而自得；比干剖心而不死，惠风逆水而复生；伯夷、叔齐、曾参、孝己，人见其没，道之使存；如此之流，咸入仙格，谓之隐景潜化，死而不忘，此例自然。近于仙道七也。"（《宗玄先生文集》卷中，《道藏》第 23 册）

界。隋唐五代游仙诗文繁多,王绩、卢照邻、王勃、韦应物、孟郊、张籍、李贺、白居易、曹唐、李商隐等都有游仙诗传世,顾况、刘禹锡、高骈、司空图、皎然等则有步虚词传世。步虚词,是道观所唱之曲,"备言众仙飘渺轻举之美"①。这是对步虚词美感体验的精当概括。

在游仙诗和步虚词生成的审美世界中,修仙体道者常与广袤无垠的宇宙时空相照面,亲证着飘渺轻举的超越体验。不将人世恋,飞奔上清宫。羽驾正翩翩,云鸿最自然。不少修道者都作此超越之想。吴筠《游仙诗》其一:"悟彼众仙妙,超然全至精。凝神契冲玄,玄服凌太清。心同宇宙广,体合云霞轻。翔风吹羽盖,庆霄拂霓旌。龙驾朝紫微,后天保常名。岂如寰中士,轩冕矜暂荣。"②乘鸾鸟,驾飞龙,造天关,闻天语。立于太濛之侧,却步缥缈幽境。体混希微,神凝空洞,凉风习习,奇香沁人。超越世俗功利、是非得失,与宇宙齐一,与天地同归,真是"萧然宇宙外,自得乾坤心"③。这种超然世外的修道成仙体验,接近于审美体验。琼台为仞,素云飞绕。三气冲和,六天清静。玉楼辉映,烟霞秀隐。此境朴素纯一,淡泊寂寥,回望喧嚣人世,到处都在争名逐利,苟且偷生。海上求仙之客,更与人间辞别。这种求仙修道的冲动,也源自对神仙世界的向往。丹丘生是盛唐时代的著名隐士,也是李白青年时期在蜀中结识的道友,他们曾一起在河南颍阳嵩山隐居。丹丘生栖居在一个不同凡俗的神仙世界之中:

> 西岳峥嵘何壮哉!黄河如丝天际来。黄河万里触山动,盘涡毂转秦地雷。荣光休气纷五彩,千年一清圣人在。巨灵咆哮擘两山,洪波喷流射东海。三峰却立如欲摧,翠崖丹谷高掌开。白帝金精运元气,石作莲花云作台。云台阁道连窈冥,中有不死丹丘生。明星玉女备洒扫,麻姑搔背指爪轻。我皇手把天地户,丹丘谈天与天语。

---

① 可参[宋]郭茂倩:《乐府诗集》卷七八引《乐府解题》;[唐]吴兢:《乐府古题要解》,《历代诗话续编》本。
② [唐]吴筠:《宗玄先生文集》卷中,《道藏》第23册。
③ 同上。

九重出入生光辉,东来蓬莱复西归。玉浆傥惠故人饮,骑二茅龙上天飞。①

在李白眼中,西岳华山是世外人间之所在,而道友丹丘生就在此地来去自在,蔑视权贵,洒脱不羁。这篇诗文将神仙世界中人气贯长虹、唯我独尊、气象恢弘的精神面貌传达得淋漓尽致。骑龙飞上太清家,飘然挥手凌紫霞。云容衣眇眇,风韵曲泠泠。玉笙下青冥,人间未曾闻。日华炼魂魄,皎皎无垢氛。这是清净洁雅的天堂,又是极乐无穷的世界。追求逍遥之乐,超离尘俗世界,是隋唐五代道教的生命理想,也是隋唐五代道教哲学与美学的超越精神之所指。

隋唐五代还常通过人物美的描绘来张扬人的超越精神。这种审美风尚与道教有一定关系。刘餗是唐代史学家刘知幾之子,著有笔记小说集《隋唐嘉话》,其中提到:“高宗承贞观之后,天下无事,上官侍郎独持国政,尝凌晨入朝,巡洛水堤,步月徐辔,咏诗云:‘脉脉广川流,驱马历长州。鹊飞山月晓,蝉躁野风秋。’音韵清亮,群公望之,犹神仙焉。”②在这则笔记里,刘餗将上官仪的风姿神采喻为“神仙”,这个喻象旨在显示上官仪风神气度的潇洒从容、风格容仪的卓尔不群,以及风貌容姿的超凡脱俗。在隋唐五代艺术领域,还盛行以“神仙”形容美女,甚至也包括当时的妓女。施肩吾说:“缥缈吾家一女仙,冰容虽小不知年。有时频夜看明月,心在嫦娥几案边。”③这是对女性美的欣赏、追慕与赞叹,而不是占有女性美的欲望表达。

隋唐五代出现的这些审美现象,已经远远超过人物写法或表达技巧的解释层面。从人文意识来讲,它促进了当时社会的男女平等意识;就审美价值而言,它也为人物美(特别是女性美)的张扬作出了贡献,拓宽了隋唐五代的审美意象领域。李公佐《南柯太守传》写大槐安国仙姬金

---

① 〔唐〕李白:《西岳云台歌送丹丘子》,《李太白全集》卷之七。
② 〔唐〕刘餗:《隋唐嘉话》卷中。
③ 〔唐〕施肩吾:《赠施仙姑》,《全唐诗》卷四九四。

枝公主"年可十四五,俨若神仙"①;薛调《无双传》写王仙客初见无双,"资质明艳,若神仙中人"②;元稹《莺莺传》写崔莺莺来到张生处,"且疑神仙之徒,不谓从人间至矣"③。陈寅恪在谈到《莺莺传》时认为:"六朝人已奢谈仙女杜兰香萼绿华之世缘,流传至于唐代,仙(女性)之一名,遂多用作妖艳妇人,或风流放诞之女道士之代称,亦竟有以之目娼伎者。"④当时的艳情诗风固然存在颓废放荡等方面的不足,但是描绘人物美的审美意象在唐代大量出现,并不是偶然的个别现象。所以,探讨唐代人物审美现象出现的原因,并做出符合历史的评价,似乎比一概地否定更为切要。

隋唐五代艺术关于女性美(包括女仙)的描绘,对于人物美的审美情趣、审美理想的确立来说还是功大于过的。陈寅恪以史学家的眼光评判审美活动,其偏执性和局限性自然也就难以避免了。隋唐五代艺术中的女性意象(包括女仙)固然不乏"妖艳妇人",但也并不尽然。即便是"妖艳妇人",从某种意义上说也是对现实生活中妇人意象的超越,使妇人从家庭主妇、男尊女卑的世俗秩序网络中挣脱出来,成为艺术家观照的意象,使之审美化,甚至神仙化、理想化,其风姿,其形容,其品貌,都不同于现实生活中的妇人了。所以说,隋唐五代艺术展示女性的美,对于张扬人物美(尤其是不同于世俗妇人的女性美)是值得充分肯定的,这种审美现象为人物美的描绘提供了某种样式。这可以看作是隋唐五代道教超越精神在人物审美领域的落实。

道教典籍多重铺排描绘,用词华丽,意象纷呈,变幻莫测,而这些意象词汇多以自然物象为之。张志和在《玄真子外篇》里,描绘天地自然之美,风云雷电,江河海洋,极尽铺张之能事。如,《太廖歌》:"化元灵哉,碧虚清哉,红霞明哉,冥哉茫哉,惟化之工无强哉!"⑤与之相似,唐代书法美

---

① 鲁迅:《唐宋传奇集》卷三,《鲁迅全集》第十卷,第 260 页,北京:人民文学出版社,1973 年。

② 鲁迅:《唐宋传奇集》卷四,《鲁迅全集》第十卷,第 318 页。

③ [唐]元稹:《莺莺传》,《太平广记》卷第四百八十八。

④ 陈寅恪:《元白诗笺证稿》,第 107 页,上海:上海古籍出版社,1978 年。

⑤ [唐]张志和:《玄真子外篇·碧虚》,《道藏》第 21 册。

学家李嗣真不仅直接援引"学道""仙人"等道教语汇入论,还反复以自然界的物象来阐明书理:

> 右军正体如阴阳四时,寒暑调畅,岩廊宏敞,簪裾肃穆。其声鸣也,则铿锵金石;其芬郁也,则氤氲兰麝;其难征也,则缥缈而已仙;其可觌也,则昭彰而在目。可谓书之圣也。若草、行杂体,如清风出袖,明月入怀,瑾瑜烂而五色,黼绣摛其七采,故使离朱丧明,子斯失听,可谓草之圣也。其飞白也,犹夫雾縠卷舒,烟空照灼,长剑耿介而倚天,劲矢超腾而无地,可谓飞白之仙也。又如松岩点黛,蓊郁而起朝云;飞泉漱玉,洒散而成暮雨。既离方以遁圆,亦非丝而异帛,趣长笔短,差难缕陈。子敬草书逸气过父,如丹穴凤舞,清泉龙跃,倏忽变化,莫知所自,或蹴海移山,翻涛簸岳。故谢安石谓公当胜右军,诚有害名教,亦非徒语耳。[1]

李嗣真援引道教常见语汇论书,清风明月、松石林泉、山岳海涛,扑面而来,无所不有。他以王羲之书法为典范,即修道成仙之品,这表明王羲之书法境界高妙脱俗,不同凡俗,同时,又借此强调书法美的变幻多姿,异彩纷呈。李嗣真以自然物象论书,有利于阐明真、草、行等各体书法的美感特征,体证书法美与美感的同一性和丰富性。同时,上述各种书体又各专其美,平等无碍。除此之外,援引自然物象入论,还能传达书法美感妙不可言、难以言传的特征。在具体的书法批评活动中,这又能给各体书法以变幻多姿的美感规定,而不只是提供符合理论逻辑的结论,这就影响到书法批评家只能以自家体验到的审美意象体证书法之美,言说书法之道。这种援引自然意象来评论艺术的审美现象背后,有着道教文化超越世俗生活,回归清净本真世界的生命理想。

隋唐五代道教既追慕人世间美好的事物,又能给人以超越现世生存的力量,或者说是超自然的精神。时人对正义、公理的诉求常常通过道

---

[1] [唐]李嗣真:《书后品》,《佩文斋书画谱》卷八。

教文化所蕴含的侠义精神展示出来。唐代崔颢、孟郊、李白、元稹、温庭筠等都撰有杂曲歌辞《游侠篇》或《游侠行》,当时的道教学者也以侠义相标榜。吕岩曾多次描绘侠义豪客意象,如:"发头滴血眼如镮,吐气云生怒世间。争耐不平千古事,须期一诀荡凶顽。蛟龙斩处翻沧海,暴虎除时拔远山。为灭世情兼负义,剑光腥染点痕斑。"①笑指世间不平事,骑龙抚剑九重关。在道教文化中,神仙很多时候负载着超自然的力量,他们代表正义一方义无反顾地与邪恶的一方进行斗争。他们立志扫尽人间的种种不平,为生民立命,为万世开太平。他们不食人间烟火,却怜悯天下民生疾苦,心系天下百姓安危。这种侠义豪情,这种敢于担当的精神,同样是一种超越现世的人生境界。吕岩就多次表示,要以手中利剑削平人间不平之事。吕岩有诗:"粗眉卓竖语如雷,闻说不平便放杯。仗剑当空千里去,一更别我二更回。"②吕岩又说:"庞眉斗竖恶精神,万里腾空一踊身。背上匣中三尺剑,为天且示不平人。"③唐诗中的游侠、侠客意象多是超越世俗礼法约束之人,他们将个人的生死存亡置之度外,看似意气用事,实则是人间正义理想之化身。

唐代游侠诗文展现的手挥快刀斩乱麻的侠义豪情,激发了中国艺术家的精神共鸣。这在中国小说、戏曲、笔记、野史中都可找到丰富的例证。一般在情节发展的紧要关头,常有神仙或侠士出现,他们临危不惧,大义凛然,显现出人性的美好和尊贵,他们是正义的化身。他们的铁胆之心、豪侠情肠总让观者折服,或感动流泪,或破涕而笑。挥我匣中青剑,削尽四海烟尘,伸展愁闷胸襟,自觉一身轻松。中国艺术里常有超越自然的侠义力量,这不能仅仅理解为艺术家的虚构想象,也不只是儒家、墨家思想以及民间正义力量的传扬。从思想根源而言,这种超自然的侠客意象也与道教超越现世生存的精神有关。

---

① [唐]吕岩:《七言》,《全唐诗》卷八五七。
② [唐]吕岩:《绝句》,《全唐诗》卷八五八。
③ 同上。

（二）向往感性而快乐的天上人间

隋唐五代道教的超越精神也体现在，它对感性而快乐的天上人间充满向往。隋唐五代道教文化中的天上人间，高洁雅静，不再是淡泊寂寥，而是歌舞升平，其乐无穷。这种天上人间式的审美世界，反映出中国人对自由、平等、理想社会的想象，梦天、步虚、驾龙、攀月、遨游，都是实现这些想象的具体审美方式。李贺有一首《天上谣》，描述出一个极乐无忧的天上人间："天河夜转漂回星，银浦流云学水声。玉宫桂树花未落，仙妾采香垂佩缨。秦妃卷帘北窗晓，窗前植桐青凤小。王子吹笙鹅管长，呼龙耕烟种瑶草。粉霞红绶藕丝裙，青洲步拾兰苕春。东指羲和能走马，海尘新生石山下。"①这首诗展现了一个和谐美满的天上人间，歌舞升平，异香扑鼻，寄托了诗人不满现实进而渴求超越的心愿。但是，这种超越却又很容易落入感性的世俗生活。

一方面，道教将神仙的居所设置在远离尘世之处，广渺无际，远不可及。另一方面，又充满着温情可感的人间气息。羽客可以恣性游息，浮游天汉，泊止星渚，有霞液可饮，有虹芝堪食，何其痛快自在。吴筠有游仙诗："将过太帝宫，暂诣扶桑处。真童已相迓，为我清宿雾。海若宁洪涛，羲和止奔驭。五云结层阁，八景动飞舆。青霞正可挹，丹楂时一遇。留我宴玉堂，归轩不令遽。"②天人济济，高会碧堂之中；云歌悠悠，真音弥漫四方。素手掬青霭，相邀弄紫霞。这俨然就是天上的人间世界。这里有鲜果奇珍、美味美食，又不乏人情温暖，实在让人迷恋。这是道教给人的精神承诺，也是道教理想世界的生活图景。修道者幽居于青山碧水之间，神游在天宇烟霞之际。罗衣曳紫烟，云天幽独游。青丝作筰桂为船，白兔捣药虾蟆丸。李贺想象中的神仙世界充满着人间情味："飞香走红满天春，花龙盘盘上紫云。三千宫女列金屋，五十弦瑟海上闻。天江碎碎银沙路，嬴女机中断烟素。缝舞衣，八月一日君前舞。"③这是人仙共舞

---

① ［唐］李贺：《天上谣》，《全唐诗》卷三九〇。
② ［唐］吴筠：《宗玄先生文集》卷中，《道藏》第23册。
③ ［唐］李贺：《上云乐》，《全唐诗》卷三九三。

的场景,这样的神仙生活是远离寂寞的,甚至散发着浓郁的人间气息。吕岩也说:"个个觅长生,根元不易寻。要贪天上宝,须去世间琛。"①在吕岩等道士看来,青松岩畔,白云堆里,莫不是神仙境界。洞天不在天上,而在生活的此岸。

中唐以来,游仙诗的审美趣味发生了较大的改变,体现出两种新的趋向:一是珍重现世生活,二是向往男女情爱。修道者即使看破红尘,遁入道门,也难以完全摆脱世俗感情的牵系。即使身处仙境,也与世人一样可以招携紫阳之友,合宴玉清台上,与神仙中人往来酬答,恣情邀宴,乐而忘怀。这是隋唐五代游仙诗超越现世生存的审美表现。曹唐说:"不将清瑟理霓裳,尘梦那知鹤梦长。洞里有天春寂寂,人间无路月茫茫。玉沙瑶草连溪碧,流水桃花满涧香。晓露风灯零落尽,此生无处访刘郎。"②曹唐借用《搜神记》中刘晨、阮肇入天台山的故事表达怅茫之情。为何说"洞里有天春寂寂,人间无路月茫茫"?仙洞幽寂清净,正是修道的极佳去处,然而,此地人间气息终究不足,断不是生命的长久居所。也就是说,只有充满人间气息、感性快乐的生活世界,才是美之所在。曹唐的另一首诗更是将神仙凡俗化了:"再到天台访玉真,青苔白石已成尘。笙歌冥寞闲深洞,云鹤萧条绝旧邻。草树总非前度色,烟霞不似昔年春。桃花流水依然在,不见当时劝酒人。"③人有悲欢离合,月有阴晴圆缺,劝酒的仙子却不在了,让人顿生莫名的惆怅。这首诗虽是写仙女,寄寓的却是世俗生活里的男女之情。还有些艳丽绮情之作,描述的是个体性与私密性的生活,却以神仙意象呈现。

有些游仙宴饮的诗文则表达出对感官享受的沉迷或放纵,将追慕感官快乐推向一个极端。这种审美趣味世俗化现象的出现,固然与隋唐五代都市繁华与商业发达的社会环境分不开,同时也不可排除当时道教思想世俗化对审美活动的多方位渗透。从个体而言,这种享乐意识是文人

---

① [唐]吕岩:《五言》,《全唐诗》卷八五八。
② [唐]曹唐:《仙子洞中有怀刘、阮》,《全唐诗》卷六四〇。
③ [唐]曹唐:《刘、阮再到天台不复见仙子》,《全唐诗》卷六四〇。

面对黑暗现实,深感前程渺茫时痛苦心理的折射。这些诗文虽然多为文人所作,但的确从道教义理获得了启发。

同样是传达超越理性生存的世俗享乐心理,有些诗文的境界则更为洒脱,这表明隋唐五代文人对自身存在,尤其是对当下感性存在的珍重。白居易说:"华阳观里仙桃发,把酒看花心自知。争忍开时不同醉?明朝后日即空枝!"①在道教思想语境中,桃花意象既作为世外桃源的背景而存在,又与人对前途命运的关注相关,还与人对生命短暂的觉解有关。这首诗里桃花意象的深层意蕴,显然属于后一种情况。白居易的桃花之叹,是想珍重有限的现世生活,把捉当下充盈的感性存在,享受生命的须臾灿烂。这是感性而快乐的生命体验,也是感官愉悦的审美体验。

(三)道教文化也促成了心性的超越,在此岸的世界里体味生命的情趣

隋唐五代道教的超越精神还有一个重要的特征,就是在尘世里寻求心性的超越。唐代道士张氲(654—745),工琴书,好黄老方术,悠游往返于青城、王屋、太行等名山,与叶法善、罗公远为友。他也是一位非常强调心性超越的文人。据说,张氲曾经寓居洛阳给事李峤家13年之久,词人逸客争相求见,后来唐玄宗屡召,推辞不愿相见。王守礼问张氲:"'淮南鸡犬皆仙去,有之乎?'氲曰:'学道求仙,如同睡异梦,父子夫妇莫相及也。'守礼曰:'神丹有饵,黄金可成乎?'氲曰:'富贵声色,伐性之斧;点化烹炼,夭命之斤;草木金石,腐肠之药,不可学也。'"②张氲破除了常人对学道求仙的执著之念,他认为神仙长生之道不可求,神丹金石之药不可服,修道成真的真正工夫应落实到心性的超越上来,也就是返归自身,莫向外求。

张氲的这种看法在隋唐五代文人阶层已经不是个别现象,回归自心已经成为道教精神超越的普遍共识。道士张辞说:"何用梯媒向外求,长

---

① [唐]白居易:《华阳观桃花时,招李六拾遗饮》,《白居易集》卷第十三。
② 《历世真仙体道通鉴》卷四一,《道藏》第5册。

生只合内中修。莫言大道人难得,自是行心不到头。"①与张蕴生活在同一时代的孟浩然,也有近似的表述。孟浩然说:"闲归日无事,云卧昼不起。有客款柴扉,自云巢居子。居闲好芝术,采药来城市。家在鹿门山,常游涧泽水。手持白羽扇,脚步青芒履。闻道鹤书征,临流还洗耳。"②依孟浩然之见,学道求仙之士应具一段闲情,既往来于城市之中,又逍遥于白云之外。

王维早年信奉佛教,中年有感于官场动荡,于是过着亦官亦隐的生活。王维曾经隐居终南山,此山有"天下第一福地"之称,不缺乏与道流接触的机会。王维也钟情于道教,他尝"与道友裴迪浮舟往来,弹琴赋诗,啸咏终日"③。据此品读王维,就会发现其思想深处的道教因素。王维写有多首充满道教生活情趣的诗,如《终南别业》:"中岁颇好道,晚家南山陲。兴来每独往,胜事空自知。行到水穷处,坐看云起时。偶然值林叟,谈笑无还期。"④"行到水穷处,坐看云起时",这两句诗尤为人所称道,后人多引此阐明禅趣,其实,从全诗来看,这两句诗更能展现道士超然物表的自在心境。

隋唐五代道教宫观文化也体现出超越的旨趣,同样可以归为心性超越一路。先说道教宫观建筑。宫观多建于名山胜地,中华大地多名山大川,因此,道教自古就有"三十六洞天,七十二福地"的说法。道教宫观一般建筑在这些洞天福地,由多个建筑群落组成。山水清幽,飞檐玄远,深领道教飞腾超越的精神。骆宾王说:"灵峰标胜境,神府枕通川。玉殿斜连汉,金堂迥架烟。断风疏晚竹,流水切危弦。别有青门外,空怀玄圃心。"⑤隋唐五代道教宫观多建于清幽之地、清香之境,这是道士静心修炼的居所。作为道士的修道场所,道教宫观有必要营造清静幽雅的自然环

① [唐]张辞:《谢令学道诗》,《全唐诗》卷八六一。
② [唐]孟浩然:《白云先生王迥见访》,《全唐诗》卷一五九。
③ [后晋]刘昫:《旧唐书》卷一九〇下。
④ [唐]王维撰,[清]赵殿成笺注:《王右丞集笺注》卷之三。
⑤ [唐]骆宾王:《游灵公观》,《全唐诗》卷七八。

境。这样的自然环境容易与修道者的超越心性相互交融,共同营造出超凡脱俗的宗教氛围,而道教宫观诗文则将这种超凡脱俗的氛围转化为美感体验。源水终无路,山阿若有人。洞晚秋泉冷,岩朝古树新。宫观胜境,多有斯趣。

从某种意义上说,道教宫观建筑也体现出道教的审美情趣。系舟仙宅下,清磬落春风。古房清露滴,深殿紫烟生。松柏郁郁苍苍,杏花缭绕仙坛,溪水环绕走廊,更有炉袅添香。寒松偃侧,灵洞清虚。一方洞天,披上了浓郁的青苔古意,增添了清越出尘的氛围。叩齿焚香,脱离尘世,斋坛鸣磬,步虚游仙。默坐树阴下,仙经横石床。百花成佳酿,山空蕙气香。这是自然造化与道教精神的契合,是修道者的身心栖居之所。王昌龄说:“山观空虚清静门,从官役吏扰尘喧。暂因问俗到真境,便欲投诚依道源。”①苔铺翠点,仙桥路滑,松织香梢,古道微寒。钟声已断泉声在,风动茅花月满坛。不少文人借道教宫观诗文表露超然的心性,主要是想复归清幽淡泊的心境,他们并不在乎得道成仙的结果,也不在乎寻求远离现世的彼岸,或构造一个其乐无穷的天上人间。

可见,隋唐五代道教的生命观念并不单一,它隐含着超越的旨趣,具有复杂的内涵。相应地,隋唐五代道教的超越之路也具有多样性和丰富性。隋唐五代道教哲学蕴含的上述三条超越之路,或侧重其一而不及其余,或三者兼顾而融通为一。领会这种超越的精神,既能丰富隋唐五代美学研究的既有内涵,又能较为圆融地解释隋唐五代一些重要的审美现象。

道教超越现世存在的精神,在早期的中国绘画领域已经有所展露。1972年1月,长沙马王堆一号汉墓出土了一幅彩色帛画。这幅帛画颇有神仙道教的意味。帛画呈丁字形,画面由两大部分组成。帛画上面部分为天上世界,有双龙飞舞,日月齐明,日中有金乌,月中为灵蟾玉兔,墓主人处于天上世界。帛画下面部分是大地,即人间世界。画家有意识地将

---

① [唐]王昌龄:《武陵开元观黄炼师院三首》其三,《全唐诗》卷一四三。

这两个世界合二为一。然而,由画面看,天上世界对人间世界的超越还是很明显的。到了隋唐五代,道教题材绘画有了很大的发展。阎立德、阎立本、吴道子、孙位等画家都以神仙道教画像而闻名。阎立德有《采芝太上像》,南唐周文矩、陆晃、王齐翰、顾德谦、黄筌、李升等都以神仙道教为题作画。神圣性与世俗性并存,是隋唐五代道教人物画像的普遍特征。中国绘画的这个审美特征是当时道教生命观念与超越精神的艺术呈现。

三、卓尔不群的审美人格

隋唐五代道教生命观念的美学价值还体现在,它直接影响着当时乃至后世文人卓尔不群的审美人格的形成。具体来说,这种审美人格又可分为两个小的层次。

首先,隋唐五代文人狂放不羁的个性、飘逸出尘的风姿神态,都可看做是道教生命观念影响之下的人格形态。吴筠《游仙诗》其三:"饮啄未殊好,翱翔终异所。吾方遗喧嚣,立节慕高举。解兹区中恋,结彼霄外侣。谁谓天路遐,感通自无阻。"[1]怀有不畏艰难险阻的求道信仰,修道成真的理想才能不为尘世的欲望所吞噬。仙境诚寥邈,道合不我遗。求道之人多性不谐俗,即不甘与流俗为伍。在常人眼里,他们是社会的不和谐因素,殊不知他们追求的是生命自身的和谐,是人与霄外仙侣知音的和谐,是人与天地宇宙的广大和谐。太空是一个常明的世界,那里有鸾凤翱翔,泠风飘飏。纵身烟霞之外,放眼虚浮之中。灵景灼灼,祥风寥寥。箫歌振长空,逸响清且柔。不少游仙诗都奏出了修道之人复归于天地宇宙的和谐音符。隋唐五代道教推崇逸品人格,李白就是一个很好的例证。李白不事权贵,追求性灵的洒脱。读李白诗文,其逸气扑面而来:"近者逸人李白自峨眉而来,尔其天为容,道为貌,不屈己,不干人,巢、由以来,一人而已。乃蚵蟠龟息,遁乎此山。仆尝弄之以绿绮,卧之以碧

---

[1] [唐]吴筠:《宗玄先生文集》卷中,《道藏》第 23 册。

云,嗽之以琼液,饵之以金砂。既而童颜益春,真气愈茂,将欲倚剑天外,挂弓扶桑,浮四海,横八荒,出宇宙之寥廓,登云天之渺茫。"①李白性情狂放不羁,个性独立不倚,一派天人风度。齐己评李白诗:"竭云涛,刳巨鳌,搜括造化空牢牢。冥心入海海神怖,骊龙不敢为珠主。人间物象不供取,饱饮游神向悬圃。"②齐己指出李白诗风狂放不羁,也高度肯定其洒脱自然的个性。不作绮罗儿女之言,而以"丈夫气"称雄千秋,这就是逸人李白之风度。

据同时代人记述,张旭也是一位狂放不羁的书法家。张旭有书法名作《古诗四帖》,所录前两首诗取自庾信的《步虚词》,后两首则为谢灵运的《王子晋赞》及《岩下一老翁四五少年赞》。从《古诗四帖》的选材看,都与道教文化有关。可见,张旭对于道教文化应当是比较熟悉的。在中国书法史上,张旭以草书闻名,其狂放不羁的个性更是为人所称道。张旭是苏州人,性好饮酒,每大醉,呼叫狂走,于是下笔疾书,有时还以头濡墨作书,醒后连自己都感到非常惊讶,以为神奇,不可复得。张旭狂放洒落,性情乖张,人称"张颠"。李白如是评价:"楚人每道张旭奇,心藏风云世莫知。三吴邦伯皆顾盼,四海雄侠两相随。"③或许由于性情的契合,诗人李白与书法家张旭是很好的朋友。张旭与李白又同时被杜甫列入《饮中八仙歌》中,所谓"脱帽露顶王公前,挥毫落纸如云烟",就是对张旭狂放性情的描述。

为了更为深入地了解草圣张旭的狂放个性,可引张旭同时代人或稍晚于张旭的文献材料为证。在诗人李颀笔下,张旭是一位性好痛饮,豁达而无所营的"太湖精"。张旭将书法创造与他的生命感兴紧密地结合起来。与一般书法者虚静以体道不同,张旭的狂放个性在此毕露无遗:"露顶据胡床,长叫三五声。兴来洒素壁,挥笔如流星。下舍风萧条,寒草满户庭。问家何所有,生事如浮萍。左手执蟹螯,右手执丹经。瞪目

---

① [唐]李白:《代寿山答孟少府移文书》,《李太白全集》卷之二十六。
② [唐]齐己:《读李白集》,《全唐诗》卷八四七。
③ [唐]李白:《猛虎行》,《李太白全集》卷之六。

视霄汉,不知醉与醒。诸宾且方坐,旭日临东城。荷叶裹江鱼,白瓯贮香粳。微禄心不屑,放神于八纮。时人不识者,即是安期生。"①应该说,李颀对张旭狂放性情的描述是细致入微的。韩愈也高度肯定张旭的草书,并试图探究其真实性情与草书境界的关系。远至天地万物之变,近至个人的喜怒、窘穷、忧悲、愉佚、怨恨、酣醉、无聊、不平之情,在张旭那里都被化为审美感兴,寄于草书。在韩愈看来,张旭草书之所以"变动犹鬼神,不可端倪"②,并以此扬名书坛,与他狂放不羁的个性是分不开的。

韩愈主要以书法创造过程中的审美感兴描述张旭的狂放性情,李颀则不只记述张旭任兴而作的习性,还交代了张旭及时行乐的态度与狂放不羁的性情。更为重要的是,李颀又将张旭狂放的个性特征、审美感兴与道教文化的熏陶联系起来,"右手执丹经""即是安期生"可谓洞见。由此,既描画出张旭放浪形骸、狂放不羁的性情,又将张旭的乐观个性与道教的生命意识联系起来。

无论是逍遥自在的人生态度,还是狂放不羁的个性特征,它们都体现出隋唐五代文人的觉醒意识。中国文人从来都不缺乏觉者意识。道家文化理想中的独有之人,就是逍遥于天地之间的觉者。《道德经》第二十五章:"寂兮寥兮,独立不改,周行而不怠,可以为天下母。"甘于寂寞而矢志不渝,这是得道之士的人格化身。《庄子·在宥》:"出入六合,游乎九州,独往独来,是谓独有。独有之人,是谓至贵。""独有之人"所以"至贵",因为他是超越世俗的在者,与天地同流,与世界为一。独有之人不与世俗共处,而与天地宇宙相往来。《庄子·庚桑楚》:"宇泰定者,发乎天光。发乎天光者,人见其人,物见其物。"在宇宙泰和、天光灿烂的世界里,万物的体性得以真实地呈现。大道成就了人,同时也成就了物,这是人的觉性的复归。

魏晋时期,文人遭受内忧外患的存在境遇,更显示出清醒的觉者意

---

① [唐]李颀:《赠张旭》,《全唐诗》卷一三二。
② [唐]韩愈著,马其昶校注,马茂元整理:《送高闲上人序》,《韩昌黎文集校注》第四卷。

识。虽然嵇康与阮籍个性差异很大,但都不乏生命的觉解意识。嵇康慷慨立世,又主养生之道,将名利荣辱看得很淡,他注重生命的自由,无累于物欲之争。阮籍为人不如嵇康耿直,游世以自存,但他笔下的大人先生,其胸襟怀抱同样洒脱。① 大人先生这种人格理想立足于道家遗世独立、逍遥自在的觉者意识。这种觉者意识在隋唐五代文人的精神世界时有表露,倘若从思想渊源予以追溯,一方面无疑受到佛教禅宗的启引,另一方面则与道教生命观念的传播分不开。

李白诗如其人,卓尔不群,飘然若仙,其诗文"逸"的内涵早已为时人所注意。杜甫称赞他:"白也诗无敌,飘然思不群。清新庾开府,俊逸鲍参军。"②后人对李白诗文"天马无羁,腾空行云"的气象感受很深。晚唐诗人皮日休提到:

> 歌诗之风,荡来久矣。大抵丧于南朝,坏于陈叔宝。然今之业是者,苟不能求古于建安,即江左矣;苟不能求丽于江左,即南朝矣。或过为艳伤丽病者,即南朝之罪人也。吾唐来有是业者,言出天地外,思出鬼神表,读之则神驰八极,测之则心怀四溟,磊磊落落,直非世间语者,有李太白。③

皮日休这段评价着重强调李白诗歌"逸"的审美内涵,尽管没有出现"逸"的字眼。"言出天地外,思出鬼神表""神驰八极""心怀四溟""磊磊落落,直非世间语者",无一不在言其飘逸不群的诗风。李白神采迥异,诗风豪放,非雕章琢句、镂心刻骨者,其诗之不可及处,在于神识超迈,飘逸而不可羁勒,纵逸而无所拘系,自有天马行空、不可羁勒之势。殷璠在《河岳英灵集》中最先以"纵逸"评李白,直到明代诗学家胡应麟才正式将李白诗歌定为逸品:

① 阮籍《大人先生传》:"夫大人者,乃与造物同体,天地并生,逍遥浮世,与道俱成,变化散聚,不常其形。天地制域于内,而浮明开达于外,天地之永固,非世俗之所及也。"(陈伯君校注:《阮籍集校注》卷上)
② [唐]杜甫著,[清]仇兆鳌注:《春日忆李白》,《杜诗详注》卷之二一。
③ [唐]皮日休:《刘枣强碑》,《全唐文》卷七九九。

画家最重逸格,惟书家论亦然。昔人至品诸神妙之上,乃以张颠、怀素、孙位、米芾辈当之,其能与钟、王、顾、陆并乎? 虽谓书画无逸品可也。千古词场称逸者,吾于文得一人,曰庄周;于诗得一人,曰李白。知二子之为逸,则逸与神,信难优劣论矣。①

胡应麟将"逸品"从"神品"中区分开来,因为二者的审美内涵有所不同。胡应麟称李白诗为逸品,更恰切地说是指李白诗风的飘逸不群。

艺术家的审美人格决定着审美情趣与艺术境界的生成,以此概括张旭的草书与李白的诗文都是适合的。宋人苏轼评书,认为张旭狂草"颓然天放,略有点画处,而意态自足,号称神逸"②。苏轼以"神逸"论张旭草书,称张旭草书一如其人,天然纵逸,无所拘系。所谓"神逸",是指处于神品与逸品之间,或是兼备神品与逸品之长,难以确切断定,但它指向一种极高的艺术境界,这是没有问题的。考虑到张旭的道教背景,苏轼以"神逸"来概括张旭草书的境界,与前人以"俊逸""飘逸"等指称李白诗文大体接近,他们都具有以"逸"为核心的风格内涵。这种重"逸"的审美风尚主要包括审美风格、审美情趣与艺术境界等,它们在以李白、张旭为代表的盛唐审美活动中体现出来,传达出乐观放达的生命意识与个性高扬的精神风貌,这是盛唐时代精神的写照。

其次,清真也是隋唐五代文人卓尔不群的审美人格的组成要素。

清真即清净纯真,指道的存在状态。清真、清虚、清逸等词,说法尽管有别,内涵并无实质差异。吴筠论道,讲究道性的清虚,契道合虚,直达造化之源,即能体证清真无染的境界。怡神在灵府,皎皎含清澄。形神修炼,心境清澈,毫无尘染,即是清真。周固朴说:"人生而静,天地之性,性本清静,若驰骋六尘,奔波三业,则灵台不树,天光不明。"③道体纯真,本源清净,而一旦失去清净的道性,就会在生死苦海中沉沦,茫然而

---

① 〔明〕胡应麟:《诗薮》,《外编》卷四。
② 〔宋〕苏轼撰,孔凡礼点校:《书唐氏六家书后》,《苏轼文集》卷六九。
③ 〔唐〕周固朴:《大道论》,《道藏》第 22 册。

不得解脱。所以，修道成真就要护持道性，令心灵冲虚无染，清净纯真，宇宙泰定，发乎天光。

葛洪宣扬神仙存在，凡人可通过学仙修道，服用还丹金液，从而长生永存。吴筠的《神仙可学论》也有关于神仙修道的思考。他指出，远离仙道者有七，近于仙道者也有七。其近于仙道者，是指学仙修道的途径，此中就有清境。首先，修道之人性情应耽于玄虚，清心寡欲，淡薄名利，体仁舍静，超然尘滓之外，以无为为事，栖真事物之表，与道契合。其次，修道之人志趣高古，身体力行，识别荣华为浮寄，忽而不顾，了悟声色是伐性之惑，捐之不取。完善道德品性，毁誉齐一，处林岭，修清真。[1] 道教以自然无为为本色，主张修道之心的清净纯洁，洗净尘俗习气，淡去脂粉华靡，复归于清真之境。

隋唐五代道教追求清境，体现出超然物外的生命态度。在太微上，入天门内，闻至精之理，饮清和之气，体希微之道，见造化之源，造清真之境。这是吴筠步虚词的文化内涵。他说："二气播万有，化机无停轮。而我操其端，乃能出陶钧。寥寥升太漠，所遇皆清真。澄莹含元和，气同自相亲。绛树结丹宝，紫霞流碧津。愿以保童婴，永用超形神。"[2]大道清真冲虚，包孕万有，化生万物，它是造化之源。修道成真是要抵达与造化同流的境界。由于深受道教文化影响，李白多次提出诗贵"清真"的主张。李白说："右军本清真，潇洒出风尘。"[3]李白又说："自从建安来，绮丽不足珍。圣代复元古，垂衣贵清真。"[4]因其"清"，故能"真"；因其"真"，故能"清"。"清真""清虚""清逸"等词都是对体道境界的描述，它们之间是紧密联系着的。"清"指事物禀受真气而有的本性，它不为外物所迁。"清"是洁净无染的灵魂，指称始终不屈的生命信仰。所以，清真常在现实世界中转化为俊逸不群的个性，高超出世的仙心。这是隋唐五代道教崇尚

---

[1] ［唐］吴筠：《宗玄先生文集》卷中，《道藏》第23册。
[2] 同上。
[3] ［唐］李白：《王右军》，《李太白全集》卷之二二。
[4] ［唐］李白：《古风五十九》其一，《李太白全集》卷之二。

清真的旨趣。

作为人生态度与审美境界，清真有别于逍遥。清是不为外物所诱，清则明，明则虚，虚则神全、天全、道全，所以说，清真可以转化为澄怀味道的美感体验。逍遥故不系世情，任性天放，各张其性，自得其乐；清真则超然世表，澄怀净虑，心如明镜，映现万物。清真是素朴纯真、清新自然的美感，是清净澄明的心灵境界。"素心自此得，真趣非外借"①，说的就是这个意思。

隋唐五代道教所讲的"真"，是要人超越世俗的约束，复归生命的本真状态。"真"要超越科学理性的羁绊，也要超越世俗礼教、现实功利的束缚。因为科学理性与现实功利所讲的"真"，都带有很大的片面性，难以传达人的真实体验，有时甚至会遮蔽存在意义上的"真"，不能展示生活世界的本来面目。《庄子·渔父》："真者，精诚之至也。""精诚"之谓"真"，是指最真纯、最自然的心灵境界，即本真的心性状态。隋唐五代道教所说的"真"，不是对客观事实的科学判断，不是世俗的功利诉求，只能是通过修道之人的体悟而领会的微妙道体。"真"是指行为合乎自然，不做作，不刻意而为。"真人"代表道教的价值理想，是道教的最高人生境界。真人顺乎世变，世俗人生的生死忧患、是非得失、荣辱计较等，都不会改变其素朴纯真的天性。真人纯素，无杂无亏，独立于天地之间。隋唐五代道教之"真"是关乎人生、世界与存在的思考，具有审美真实的意味。

第三节　养气颐性

养气颐性是隋唐五代道教的重要思想，也是道教实现修道成真的方法和路径。这方面的表述很多，足见隋唐五代道教对修道工夫的重视。本节讨论隋唐五代道教的养气颐性思想，并从心性颐养的角度发掘其中

---

① ［唐］李白：《日夕山中忽然有怀》，《李太白全集》卷之二三。

包含的美学意蕴。

一、养气

早期道教在将世俗生活宗教化的同时,也把自然现象宗教化了。在《太平经》中,气是世界的基本因素,它创造万物,又守护万物。世界最初表现为混沌的元气,元气包罗天地八方,万物莫不由气而生。元气分化为阴阳二气,天地万物禀阴阳二气而生。阴阳二气循环往复,周流不息,使得现象世界永远充满着生命活力。阳气下生万物,阴气上养万物,人气中和万物,由此生成太平之气。元气与太和之气相通,天地与中和之气互感,生养万物。万物与三光之气相通,天地明朗。总之,在早期道教看来,人与世界是彼此联系的。现实世界与肉体生命都是气的不同存在形态,它们本身就有存在的价值。

《太平经》指出,形与神是元气化生的产物。万物皆源于道,道在本性上是最高的一,是众命之所系,是众心之所主。气以道法自然为法则。道具有无所不化的能力,元气守道运行,生成天地万物。这是万物生成与存在的基本状况。这就表明,人与世界中的其他事物一样,都必须遵循共同的起因和生成法则。生命个体是一个小世界,他与周围世界是同构的。由于中国古人关于气的界定没有形而上的纯粹性,所以从《太平经》发展而来的原始道教也不可能产生灵魂不朽的观念。这是它与西方宗教在思维方式上的一大差异。

养气是道教修炼的基本工夫,司马承祯对养气在修道成真过程中的重要性有所论述。他说:"神仙之道以长生为本,长生之要以养气为先。夫气受之于天地,和之于阴阳。阴阳神虚谓之心,心主昼夜寤寐,谓之魂魄。如此人之身,大率不远乎神仙之道。"[①]司马承祯认为,人与天地合体,是阴阳二气混化而成,人是一个小宇宙。因此,人的身心活动都要因顺天地自然的生命运动节律。形神之性,靠养气而全。吐纳之间,元气

---

① [唐]司马承祯:《天隐子》,《道藏》第21册。

难以固存而容易漏竭,只有养气,才能使之保全。就修道之人而言,恬淡虚寂的心田是真气的居所。修道之人精神内守,病无从入,可以神全形备。司马承祯《服气精义论》指出,道与气是体用不二的关系。气是道的微妙状态。几微起用,生成混元一气。道体冲虚,化造天地,因此形体林立,万象森罗。天地万物同禀自然之精神,共受一气之滋养。人是万物之灵长,天地人相合,以成三才之体,阴阳二气相合,而有五行之秀,所以人能通玄降圣,练质登仙,以虚无之心,登神仙之境。

　　司马承祯还指出,养气与养生是相互联系着的心性颐养的途径。他说:"夫可久于其道者,养生也。常可与久游者,纳气也。气全则生存,然后能养志,养志则合真,然后能久登生,气之域可不勤之哉!"①养气是养生的前提条件。气且不存,生将焉附? 当然,养气并不能替代养生。养生是一套整全的生命颐养的方式,养生这个概念的内涵更为丰富,除了养气,养生还包括"养志""合真"等。尽管如此,养气的工夫不可轻视。养气既久,持之以恒,定然有益于养生之道,有助于修炼成道。气是胎之元,也是形之本。胎既成,元精已散,形既动,则本质渐弊。因此,修道之士"须纳气以凝精,保气以炼形。精满而神全,形休而命延。元本充寔,可以固存耳"②。这是说,任何事物都是形气合一的存在,二者缺一不可。事物不会只有气而无形,也不会只有形而无气。作为修道之人,怎么可以不专气以致柔? 养气炼形,真气充盈,精满神全,才能修道成真。内丹派道教强调修炼心性,注重养气的工夫,理由在此。吕岩说:"息精息气养精神,精养丹田气养身。有人学得这般术,便是长生不死人。"③在吕岩看来,养生分作三个层次,即养精、养气与养神,三者不可分割。养生从另一个角度说,就是屏息以全真。外息内养,并行不殆,方可臻于修道成真的境界。

----

① [唐]司马承祯:《服气精义论》,《道藏》第18册。
② 同上。
③ [唐]吕岩:《绝句》,《全唐诗》卷八五八。

二、修心

修心在道教中是指修复虚静澄明之心。道教认为,道体虚寂,以素淡虚静为本。《道德经》第十六章:"致虚极,守静笃。""致"与"守"是返本归真的工夫。心性清净,则万物无以扰其神。隋唐五代道教也重视修心法门。司马承祯说:"虽则巧持其末,不如拙戒其本。观本知末,又非躁竞之情,是故收心简事,日损有为,体静心闲,方能观见真理。"[①]司马承祯指出,想要修道成真,先要去除邪僻之行,让外事绝缘,无以干心,然后内观正觉,随时制服妄念,令心清静。此外,要持之以恒地灭除贪恋、虚浮、乱想等幻妄之念,不灭照心,不冥有心,不依他物,此心自在。隋唐五代道教还强调修复虚静之心,如《三论元旨序》指出,市廛黑暗不堪,使人丧本而乖真。灵府清虚澄明,因此修道之人神全而气妙。神全气妙是长生之本,心契大道,因修而能。栖山依水,恬乎林野,心意玄远,契入无为。[②]吴筠说:"人之所生者神,所托者形。方寸之中实曰灵府,静则神生而形和,躁则神劳而形毙。深根宁极,可以修其性情哉!然动神者心,乱心者目,失真离本,莫甚于兹。故假心目而发论,庶几于遣滞清神而已。"[③]心境虚静,灵府照而不动,寂而常照,照而常寂,不离修心法门。

修心的目的在于"修其性情"。灵府明净,则神形和合;真气饱满,则生命充盈。杜光庭疏《道德真经》"虚其心",也持类似的看法:"夫役心逐境,则尘事汩昏;静虑全真,则情欲不作;情欲不作,则心虚矣。"[④]他甚至认为,"虚室生白"是指心境虚静,纯白自生。《三论元旨》提出了具体的修心路数:"夫乱心多故,方令守一,然所修之者,须要旨归契理,则至妙可通,失所则劳而徽矣。虚妄之法安然而坐,都遣外景,内静观心,澄彼

---

① [唐]司马承祯:《坐忘论》,《道藏》第 22 册。
② 未题人:《三论元旨序》,《道藏》第 22 册。
③ [唐]吴筠:《宗玄先生文集》卷中,《道藏》第 23 册。
④ [唐]杜光庭:《道德真经广圣义》卷八,《道藏》第 14 册。

纷葩,归乎寂泊。若心想刚躁,浮摄而不住者,即须放心远观四极之境。"①之所以要放心于"四极之境",是因为人心刚躁浮游,难以止住。放心之时,勿令心断,泯心之际,不觉心著。不取感官所触,取则失心,凝神内照,安心寂泊,摄心归一,久之自然修真。至此境地,坐行无碍。向上一路,忘心遣观,内外双泯。吕岩说:"有人问我修行法,只种心田养此身。"②在吕岩这里,修心远比炼丹重要。因为炼丹只是外形之修炼,修心才是体道的根本,也是检测道元深浅的重要依据。且将神仙事业付与壶中日月、酒里乾坤,以吕岩为代表的内丹道将心性颐养点化为自得自修的生命体验。

隋唐五代道教重视内观修行,以修心为体道法门。司马承祯讲返俗入道,就是从修心出发的。司马承祯说:"夫定者,出俗之极地,致道之初基,习静之成功,持安之毕事。形如槁木,心若死灰,无感无求,寂泊之至,无心于定,而无所不定,故曰泰定。"③心宇泰定,则智慧之光朗照乾坤。心灵是道的器宇,其本源虚静至极,道居其中,智慧灿然。泰定是指回归心性的智慧状态。人多贪恋浊乱,致使本性昏迷不醒。"本真神识",是一种自知之明,它需要澡雪精神,返归本心,复归纯静。修心的宗旨在于开启生命的慧性。

慧性既生,就应护持滋养,保全其寂泊无为之性,不为世俗欲求所遮蔽。慧根人人皆有,而众人不知起用,这是十分可惜的。《太上老君说常清静妙经》是出现于唐代的一部道经,该经以观心、观形、观物为入道路径,强调心神清静对于修道的重要意义。一般人都是神好清而心扰之,心好静而欲牵之。因此,修道者应常遣其欲,澄其心,使心神保持清静。澄心遣欲,则能观心,观形,观物。内观于心,心本无心;外观于形,形本无形;远观于物,物本无物。因为心、形、物三者皆空,以空观空,究竟一无所观。世相了了,湛然常寂。寂本空无,则欲求不生,真静自至。"真

① 未题人:《三论元旨》,《道藏》第 22 册。
② [唐]吕岩:《绝句》,《全唐诗》卷八五八。
③ [唐]司马承祯:《坐忘论》,《道藏》第 22 册。

静应物，真常得性。常应常静，常清净矣。如此清净，渐入真道。既入真道，名为得道。虽名得道，实无所得。"①心神处于清净的状态，心境澄澈明亮，洁净无染，方能朗照万物。可见，修道成仙只是一种权宜说法。想要修道成真，必须自心清净，妙悟自然，应物成真。

司马承祯指出，神仙也是人，但神仙不是世俗之人，二者的主要区别在于，神仙能禀虚气精明，"神于内，遗照于外"②。所以，世俗之人要修成神仙境界，就得护持虚气，勿为尘染所惑，不损耗人的自然天性，不被邪见凝滞阻隔，自然得道成仙。破除邪执之情，杜绝邪气入心，也有助于修道成仙。司马承祯说，修真之道可由渐悟之门而入，分"斋戒""安处""存想""坐忘""神解"等五个步骤。"斋戒"是指澡雪身心，虚怀澄虑，"安处"是深居静室，"存想"是收心复性，"坐忘"指遗性忘我，"神解"则万法通神。以上渐修之门依次推进，便成神仙之道。这五种渐修法门都是围绕修心而展开的。

"坐忘"本是道家心性超越的工夫，也被隋唐五代道教援引到心性论中。司马承祯说："坐忘者，因存想而得也。因存想而忘也。行道而不见其行，非坐之义乎！有见而不行其见，非忘之义乎！何谓不行？曰：心不动故。何谓不见？曰：形都泯故。天隐子瞑而不视，或者悟道，乃退曰：道果在我矣，我果何人哉！天隐子果何人哉！于是彼我两忘，了无所照。"③司马承祯认为，"信解"（斋戒）、"闲解"（安处）、"慧解"（存想）、"定解"（坐忘）这四门通神，谓之"神解"。"神"是指阴阳流荡，变幻莫测。道教称得道者为"神仙"，这是形容修道境界的高超，司马承祯则用"神解"来形容高妙的心智。"神"不行而至，不疾而速，阴阳交互，不见端倪。动静因顺万物，真邪由乎一性，因此，生/死、动/静、真/邪之念，全系一心，道教都以"神"解之。道教的"坐忘"工夫，落实到审美领域，就与庄子提倡的"心斋""坐忘"一起影响到审美活动的很多层面，特别是对于进入虚

①《太上老君说常清静妙经》，《道藏》第11册。
②〔唐〕司马承祯：《天隐子》，《道藏》第21册。
③同上。

静的审美心境,触发心物两忘的审美体验很有启发。关于这一点,将在绘画美学章具体展开,这里从略。

司马承祯还提出了使人超越"无情"状态而得道的七条心法,这同样属于修道的阶次枢翼。司马承祯说:"夫坐忘者何所不忘哉!内不觉其一身,外不知乎宇宙,与道冥一,万虑皆遗。"①"坐忘"之境,内外皆忘,从渐修的角度讲,需要断缘,即断除尘俗有为之缘,使形体不劳,心安恬简,形迹远离尘俗,心境趋于大道。心境安闲,方可修道。司马承祯指出,心体以道为本,心为一身之主、百神之帅。心静则生慧,心动则成昏。当心神处于被污染与被蒙蔽的状态时,就与道的本性隔离甚远了。修道即修心,要净除心中的污垢,开启清净的心源,使心神不再浪流,让心智与道冥合。心安于道,就是"归根",守根不离,就是"静定"。这样,人的心神有了皈依,精神有了家园,生命有了安顿。

常,意味着大道的永恒不变,安心则能知常,知常则明事理,脱离生死苦海,解除尘世困惑。所以说,"法道安心,贵无所著"。"无所著"是说心不住"有",也不落"空",心无所寄,荡然澄怀。心有所住,还是有所。凡住有所,就会让心神劳累不堪,不是真正的修持法门。当心不执于一物,又能寂然不动,这才是泯然无所,真正入定。以此为定,则心气调和,久益轻爽。"正定"不是不拣是非、永断觉知的盲定,不是任心所起、毫无收制的心念,也不是心无指向、肆意浮游的自定,它是指心无所染的平常心,是心不受外的虚心,也是心不逐外的安心。内心既无所著,外行又无所为,毁誉无以生,利害无从挠,因顺自然,苟免诸累,入真觉门,成智慧性。种种幻妄之情,无一不是心神的荆棘,如果不加剪除,任其滋生蔓延,定慧必然难生。所以,修道之人要断简事物,较量轻重,识其去取,"若处事安闲,在物无累者,自属证成之人"②。这样的人,就是修道成真之人。这样的境界,就是修道成真的境界。可见,方寸之心,智慧具足,若

① [唐]司马承祯:《坐忘论》,《道藏》第 22 册。
② 同上。

修持有道,则妙用无穷。隋唐五代道教所讲的修心工夫,与人对审美心境的护持活动颇为接近。审美者只有心境虚空,不为物相所碍,才能全神贯注于审美活动。心闲境安,触物成趣,这离不开审美者的修心之功。

三、妙悟

妙悟是佛教禅宗的觉悟法门,但并不只为禅宗所独有,隋唐五代道教也讲妙悟。吕岩说得好:"悟了鱼投水,迷因鸟在笼。"①迷惑时颠倒不实,觉悟后如鱼得水。这是道教强调觉悟与修道关系的生动说法。禅宗认为,觉悟是开启生命智慧的钥匙。道教在隋唐五代也被称为妙教,同样以妙悟为入道法门。隋唐五代道教徒正是借助妙教开启心灵的悟性,消除心结,正观性明。《三论元旨序》:"夫一悟所通,乃无幽而不照;一迷所执,亦无往而不愚。是知附赘悬疣,则形之病焉;妄想烦恼,则心之病焉。形病除而形骸泰矣,心病泯而正性明矣。除形病者必假于良医,泯心病者必资于妙教。"②这部道经认为,道体幽微奥妙,理极灵运潜通。体一应万,变现无穷。

隋唐五代道教对道体与道性的称呼很多,如无为、无极、无穷、真性、理性、玄性、虚无、自然、至精、至妙、至真、清静、清虚,等等。迷则滞凡,悟则通圣,各人迷悟程度有别,而至真之道本无差异。世人或滞于幽玄寂静,或滞于声色之迷,心境沾滞,不能超然物外,不得解脱。只有破除妄念,心无所滞,才能体味至真至妙的道性。圣人以无为之心破除执滞之念,指向虚空之性,开启微妙之源。道教所说的有/无、是/非等等,都只是遣滞之计,并非至道之言。因为常人"或迷神而滞网,或役智以疲神,或滞有而增尘,或随空而断见,或寻迹而丧本,或滞寂而乖真,或耽文好辩而溺浇华,或小慧微通而自为真实"。这都属于心智沉沦的现象,它们离修道成真的境界还有很远的距离。总之,他们虽然也在修道,但还

---

① [唐]吕岩:《五言》,《全唐诗》卷八五八。
② 未题人:《三论元旨》,《道藏》第22册。

谈不上彻底的觉悟,或疑惑丛生,信心不定,或费心劳神,隔阂真源,或舍本逐末,终非妙道。至精非色想所观,至奥岂浮情可测?以妙悟之心修道,则能洞达真性,空有无碍。但在没有彻悟之前,务必息纷静尘,澄怀涤想,方能全真。若无虚寂之照,见形而不返神,即使广学多端,终因迷误太深,难以修道成真。全心妙悟,直达心源,真理顿显,世界灿然。

司马承祯提出"真观"之法,破除人的执著之心。对于沾滞于物欲声色而不得解脱之人,应当使其洞察染色因妄想而有的本性。如果妄想不生,终无事物可言。"又观色若定是美,何故鱼见深入,鸟见高飞,仙人观之为秽浊,贤士喻之为刀斧?一生之命,七日不食,便至于死;百年无色,翻免夭伤。故知色者,非身心之要适,为性命之仇贼,何须系著,自取销毁?"①他在这里以鱼、鸟喻示色相的虚幻不实,要人断除对物欲的迷恋,使心性安于天放,使生命自适其适。有学者常引此段来论证美与美感的主观性或美感的差异性。其实,这只是它的表层意思,其深层意蕴并非如此。隋唐五代道教以物我两忘、心物不二为最高的体道境界。道教的目标在于泯灭主/客、物/我、内/外之分,体验至真至纯的整全之道。破除分别之见,消解执著之念,开启人人具足的妙悟之心,才是这段话的美学意蕴所在。

隋唐五代道教之"真"有时是指真常之性、真一之源。《三论元旨》:"夫因摄万,此亦未真假,摄一而为筌,忘筌而能泯矣。泯一之法灭,所见之心若见于一,即须澄灭,随见随灭,至无见无灭,则形同槁木,心若心灰。境智两忘,泯然不知。其所以此,谓内外都遣,忘一者也。夫忘一者心,谓照心都绝,烦恼洗然。"②能所双泯,内外无对,境智两忘,妙悟理得。无知而能真知,忘一而达真一。一为万之所宗,万为一之起用。道即真一之源,绝假纯真,它能生氤氲之气,成造化之功。即道是心,即心是道,心之与道,一性而然,妙达真一之源,这就是妙悟。

---

① [唐]司马承祯:《坐忘论》,《道藏》第22册。
② 未题人:《三论元旨》,《道藏》第22册。

妙悟是指心门敞开,真实无妄,触目是道,圆活自在。在有而不滞于有,也不乖于无;在无而不滞于无,也不乖于有。世间困苦沉沦,莫不因心而起。通心达观,极乎无为之道。灭妄归真,神会贯通,妙悟自然之源,契入真常之性。《三论元旨》:"夫息乱以守静,守静以常,动而能澄,静而能照,则缘智缘性而虚妄、真智真性而晓了者,此乃至悟之士也。"①该道经将觉悟之人分为两类:"至悟之士"与"兼通之士"。与"夫寻文视听而知于性者"的未觉者相比,这两类人都是"澄虚内照而合于性者",也就是真正的觉者。然而,这两类人的觉悟境界仍有区别。"至悟之士"相当于妙悟之人,这是更高层次的觉悟境界。"兼通之士"是指少私寡欲,"付之以性","于事全而能忘,于理忘而能全者",属于稍低层次的觉悟境界。可见,这部道经推重"至悟"之心,也就是境智两忘、不落有无的妙悟。这与老庄道家所讲的"守静笃"或"心斋""坐忘"等心性颐养工夫存在很大的差异。

妙悟之心如同暗室中的明灯,通幽契奥,荡尽黑暗角落,照亮朗朗乾坤。妙悟之人澄怀涤想,神智流通,正见圆明。世俗之人长在欲海沉浮,心中妄念多端,变现无休。觉者凝照守一,神融道合。寂然无为,令尘网消融,灵镜朗然。心境澄静,而能忘怀尘染。能忘怀尘染,而后能明,心体至明极微,了悟成真,犹如雨霁云收,艳阳当空。心境清虚,契妙自然,心物两忘,泯然为一。妙悟之心,无所不见。妙悟之时,无所不真。神识智性,无心妙运,脉相流通,是为真常之道。这是隋唐五代道教心性颐养的高妙工夫,也为中国美学的妙悟学说提供了颇有价值的思想支持。

第四节　形气神合一

道教有着丰富的关于形、气、神的理论,一般称之为形神论。形神论是隋唐五代道教哲学不可或缺的组成部分。探讨隋唐五代道教的形神

---

① 未题人:《三论元旨》,《道藏》第 22 册。

论,对于理解中国美学的审美形式、生命精神等问题有较大的启发。

一、形气神合一

道教认为,生命是由形、气、神三者结合而成的整体。关于这三者的结合,不同派系的道教学者有所偏重,先看形气合一的表述。

有些隋唐五代道教学者主张形气合一。关于形与气的关系,吴筠有一段精辟的论述。天地出乎动静,静者为天地之心,动者为天地之气。修道成真之人心境平宁,可以动静自如,不受生活时空的制约。"故心不宁,则无以同乎道;气不运,则无以存乎形。"[①]得道之人能超越动静,动而不知其动,静而不知其静,这就是动静自如,阴阳不测。至静是不为物诱之性,心境至静,然后契于至虚。虚极则明,明极则莹,莹极则彻。这就是心体的广大神通。吴筠将他对天地、动静、形气等问题的理解转移到修道者身上,提出"心静气动"说,这合乎宇宙天地运转不殆的法则。"心静",故通于造化之道;"气动",故能形乎形,使其形。人有动静,更要超越动静,体会大道的至动至静。吴筠以动静不二论形气合一,却又高扬一心之力,显示出以心驾驭形气的路数。以动静不二、形气合一论道,这是吴筠道教形气论的基本特征。

有些隋唐五代道教学者则强调神气不二。张果曾经指出,神与气相互依存,进而又论述调定神气之方。他说,人的心肾就像橐籥,心为神的居所,肾为气的住宅,造化就在身心之内。学道之人使心运气,屈体劳形,背离了自然之道,因此需要调气定神,炼神合道。他援引佛教"凡是有相,皆是虚妄,无相之相,谓之真相"为据,断定真相出于神气。心主气,是为本,肾补髓,是为元,圣人返本还元。人的生命依赖这补髓之机、还元之道而存在,并得以发展。于是,圣人立法,离不开神与气的交互作用。通过神来调气,借助气来定神,使得神气调定,动静适宜,性命合一。这种神与气互依的修炼方式,合乎道法自然的根本原则。张果说:"道分

---

① [唐]吴筠:《宗玄先生玄纲论》,《道藏》第 23 册。

三成,不离一气,气中有神。一气者天也,乃天清虚自然之气。气中有神,神抱于气,因气抱于一神,炼神合道,道本自然,此乃神仙抱一,炼神合道也。"①张果说,人在未生之前,生命处于混沌状态,这时神气混一,互不分离。精、气、神混而为一,散而为三。精为生命的元气之母,它是人的本根。精化为身而形为气,气凝结为神,精化为意而凝为神。万物禀一气而运化不息,日用之间应该神气相守,聚而不散。修道之人存其神,守其气,日用不亏,终归至一,修道成真。总之,张果的神气合一论也承认形、气、神的统一,三者虽然有所偏重,却不可偏废。神气不二,必然离不开以形体为依托。

隋唐五代道教还坚守着早期道教形神合一的传统。形神合一是道教形神论的重要层次,这种思想在早期神仙道教中就已广为流传。《西升经》:"老君曰:神生形,形成神,形不得神,不能自生,神不得形,不得自成,形神合同,更相生,更相成。"②"神生形"是指神妙造物。身体是神的居所,所以说"形成神"。没有形体的依附,神就没有生命。形体的生成也需要神的资助。生命首先依赖形体而存在,形体齐备才有神全,因为神依靠形体来成就。形神相依,交泰互用,不可偏废。形神俱妙,与道合真。《云笈七签》引《元气论》:"身之与神,两相爱护。所谓身得道,神亦得道;身得仙,神亦得仙。身神相须,穷于无穷也。"③这里的"身",是指人的形体与精神相依而在。陶弘景说:"凡质像所结,不过形神。形神合时,是人是物。形神若离,则是灵是鬼。其非离非合,佛法所摄;亦离亦合,仙道所依。今问以何能而致此仙?是铸鍊之事,极感变之理通也。"④游子《道枢》也说:"神者,生形者也;形者,成神者也。故形不得其神,斯不能自生矣;神不得其形,斯不能自成矣。形神合同,更相生,更相和成,

---

① [唐]张果:《太上九要心印妙经》,《道藏》第4册。
② [宋]赵佶注:《西升经》,《道藏》第11册。
③ [宋]张君房编,李永晟点校:《云笈七签》卷之五六。
④ [南朝]陶弘景撰,傅霄编集:《华阳陶隐居集》,《道藏》第23册。

斯可矣。"①形神合一，修道成真，这是早期道教的一贯主张。上清派道教主张服气以养神，使形体长存。隋唐五代道教没有过多论述形神合一，但是它们在形神论方面依然坚守形神合一的传统。内丹派道教强调性命双修，"性"是指神、心，在天成性；"命"是指气、形、身，在地立命。性命双修也以形神合一为目标。

神与道合也是隋唐五代道教形神论的重要层次。早期道教经典《老子想尔注》认为，道业遍在，非独一处，道在天地之外，又出入天地之间，往来人身之中。一散形为气，聚形为道，或称虚无、自然、无名。隋唐五代道教学者提出神与道合的命题。隋代道士苏元朗，号青霞子，专注于内丹之道，他借用外丹概念来发挥内丹思想。以身为鼎炉，以心为神室，以津为华池，提倡归根复命，还丹之术。苏元朗关于"神中之性""归根复命"的领会，就体现出神道合一的路向。司马承祯说："是故大人含光藏辉，以期全备，凝神宝气，学道无心，神与道合，谓之得道。"②人合于道，道亦得之。人怀道心，形骸得以永固。受道滋养既久，炼形合神入微，就能与道冥一。智照无边，形超靡极。道为一身之源，一身为万物之体，万物为一身之用。道不离身，与其舍形求道，不如即身体道，触物应真。这是强调即身修道的意义，道教之"道"也指涉人的内在德行和品性，神与道合，形体才能坚固，生命更显充盈。

还有些隋唐五代道教学者以粗细对举，论述形、气、神的修炼之理。周固朴说："粗细之二法也，神细而气粗，气细而形粗。炼形修真求于至道，可炼形同气，炼气同神，炼神合道。修神而不修气，气灭形终，修气不修其神，徒延龄而道远矣。纳气炼心，冲融真粹，导引吐纳，静以太和，神气通流，灵台莹廓，丹景湛凝，凡形便回为真体，岂俟他生。"③周固朴以粗细对举，规定神、气、形的关系，一方面指出了炼神、炼气、炼形的主次关系，另一方面又强调三者修炼的终极目标是合道成真。可见，隋唐五代

---

① ［宋］曾慥：《道枢》卷之四，《道藏》第20册。
② ［唐］司马承祯：《坐忘论》，《道藏》第22册。
③ ［唐］周固朴：《大道论》，《道藏》第22册。

道教既承续了道教形神合一的传统,又比此前的道教形神论走得更远。

《三论元旨》认为,修道之人的形体与真神结合,称为真人。修道之心与真神相合,称为悟真之人。修道之心合于真性,就是悟圣之人。对于修道之人来说,经由"三定""四等"之心,能渐次体道。其中,"三定"是安定、灭定、泰定,"四等"之心是粗心、细心、微心、妙心。这四等之心由粗而细,由细而微,由微而妙,渐次上升。澄心内照,观想皆空,极妙至微,臻于大道。形神合一,称为达微。形性双泯,谓之达妙。就人而言,色身为粗,游气为细,神智皆微,正性常妙。妙与粗、修与不修,是道教为了破除沾滞之心所做的区分,而道体微妙之至,绝对唯一。真生之法泯灭真空妙有之见,不为空有世欲所乱,常融心湛然之境,这是至人蕴奥之心。如果说,魏晋南北朝道教主要着眼于形神合一的长生之道,那么,隋唐五代道教则更推重形性双泯,也就是形神两忘之境。这是隋唐五代道教形神论不同于此前道教的独特之处。

隋唐五代道教的形神论可以追溯到庄子。《庄子·齐物论》:"非彼无我,非我无所取。是亦近矣,而不知其所为使。若有真宰,而特不得其朕。可行己信,而不见其形,有情而无形。"庄子认为,道无定形,"有情而无形",道"使"万物以形,而万物"不知其所为使"。《庄子·天地》:"一之所起,有一而未形。物得以生,谓之德;未形者有分,且然无间,谓之命。留动而生物,物成生理,谓之形;形体保神,各有仪则,谓之性。性修反德,德至同于初,同乃虚,虚乃大。"在这里,"一"是指浑然一体,是道未曾分化时的存在状态,"形"是指事物的生机条理,"德"则赋予现实事物以内涵规定,使得事物的特征得以彰显。可见,庄子的形神论更多地强调神或道的超越性,形神对举,差可拟之。

庄子还对事物的形体做了粗与细、有形与无形等区分。《庄子·秋水》:"夫精粗者,期于有形者也。无形者,数之所不能分也;不可围者,数之所不能穷也。可以言论者,物之粗也;可以致意者,物之精也。言之所不能论,意之所不能察致者,不期精粗焉。""物之粗"者,是指事物的外在形相,它可以用言语描述;"物之精"者,是指事物的内在真性,它超越名言理路。粗细对举,足见二者在表情达意或传道启真时的作用有别。这意味着,道家并没有形成比较明显的形神合一的传统。《庄子·外物》:"荃者所以在鱼,得鱼而忘荃;蹄者所以在兔,得兔而忘蹄;言者所以在意,得意而忘言。"在《庄子》,"言"与"意"是手段与目标的关系。"言"为用,为手段;"意"为体,为目标。千言万语,以达意为旨归。玄学家王弼将《周易》之象与庄子象论加以汇通,建构起"言""象""意"这个三层结构。王弼象论主要趋向于道家,但也不能完全排除佛教的影响。

王弼在注解《周易》的基础上,提出了"得意忘象""得象忘言"等命题。这些命题虽然是从《庄子·外物》"得意忘言"发展而来的,但是,王弼的象论与《周易》及《庄子》又存在较多差异。这可能是受大乘佛教实相说的影响。实相即真如之相,虚空不实之相,它是大乘佛教般若空观的产物。王弼援引佛教实相说阐释儒家之"象",这对于理解魏晋南北朝以来的形神问题很有启发。例如,前面提到隋唐五代道教推重形神两忘之境,这在先秦道家的思想传统中难以找到相应的表述,倘若注意到隋唐五代般若空观盛行的文化背景,并结合时人三教兼融的历史事实,就不难体证隋唐五代道教形神两忘观念的佛教哲学因缘。由此,学界在考察隋唐五代以来中国美学的形神论时,就不能忽视该时期道教学者的相关表述。

就审美领域而言,儒家、道家与佛教禅宗在形神论领域存在思想的分野,大致发展成形神合一与形神分离这两大传统。儒家主张"立象以尽意",坚持形神合一的形式观。在道家《庄子》《淮南子》等文献中,已经出现了形神分离的思想倾向。南朝刘宋时期,学界就佛教的神不灭论展开过激烈的争辩。宋文帝元嘉年间,建业治城寺沙门慧琳撰写《黑白论》,批判佛教思想的流弊。慧琳的做法引发了佛教界的反批评。当时历算学者何承天赞同慧琳的观点,并就该文征求宗炳的意见。宗炳是慧远的信徒,也是好佛之士,于是他围绕形神论问题与何承天展开辩论。宗炳认为,"神"周遍万物,非借"形"以成,而是另有其源,"故无生则无身,无身而存神,法身之神也"。宗炳撰有《明佛论》,明确提出"精神不灭,人可成佛"等见解。道家的"得意忘言""言不尽意",与大乘佛教视事物为幻相的思想合流,促成了形神分离的形式观。但在形神论方面,隋唐五代道教仍然坚持形、气、神合一的传统,这一理路显然有别于道家的形神对举,在某种程度上倒是意味着它与儒家形神论传统的合流,尽管双方对形与神具体内涵的规定并不一致。这是隋唐五代道教形神论的重要内涵与基本特征。同时,隋唐五代道教也有形神两忘的表述,这与大乘佛教的般若空观达成了某种程度的契合。隋唐五代道教形神论的美学意蕴具有一定的复杂性与丰富性,由此可见一斑。

二、应真现神

隋唐五代道教演绎道、性、神、物、形等生化应现之理,体证真/应、理/事、体/用等的不二关系。《三论元旨》:"故夫道一性,而能应于一切神;性一神,而能应于一切物;物禀神一,而能应乎一切识。应神作合生之智,应气为万类之形,应身垂圣化之慈,应性导群迷之惑。夫性者,虚无自然之妙灵也。应圣者,性之妙用也。应神者,性之微用也。应气者,性之细用也。色相者,性之粗用也。然应圣者,应身之圣人也。相者,天地万物一切有为之形相也。是以应能生万物而非能生,能成万物而非能成,能有万物而非能有,能空万物而非能空。非物而能物,不碍于物;非法而能法,不滞于法。应而不乖其本者,则惟大道真常之性焉。"①该道经认为,修神能合于道,应真不乖其本。神为一身所主,应身有三万六千变相,一身之神也有种种变相。无为与有为、理与事、细与粗等,虽然对举,并非对立,而是体用一如,妙合无方。这是道教的形神一如之理。

自然为理,应缘成事。自然应现因缘,因缘蕴含自然,自然不离因缘,因缘不异自然。但是,万物得以生成,应顺乎自然之本。万象参差纷呈,都是随机应现。摄迹昄本,真体包罗万象,应真成形,形相变现万千。妙统一神,分别无数。道遍在万物,万物禀道而生,道性普现万物,万物

① 未题人:《三论元旨》,《道藏》第 22 册。

皆有道性。明其道，方可体其真。世俗之人不明其道，是因为他们的真心被尘俗污染了。由此，修道之人必先修心，心境契道，则能动寂自然，动不乖寂，寂不乖动，应常能真，真常能应。

形神关系是隋唐五代道教学者普遍关注的问题，这也是一组重要的审美关系范畴。"形"在古汉语中既可作动词，又可作名词，具有形式、形势、形体、使之显现或成形等义。《说文解字》卷九上："形，象形也。"《庄子·天地》："物成生理谓之形。""形"是事物的具体形貌和存在样态。审美形式与"象""气""神"有关。"气"既有物质性因素，也有精神性因素，与"象"作为审美物象存在样态的可感性相比，"气""神"更倾向于审美物象的内在意蕴，偏重于虚的一面。据《管子》《淮南子》等文献，"气"是形神之间的中介因素，它是连结形而下之"形"与形而上之"神"的纽带。古汉语有"气象""神气"等词，中国美学主张以形写神，很大程度上是通过"气"的因素来沟通落实的。在"形"—"气"—"神"这个三层结构中，就其地位而言，应以神（气）为重，气（象）为次，形（相）再次之。在隋唐五代道教形神论领域，虽然不同的学者各有偏重，但并无偏废之意。"形"是生命最基本的元素，无"形"则无"气"，也无"神"。"气"与"神"的落实要以"形"为基础。在审美活动中，这种三层结构关系同样存在，并且具有重要的美学价值。

中国艺术不求形似，讲究精神气韵。这就要求艺术家法天贵真，与造化合一。法天贵真意味着妙造自然，是指艺术家将物象的精神传达出来。讲究审美物象的气韵生动是中国美学的重要传统。隋唐五代道教主张形、气、神合一，中国艺术家也体证到，天地一气运化，氤氲生成，审美活动不是要将物象描摹得光艳夺目，而是要传达出物象的自然生理和内在生意。所谓濡毫一抹，便有巧夺真宰之力。中国艺术真气弥漫，酣畅淋漓，就是指审美物象具有活泼泼的生意与活生生的元气。作为审美物象的自然，在隋唐五代无疑受到了道教生命理想的影响。表面看来，有些艺术批评是在称叹审美物象的感通神灵，实际上，这是批评家在强调艺术的生命活力，是艺术家与天地宇宙、自然造化的默契神会。

第五节　不落有无

以上四节分别对隋唐五代道教哲学的美学意蕴做了论述。从方法论的角度讲,隋唐五代道教的运思方式也值得一提。这里主要以重玄道教为例,围绕当时道教的运思方式做些简要说明。因为,哲学运思方式不只是实现思想交流的中介或工具,它本身就具有方法论意义,其中含有一定的理论价值。

隋代至初唐时期,重玄道教兴盛一时,尤以成玄英、李荣等学者的成就显著。重玄道教上承魏晋玄学,下启晚唐内丹道教。它是以《庄子》(道教称之为《南华真经》)的"无"/"忘"工夫为基础,并大量吸收大乘佛教的般若空观智慧,以此阐发道家经典的道教哲学派别。重玄家的思想背景,可以追溯到魏晋道士以重玄思想注解《道德经》之风。东晋学者孙登认为,"重玄"是《道德经》的根本,《道德经》首章"玄之又玄"是指道体的深妙莫测,故谓之"重玄"。隋朝道士刘进喜《太玄真一本际妙经》也以"重玄"为修道者证入正观之要门。隋唐之际,道教界、士大夫之间以重玄之旨注老解庄,风气盛行,出现了像成玄英、司马承祯等重玄道教名家。重玄道教传播广泛,及于统治阶层。唐玄宗御注《道德真经》释"玄之又玄":"意因不生则同乎玄妙,犹恐滞玄为滞,不至兼忘,故寄'又玄'以遣玄,示明无欲于无欲。"[1]这是他对"重玄"内涵的基本规定。

重玄道教对于中国道教的最大贡献,在于它提供了一种不落有无的运思方式。而这种运思方式的形成又与大乘佛教的理论基础——般若空观存在密切的联系。般若空观认为,事物都是真空妙有的双面存在。人体证世界,应心无所系。学界普遍认为,重玄道教受到佛教的影响,如司马承祯的道教思想即能见出三论宗的论调与天台宗的止观学说。司马承祯说:"太上本来真,虚无中有神。若能心解悟,身外更无身。"[2]由于

---

① [唐]李隆基:《唐玄宗御注道德真经》卷一,《道藏》第 11 册。
② [唐]司马承祯:《太上升玄消灾护命妙经颂》,《道藏》第 5 册。

颠倒之心作怪,人消沉沾滞于声色之中,其本然真性丧失殆尽。司马承祯指出,修道成真,就要消除空与不空、色与非色、内与外、有与无等分别之见,所以他称道体为"虚无",因其不可把捉,意在舍弃"有象"之念,使心灵复归于虚静之境。虚心不动,妙道自来。道教尊老子为教祖,老子以道为世界的本源,道生成万物,这是从"不有中有";道又能超越万物,复归于朴,这是从"不无中无"。到了重玄道教这里,已不太关注道的生成过程及其超越品格,而较多强调修道者心境的圆活自在,不沾不滞。所谓"有相兼无象,迷惑终不知",就是说不执于有或无,种种执迷自然消解。

在重玄道教看来,道性本来虚无,但又不可执于虚无,因为虚无也只是一种假名,是为了让人觉悟而采用的权宜说法。如果执于道体的虚无而不放,终究还是为其所困,心念沾滞而无法超越。要体认道体和道性,就得回心向己,澄心空观。空无定空,色无定色。空色双泯,不举一隅。色空无滞碍,本性自如如。司马承祯举例说,妙音可喻道的虚空之性,但虚空并非就是妙音。二者体用一如,却不可混同。倘若作如是观,就是心有取舍,舍本逐末,不得自由。世界上的万事万物都不外乎这个道理。这就需要以圆活自在之心观照世界,解悟事理,敞开人人具足的慧心。入得众妙之门,自然解悟无惑。冲破疑惑之网,有无毫不相干。唐玄宗御注《道德经》第十三章:"恐人不晓即身是患本,故问之。身相虚幻,本无真实,为患本者,以吾执有其身,痛瘵寒温,故为身患。能知天地委和,皆非我有,离形去智,了身非身,同于大通,夫有何患?"①唐玄宗的注解也体现出重玄道教不离此身而悟道的路向。这与司马承祯的表述方式是一样的,都属于不落有无的运思方式。

成玄英借助佛教之"空"阐释道教义理,认为世间事物虚幻不实,众人沉迷于尘世俗事而不知自拔。《道德经》第二章:"天下皆知美之为美,斯恶已;皆知善之为善,斯不善已。"成玄英引《上元经》论证说:"一切苍

---

① [唐]李隆基:《唐玄宗御注道德真经》卷一,《道藏》第11册。

生莫不耽滞诸尘,而妄执美恶,逆其心者遂起憎嫌,名之为恶。顺其意者必生爱染,名之为美。不知诸法即有即空,美恶既空,何憎何爱。"①成玄英在注解《道德经》第一章时,也吸收了大乘佛教的空观智慧,认为道体非有非无,即有即无。道生成万物,万物不等于道,道与万物不一不异。这也是主张有无双遣,觉解重玄之旨,通观众妙之义:"妙本非有,应迹非无,非有非无,而无而有,有无不定,故言恍惚。"②道不属有无,不落是非。成玄英指出,至道虚空,本来非物,如果强名为物,它则不有而有。无中生有,虽有不有,虽无不无,这就是"恍惚"。

成玄英说:"玄者,深远之义,亦是不滞之名。有无二心,徼妙两观,源于一道,同出异名。异名一道,谓之深远。深远之玄,理归无滞。既不滞有,亦不滞无,二俱不滞,故谓之玄也。"③有欲之人,唯滞于有,无欲之人,则滞于无。所以圣人说"一玄",以遣双执。更进一路,为了避免滞于"一玄",又须运之以"又玄",这就是"重玄"。简言之,"重玄"是指既不滞于滞,又不滞于不滞,"遣之又遣","玄之又玄",称为不落有无,或有无双遣。"玄"是指非有非无,"重玄"是指非非有非无,也就是既不滞于有,又不滞于无。唐代道教学者李荣也说:"道德杳冥,理超于言象;真宗虚湛,事绝于有无。寄言象之外,记有无之表,以通幽路,故曰'玄之'。犹恐迷方者胶柱,失理者守株,即滞此玄,以为真道,故极言之。非有无之表定名之曰'玄',借玄以遣有无。有无既遣,玄亦自丧,故曰'又玄'。"④成玄英、李荣以有无双遣的路数注解老子的重玄之旨,这与般若空观不落两边、双遣双非的运思方式是一致的。

重玄道教有无双遣、不落两边的运思方式,牵涉道体论、心性论与修心悟道方法论等问题。中国美学讲虚实相生、似有若无、动静不二,都与不落有无的运思方式有一定联系。中国美学的运思方式吸收了大乘佛

---

① [唐末五代]强思齐:《道德真经玄德纂疏》卷一,《道藏》第13册。
② 严灵峰:《老子注》,《无求备斋老子集成初编》,第28页,台北:台湾艺文馆,1965年。
③ [唐末五代]强思齐:《道德真经玄德纂疏》,《道藏》第13册。
④ [唐]李荣:《道德真经注》卷一,《道藏》第14册。

教的般若空观,也与由老庄道家发展而来的重玄道教运思方式存在精神的契合。只不过,这种契合尚未得到充分肯定。重玄道教的运思方式在中国美学领域的地位及影响一直处于被遮蔽的状态。造成这种现象的主要原因是,长期以来,学界普遍认为不落有无这种运思方式来自大乘佛教,因而在探究佛教与中国美学的关系时尽管不一定会有专门论述,但还是多少会有所触及,而在研究隋唐五代道教哲学与美学的关系时,则是一笔带过,语焉不详。其实,这是由于学界对道教存在偏见而产生的误解。严格地说,道教对于中国美学的贡献远没有引起学界应有的重视,这种缺憾在隋唐五代道教哲学与美学的关系研究领域也同样存在。

隋唐五代道教认为,道不远人,人人皆有道性,双遣双非,则能远离道性有无的执念。隋唐五代道教进而指出,此生即此岸,修身即修道,运之以有无双遣,则又不可执著此岸与彼岸、身心与道性的彼此关系。与当时的佛教禅宗、华严宗一样,隋唐五代道教哲学与美学对于丰富中国人的美感世界,拓展中国人的审美领域,培育中国人的审美态度,生成中国艺术的审美形式,提升中国艺术的精神境界等都有着直接而深远的影响。同时,它对于当时以及宋元以来很多审美观念、艺术理论的发展与演变也起过导引作用。

第二章 禅宗与美学

隋唐五代是中国佛教高度繁荣的阶段,禅宗在这个时期极为兴盛,它对社会文化的影响也很大。禅宗作为隋唐五代的重要佛教宗派,它不寻求拯救人类苦难的上帝,也不给人升入天堂的成仙承诺,更为关注的是人的心性解脱问题。禅宗的哲理探求大大深化了中国哲学的既有内涵,修正了隋唐以来中国思想文化发展的路向。同时,隋唐五代禅宗的本土化与世俗化特征也极其明显,这就使得禅宗的人文精神与思想内涵有别于一般的信仰形态的宗教,而具有审美化的气质。那么,隋唐五代禅宗与美学到底存在怎样的关系?这是本章需要讨论的问题。

第一节 禅与诗

禅与诗,即禅思与诗情关系的简称。禅与诗这个问题涉及禅宗义理与审美活动的关系,已不能限定于诗歌美学的范围。关于隋唐五代禅与诗的关系,应该提升到禅宗哲学与美学的高度加以探讨。因此,必须从隋唐五代繁复的文献材料入手,特别是要熟悉与当时审美活动密切相关的诗文材料,并从中提炼概括出一些具有普遍性的美学问题,并展开初步的论证。

白居易说:"如来说偈赞,菩萨著论议;是故宗律师,以诗为佛事。一音无差别,四句有诠次;欲使第一流,皆知不二义。精洁沾戒体,闲澹藏禅味;从容恣语言,缥缈离文字。旁延邦国彦,上达王公贵。先以诗句牵,后令入佛智。"①依据白居易的表述,禅思与审美活动存在多方面的联系,主要有五。

其一,参禅与审美是互不相碍的生命活动。这是隋唐五代对于禅与诗关系最基本的看法。白居易显然是认同这一层的。皎然、齐己都描述过禅与诗平等无碍的关系。皎然说:"诗情聊作用,空性惟寂静。"②齐己也说:"一炉薪尽室空然,万象何妨在眼前。时有兴来还觅句,已无心去即安禅。"③他们是说,人在心境闲静、烦恼无扰之时,适合动用真思安禅;当心有所感,感而未发之时,则适合吟咏。禅思与诗情属于两种不同性质的活动,而在诗僧或文人看来,二者完全可以并行不碍。

其二,参禅与审美活动都离不开清净的心性。这方面的表述非常丰富。白居易讲"精洁沾戒体",即表明审美体验出于清净的心源,这样才有可能生成精洁纯净的艺术境界。刘禹锡说:"梵言沙门,犹华言去欲也。能离欲则方寸地虚,虚而万景入,入必有所泄,乃形乎词。词妙而深者,必依于声律。故自近古而降,释子以诗闻于世者相踵焉。因定而得境,故翛然以清。由慧而遣词,故粹然以丽。信禅林之葩萼,而诚河之珠玑耳。"④刘禹锡分析诗僧闻名于世的原因,其中之一就是习禅者心境清虚,灵明烛照,慧心开启,自有妙词丽句自心间流出。

参禅需要心境清净,诗情则需要心有所触,二者看似矛盾,其实不然。清净的心境不会妨碍诗情的触发,参禅与审美活动之间并不存在必然的冲突。喻凫说:"入户道心生,茶间踏叶行。泻风瓶水涩,承露鹤巢

① [唐]白居易:《题道宗上人十韵》,《白居易集》卷第二十一。
② [唐]皎然:《答俞校书冬夜》,《全唐诗》卷八一五。
③ [唐]齐己:《山中寄凝密大师兄弟》,《全唐诗》卷八四四。
④ [唐]刘禹锡:《秋日过鸿举法师寺院便送归江陵并引》,《刘禹锡集》卷第二十九。

轻。阁北长河气,窗东一桧声。诗言与禅味,语默此皆清。"①夜中香积饭,蔬粒俱精异。境寂灭尘愁,神高得诗思。皎然也说:"市隐何妨道,禅栖不废诗。与君为此说,长破小乘疑。"②小乘佛教认为,世界变动不居,没有一个定在,所以要破动为静。而在大乘佛教看来,小乘虽然体认到了事物的虚幻性,但是还不够,破动为静也还是一种执著。执于事物之动固然不得入悟,执于事物之静也不是慧心所见。所以,大乘佛教主张动静不二,皎然探讨禅思与诗情的关系,吸收了大乘佛教的空观精神。他认为,禅思与诗情完全可以并行无碍。禅心不是枯寂之心,而是活泼泼的参悟之心。参禅者应以平常之心感受大千世界的物色流转,不为外物所迁,并能将感兴体验以审美意象传达出来。

其三,参禅与审美活动都与性情的闲淡相关。佛教禅宗崇尚闲淡之趣,这妙合于隋唐五代推重的闲适情调,白居易说的"闲淡藏禅味",其意正在于此。李嘉祐说:"诗思禅心共竹闲,任他流水向人间。手持如意高窗里,斜日沿江千万山。"③在这里,"诗思"与"禅心"因为"闲"而得以沟通,得到落实。参禅与审美活动的契合在于性情的闲淡。钱起有诗:"胜景不易遇,入门神顿清。房房占山色,处处分泉声。诗思竹间得,道心松下生。何时来此地,摆落世间情。"④齐己则说:"正堪凝思掩禅扃,又被诗魔恼竺卿。偶凭窗扉从落照,不眠风雪到残更。皎然未必迷前习,支遁宁非悟后生。传写会逢精鉴者,也应知是咏闲情。"⑤依据他们的理解,禅悟需要清神凝思,心境虚空,不沾不滞;审美活动也同样需要摆脱世俗妄情的牵系,应以闲适的心境歌咏感怀。这表明,参禅与审美活动在性情的闲淡方面有密切的联系。

其四,参禅与审美活动都需要生命体验的参与。禅宗主张,参禅不

---

① 〔唐〕喻凫:《冬日题无可上人院》,《全唐诗》卷五四三。
② 〔唐〕皎然:《酬崔侍御见赠》,《全唐诗》卷八一五。
③ 〔唐〕李嘉祐:《题道虔上人竹房》,《全唐诗》卷二〇七。
④ 〔唐〕钱起:《题精舍寺》,《全唐诗》卷二三七。
⑤ 〔唐〕齐己:《爱吟》,《全唐诗》卷八四四。

是认识活动,不是逻辑活动,而是人的生命体验活动。参禅需要超越语言文字对性灵的桎梏。审美活动也不是认识活动,不是逻辑活动,同样地,它也是人的生命体验活动,是人与世界、人生、历史的精神交流活动。参禅与审美活动都离不开人的生命体验。"诗心何以传,所证自同禅。"①齐己试图将参禅与审美活动联系起来,同时又强调二者在开启生命体验方面的一致性。

其五,参禅与审美感兴都需要觉悟,需要开启生命的智慧。参禅悟道是个人智慧的开启,审美活动也是自家灵思的呈现,二者都要求具备觉者意识,它们都是具有创造性的生命活动。李嘉祐说:"对物虽留兴,观空已悟身。能令折腰客,遥赏竹房春。"②心灵有所觉悟,才有审美感兴出现,或禅悟观空,了一切相。诗情与禅思相互契合,成就着超越的审美心性。钱起有诗:"慧眼沙门真远公,经行宴坐有儒风。香缘不绝簪裾会,禅想宁妨藻思通。"③齐己也说:"南岸郡钟凉度枕,西斋竹露冷沾莎。还应笑我降心外,惹得诗魔助佛魔。"④正是基于参禅与审美活动的不二关系,不少文人在日常性的参禅用思之外,也将诗歌创造作为重要的生命活动与存在方式,以此体证生命活动的完整性,追求人性的完满与丰富。

以上是对禅与诗相互联系的五点概括。在不少人强调参禅与审美活动的联系时,也有一些文人注意到了参禅与审美活动的主要区别。这里略谈两点。

首先,参禅与审美活动的主旨有别。参禅的主要目的在于护持心性,解除烦恼,开启智慧;审美活动则主要以审美的方式完善人性,释放激情,张扬人的创造精神。李令从说:"心闲清净得禅寂,兴逸纵横问章

① [唐]齐己:《寄郑谷郎中》,《全唐诗》卷八四〇。
② [唐]李嘉祐:《同皇甫冉赴官,留别灵一上人》,《全唐诗》卷二〇六。
③ [唐]钱起:《同王錥起居程浩郎中韩翃舍人题安国寺用上人院》,《全唐诗》卷二三九。
④ [唐]齐己:《寄郑谷郎中》,《全唐诗》卷八四五。

句。"①齐己有诗:"日日只腾腾,心机何以兴。诗魔苦不利,禅寂颇相应。"②他们都认为,禅寂之时,感兴不生,而感兴触发,则不便安禅。这是参禅与审美活动的区别之一。

其次,虽然参禅与审美活动都离不开人的觉悟与体验,但二者毕竟属于不同形态的活动方式。齐己说:"长忆旧山日,与君同聚沙。未能精贝叶,便学咏杨花。苦甚伤心骨,清还切齿牙。何妨继余习,前世是诗家。"③齐己认为,参禅悟道要靠平时的涵养工夫,写诗咏叹则是清苦劳心之举。齐己又说:"道性宜如水,诗情合似冰。还同莲社客,联唱绕香灯。"④这里以水与冰喻示道性与诗情的关系,表明二者异中有同,同中有异。所以,参禅与审美活动在人的生命活动结构中的地位是不一样的。

隋唐五代关于禅与诗这组审美关系的探讨已经较为深入,关键性的问题都有所触及,某些理解尚不乏深意。学界在讨论禅与诗的关系时,多从严羽的《沧浪诗话》入手,似乎此前的论述近乎空白。通过上述材料的梳理及其美学意蕴的发掘,可见至少从中唐开始,这方面的探讨就陆续受到关注。这些探讨论题较为集中,颇有理论深度,这为更为系统地考察隋唐五代禅宗与美学的关系奠定了基础。

第二节　觉悟

觉悟是佛教解脱生存烦恼,开启生命智慧的法门。觉悟是隋唐五代禅宗极为重视的问题。本节拟介绍禅宗觉悟的功能、特性、内涵及类别等问题,并讨论隋唐五代禅宗觉悟理论与中国美学的关系。

---

① [唐]皎然:《与李司直令从荻塘联句》,《全唐诗》卷七九四。
② [唐]齐己:《静坐》,《全唐诗》卷八四〇。
③ [唐]齐己:《寄怀江西僧达禅翁》,《全唐诗》卷八三九。
④ [唐]齐己:《勉诗僧》,《全唐诗》卷八四〇。

一、觉悟的功能

在佛教禅宗看来，"觉"有觉察、觉悟两义，因此，它一方面要破除遮蔽，另一方面又要照亮真实。前者可以看做是觉悟的工夫，后者则可理解为觉悟的境界。两者相待而在，不可偏废。唐代青原惟信禅师谈到他的禅悟体验时，有一段著名的"见山见水"的言论，这是最有影响的禅宗觉悟境界理论之一：

> 老僧三十年前未参禅时，见山是山，见水是水。及至后来，亲见知识，有个入处。见山不是山，见水不是水。而今得个休歇处，依前见山只是山，见水只是水。①

青原惟信禅师谈到的觉悟境界，是浮云淡去、杲日当空、世界灿烂之境。此境透彻澄明，人会生成一种洞若观火式的超越体验。这种"见山见水"的觉悟境界的美学意蕴在于，它既试图消解或超越审美体验与世俗体验、知识理性等的二元对立，突出审美体验在人的心性结构中的极高地位，也强调审美态度与审美境界的紧密联系。

在禅宗看来，觉悟之时，宛若身处孤峰顶上，壁立千仞，前无所依，后无可靠，是一种绝对绝缘的心性状态。唐代居士庞蕴说："未识龙宫莫说珠，识珠言说与君殊。空拳只是婴儿信，岂得将来诳老夫。万法从心起，心生万法生。法生同日了，来去在虚行。寄语修道人，空生慎勿生。如能达此理，不动出深坑。极目观前境，寂寞无一人。回头看后底，影亦不随身。神识苟能无挂碍，廓周法界等虚空。不假坐禅持戒律，超然解脱岂劳功。"②正是这种"超然解脱"，让人真切地体证到世界的虚空，从而不再盲目外求，于是洞察起自家的本来面目。中晚唐以来，一些受到禅宗思想影响的文人也常在诗文里谈及觉悟体验。如：

① ［宋］普济：《五灯会元》卷第十七。
② ［唐］庞蕴：《杂诗》，《全唐诗》卷八一〇。

身闲始觉骊名是,心了方知苦行非。外物寂中谁似我,松声草色共无机。①

忽忽枕前蝴蝶梦,悠悠觉后利名尘。无穷今日明朝事,有限生来死去人。②

证道方离法,安禅不住空。迷途将觉路,语默见西东。③

觉路明证入,便门通忏悔。悟理言自忘,处《屯》道犹《泰》。④

禅宗认为,在世途歧路之上,由心有所迷,不能觉悟,导致烦恼不断,兀兀浪海,漂漂三界。一旦觉悟,则如电光顿闪,种种妄念脱落无余。佛教禅理也让文人们领会到,为了使本心不被尘境蒙蔽,不能离开觉悟之心,但是,禅宗以觉悟摆脱生存的困境,获得生命与存在的智慧,却不能执著于觉悟本身。假若那样,也还是偏离了觉悟的宗旨。法界虚廓无边,荡然无物,无净土可参,也无尘埃可拂。当时文人还常以"坐忘""忘机""得意忘言"等体道语汇来形容禅悟体验。觉悟是使人回归性灵的真源,使心田远离污染的状态,复归本然真实的境界。当然,在禅宗看来,从根本上说,这种复归也只是关于觉悟功能的方便说法而已。

觉悟可以拯救沉沦的生命,开启超绝的人生智慧。这体现出禅宗对生命意义的普遍关注。晚唐僧人慧宣有诗:"妙法诚无比,深经解怨敌。心欢即顶礼,道存仍目击。慧刀幸已逢,疑网于焉析。岂直却烦恼,方期拯沉溺。"⑤禅宗的觉悟论警示,应该从沉溺于物欲、功名利禄、世事纷争之中解脱出来,敞开遮蔽了的真实性灵。

禅宗的觉悟功能观给予中国人以价值的承诺,使他们返回自身,复归真实的生命体验,坚守自己的精神家园。这对中晚唐以来审美人格的形成,对提升中国人的审美情趣与艺术境界都产生过深远的影响。一些

---

① [唐]皎然:《山居示灵澈上人》,《全唐诗》卷八一五。
② [唐]齐己:《感时》,《全唐诗》卷八四五。
③ [唐]李频:《暮秋宿清源上人院》,《全唐诗》卷五八九。
④ [唐]刘禹锡:《谒枉山会禅师》,《刘禹锡集》卷第二十三。
⑤ [唐]慧宣:《秋日游东山寺寻殊县二法师》,《全唐诗》卷八〇八。

美学家在谈到审美功能时,也常将艺术作为使人觉悟的方式,或试图即色以明空,或主张触物而成真,或以审美活动作为安顿生命的方式,或视艺术为解脱生存困境的良方。这些艺术功能观尽管说法不一,但都化用了禅宗的觉悟思想,并以此作为艺术理论建设的思想支持,或作为开展艺术批评的独特视角。这是隋唐五代禅宗觉悟功能论的影响所及。

二、觉悟的特征

根据隋唐五代禅师们的表述,禅宗的觉悟具有以下五个方面的特征。

(一)觉悟是真实无妄的心灵体验

按照佛教的说法,事物的真实性能否显现,全在心念的真妄之间。追求心灵的真实无妄,是大乘佛教心性论的关注点之一。《维摩诘经》:"直心是道场,无虚假故。"①禅宗六祖慧能说:"一行三昧者,于一切时中行住坐卧,常行直心是。"②慧能强调,心灵应当不为世间形相所缚,以无住之心应世接物。"直心",就是真实无妄之心,它是心性的本源状态,是人的觉悟之心。佛教中的"直心",即直截了当之心、直言不讳之心,相当于现代意义上的"真心"。真心直行,了无阻隔,所行之处,无非妙道。妄心是指后天生起的妄念,有攀缘,有分别,常变动,牵拘于境,不得自由。真心则人人具足,绝攀缘,无分别,不变动,超然于境界之外。《楞伽经》以海水、波浪分别喻示真心、妄心:真心如海水常住不变,妄心似波浪起伏无常。真心是指自性清净之心、明妙灵通之心。要领略事物的真相,就应趋真而舍妄,觉悟而成真。权德舆说:"直心道场,决之则通。随器受益,各见其功。真性无方,妙道不竭。"③陆龟蒙说:"君如有意耽田里,予亦无机向艺能。心迹所便唯是直,人间闻道最先憎。"④权德舆、陆龟蒙

① [后秦]鸠摩罗什译:《维摩诘所说经》卷上,《大正藏》第十四卷。
② [唐]慧能撰、杨曾文校写:《六祖坛经》,第17页,北京:宗教文化出版社,2001年。
③ [唐]权德舆:《唐故洪州开元寺石门道一禅师塔铭》,《全唐文》卷五〇一。
④ [唐]陆龟蒙:《闲居杂题五首·野态真》,《全唐诗》卷六三〇。

都主张"直心是道场","直心"既然是觉悟之心,以直心为道场便是重视本然之心的真实呈现。

佛教讲觉悟,而觉悟的关键在于心性的真实与否。隋唐五代禅宗认为,事物的真实性并不遥远,只因心为幻识所蔽,不见其真。五祖弘忍说:"三世诸佛皆从心性中生。"①自识本心,真心不夺,由是见性,即能成佛。千经万论,莫过于护养自家本心。人问:"真法幻法,各有种性不?"禅师答:"佛法无种,应物而现。若心真也,一切皆真。若有一法不真,真义则不圆。若心幻也,一切皆幻。若有一法不是幻,幻法则有定。若心空也,一切皆空。若有一法不空,空义则不圆。迷时人逐法,悟罢法由人。"②依禅宗之见,事物的真如空性能否得到显现,完全取决于心念的真实程度。隋唐五代禅宗将追问事物的真实性落实到心物关系层面。了达事物由心所生,如幻如化,自然也就无缚无解,触物皆真。真是不假思索、单刀直入的当下之念,是心理的超意识状态。对于觉者来说,真也好,幻也好,都是出乎心识,皆虚空平等,故不可除,也不必舍。

(二)觉悟是超越语言文字局限的生命体验

作为引领禅宗发展方向的禅师,六祖慧能也很重视觉悟的问题。慧能有偈:"心迷《法华》转,心悟转《法华》。诵经久不明,与义作仇家。"③此偈旨在告诫禅师,觉悟重在心灵的体验,不能为佛经文句所缚。这是慧能对待佛教经典的基本态度。慧能又在《金刚般若波罗蜜经序》里宣称,《金刚经》是众人心中本有,只是人们多被尘俗所迷,导致真义不见。读诵其文字,而不悟本心,终是枉然,此经的不可思议之处不在文字本身。《金刚经》的宗旨在于,不身外觅佛,不向外求经,发明内心,彰显自性,了然自现清净心。与印度大乘佛教对待经典的态度接近,南宗禅也没有否定经典的引导作用。它只是提示,应以不沾不滞的心态坦然面对经典,不泥经,不执古,不自卑,不落空。马祖道一禅法注重自觉自悟,使人反

---

① [唐]弘忍:《最上乘论》,《大正藏》第四十八卷。
② [宋]延寿:《宗镜录》卷第九十八,《大正藏》第四十八卷。
③ [唐]慧能述,[元]宗宝编:《六祖大师法宝坛经》,《大正藏》第四十八卷。

诸自心,不假外求。百丈怀海说:"读经看教,语言皆须宛转归就自己。但是一切言教,只明如今鉴觉性。自己但不被一切有无诸境转,是故道师;能照破一切有无境法,是金刚印,有自由独立分。"①面向经典和传统,要有个人的觉解,才能顶天立地。"自由独立分"是指对待经典、传统与语言文字心无所执,这种态度也为中晚唐文人津津乐道:

> 既悟莲花藏,须遗贝叶书。菩提无处所,文字本空虚。观指非知月,忘筌是得鱼。闻君登彼岸,舍筏复何如?②

> 长绳不见系空虚,半偈传心亦未疏。推倒我山无一事,莫将文字缚真如。③

> 何用辛勤礼佛名,我从无得到真庭。寻思六祖传心印,可是从来读藏经。④

> 寂灭本非断,文字安可离!曲堂何为设?高士方在斯。圣默寄言宣,分别及无知。趣中即空假,名相与谁期?愿言绝闻得,忘意聊思惟。⑤

南宗禅的觉悟是以心传心,断非语言文字境界。白居易体认到语言文字的虚空体性,司空图、韦庄提到禅宗推重个人体验的觉悟思想。柳宗元则以般若空观的精神对待文字,既不执,又不离,借文字以明心见性。这些文人吸收了禅宗对待经典、传统与语言文字而心无所执的觉悟意识,这种觉悟意识影响到宋元以来中国艺术重创造而轻模仿、重意蕴而轻形式等审美现象的大量出现。

觉悟能消除心中的迷妄杂念,使心性复归清净。南宗禅谈顿悟,却始终不离迷妄杂念,而得真空妙悟。马祖道一说:"即汝所不了心即是,

---

① [南唐]静、筠二禅师:《百丈和尚》,《祖堂集》卷第十四。
② [唐]白居易:《和李澧州题韦开州经藏诗》,《白居易集》卷第十八。
③ [唐]司空图:《与伏牛长老偈二首》其二,《全唐诗》卷六三三。
④ [唐]韦庄:《赠礼佛名者》,《全唐诗》卷六九六。
⑤ [唐]柳宗元:《巽公院五咏·曲讲堂》,《柳宗元集》卷四十三。

更无别物。不了时即是迷,了时即是悟;迷即是众生,悟即是佛道。"①南泉普愿说:"道不属知不知。知是妄觉,不知是无记。若也真达不拟之道,犹如太虚,廓然荡豁,岂可是非?"②在南宗禅看来,道既不属知,也不属无知,因为知或无知,都是迷妄之见,而佛道是远离知识理性的,知识逻辑不是觉悟,而恰恰是觉悟所要超越的。这种超越对立与分别之见的空观智慧就是觉悟。百丈怀海上堂:"灵光独耀,迥脱根尘。体露真常,不拘文字。心性无染,本自圆成。但离妄缘,即如如佛。"③这是隋唐五代禅宗重体验而轻分析的例证。禅宗的觉悟不是科学的推理演绎,不是知识的累积,它超越功利的计较或道德的积淀,不是意识所要征服的对象,也不是知识所要证明的道理,而是以近乎审美的、诗意的方式观照世界,是超理性、超逻辑的生命体验与本心呈现。

(三)觉悟是一种自觉自悟,是人的自我实现与精神超越

《坛经》讲觉悟,不是来自他者的救赎,而是各人"于自身自性自度"。自性自度是指人的邪见烦恼、愚痴迷妄不异本觉之性。本觉之性就是般若智慧,它能使烦恼尽消,幻识皆除,愚痴迷妄不生。这种本觉之性需要各人自觉自悟。《坛经》:"自性心地,以智慧观照,内外明彻,识自本心。若识本心,即是解脱。"④慧能将成佛体道的般若三昧与本源之心联系起来。觉悟是智慧的观照,南宗禅将自觉自悟的精神推向了极致。马祖道一主张"直指本心""即心即佛",就包含这层意思。大珠慧海说:"汝心是佛,不用将佛求佛;汝心是法,不用将法求法。"⑤自觉自悟是一把斩断烦恼邪见的智刃,用一念之慧锋,断尘俗之迷网,实现精神之超越。

(四)觉悟是一种须臾瞬刻的心灵体验

觉悟是开启生命智慧的法门,觉悟往往发生在心念运转的须臾瞬

① [南唐]静、筠二禅师:《祖堂集》卷第十五。
② [南唐]静、筠二禅师:《祖堂集》卷第十八。
③ [宋]普济:《百丈怀海禅师》,《五灯会元》卷第三。
④ [唐]慧能撰,杨曾文校写:《六祖坛经》,第37页。
⑤ [南唐]静、筠二禅师:《祖堂集》卷第十四。

间。僧璨《信心铭》:"归根得旨,随照失宗。须臾返照,胜却前空。"①从时间的角度说,觉悟往往发生在稍纵即逝、微妙不觉的片刻。此心广大无边,本觉之心即般若之智,是人人先天具有的自性般若。在南宗禅,觉悟并不神秘,无须推求,也不可理论。觉悟是自然而然的事,它摒除知见等理性因素的遮蔽,使人的本源心性在即刻之间得以开启。觉悟是意蕴丰富的须臾体验,又是瞬间即永恒的心灵体悟。有僧徒问南阳慧忠:"若为得成佛去?"禅师答:"佛与众生,一时放却,当处解脱。"②觉悟无路,它超越一切理路,不可以推求得;觉悟有法,在于心心相印,立地成佛,须臾成真。

（五）觉悟之心是一种无住所之心

心无所住,是指心灵的圆活自在。佛教认为,事物由五蕴和合而成,五蕴虚空,因此心识不应住于一切相。心灵是万念的总持法门,也是成佛体道的机关所在。觉悟的关键在于心灵的圆活,心念一时放却,不被外境所缚,不为觉悟所累,则心能转觉,觉能启智。一念真即为觉,一念迷便是幻。无心可用,无禅可参,一念了悟,当下圆成。马祖道一说:"在迷为识,在悟为智。顺理为悟,顺事为迷。迷则迷自家本心,悟则悟自家本性。一悟永悟,不复更迷。"③所以,马祖道一劝僧徒自悟本心,"拾取自家宝藏",因为迷悟不假外求,全在一己之心。吕温有诗:"僧家亦有芳春兴,自是禅心无滞境。君看池水湛然时,何曾不受花枝影。"④这是以无住之心观照世界,一任天荒地老,水流花开。心性无住,不沾不滞,了然境象,则能处境自在,触物生趣。

以上从五个方面概述了隋唐五代禅宗觉悟的基本特征。当然,这些特征是相互联系的,不可机械地分解。这里的分类只是为了突出觉悟的某一方面而已,事实上很难将这些特征割裂开来。

① [宋]普济:《僧璨鉴智禅师》,《五灯会元》卷第一。
② [宋]普济:《南阳慧忠国师》,《五灯会元》卷第二。
③ [宋]道原:《江西大寂道一禅师语》,《景德传灯录》卷第二十八,《大正藏》第五十一卷。
④ [唐]吕温:《戏赠灵澈上人》,《全唐诗》卷三七〇。

三、觉悟的内涵

学界常以"三无"（无住、无著、无念）概括隋唐五代禅宗的哲学精神，其实，隋唐五代禅宗的觉悟内涵也是以"三无"为思想基础的。

（一）无住

无住，即心无所住，情无所牵。无住是禅宗觉悟论的内涵之一。《维摩诘经》："心不住内，亦不在外，是为宴坐。"身体是暂时的存有，不是性命的永恒居所，故不用摄心住内。世界又总是变幻不定，应接不暇，故驰想于外也是徒然。心不住内，也不住外，因为心之内外皆为幻妄，若心物双泯，内外无寄，心无所住，何缚之有？《金刚般若波罗蜜经》："应如是生清净心，不应住色生心，不应住声、香、味、触法生心，应无所住而生其心。"[1]传说，当年六祖慧能听人诵及此句时，顿然开悟。可见，心无所住对于南宗禅具有独特的意义。慧能说："内外不住，来去自由，能除执心，通达无碍。"[2]禅宗要人在物色的迁流不息、得失的辗转无常面前，护持超然物外的自由之心。因为，物质世界虽然变动不居，但总会复归于它的本来面目，本性虚空，人根本就不必为其表面现象所困扰。鱼跃已随流水去，莺啼犹送落花来。这是中国艺术的流动之趣，映现出中国人的无住之心。诗佛王维说："眼界今无染，心空安可迷。"[3]心无所住，不为物色所牵，不为世相所惑，则无染亦无迷。三界无住，故能应接自如。雨声无住，故能赏玩妙音。

王维深悟以无住之心应世接物的妙理。他在一则画赞中写道："大觉曰圣，离妄曰性。克修其业，以正其命。得无法者，即六尘为净域。系有相者，凭十念以往生。"[4]心无所住，目空一切，不为物色所牵，则尘染尽

---

① ［后秦］鸠摩罗什译：《金刚般若波罗蜜经》，《大正藏》第八卷。
② ［唐］慧能撰、杨曾文校写：《六祖坛经》，第34页。
③ ［唐］王维撰，［清］赵殿成笺注：《青龙寺昙壁上人兄院集》，《王右丞集笺注》卷之十一。
④ ［唐］王维撰，［清］赵殿成笺注：《给事中窦绍为亡弟故驸马都尉于孝义寺浮图画西方阿弥陀变赞并序》，《王右丞集笺注》卷之二十。

消。世相森罗,何滞之有?"大觉""离妄",不系有相,"得无法",就要"即六尘为净域"。只有深得无住之旨,不落有无边见,才能成就离妄之性、大觉之圣。"无住"是指心境圆活,一无所住,了无所牵。无住之心是一种不为外物所缚,又不被自身所限的超越之心,同时也是一种审美态度。佛教认为,人的身体只是性命的暂时居所,不是永恒的家园,故不用摄心住内。世间事物变幻不定,让人应接不暇,难以应对,故驰想于外也是徒然。心不住内,也不住外,因为心之内外皆为幻妄,心无所住,泯然无寄,便是应世接物的妙理。从本质上说,无住之心是一种审美心境。王维援引佛教禅理论画,就是要将无住之心拓展到绘画批评领域,为中国绘画观念注入超越世俗的审美品性。"即六尘为净域",成就了中国画家不离现世而觉悟的审美人生,也促成了中国画家超然物表又平常闲淡的审美心境。

"即六尘为净域",体现出圆活自在、无所取舍的处世态度。南宗禅认为,心无所住,故能忘,能空,能无取舍。心无取舍,即不取不舍,不沾不滞,这是一种立足于世界之中,又超然于世俗之外的生存哲学。这种生存哲学也为唐代思想家所深好。王维说:"无有可舍,是达有源。无空可住,是知空本。离寂非动,乘化用常。在百法而无得,周万物而不殆。"①处境而忘境,自在又自得,这是南宗禅的精神,也是中国人的心灵家园。中国人追求心境的淡远,并没有将寻求世外的净土作为人生的鹄的,而是在尘世的生存过程中感受存在的真实。生命的意义就在现实的人生旅程当中得以呈现,人生的价值就在当下存在的此岸世界得到彰显。这种心无取舍的处世态度已经渗透到中唐以来中国人关于宇宙、历史与人生的思悟之中。超越主/客、物/我的二分状态,审美者与审美物象彼此交融,浑然一体,这是极高的审美境界,也是真切可感的活泼泼的生活世界。这样,无取无舍的处世态度也就转化为一种审美态度,直接影响到隋唐以来中国艺术的审美理想与艺术境界等层

① [唐]王维撰,[清]赵殿成笺注:《能禅师碑并序》,《王右丞集笺注》卷之二五。

面。王维在画赞中提出"即六尘为净域",就是一个颇有代表性的例证。

（二）无著

无著,是指心灵的不执著。隋唐五代禅宗的无著可分为两个层次。

其一,五蕴性空,不必执著。

五蕴性空,无缚无解,故不必执著,这是般若类经典的思想。如小品般若中,富楼那问须菩提:"色无缚无解,受、想、行、识无缚无解耶?"须菩提言:"色无缚无解,受、想、行、识无缚无解。"[1]这是说五蕴本性虚空,故称五蕴无缚,故无须解,解空缚亦空,故不必执著。色、受、想、行、识五蕴,幻作种种不实之象,智者应无所执。皎然《诗式》曾引王梵志《道情诗》:"我昔未生时,冥冥无所知。天公强生我,生我复何为? 无衣使我寒,无食使我饥。还你天公我,还我未生时。"[2]"还我未生时",即禅宗经常提起的"本来面目"话头。这首道情诗追问的是如何看待生命的本来面目。这种追问事物本性的做法,在隋唐五代禅门颇为常见,这是禅宗觉悟意识的流露。

隋唐五代禅宗认为,觉悟要破除有为,超离取舍之心。有一次,南阳慧忠国师问紫璘供奉:"佛是甚么义?"供奉答:"是觉义。"禅师又问:"佛曾迷否?"供奉答:"不曾迷。"禅师说:"用觉作么?"此时,供奉无言以对。[3]又有人问大珠慧海:"云何即得解脱?"禅师回答:"本自无缚,不用求解。直用直行,是无等等。"[4]禅宗讲觉悟,常以"空"/"无"的方式破除人的幻妄心识,使心性自在而无所执著。既不执著于实在的事物,又不执著于实在的外界,了达事物不在人心之外,这被称为破除境执。

当时文人也常吟叹事物的虚空不实,生发无著之思:

---

① [后秦]鸠摩罗什译:《小品般若经》卷第一,《大正藏》第八卷。
② [唐]皎然著,李壮鹰校注:《诗式校注》卷一。
③ [宋]普济:《南阳慧忠国师》,《五灯会元》卷第二。
④ [宋]普济:《大珠慧海禅师》,《五灯会元》卷第三。

虚虚复空空,瞬息天地中。假合成此像,吾亦非吾躬。①

从无入有云峰聚,已有还无电火销。销聚本来皆是幻,世间闲口漫嚣嚣。②

刻木牵丝作老翁,鸡皮鹤发与真同。须臾弄罢寂无事,还似人生一梦中。③

他们或由现实生活中的事物(如浮云、泡影、身体等)的虚空体性来觉悟人生的虚幻莫测,将人生的穷通抛诸九霄云外。木偶是傀儡戏的道具,梁锽将对木偶戏的本体之思提升到追问事物真实性的高度。他觉察到人生旅程与木偶戏在虚幻体性方面的同构关系,具有一定的哲理意味。

在唐代文人的精神世界,也不时流露出超然脱俗的无著意识。如:"云林出空鸟未归,松吹时飘雨浴衣。石语花愁徒自诧,吾心见境尽为非。"④这类文人多喜青苔幽影,好高斋独掩,闻新林微露,望明窗碧云,听清夜道言。耽于静中趣,心与世事违。待客无俗物,松风入轩来。他们心境幽远,常忘怀于尘世之外。张说有诗:"空山寂历道心生,虚谷迢遥野鸟声。禅室从来尘外赏,香台岂是世中情。"⑤戴叔伦过山寺有感:"共有春山兴,幽寻此日同。谈诗访灵彻,入社愧陶公。竹暗闲房雨,茶香别院风。谁知尘境外,路与白云通。"⑥这种超然尘世之外的审美境界,是禅宗无著思想在文人精神世界的留影,是一种超越世俗功利的存在境界。

其二,心识如幻,何须执著?

这是指应当破除对心识的执著,也包括对"空""觉悟"之见的破除。

---

① [唐]陆凭:《咏浮云》,《全唐诗》卷八六五。
② [唐]韩偓:《寄禅师》,《全唐诗》卷六八二。
③ [唐]梁锽:《咏木老人》,《全唐诗》卷二〇二。
④ [唐]皎然:《酬秦系山人题赠》,《全唐诗》卷八一六。
⑤ [唐]张说:《灉湖山寺》,《全唐诗》卷八七。
⑥ [唐]戴叔伦:《与友人过山寺》,《全唐诗》卷二七三。

般若空观是大乘佛教的精神支柱,隋唐五代禅宗更是将般若空观的精神贯彻到底。禅宗不但认为五蕴皆空,不可执著,而且也竭力破除对幻妄心识的执著,甚至连"空""觉悟"本身也一齐参破,成就空空如也之境。慧能说:"此门坐禅,元不著心,亦不著净,亦不是不动。若言著心,心元是妄。知心如幻故,无所著也。若言著净,人性本净,由妄念故,盖覆真如。但无妄想,性自清净。起心著净,却生净妄。妄无处所,著者是妄。净无形相,却立净相。言是工夫,作此见者,障自本性,却被净缚。"①与早期禅宗通过断念或离念以归于清净的心性不同,慧能主张以不执著之心参悟,强调觉悟之心不可执著于清净,也不生净妄看妄之念,主张从一念处得解脱,在当下获得心性的自由。佛教禅宗虽然讲"无我",主张破除妄我,显现真我,但其绝不是否定现实世界之"我"。

禅宗还要求不生分别之心,不重此而轻彼。刘禹锡与白居易是很要好的朋友,二人经常相互唱和,诗酒往来,引为知音。他们之间曾以镜换酒,成为文坛的一段佳话。这种行为本身,也体现出心无所执的佛理禅意。刘禹锡说:"把取菱花百炼镜,换他竹叶十旬杯。颓眉厌老终难去,蘸甲须欢便到来。妍丑太分迷忌讳,松乔俱傲绝嫌猜。校量功力相千万,好去从空白玉台。"②在刘禹锡、白居易看来,镜与酒都能给人带来精神愉悦,都是助兴之具,二者并无优劣之分。如果性耽于酒,或心迷于镜,就是执著之心作怪,断然不是觉悟之人所为。刘禹锡、白居易不以事物的优劣得失取舍于心,这种行为已经超越实用理性与功利诉求,属于审美化的生活态度与精神境界。

无佛可求,求之即乖。无理可求,求之即失。但是,如果执著于无求,反倒成为另一种求,成为另一种执著,还是心有所缚,不是真正的无求,也就谈不上彻底的解脱,不是透彻之悟。在禅宗看来,只有将无所执著的空观精神贯彻到底,才是真正的觉悟。文人们将禅宗的不执著精神

① [唐]慧能述,[唐]法海集,[元]宗宝编:《六祖大师法宝坛经》,《大正藏》第四十八卷。
② [唐]刘禹锡:《和乐天以镜换酒》,《刘禹锡集》卷第三十一。

融入审美化的人生当中。白居易说："有营非了义,无著是真宗;兼恐勤修道,犹应在妄中。"①司空图也说："不算菩提与阐提,惟应执著便生迷。"②上述诗句都流露出处世而无著的人生智慧。无著于世,即能委顺造化,不为世障,不为物牵,任运自然,了达真谛。

（三）无念

无念是隋唐五代禅宗觉悟理论的又一内涵。《大乘起信论》主张以无念之心随顺入真如门,隋唐五代禅宗吸收了这方面的思想。南宗禅以"明心见性"为旨归,"无念为宗"是性体显发的路径,"无念"为觉悟的方便法门。北宗禅也讲心体离念,但其主旨在于消灭妄念,使心不起念;南宗禅则认为"妄念本空,不待消灭"。从运思路向看,南宗禅的无念更符合大乘佛教的般若空观精神。《维摩诘经》："如幻如电,诸法不相待,乃至一念不住。"僧肇注："诸法如电,新新不停。一起一灭,不相待也。弹指顷有六十念过。诸法乃无一念顷住。况欲久停。无住则如幻,如幻则不实,不实则为空,空则常净。然则物物斯净,何有罪累于我哉!"③无念不是一念不生,万虑净除,它是指去除妄想杂念。无念是指不生妄念,不是说一切念头(包括正念)都没有。因此,禅宗主张"定慧一体,平等双修",以抵达明心见性的境界。

四、顿渐之别

关于隋唐五代佛教的觉悟类别,唐代学者裴休有一段精要的概括。裴休说："自如来现世,随机立教,菩萨间生,据病指药。故一代时教,开深浅之三门;一真净心,演性相之别法。马、龙二士,皆宏调御之说,而空性异宗;能、秀二师,俱传达摩之心,而顿渐殊禀。菏泽直指知见,江西一切皆真,天台专依三观,牛头无有一法。其它空有相破,真妄相攻,反夺

---

① [唐]白居易:《感悟妄缘,题如上人壁》,《白居易集》卷第二十五。
② [唐]司空图:《与伏牛长老偈二首》其一,《全唐诗》卷六三三。
③ [后秦]僧肇:《注维摩诘经》卷第三,《大正藏》第卅八卷。

顺取,密指显说。"①裴休简述了唐代禅门各宗在觉悟方式和方法等方面的具体特征。限于论题,这里不再展开。

这里要讨论的,只是隋唐五代禅门最有影响的两派,也就是禅宗史上的南宗禅与北宗禅及其觉悟类别的差异。具体而言,主要有四:

(一)在觉悟方式上,北宗禅注重渐悟,南宗禅推崇顿悟

觉悟类别存在差异,这是历来判别北宗禅与南宗禅的基本看法。一般认为,以神秀为代表的北宗禅注重渐悟,而慧能开创的南宗禅推崇顿悟。

隋唐五代禅宗的觉悟方式主要有两大类:一是渐悟,一是顿悟。关于这一点,并不是现代学者的发明,更早可以追溯到印度佛教的有关表述,与禅宗同时代的华严宗师也提到觉悟有顿渐之分。法藏说:"明顿渐者,若于尘处,了幻相不可得,方见无相。了尘无自性,方见无生。了尘色无体,方见空。如此推寻,方见名为渐。今不待推寻,而直见诸法无性空寂,如镜现像,不待次第,对缘即现为顿。"②法藏关于顿悟与渐悟的区分,虽然不是特别针对禅宗而言,但法藏的判教有助于体证隋唐五代禅宗的觉悟方式。顿悟与渐悟的主要差别在于,它们是否有思维的推寻或概念的参与。

南宗禅推崇顿悟,排斥概念参与,这是一种超越思维推寻之悟。这种觉悟接近印度佛学中的"现量"。印度因明学有"三量"说,即"现量""比量""非量",也就是心识三量。三量是指心与心所量知所缘对境的相状差别。其中,现量、比量为正确的量知,非量乃谬误的量知。再进一步说,比量、现量也有很大差异。"比",即比类,是以第六意识比类量度诸境,比量是由推理而得的知识。例如,看见乌鸦是黑的,便得出"天下乌鸦一般黑"之类的结论,由此预计下一次见到的乌鸦也一定是黑的。这是从逻辑推理的角度得出的结论,其实并不一定符合实际或事实。北宗禅讲渐悟,它显然不是

① [唐]裴休:《释宗密禅源诸诠序》,《全唐文》卷七四三。
② [唐]法藏:《华严经义海百门》,《大正藏》第四十五卷。

非量,渐悟在觉悟境界上与顿悟本无高低之分,但是,渐悟并不能完全排除概念和思维的作用,因此,渐悟更为接近比量。

何谓现量?"现",即显现;"量",即量度。现量是指眼识和身识对于显现五尘之境,离妄分别无筹度之心,而能处境度量与体认事物的自性之相而不错谬。"量,为尺度之意,指知识来源、认识形式,及判断知识真伪之标准。现量即感觉,乃尚未加入概念活动,毫无分别思惟、筹度推求等作用,仅以直觉去量知色等外境诸法之自相。如五根之眼见色、耳闻声等是。"①在佛教中,知识是比量,证悟是现量。现量又有广义与狭义之分。其中,广义现量分为真现量与似现量,真现量是指没有受到幻相、错觉等的影响,且尚未杂入直接经验的现量。似现量的意义刚好相反,是说由错觉所导致,或是已经加入概念分别作用的认识。狭义现量主要是指真现量而言。现量这种心识最为大乘佛教所推重,南宗禅的顿悟就是以现量的方式体证万有,妙悟禅理。

(二)在觉悟工夫上,北宗禅看重修持之功,而南宗禅认为佛法现成,不假修持

顿悟是指佛法现成,当下即是,不假思索,瞬间生成。马祖道一说:"道不用修,但莫污染。"②这属于顿悟方式。百丈怀海是马祖道一的弟子,他对顿悟法门的解释更为详尽:

> 汝等先歇诸缘,休息万事。善与不善,世出世间,一切诸法,莫记忆,莫缘念,放舍身心,令其自在。心如木石,无所辨别。心无所行,心地若空,慧日自现,如云开日出相似。但歇一切攀援,贪嗔爱取,垢净情尽。对五欲八风不动,不被见闻觉知所缚,不被诸境所惑,自然具足神通妙用,是解脱人。对一切境,心无静乱,不摄不散,透过一切声色,无有滞碍,名为道人。善恶是非俱不运用,亦不爱一法,亦不舍一法,名为大乘人。不被一切善恶、空有、垢净、有

① 慈怡:《佛光大辞典》(5),第 4729 页,高雄:佛光出版社,1989 年。
② [宋]道原:《景德传灯录》卷第二十八,《大正藏》第五十一卷。

为无为、世出世间、福德智慧之所拘系，名为佛慧。是非好丑、是理非理，诸知见情尽，不能系缚，处处自在，名为初发心菩萨，便登佛地。①

百丈怀海这段"大乘顿悟法要"很能概括南宗禅的觉悟工夫。顿悟是歇缘无念之悟，当下即是之悟，一切现成之悟。顿悟是心境澄明之悟，是不假修持之悟。顿悟是南宗禅的解脱法门，顿指顿除妄念，悟即悟无所得。

北宗禅法是看重修持之功的。杜甫、皎然的诗学思想也很注重类似北宗禅的修持工夫。杜甫（712—770），字子美，自号"杜陵布衣""少陵野老"，世称"杜工部""诗圣"等，有《杜工部集》。杜甫自述其审美体验时说："读书破万卷，下笔如有神。"②杜甫是说，熟悉诗歌传统（当然也包括其他文化素养）是进行诗歌创造的基础，诗人具有怎样的学养境界，就会生成与之相应的审美境界。杜甫强调读书之于诗歌创造的重要作用，这在精神上与北宗禅讲究修持的工夫是一致的。唐代诗僧皎然有诗学著作《诗式》，对唐代贞元以前的诗歌进行了理论总结。这部著作完成于贞元五年（789），当时正处于诗国盛唐已过，而中唐未至这个特殊时期。皎然论诗，也推重"取境"的工夫：

或云，诗不假修饰，任其丑朴，但风韵正、天真全，即名上等。予曰：不然。无盐阙容而有德，曷若文王太姒有容而有德乎？又云，不要苦思，苦思则丧自然之质。此亦不然。夫不入虎穴，焉得虎子？取境之时，须至难至险，始见奇句。成篇之后，观其气貌，有似等闲，不思而得，此高手也。有时意静神王，佳句纵横，若不可遏，宛如神助。不然。盖由先积精思，因神王而得乎！③

皎然强调诗家的取境工夫，讲究"苦思"，并不与"天真"矛盾：

---

① ［宋］普济：《百丈怀海禅师》，《五灯会元》卷第三。
② ［唐］杜甫著，［清］仇兆鳌注：《奉赠韦左丞丈二十二韵》，《杜诗详注》卷之一。
③ ［唐］皎然著，李壮鹰校注：《诗式校注》卷一。

或曰:诗不要苦思,苦思则丧于天真。此甚不然。固须绎虑于险中,采奇于象外,状飞动之句,写冥奥之思。夫希世之珠,必出骊龙之颔,况通幽含变之文哉? 但贵成章以后,有其易貌,若不思而得也。①

上乘之作常出于诗人的灵思妙想,不假人工,发乎性灵,不可端倪。然而,结合大多数诗人的审美经验来说,师法优秀的诗歌传统,积累诗歌创造的素材与重视诗歌创造过程中的揣摩运思等,都是提升艺术境界的有效方式。所以,皎然特别提倡诗歌审美活动的"取境"之功、"苦思"之力。正如渐修之功不是北宗禅觉悟论的最终目标一样,这种"取境"之功、"苦思"之力也不是诗歌创造的最终目标,它们都是为了有利于更好地展开诗歌审美活动而已。它们是实现诗歌审美理想的工夫,对于诗歌审美活动来说有着不可忽视的意义。可见,无论是杜甫"读书破万卷"的经验,还是皎然提出诗歌的"取境"之功、"苦思"之力,它们都体现出触发诗歌审美感兴的理论意图。从一定程度上说,这些诗学观念与北宗禅的渐修工夫颇为接近。

(三)在觉悟境界上,北宗禅推重清净之心、幽静之境,而南宗禅直指平常心即道

如果说,平常心即道可以概括南宗禅追求的觉悟境界,心在动静、净染之外;那么,清净之心、幽静之境则是北宗禅推重的觉悟境界。《观心论》:"既知所修戒行不离于心,若自清净,故一切功德悉皆清净。又云,欲得净佛云当净其心,随其心净则佛土净。"②《观心论》传为北宗神秀所撰。这段话表明,北宗禅的觉悟注重参悟者内心的平宁静定,对修持境界有一定的时间要求,对参悟的氛围也有具体的规定,心境

---

① [唐]皎然著,李壮鹰校注:《诗式校注》附录二。
② 未题人:《观心论》,《大正藏》第八十五卷。关于《观心论》的作者,有学者断为梁代菩提达摩,也有学者认为是唐代神秀,唐代佛教学者慧琳(737—820)《一切经音义》卷第一百载:"观心论者,大通神秀作。"(《大正藏》第八十五卷)。《观心论》的觉悟观念与北宗禅接近,今取慧琳说。

的清净、环境的幽静是最为重要的条件。这种禅修氛围有助于开启参悟者的慧心。在审美活动中,也同样推重清净之心、幽静之境,使审美活动能够自由地展开。

隋唐五代诗学推重清净之心。权德舆说:"凡所赋诗,皆意与境会,疏导情性,含写飞动,得之于静。"①众音徒起灭,心在净中观。在清净的心境中,诗人的真性得以开启,灵思妙句信手拈来。更有代表性的是皎然,他论诗时讲究类似北宗禅修的清净心境:

> 贞元初,余与二三子居东溪草堂,每相谓曰:世事喧喧,非禅者之意。假使有宣尼之博识,胥臣之多闻,终朝目前,聆道伊义,足以扰我真性。岂若孤松片云,禅坐相对,无言而道合,至静而性同哉?吾将深入杼峰,与松云为侣。②

以上对北宗禅推重清净之心、幽静之境的觉悟境界做了简要介绍,下面再看南宗禅的觉悟境界。

南宗禅讲顿悟,即以平常心参悟。有学者认为,南宗禅的顿悟是高不可攀的法门,是将觉悟神秘化的结果。其实不然。从隋唐五代来说,南宗禅根本无意将觉悟神秘化、高深化,顿悟其实只是随心自在的平常之举。四祖道信说,一切烦恼业障,如梦如幻,本来空寂,大道虚旷,毫无欠缺,"汝但任心自在,莫作观行,亦莫澄心,莫起贪嗔,莫怀愁虑。荡荡无碍,任意纵横,不作诸善,不作诸恶,行住坐卧,触目遇缘,总是佛之妙用"③。佛道没有固定的处所,但它无处不在。佛法不用外求,觉悟最为平常,如困来即眠,饥来就餐。无思无虑,顺性而行。通力无碍,随缘应真。

平常心即道,这是南宗禅的重要思想。南宗禅强调,体道悟禅要以平常之心来成就。庞居士有偈:"日用事无别,唯吾自偶谐。头头非取

---

① 〔唐〕权德舆:《左武卫胄曹许君集序》,《全唐文》卷四九〇。
② 〔唐〕清昼:《诗式中序》,《全唐文》卷九一七。
③ 〔宋〕普济:《牛头山法融禅师》,《五灯会元》卷第二。

舍,处处没张乖。朱紫谁为号,北山绝点埃。神通并妙用,运水及般柴。"①在平淡的日常生活当中,处处含藏着无尽的禅机。觉悟并非高不可攀,也不是神秘莫测,它可以平常心成就。"平常心"因而成为禅门的热门话头:

> 若欲直会其道,平常心是道。谓平常心无造作、无是非、无取舍、无断常、无凡无圣。经云:非凡夫行,非圣贤行,是菩萨行。只如今行住坐卧,应接接物,尽是道。②

> 师问:"如何是道?"南泉云:"平常心是道。"师云:"还可趣向否?"南泉云:"拟则乖。"师云:"不拟时如何知是道?"南泉云:"道不属知不知。知是妄觉,不知是无记。若也直达不拟之道,犹如太虚,廓然荡豁,岂可是非?"③

马祖道一、南泉普愿都强调以平常心参悟。要眠则眠,想坐就坐。热则取凉,寒则添衣。在南泉一系,道不远人,平常心即道。道不神秘,道即平常心。如来藏心是人的平常心,不是此心之外另有真心,所以禅宗讲"切莫心外觅心"。若领会平常之心,即可体道成佛。南宗禅将觉悟的重心落在自家的平常心上,并以此作为彻底的解脱境界。平常心荡尽恩怨情仇,将人在现实生活里的悲欢、得失、是非等心绪化为平静,归于平淡,以闲淡超脱之心参究宇宙、历史与人生。平常心是体道参禅的觉悟之心,在审美领域则可转化为旷达自然的审美态度。

(四)在觉悟之"心"的体性方面,北宗禅的觉悟之"心"具有实体化倾向,而南宗禅的觉悟之"心"则是彻底虚空化、非实体化的

北宗禅与南宗禅谈觉悟,都以"心"为本体,然而,北宗禅的觉悟之"心"具有实体化倾向。菏泽宗神会和尚将神秀禅法概括为:"凝心入定,

---

① [宋]普济:《庞蕴居士》,《五灯会元》卷第三。
② [宋]道原:《景德传灯录》卷第二十八,《江西大寂道一禅师语》,《大正藏》第五十一卷。
③ [南唐]静、筠二禅师:《赵州和尚》,《祖堂集》卷第十八。

住心看净,起心外照,摄心内证。"①类似的表述也出现在张说为神秀所撰的碑铭之中:"其开法大略,则忘念以息想,极力以摄心。"②应该说,上述概括大体确当。《观心论》:"故知一切善业由自心生。但能摄心离诸邪恶,三界六趣轮回之业自然消灭。能灭诸苦即名解脱。"③在神秀看来,观心是觉悟的主要法门,习禅者只须观心,不必修戒行。神秀的观心是指"摄心"工夫,即注重调服心念,使正念为正,妄念不生。可见,神秀有将觉悟之"心"作为实体对待的倾向。北宗禅法的这个特征,早已为时人指出,显然有其历史根据,而不全是神秀等的门户之见,也不只是后来禅宗史学者的凭空想象。

据敦煌本《坛经》,禅宗五祖弘忍年暮,有意将衣钵传授给僧徒,于是嘱咐弟子们各自呈上最能体现其觉悟水平的偈诗。当时,弟子神秀在僧徒之间声望最高,佛法最深,也深受弘忍器重。神秀以为,这正是向弘忍展现佛法的极好时机,于是,他从容地呈上偈诗:"身是菩提树,心如明镜台。时时勤拂拭,莫使有尘埃。"④在这个时候,慧能也已经到达黄梅禅院,可他只不过是个默默无闻的杂工,根本没有引起弘忍的注意。但是,慧能的悟性极高。当他听到众僧徒都在赞叹神秀的法偈时,并没有盲目称许,他心中甚至颇不以为然,认为神秀的觉悟并不彻底。于是,他也作了两首偈诗,请人书于寺壁之上,以表明自己对佛法的领会。慧能偈云:

菩提本无树,明镜亦非台。佛性常清静,何处有尘埃。
心是菩提树,身为明镜台。明镜本清静,何处染尘埃。⑤

从神秀与慧能偈诗体现出来的觉悟境界看,他们对于觉悟之"心"的理解确实存在很大差异。依神秀的理解,觉悟之"心"是一种实体,要保持觉悟的状态,就需要参禅者勤加护持,使之清净无染。与神秀不同的

---

① 〔唐〕神会:《神会和尚禅话录》,第 29 页,北京:中华书局,1996 年。
② 〔唐〕张说:《唐玉泉寺大通禅师碑》,《张燕公集》卷一四。
③ 未题人:《观心论》,《大正藏》第八十五卷。
④ 〔唐〕慧能撰,杨曾文校写:《六祖坛经》,第 11 页。
⑤ 同上书,第 14 页。

是，慧能则将觉悟之"心"非实体化，也就是彻底虚空化，从根基上破除参禅者对觉悟之"心"的执著，以及对觉悟行为本身的执著。正是对觉悟之"心"的不同理解，导致了以慧能为代表的南宗禅与以神秀为代表的北宗禅在觉悟方面的根本差异。慧能之所以得到五祖弘忍的衣钵，最主要的原因在于他的觉悟方式更为契合大乘佛教的般若空观精神。因此，慧能顺理成章地成为禅宗史上具有创新精神的一代宗师。

北宗禅的渐悟与南宗禅的顿悟可以并行不碍，互为补充。在隋唐五代审美活动中，还没有出现完全以顿悟取代渐悟的情况。刘禹锡说："流尘翳明镜，岁久看如漆。门前负局生，为我一摩拂。苹开绿池满，晕尽金波溢。白日照空心，圆光走幽室。山神袄气沮，野魅真形出。却思未摩时，瓦砾来唐突。"①刘禹锡的磨镜论体现出北宗禅的渐悟思路。磨镜是一种性灵的觉悟，它照亮一个本然的世界，这个世界就是美的世界。戎昱题寂上人禅房："俗尘浮垢闭禅关，百岁身心几日闲。安得此生同草木，无营长在四时间。"②这也属于北宗禅的渐悟思路。

隋唐五代禅宗的觉悟理论能提供一些审美层面的启示。如，禅宗认为佛法是生成的，而不是先验存在之物。这种佛法生成论与审美活动的性质颇为接近。因为任何审美活动都是在特定审美情境中发生与展开的，它不可能按图索骥，先验而成。审美活动是审美者的心境与审美物象的相互契合，以达到心物不二、情景交融的状态。禅宗认为，觉悟是一种生命体验活动，要以平常心成就，这都说明禅宗的觉悟不是程式化的操作行为，而要切入自家生命体验的亲证自悟，这就必然离不开具体觉悟情境的触发。禅宗的觉悟与审美活动在开启人的本真心性方面有近似之处。

隋唐五代禅宗哲学与美学研究已经取得了较大成绩，但现有的论著多集中于南宗禅，且偏重于南宗禅顿悟与北宗禅渐悟的境界高下之分，

---

① ［唐］刘禹锡：《磨镜篇》，《刘禹锡集》卷第二十一。
② ［唐］戎昱：《寂上人禅房》，《全唐诗》卷二七〇。

导致对北宗禅美学价值的忽视或误解,甚至还有以南宗禅的美学意蕴取代当时整个禅宗哲学美学意蕴的做法。其实,南宗禅与北宗禅同为构成隋唐五代禅宗不可分割的两大部分。二者理论各有偏重,觉悟方式、禅法特点及其美学意蕴都存在较大差异,这都是不容否认的。然而,它们在价值层面并没有截然高下之分。只是后来南宗禅的影响逐渐超过北宗禅,并成为唐代以来禅宗思想发展的主脉。仅从隋唐五代禅宗史来看,北宗禅主张的渐悟、清净心及与此相关的寂寥境界都对当时及后世的中国美学有重大的影响。所以,系统梳理隋唐五代禅宗哲学的美学价值,就很有必要给予北宗禅法应有的关注,而不是盲目地排斥或有意无意地遗忘。或者说,在深化隋唐五代南宗禅美学意蕴研究的同时,很有必要进一步开掘北宗禅法的美学意蕴。只有实现二者的良性互动,才能较为完整地还原隋唐五代禅宗与美学关系的本来面貌,真正推进隋唐五代禅宗哲学美学意蕴的研究。

第三节 无生观

禅宗是关乎生命觉悟的宗教,觉悟是一种真切的生命体验活动。禅宗不像道教那么眷恋身体,追求永生。它参破生命虚空的本质,既不迷恋身体,也不舍弃生命。因此,禅宗的生命观念又可称为“无生观”。那么,禅宗的无生观具有怎样的内涵及美学意蕴? 本节讨论这些问题。

一、无生法忍

参悟生命的变灭无常,是禅宗颇为关注的话题。永嘉真觉禅师,幼年出家,遍探三藏,精于天台止观圆妙法门。后至曹溪,绕六祖慧能大师三匝,卓然而立。慧能见他如此傲慢,稍有不满,先问他是哪里来的,为何“生大我慢”。于是,就有了下面这段对话:

> 师曰:“生死事大,无常迅速。”祖曰:“何不体取无生、了无速乎?”师曰:“体即无生,了本无速。”祖曰:“如是,如是!”于是大众无

不愕然。师方具威仪参礼,须臾告辞。祖曰:"返太速乎!"师曰:"本
自非动,岂有速邪?"祖曰:"谁知非动?"师曰:"仁者自生分别。"祖
曰:"汝甚得无生之意。"师曰:"无生岂有意邪?"祖曰:"无意谁当分
别?"师曰:"分别亦非意。"祖叹曰:"善哉!善哉!少留一宿。"时为
"一宿觉"矣。①

简言之,这段关于"无生"的对话主要讲了两层意思:一是生命因缘
而有,体性虚空;二是旨在超越生灭、增减等分别之见。先看第一层
意思。

(一)生命因缘而有,体性虚空

隋唐五代文人时作"无生"之论。王维登辨觉寺:"软草承趺坐,长松
响梵声。空居法云外,观世得无生。"②皎然也说:"释闷命雅瑟,放情思乱
流。更持无生论,可以清烦忧。"③钱起有句:"庶将镜中象,尽作无生
观。"④他们为何乐于寻思"无生"之理? 这是厌弃生命,还是否定生命?
其实,都不是。为了解释这个问题,需要结合当时盛行的禅宗思想,针对
"无生"之论所体现的生命意识做些探究。

隋唐五代禅宗认为,生命因缘而有,体性虚空。事物生灭无常,人的
生命也不例外,因而凡是对生命有所觉悟,就应当参破生命的虚幻性。
慧能与永嘉玄觉关于"无生"的对谈,王维等人提到的"无生""无生论"
"无生观",都属无生之论,这种生命观念源于佛教的"我空"之旨。"我
空"否认人的身体存在常住的主宰者。在佛教看来,人的身心须臾变灭,
毫无坚实可言。人的身体又被称为幻身、幻居或幻在。人的生命并非实
体,所以称为假我。《摩诃般若波罗蜜经》:"一切法自性空,无众生,无
人,无我。"⑤《维摩诘所说经》:"我、我所为二,因有我故,便有我所。若无

---

① [宋]普济:《永嘉玄觉禅师》,《五灯会元》卷第二。
② [唐]王维撰,[清]赵殿成笺注:《登辨觉寺》,《王右丞集笺注》卷之八。
③ [唐]皎然:《伏日就汤评事衡湖上避暑》,《全唐诗》卷八一七。
④ [唐]钱起:《东城初陷,与薛员外、王补阙暝投南山佛寺》,《全唐诗》卷二三六。
⑤ [后秦]鸠摩罗什译:《摩诃般若波罗蜜经》卷第二十七,《大正藏》第八卷。

有我,则无我所。是为入不二法门。"①隋唐五代禅宗也体认是身为幻,主张破除"我执",这是禅宗无生观的基本内涵。

永嘉玄觉说:"知身虚幻,无有自性。色即是空,谁是我者。一切诸法,但有假名,无一定实。是我身者,四大五阴。——非我,和合亦无。"②佛教认为,"我""我所"常为人执以为实,其实只是虚妄之见。身体依凭因缘,和合生成,犹如幻出,纯属偶然的存在。因此,不可横生贪恋,以肉身妄执为我。我本幻身,如聚沫浮泡、芭蕉幻化、镜花水月,虚幻不实。可悲的是,尘世中人不悟生命本空,而执著于实在之"我"、永恒之"我",为了那个被理性预设的,或被各种欲望激发而虚构想象之"我"疲于奔波,累于应付,导致身心严重分离,毫无休止。这样下去,只会离本真之我越来越远。只有保持内心的闲淡宁静,才能为自己的生命做主。

在了无一物的空荡大地上,人用各种物质材料拼合成住宅建筑。佛教借此喻示人以身心为家宅,同样是由五蕴假合而成,故有身为五蕴宅之说。如果依照佛教眼、耳、鼻、舌、身这五识为幻的说法,则由此而生成的色、声、香、味、触这五境也幻妄无疑。世间色相幻而不实,它们是由于人的虚妄分别而有的种种幻相。若"我空",则声色自然成空。"我空"在于破除身心二见,破除了我见,则我所见也不复存在。人的自然生命如幻化所出,作为生命意志发动机关的心理意识,也就同样空无自性了。心理意识既空,则其所造成的各种业识也如浮云度空,来无所从,去无所至,更无住所可言。佛教主张去"我执",打破内/外、彼/此、人/我等疆界,了悟世间万物本然一体之理。这是"我空"之义。

在佛教禅宗看来,事物生灭不定,聚散无常,无非寂灭之道。真如本空,了无形相,本体虽然寂灭,而万象众响不异其源。万象纷呈,正是真如显现。无生之理也应作如是观。为生灭变迁所迷者,其颠倒迷惑之见也生;参破生灭聚散之现象者,其眼前无非般若。事物生灭聚散,无非因

① ［后秦］鸠摩罗什译:《维摩诘所说经》,《大正藏》第十四卷。
② ［唐］玄觉:《禅宗永嘉集》,《大正藏》第四十八卷。

缘而已。有缘则能生能聚，缘尽则必灭必散。事物生灭聚散，总是处于回旋往复、周而复始的状态之中，具有某种不确定性。所以，禅宗又认为，灭不是灭，灭涵蓄着生；生也不是生，生意味着灭。事物的生灭聚散具有不确定性，因为它们只是因缘而在的。参破事物生灭聚散的虚空体性，就能洞见真如实相。这种真如寂灭的境界，就是隋唐五代禅宗所讲的无生之理。禅宗破除生灭幻相，显现生命真相，体现出深切的生命关怀。这对于培养旷达逍遥的审美人格有较大作用。

（二）超越生灭、增减等分别之见

心之不执，任性逍遥，方能生灭自在，去住无碍。"如何是不迁义"，这是当时禅门非常流行的话题。对此，赵州禅师的解答是："一个野雀儿从东飞过西。"①报恩玄则禅师则说："江河竞注，日月旋流。"②在南宗禅看来，迁与不迁，都只是人心所见，不是实体，无需执著，何劳取舍？不迁即迁，迁即不迁。花自开，水自流，青山不碍白云飞。万物去来自在，不以人的意志为转移，卸下心中妄念，任斗转星移，听潮起潮落，才会有心性的舒卷自如。

事物尽如"十喻"，虚空不实，故不生不灭，无去无来。领此真实之智，离于颠倒之心，即见如来实相。所以，《心经》说："是诸法实相：不生不灭，不垢不净，不增不减。"③虚妄分别之心所见到的，只是没有自性的假体，是生灭流迁的现象，是虚幻不实的假相，事物的体性远离肉眼所见。事物的体性被称为真如实相，它不生不灭，不增不减，遍于事物之间，却又不是其中的任何物相。真如能究竟显实，但是真如实相是如如之相，也就是"无生"之相。慧能说：

> 何名"般若"？是梵语，唐言"智慧"。智者不起愚心，慧者有其
> 方便。慧是智体，智是慧用。体若有慧，用智不愚，体若无慧，用愚

---

① ［宋］普济：《赵州从谂禅师》，《五灯会元》卷第四。
② ［宋］普济：《报恩玄则禅师》，《五灯会元》卷第十。
③ ［唐］玄奘译：《般若波罗蜜多心经》，《大正藏》第八卷。

无智。只为愚痴未悟,故修智慧以除之也。何名"波罗蜜"? 唐言"到彼岸"。到彼岸者,离生灭义。只缘世人性无坚固,于一切法上,有生灭相,流浪诸趣。未到真如之地。并是此岸,要具大智慧,于一切法圆满,离生灭相,即是到彼岸。亦云心迷则此岸,心悟则彼岸;心邪则此岸,心正则彼岸。①

慧能将"离生灭相"作为心性解脱的重要途径。"离"即超越,"离生灭相",就是超越生灭、增减等分别之见,开启生命的智慧,觉悟成佛。

慈明禅师示众:"盖为不了生死根源,执妄为实,随妄所转,致堕轮回,受种种苦。若能回光返照,自悟本来真性不生不灭。"②无生法忍不是心外的实体。参禅者应无念于心,即心悟道,领取无生法忍。禅门的"无生"之论,注重心性的超越,这种思想也为当时的文人所吸收。白居易说:"丹霄携手三君子,白发垂头一病翁。兰省花时锦帐下,庐山雨夜草庵中。终身胶漆心应在,半路云泥迹不同。唯有无生三昧观,荣枯一照两成空。"③白居易所说的"无生三昧观",不离放眼世间成败得失的空观慧见。无生即无念,无念即无生。这是般若空观的精神所指。

禅宗的无生观,又或"无生三昧""无生法忍"。参破生命之真谛者,必能看透世事沧桑,荡尽人间风雨,顺乎天地造化。在隋唐五代,文人对无生法忍的接受是有所选择的。禅宗的无生之理与张扬生命活力的审美活动并不构成矛盾和冲突。在宗教与审美之间,文人们几乎毫不犹豫地选择了后者。春风自来,桃李成蹊,落红无言,秋风残月,都是领取无生法忍的极妙道场。李中有诗:"随缘驻瓶锡,心已悟无生。默坐烟霞散,闲观水月明。"④无生才能护生,才有舒卷自如的心性,才有闲适淡泊的情趣。对此,隋唐五代文人也有透彻的体认:

---

① [唐]慧能:《金刚般若波罗蜜经序》,《全唐文》卷九一四。
② [南宋]赜藏:《〈石霜楚圆〉慈明禅师语录》,《古尊宿语录》卷第十一。
③ [唐]白居易:《庐山草堂夜雨独宿,寄牛二、李七、庾三十二员外》,《白居易集》卷第十七。
④ [唐]李中:《贻毗陵正勤禅院奉长老》,《全唐诗》卷七五〇。

师向边头去，边人业障轻。腥膻斋自洁，部落讲还成。传教多离寺，随缘不计程。三千世界内，何处是无生。①

试将有漏躯，聊作无生观。了然究诸品，弥觉静者安。②

筑室在人境，遂得真隐情。春尽草木变，雨来池馆清。琴书全雅道，视听已无生。闭户脱三界，白云自虚盈。③

尽日陪游处，斜阳竹院清。定中观有漏，言外证无生。④

在此，沈佺期、顾况将人的"有漏"身躯与"无生"精神对举。机闲任昼昏，虑澹知生灭。无生无灭，是任其生灭。作"无生"之论者，多是对生命有所觉悟之人。他们以有限的存在体验永恒的意义。放弃世俗之虑，追求本真之生。这一放弃，同时也意味着一种追求。观照身心虚幻不实，觉解生命而不执于生命。从另一个角度讲，这不是厌弃生命，不是否认生命的现有形态，而是对生命的真实呵护，对当下生活的无限深情。

二、任运天真

立足于世界之中，又超然于世俗之外，这是禅宗的处世态度。这种处世态度是禅宗任运天真生命意识的体现。佛经讲，不取于法，不取非法，不取非非法。佛经中的"法"即事物，即世相，凡取于法，或取于非法，或取于非非法，都是对事物心有所系。有所取舍，有所拣择，就会落入分别之见，难以体证事物的真相。因此，禅宗主张于事物既不取，也不舍。《坛经》讲："用智慧观照，于一切法不取不舍，即见性成佛道。"⑤南宗禅的这种观照智慧，就是大乘佛教的般若空观。它既指不落两边的运思方式，不取不舍的佛理禅意，又包括任运天真的生命意识。任运天真是南宗禅的生命智慧，于生命不生取舍之念。

①［唐］姚合：《送僧游边》，《全唐诗》卷四九六。
②［唐］沈佺期：《绍隆寺》，《全唐诗》卷九五。
③［唐］王昌龄：《静法师东斋》，《全唐诗》卷一四二。
④［唐］顾况：《鄱阳大云寺一公房》，《全唐诗》卷二六六。
⑤［唐］慧能撰，杨曾文校写：《六祖坛经》，第31—32页。

觉解生命而不执于生命,这就意味着对生命不做取舍。这种生命智慧为隋唐五代文人所吸收,并被转化为任运天真的生命意识:

> 四十无闻懒慢身,放情丘壑任天真。①
>
> 世间花叶不相伦,花入金盆叶作尘。惟有绿荷红菡萏,卷舒开合任天真。②
>
> 空门寂寂淡吾身,溪雨微微洗客尘。卧向白云情未尽,任他黄鸟醉芳春。③
>
> 无宦无名拘逸兴,有歌有酒任他乡。看看万里休征戍,莫向新词寄断肠。④

就以上表述而言,这些文人不愿受到世俗礼教的过多拘束,他们向往诗酒相伴的闲适生活。这就是任运天真的生命意识,它有别于志在立功、立德、立言而追求不朽的生存理想,也不同于以兼济天下为己任的担当意识。他们更为看重的是,个体生命本身的存在意义,以及这种存在意义在现实生活当中实现的可能。

宋明理学家爱观天地生意,这是他们追求生活情趣的体现。其实,宋明理学的生活情趣较多地受到隋唐五代禅宗的启发。"春来草自青"是一句禅语,指崇尚自然,领悟自然,然后豁然开朗。最早的出处未详,不过《五灯会元》里就有多位禅师道及此语。有僧问:"如何是学人著力处?"禅师答:"春来草自青,月上已天明。"又问:"如何是不著力处?"禅师答:"崩山石头落,平川烧火行。"⑤在此,"著力处"即"不著力处",如春天一到,百草新生,又如山崩石落,水涨船高,自然而然,不假造作。著与不著,心无取舍。有僧问云门文偃:"如何是佛法大意?"禅师答:"春来

---

① [唐]戴叔伦:《暮春感怀》,《全唐诗》卷二七三。
② [唐]李商隐:《赠荷花》,《全唐诗》卷五四○。
③ [唐]清江:《精舍遇雨》,《全唐诗》卷八一二。
④ [唐]司空图:《漫题》,《全唐诗》卷六三三。
⑤ [宋]普济:《鲁祖教禅师》,《五灯会元》卷第十一。

草自青。"①禅意恰似春意，顺乎造化消息。万物复苏，春意盎然。心领真如佛意，顿觉活泼自在。唐诗中也有类似的生命意趣，可能受到了禅宗生命观的启发。王鲁复说："能师还世名还在，空闭禅堂满院苔。花树不随人寂寞，数枝犹自出墙来。"②冯道有句："穷达皆由命，何劳发叹声。但知行好事，莫要问前程。冬去冰须泮，春来草自生。请君观此理，天道甚分明。"③天道即自然，如四时之更替，日月之交明，任其自然而已。

任运天真的生命意识在南宗禅门颇受推崇。僧问大随法真禅师："佛法遍在一切处，教学人向甚么处驻足？"禅师答："大海从鱼跃，常空任鸟飞。"④鱼儿在海面自由地跳跃，鸟儿在高空自在地飞翔，它们恣肆无忌，洒脱不羁，自得其乐，毫无拘束，根本就不必担心别人用心铺张的罗网。无道可修，无禅可参。不假修持，任性逍遥。这是南禅门风，也是隋唐五代文人的精神支柱。由南宗禅发展而来的任运天真的生命意识，已然渗入中唐以来的审美世界。识取自家城郭，莫寻他乡异郡。今日任运腾腾，明朝腾腾任运。是痴是拙，任人评说。烦恼愁怨，不系我心。本心真实无妄，自家磊落光明，不管风吹浪打，胜似闲庭信步。

任运天真的生命意识在本质上是对身心自由的追求。人问百丈怀海："如何得自由？"禅师说："如今对五欲、八风，情无取舍，垢净俱亡。如日月在空，不缘而照，心如木石；亦如香象截留而过，更无疑滞。"⑤这就是百丈怀海理解的自由，一种不为外物所滞的胸怀。置心世事外，无喜亦无忧。人心既自适，适外复何求。与生沉浮，心无挂碍，情无沾滞，舒卷人生。这是禅师们的生命态度，也反映出中唐以来很多文人的生命信仰。如：

---

① [宋]普济：《云门文偃禅师》，《五灯会元》卷第十五。
② [唐]王鲁复：《故白岩禅师院》，《全唐诗》卷四七〇。
③ [唐]冯道：《天道》，《全唐诗》卷七三七。
④ [宋]普济：《大随法真禅师》，《五灯会元》卷第四。
⑤ [南唐]静、筠二禅师：《祖堂集》卷第十四。

道行无喜退无忧,舒卷如云得自由。①

牛得自由骑,春风细雨飞。青山青草里,一笛一蓑衣。日出唱
歌去,月明抚掌归。何人得似尔,无是亦无非。②

一棹春风一叶舟,一轮茧缕一轻钩。春满渚,酒盈瓯,万顷波中
得自由。③

这三则材料都谈到生命自由的话题。其中,第三则材料出自南唐后
主李煜之手。这是李煜为画家卫贤所作《春江钓叟图》而填的《渔夫词》
之一。中国文人多将身心比喻为不系之舟,飘荡不定,却逍遥自在。任
孤身飘荡于浩渺的江湖之上,望江天寥廓无际,叹浪花流转不息。不以
富贵为喜,不因贫贱而忧,此心悠然神往,乐在生命的无拘无束。宋元艺
术中常有烟波钓徒出现,丰富了中国人的美感世界。中国人通过审美的
方式追求生命的自由,这已成为千古文人的精神家园,也是隋唐五代禅
宗任运天真生命意识的反映。

三、闲适情调

作为一个审美范畴,闲适有着悠远的文化渊源。在先秦时期,道家
文献就出现过"闲"字。《庄子·刻意》:"就薮泽,处闲旷,钓鱼闲处,无为
而已矣;此江海之士,避世之人,闲暇者之所好也。"道家之"闲"只是作为
无为哲学的铺垫而存在的。在此,"闲"还没有发展成为独立的审美范
畴,但它已经初步具备审美的意味。到了隋唐五代禅宗这里,"闲"的出
场更为常见。如,南阳慧忠国师说:"青萝夤缘,直上寒松之顶;白云淡
伫,出没太虚之中。万法本闲而人自闹。"④又有禅师上堂:"白云澹泞,水

---

① [唐]白居易:《和杨尚书〈罢相后,夏日游永安水亭,兼招本曹杨侍郎同行〉》,《白居易集》卷第
三十五。
② [唐]吕岩:《牧童》,《全唐诗》卷八四八。
③ [明]朱谋垔:《画史会要》卷一,《中国书画全书》第四册。
④ [宋]普济:《南阳慧忠国师》,《五灯会元》卷第二。

注沧溟。万法本闲，复有何事？"①这两位禅师提到的"万法本闲"，是基于对万物虚空本性的体认。既然万物虚空，又何苦自扰之？当时受到禅宗思想影响的很多文人都以"闲"入诗。其中，王维、孟浩然、白居易就以闲适的诗境闻名。白居易说："萧洒伊嵩下，优游黄绮间。未曾一日闷，已得六年闲。鱼鸟为徒侣，烟霞是往还。伴僧禅闭目，迎客笑开颜。兴发宵游寺，慵时昼掩关。夜来风月好，悔不宿香山！"②乐观的心境，旷达的心怀，能冲淡生活中的是非得失，化解生命里的喜怒哀乐。心怀坦荡荡，闲情自悠悠。这样的生活有游鱼般的自由，有飞鸟般的快乐。

在隋唐五代美学领域，闲适的审美情调很受推重，其中白居易的表述最为丰富，他的理论贡献也最为突出。

白居易提倡闲适诗，与他的处世态度颇为一致。对此，白居易有一段经典的表述："大丈夫所守者道，所待者时。时之来也，为云龙，为风鹏，勃然突然，陈力以出；时之不来也，为雾豹，为冥鸿，寂兮寥兮，奉身而退。进退出处，何往而不自得哉？故仆志在兼济，行在独善：奉而始终之则为道，言而发明之则为诗。谓之'讽谕诗'，兼济之志也；谓之'闲适诗'，独善之义也。"③白居易信奉"穷则独善其身，达则兼济天下"的处世原则，知天乐命，委顺大化。他认为，"兼济天下"是中国士人的信仰担当与生存理想，而"独善其身"则是更为切实可行的生活信念。白居易的处世哲学融会了儒释道三家文化的精神，主张出处自如，各得其所。

然而，在更多的场合，白居易还是向往自适其适的生活。白居易有"三适"之说："褐绫袍厚暖，卧盖行坐披。紫毡履宽稳，蹇步颇相宜。足适已忘履，身适已忘衣；况我心又适，兼忘是与非。三适今为一，怡怡复熙熙。禅那不动处，混沌未凿时。此固不可说，为君强言之。"④白居易所说的"三适"，即"足适""身适""心适"，是指生命的三种舒适愉悦状态。

---

① ［宋］普济：《大沩慕喆禅师》，《五灯会元》卷第十二。
② ［唐］白居易：《喜闲》，《白居易集》卷第三十二。
③ ［唐］白居易：《与元九书》，《白居易集》卷第四十五。
④ ［唐］白居易：《三适，赠道友》，《白居易集》卷第二十九。

其中,"足适""身适"属于生理层面的舒适愉悦,而"心适"则是心理层面的舒适愉悦,接近于美感体验的心灵境界。

白居易的"三适"说以自适其适为彻悟的境界。白居易说:"中臆一以旷,外累都若遗。地贵身不觉,意闲境来随;但对松与竹,如在山中时。情性聊自适,吟咏偶成诗。此意非夫子,余人多不知。"①与白居易相似,柳宗元也主张自足的生活:"真源了无取,妄迹世所逐。遗言冀可冥,缮性何由熟? 道人庭宇静,苔色连深竹。日出雾露余,青松如膏沐。澹然离言说,悟悦心自足。"②柳宗元的自足生活与真实的心源相关,有妙不可言的意趣。中国文人所讲的自适其适是不为尘俗所染,不被外物所牵,清洁至诚而怡然自得的心灵境界。在处世态度方面,白居易提出"中隐",刘禹锡主张"吏隐",他们提倡隐逸的生命理想,这种生命理想的实现要求具备闲适的生命情调。上述说法不同,但都推重闲适的生命情调。这在隋唐五代各个艺术领域都有或多或少的体现,此处不再细述。

"闲"是一种觉悟工夫,它拙聪明,息妄念,去机巧;"闲"是一种生命情调,它远炎凉,淡世味,显真趣。心境闲适,才能弹奏冲淡的心音。闲适的生命情调为中国人性灵的自在舒卷提供了空间。它是心怀冲淡者的精神归宿,也是喧嚣尘世里的极乐世界。闲适又是隋唐五代普遍追求的审美趣味与审美情境,不妨统称为闲适的审美情调。文人们通过闲适自在的性灵书写传达他们对宇宙、历史与人生的体验。在心境闲适者看来,日常生活总是充满着诗意,总能让他们体验到存在的美妙,禅师们称"日日是好日"③,就蕴含着这种美妙的生命体验。心境闲淡,性情自适。这是要人超越主/客、物/我、忧/乐等的对立状态,归于天地万物浑然一体的境界,返回到活泼泼的生活世界。

隋唐五代文人往返于翠微之间,穿行于千峰之际,与碧云共沉浮,与

①[唐]白居易:《夏日独直,寄萧侍御》,《白居易集》卷第五。
②[唐]柳宗元:《晨诣超师院读禅经》,《柳宗元集》卷四二。
③[宋]普济:《云门文偃禅师》,《五灯会元》卷第十五。

清风相嬉戏,弹素琴以寄怀,处清闲以自乐:

> 日日爱山归已迟,闲闲空度少年时。余身定寄林中老,心与长松片石期。①

> 刳得心来忙处闲,闲中方寸阔于天。浮生自是无空性,长寿何曾有百年。罢定磬敲松罅月,解眠茶煮石根泉。我虽未似师披衲,此理同师悟了然。②

> 桃红复含宿雨,柳绿更带春烟。花落家童未扫,莺啼山客犹眠。③

> 避喧非傲世,幽兴乐郊园。好古每开卷,居贫常闭门。曙钟来古寺,旭日上西轩。稍与清境会,暂无尘事烦。静看云起灭,闲望鸟飞翻。乍问山僧偈,时听渔父言。④

> 不管人间是与非,白云流水自相依。一瓢挂树傲时代,五柳种门吟落晖。江上翠蛾遗佩去,岸边红袖采莲归。客星辞得汉光武,却坐东江旧藓矶。⑤

畔水铺画,傍竹添石,庭前栽松,院里试茶。倚柱闲吟,目送落霞。闲卧云岩之间,仰首苍翠之际。时有清风拂面,鸟啼盈耳,顿感浮生若梦,世情日乖。残月烟露,掩门深竹,水虫鸣槛,山鸟飞阶,皆以清心澄境映之。身心尘外远,岁月坐中度。这大致可以描述隋唐五代审美领域的闲适情调。禅宗的闲适指向即世而离世的存在境界,对于中国美学来说,闲适可以转化为洒脱自在的审美人格,同时它又是超越功利目的与实用理性的美感体验的重要来源,在艺术中它又以闲适趣味的面貌出现。这种闲适的审美情调影响着唐宋以来中国美学与艺术的发展走势。

---

① [唐]灵澈:《西林寄杨公》,《全唐诗》卷八一〇。
② [唐]杜荀鹤:《题德玄上人院》,《全唐诗》卷六九二。
③ [唐]王维撰,[清]赵殿成笺注:《田园乐七首》其六,《王右丞集笺注》卷之十四。
④ [唐]权德舆:《暮春闲居示同志》,《全唐诗》卷三二〇。
⑤ [唐]徐夤:《闲》,《全唐诗》卷七一〇。

四、须臾体验

学界一般认为,唐诗以情取胜,宋诗以理见长。其实,这个判断略嫌粗疏。不少唐诗同样具有理趣,且其理趣并不弱于宋诗。这些唐诗之所以富于理趣,与唐代佛教哲学兴盛、思想文化繁荣的时代氛围有关。唐人怀古也好,追忆也罢,总是浸透着几分哲理,些许禅意,一种发自生命底里的感动。他们感悟生命的定与不定,体证时间的短暂与永恒,慨叹宇宙的有限与无限,并在诗文中以须臾体验的方式传达出来。如,刘希夷名篇《代悲白头翁》:

> 洛阳城东桃李花,飞来飞去落谁家。洛阳女儿惜颜色,坐见落花长叹息。今年花落颜色改,明年花开复谁在。已见松柏摧为薪,更闻桑田变成海。古人无复洛城东,今人还对落花风。年年岁岁花相似,岁岁年年人不同。寄言全盛红颜子,应怜半死白头翁。此翁白头真可怜,伊昔红颜美少年。公子王孙芳树下,清歌妙舞落花前。光禄池台开锦绣,将军楼阁画神仙。一朝卧病无相识,三春行乐在谁边。宛转蛾眉能几时,须臾鹤发乱如丝。但看古来歌舞地,惟有黄昏鸟雀悲。①

刘希夷借白头老翁之口,发出岁月如风、生命似花、时光若水的感叹。"须臾鹤发乱如丝",这种如诉如泣的歌声饱含生命暂在的时间意识,宁静爽朗的话语深处透漏出生命的天机!同样对当下的生命满怀情意,且更为宁静爽朗的是张若虚。他在春江花月之夜的慨叹,引你步入另一个无穷无尽的世界:

> 春江潮水连海平,海上明月共潮生。滟滟随波千万里,何处春江无月明。江流宛转绕芳甸,月照花林皆似霰。空里流霜不觉飞,汀上白沙看不见。江天一色无纤尘,皎皎空中孤月轮。江畔何人初

① [唐]刘希夷:《代悲白头翁》,《全唐诗》卷八二。

见月，江月何年初照人。人生代代无穷已，江月年年只相似。不知江月待何人，但见长江送流水。白云一片去悠悠，青枫浦上不胜愁。①

张若虚运用花、月、水等美好而易逝的意象，对生命、时间、宇宙这些富有形而上意味的话题展开思考，情真意切，味淡理深。"江畔何人初见月，江月何年初照人。人生代代无穷已，江月年年只相似。不知江月待何人，但见长江送流水。"这是光照千古的名句！闻一多曾说，这些诗句展现了一个"更复绝的宇宙意识！一个更深沉，更寥廓，更宁静的境界"②！在永恒的宇宙面前，张若虚真切地体验到了它的无穷意味。诗人能表写纯真的生命体验，展露澄澈的宇宙意识，离不开他那份空灵淡远的禅心。在这里，定与不定、短暂与永恒、有限与无限、有情与无情等因素偶然相遇，契合无间，诗人的生命之思、时间之叹与宇宙意识妙合为一，作为生命个体存在的我，"只有错愕，没有恐惧，只有憧憬，没有悲伤"。在这个多情的春江花月之夜，喧嚣的尘世悄然远去，世界复归于无穷无尽的宁静。

李白把酒问青天，也同样充满着对生命的热爱：

青天有月来几时，我今停杯一问之。人攀明月不可得，月行却与人相随。皎如飞镜临丹阙，绿烟灭尽清辉发。但见宵从海上来，宁知晓向云间没。白兔捣药秋复春，嫦娥孤栖与谁邻？今人不见古时月，今月曾经照古人。古人今人若流水，共看明月皆如此。唯愿当歌对酒时，月光长照金樽里。③

人生如水，时光似月，留下的总是那么有限，卷走的却又是那么无奈。在诗人们抬头望月、举杯消愁的行乐瞬间，一份对生命的关切席卷而来，悄然而去，卷走了他们的青春岁月，捎去了他们的黄粱美梦，此刻

---

① ［唐］张若虚：《春江花月夜》，《全唐诗》卷一一七。
② 闻一多：《宫体诗的自赎》，《闻一多全集》第 6 卷，第 26 页，武汉：湖北人民出版社，1993 年。
③ ［唐］李白：《把酒问月》，《李太白全集》卷之二〇。

留下的,唯有悄无声息的世界,漫无边际的寂寞,以及挥之不去的遐思。在无尽的宇宙、无限的世界、无边的岁月边缘,个体生命对自身的关爱就具有了特别的意味。上述诗文情理并重,且能以平常的话语传达出生命的须臾体验,确实让人回味无穷。

与传达上述须臾体验接近的奇文妙句还有很多,如:"去年今日此门中,人面桃花相映红。人面不知何处在,桃花依旧笑春风。"①又如:"年年明月总相似,大抵人情自不同。今夜故山依旧见,班家扇样碧峰东。"②在思想内涵方面,这些唐诗有一个共同的特征,它们都饱含着对生命、时间、人生的深切关怀。这些深切的关怀融化为生命的须臾体验,或者称为生命须臾的美感体验。

唐代诗人们思考人生的定与不定、时间的永恒与短暂这些哲理性的话题,通过生命在场与不在场的对照来追问生命、时间与人生的意义。这些诗文里总是弥漫着若隐若现的佛理禅意,饶有意味而兴致无穷。尽管免不了个人的惆怅心绪,却始终没有流于颓废和感伤。他们或把酒问月,或向花自叹,或临水自怜,以蕴藉的话语讴歌生命,表达深沉的人生体验。在一定程度上讲,这些充满佛理禅趣的唐代艺术为苏轼等后来者的生命感叹提供了情意与哲理的双向启引。

第四节　心与境

心与境的关系,是隋唐五代禅宗哲学的核心话题。这组关系在中国美学中影响很大,地位极高,很多重要的中国美学理论与艺术观念都与此有关。结合隋唐五代审美活动的实际情况,梳理禅宗关于心与境关系的表述,有助于深入对中国美学系列问题的讨论,特别是要深化隋唐五代美学核心概念意境/境界的研究,必须建立在隋唐五代禅宗心境论的基础之上。

---

① ［唐］崔护:《题都城南庄》,《全唐诗》卷二六八。
② ［唐］徐凝:《却归旧山望月有寄》,《全唐诗》卷四七四。

在佛教中,"心"是指具有缘虑作用的心王、心所等,它是无形的精神作用,阿赖耶识之别名;"境",即境界,是指感觉作用的区域,由人的心识游履攀缘所得。佛教中的"六境"是指眼、耳、鼻、舌、身、意这六根所生的六种对境,也就是由六识感知的六种境界,即色境、声境、香境、味境、触境、法境,"六境"因其体性不实,又被称为"六法""六尘""六妄"等。视境界为虚幻,是大乘佛教的重要思想。在佛教看来,一切境界都是心识所造,心念所成,诈变无端,如幻如梦,如影如响,虚幻不实。严格地讲,大乘佛教谈境界,最初的出发点是想破除人对心识妄念的执著,消除人对感官认知的迷恋或执著。但是,落实到中国美学领域,却因儒道文化的介入,意境/境界具有了更为丰富的美学意蕴。

关于隋唐五代禅宗的心境论及其美学意蕴,可从五个层次展开论述。

一、心境互依

"心境互依"是唐代佛教学者宗密关于心与境关系的概括性思考。宗密禅师说:"心境互依,空而似有故也。且心不孤起,托境方生;境不自生,由心故现。心空即境谢,境灭即心空。未有无境之心,曾无无心之境。"①宗密禅师依"能变之识"与"所变之境",阐述心与境的关系。

由"所变之境"看,人所见到的境界是经过心识的加工而生成的,人所感知的境界都是虚妄不实的。那么,"能变之识"是否为真?佛教指出,人的心理意识同样迁迁不住,转瞬即逝,所以它的真实性就不言而喻了。

"能变""所变",对举而言,相待而有。若无能变之识,便无所变之境。同理,若无所变之境,便无能变之识。心空即境谢,境灭即心空。心与境合,万象纷呈;心空境灭,终归虚妄。心境互依,物我不二,讲的就是

---

① [唐]宗密:《禅源诸诠集都序》卷二,《大正藏》第四十八卷。

这个道理。

"闻声悟道,见色明心。"这是与"心境互依"意蕴接近的又一心境论命题。云门文偃禅师上堂:"闻声悟道,见色明心。"①这与中国禅宗史上的著名公案——唐代禅师灵云志勤见桃花而开悟的典故有关。见桃花而突然悟道,这是不假修持之顿悟。据载,灵云志勤久参未悟,后在沩山见桃花而心有所触,于是撰诗偈一首:"三十年来寻剑客,几回落叶又抽枝。自从一见桃花后,直至如今更不疑。"②见桃花而开悟,即色以明空,当下即是,不离南宗禅顿悟法门。云门文偃是想说明,悟道不离声闻,明心不异见色。声色是境,不是心,不是道,然而,声色诸境与悟道之心相互依持,才能觉悟。无隔绝境界之悟,也无孤立存在之境。

禅宗心境互依的思想在审美活动中落实为即色明空,因声入道。皎然说:"空何妨色在,妙岂废身存。寂灭本非寂,喧哗曾未喧。"③寇垍有诗:"舍筏求香偈,因泉演妙音。"④从禅宗的觉悟论读这两首诗,前者意味着"见色明心",后者则表明"闻声悟道"。在常人眼中,春色妩媚,花艳夺目,而不少文人却以见色明心的方式观照色相,品味香尘。牡丹之艳,最合色空之旨,唐人观赏牡丹常作如是之想。春来闲适无事,喜赏牡丹花开,每观花开花落,顿感人生无常。细看风雨兼程,忽觉愁病孤身。慧敏的诗人于是吟叹:"北地花开南地风,寄根还与客心同。群芳尽怯千般态,几醉能消一番红。举世只将华胜实,真禅元喻色为空。"⑤这种即色即空的审美行为也表明,美感体验的生成离不开审美者的人生阅历、学识素养、气象胸怀等因素。美是上述因素与特定审美情境的相互契合。这是审美活动心境互依的例证,也是禅宗"闻声悟道,见色明心"这个命题的美学意蕴所在。

---

① [宋]普济:《云门文偃禅师》,《五灯会元》卷第十五。
② [宋]普济:《灵云志勤禅师》,《五灯会元》卷第四。
③ [唐]皎然:《禅思》,《全唐诗》卷八二〇。
④ [唐]寇垍:《题莹上人院》,《全唐诗》卷七七八。
⑤ [唐]张蠙:《观江南牡丹》,《全唐诗》卷七〇二。

心境互依这个层次表明,审美活动是一种情感体验活动,是美与美感的生成活动,而非现成的客观认识活动或先验的逻辑推理过程。禅宗认为,任何境界都是当下生成的,都出自人的生命体验,都需要心与境的契合。审美活动同样如此。在审美活动中,缺乏审美的心态,或缺乏审美感兴的触发,或缺乏特定的审美情境,都难以展开审美活动,也难以生成审美体验。

二、心能转境

关于这个层次,隋唐五代禅宗也有几个代表性的理论命题,需要简要地加以介绍。

其一,"境缘无好丑,好丑起于心"。

这是道信禅师关于心与境关系的说法。道信禅师说:"境缘无好丑,好丑起于心。心若不强名,妄情从何起? 妄情既不起,真心任遍知。"①道信禅师是说,人所处的境界或见闻觉知到的境界没有好丑之分,都是虚空如如的幻有状态,而事实上,心识千差万别,人们心中体验到的境界也就各各不同,其间必然存在高下之分。所以说,"境缘无好丑,好丑起于心"。

心灵通透,境缘自在,心体本来灵明廓彻,广大虚寂,清净光明,了无一物。心性清净光明,本来不存在幻妄境界,人所见到的世界,却又幻化不实,变灭无常。种种分别之念、计较之心都因虚妄识见而生,假若远离虚妄识见,就能不以境缘浇怀于心,而能以心转境。在审美活动中,具体的物象或情景只是触发审美感兴的因素,它不具有决定性的作用。"境缘无好丑,好丑起于心",这个命题突出了审美创造精神与审美情感的作用,但这种情感不是世俗的情感,也不是随意之见,而是审美者对事物、世界与人生真谛的体悟。虽然"境缘无好丑",然而审美境界有高有低,这就需要激发艺术家的创造力,将具体的物象及

---

① [宋]普济:《牛头山法融禅师》,《五灯会元》卷第二。

情景转换成审美意象或艺术境界,在平常中见出不平常,在普通的境缘中发现不普通的美。

其二,"摄境归识,摄识归心"。

据《宗镜录》,人问:"设使识无其体,云何得是心乎?"禅师答:"以识本是心所成故,故识无体,则是一心,何异境从识生。摄境归识,若通而论之,则本是一心。心变为识,识变诸境,由是摄境归识,摄识归心也。"①这里对"心""识""境"三者关系的论述极为精辟。心本无心,因境而有。境本无境,因心而现。心境交织,所以才造成心识,心识有分别,为生灭所转,不得解脱。智慧无分别,在境界上高于心识。所谓"摄境归识,摄识归心",就是要转识成智,以不分别之心成就无分别之智。

"摄境归识,摄识归心",这个命题表明,在审美活动中,艺术家的心灵世界是无限丰富的,它被称为审美创造之源,是审美体验的生成场所。审美活动是有情味的,离不开审美者的情感参与,审美境界是审美者的心境呈现。这样的审美活动才是有意义与价值的,才是情思与智慧的交集。

依据佛教禅宗的慧见,心为万化之炉,这就意味着审美活动最核心的要素在于审美体验。佛经讲:"知一切众生犹如画像,种种异形皆由心画。"②佛教以画像取譬,喻示事物随心显现的道理。隋唐五代禅宗强调,没有脱离自性的境界,境界都是自性之起用,这是张扬艺术家的创造力,以及突出心灵在审美活动中的关键地位。审美活动是心识在须臾瞬刻的灵思闪现。心境虚空,广阔无边,意味着审美心境的广阔无垠,也暗示着审美创造力的不可估量。李颀说:"境界因心净,泉源见底寒。"③这里蕴含的也是心能转境、不随物迁的道理。

---

① [宋]延寿:《宗镜录》卷第五十七,《大正藏》第四十八卷。
② [东晋]佛驮跋陀罗译:《大方广佛华严经》卷第十一,《大正藏》第九卷。
③ [唐]李颀:《长寿寺粲公院新甃井》,《全唐诗》卷一三四。

三、心不起境

心不起境,也就是对境心不起,心自心,境归境,这是心与境各各独立自在的关系。

心不起境这个层次同样与隋唐五代禅宗强调世界的虚空体性相关。《坛经》:"世界虚空,能含日月星辰、大地山河、一切草木、恶人善人、恶法善法、天堂地狱,尽在空中。世人性空,亦复如是。性含万法是大;万法尽是自性。见一切人及非人、恶之与善、恶法善法,尽皆不舍,不可染著,犹如虚空,名之为大。此是摩诃。"①《坛经》说世界虚空,视境界为不实之域,但正因为境界虚空,也就蕴含着广大无边、性含万有的功能。与印度佛教相比,禅宗的心境论更加突出境界在幻有层面的价值。因其虚空,故能含藏,因其无边,故能无碍。

"心与境本不相到",这是百丈怀海提出的心境论命题。人问百丈怀海,怎样才能做到对一切境而心如木石,不为境迁? 在禅师看来,这是人自寻烦恼的结果。这是因为,一切事物远离种种识见,它们本身没有空/色、是/非、垢/净等区分。事物本身也没有想让人受到束缚,人之所以感觉对境而不自由,关键在于他执于虚妄心识,对境而作种种解会,生起种种知见,有了分别取舍之念,情感也就为境所困,心性无法解脱,难以获得自由。那么,如何从心灵困境中解脱而出? 百丈怀海说:"但了诸法不自生,皆从自己一念,妄想颠倒,取相而有知。心与境本不相到,当处解脱,一一诸法当处寂灭,当处道场。"②百丈禅法表明,事物虚空平等,心与境本无相碍。心性本来清净,与境毫无干碍。不遣境以会心,不移情以入境。神妙独立,不与物俱,就是心不起境。

隋唐五代很多诗文都传达出对境心不起的智慧:

> 一度林前见远公,静闻真语世情空。至今寂寞禅心在,任起桃

---

① [唐]慧能撰,杨曾文校写:《六祖坛经》,第30页。
② [宋]普济:《百丈怀海禅师》,《五灯会元》卷第三。

花柳絮风。①

坚然物莫迁，寂焉心为师。声发响必答，形存影即随。②

劝僧一杯酒，共看青青山。酣然万象灭，不动心印闲。③

涉有本非取，照空不待析。万籁俱缘生，窅然喧中寂。心境本同如，鸟飞无遗迹。④

净教传荆吴，道缘止渔猎。观空色不染，对境心自惬。⑤

面向尘境，心念无住，任其生灭，圆活自在，这就是心不起境。心能空，故无住。心无住，故不随境迁，不为物转，体性寂寥，心境圆活。这其实也是一种极高的审美境界。

四、心境双泯

永嘉玄觉禅师说："境智冥合，解脱之应随机。"⑥"境智冥合"，就是心境双泯的境界。佛教禅宗认为，心境双泯是破除境执与心执之后呈现的心灵境界。

所谓境执，是人对所缘之境的执著。人以为自己身处或见闻之境是实在的，而佛教则认为所有境界都是虚幻不实的。因此，要破除人对所缘之境的执著。牛头山法融禅师，相传为四祖道信法嗣。他从心境不寂、色境性空的立场出发，主张破除境执："色心前后中，实无缘起境。一念自凝忘，谁能计动静？此知自无知，知知缘不会。当自检本形，何须求域外？前境不变谢，后念不来今。求月执玄影，讨迹逐飞禽。欲知心本性，还如视梦里。譬之六月冰，处处皆相似。避空终不脱，求空复不成。借问镜中像，心从何处生？"⑦所缘之境之所以存在，是由于人心的变现，

---

① ［唐］栖白：《寄南山景禅师》，《全唐诗》卷八二三。
② ［唐］王周：《赠怤师》，《全唐诗》卷七六五。
③ ［唐］皇甫松：《劝僧酒》，《全唐诗》卷三六九。
④ ［唐］柳宗元：《巽公院五咏·禅堂》，《柳宗元集》卷四十三。
⑤ ［唐］皇甫曾：《赠沛禅师》，《全唐诗》卷二一〇。
⑥ ［宋］普济：《永嘉玄觉禅师》，《五灯会元》卷第二。
⑦ ［宋］普济：《牛头山法融禅师》，《五灯会元》卷第二。

如果心念不起，所缘之境自然空寂。可见，一切境界都是虚幻不实的，没有固定的处所，不是永恒的在场。破除境执，是实现心境双泯境界的前提。

心执是指人对心的执著。人以为心识是实有之物，大乘佛教则指出其同样虚空不实的体性。佛教认为，一切事物都由心识生起，感官所触的形相都是分别之心在起作用。倘若心识不生妄念，也就根本无相可见、无境可执了。千万境界，都因心识的无明妄念而起，心念沾滞不放，才有境界显现。所以说，境界是镜中之像，本无实体可言，只是虚妄之心所现。境界之有无，其决定因素全在心识妄念之有无。① 佛教破除人对虚幻境界的执著，消解人对虚妄心识的依赖，其用意在破，而不在立。

禅宗也主张破除心执，因为心识虚空不实，这是禅宗的明心见性之举。若能以"空"/"无"之心观照事物，体证心识本空，去除执著之念，了达事物的本然真相，即能随心自在。尽管世事纷纭，而心不起见，不为尘俗所染，则智慧处处闪光，眼前无非般若。《大乘起信论》："心性不起，即是大智慧光明义故，若心起见，则有不见之相。心性离见，即是遍照法界义故。"②以不分别之心应世接物，这种思想在早期禅宗那里已有流露。如，《信心铭》："智者无为，愚人自缚。法无异法，妄自爱著。将心用心，岂非大错？迷生寂乱，悟无好恶。一切二边，妄自斟酌。梦幻空花，何劳把捉。得失是非，一时放却。"③佛教以"明""觉"喻智慧，以"暗""无明""梦幻"喻烦恼。凡夫所见，明与无明为二，而在大乘佛教看来，明不离暗，暗不异明，觉悟不异无明，无明即是妙明。接受清规戒律，做到身口清净，还只是小分解脱，而不是心解脱，不是一切解脱。

何谓心解脱？就是破除对心灵的种种束缚。百丈怀海说："不求佛，不求知解，垢净情尽，亦不守此无求为是。亦不住尽处，亦不畏地狱缚，

---

① ［梁］真谛译，高振农校释：《大乘起信论校释》，第59页，北京：中华书局，1992年。
② 同上书，第104页。
③ ［宋］普济：《三祖僧璨鑑智禅师》，《五灯会元》卷第一。

不爱天堂乐,一切法不拘,始名为解脱无碍。即身心及一切皆名解脱。"①放下一切,心结自释,才是心解脱,谓之大觉悟。人问慧忠国师:"如何得解脱?"禅师答:"诸法不相到,当处得解脱。"②"不相到"不是断相,不是除相,是心不执相,"于相而离相"。道性也好,佛性也罢,都因心权立,是虚假之名。心境双泯,必然离不开对心执的破除。

视境缘为虚幻,即是破境执;视心识为虚幻,即是破心执。二执竟除,便无境缘与心识的对立。这种对立状态的消除,也就意味着心与境关系的另一番场景。此刻,心是自由之心,不是为境牵系之心,境是自在之境,不是受心规约之境。心与境对立的消除,同时也照亮了二者的本然存在,任运自然,心境自如。永嘉玄觉禅师说:"若能了境非有,触目无非道场;知了本无,所以不缘而照。圆融法界,解惑何殊?"③禅师论述的这种"圆融法界",就是物我冥一、心物双泯的境界,也是自在无碍的心灵境界。皎然说:"百缘唯有什公瓶,万法但看一字经。从遣鸟喧心不动,任教香醉境常冥。"④这是对境心不起的世界,也是心境双泯的境界。独孤及说:"眇眇于越路,茫茫春草青。远山喷百谷,缭绕驰东溟。目极道何在,境照心亦冥。骚然诸根空,破结如破瓶。"⑤"境照心亦冥",即照而常寂,寂而常照,心境双泯,世界自在。

五、境由心生

境由心生,这是隋唐五代禅宗心境论的最后一个层次。万法归一,一归何处?此"一"即一心,是人人具足的灵妙之心。禅宗认为,与人的生命密切相关的世界是富有意义的世界,这样的世界必然离不开心识的作用。没有心识的作用,物理形态的世界依然存在,但这个世界不能与

---

① [南唐]静、筠二禅师:《百丈和尚》,《祖堂集》卷第十四。
② [南唐]静、筠二禅师:《慧忠国师》,《祖堂集》卷第三。
③ [唐]元觉:《答朗禅师书》,《全唐文》卷九一三。
④ [唐]皎然:《同李作纵题尘外上人院》,《全唐诗》卷八一七。
⑤ [唐]独孤及:《题思禅寺上方》,《全唐诗》卷二四六。

人的生命发生精神的联系,纯粹客观的物理世界是没有意义的。境由心生,是说人感触到的境界必然渗入了心识的因素。心为万物之源,当然也包括心为审美活动之源。关于境由心生这个层次,主要介绍两个问题:一是以开启人的创造力为重心的心源问题,二是马祖道一提出的"凡所见色,皆是见心"这个心境论命题。

早期禅宗就很重视心源的作用。四祖道信说:"夫百千法门,同归方寸,河沙妙德,总在心源。"①禅宗发展到马祖道一,也特别重视心源的作用。他说:"一切法皆是心法。一切名皆是心名。万法皆从心生。心为万法之根本。"②马祖道一主张即心即道,也同样注重心源的创造功能。南宗禅讲究心灵的创造力,这促成了隋唐五代审美心源的开启。刘禹锡说:"心源为炉,笔端为炭。锻炼元本,雕镂群形。纠纷舛错,逐意奔走。因故沿浊,协为新声。"③欧阳炯题画:"包含万象藏心里,变现百般生眼前。"④刘禹锡、欧阳炯都提到了审美心源这个话题。这是中国美学心境论方面的重要思想。

佛教禅宗所讲的心源,是指清净无染、纯洁本真的心性。心源这个概念落实到中国美学领域,被转化成为审美心源。审美心源既具有清净无染、纯洁本真的体性,又强调审美体验的创造性,因此,审美心源实际上包括审美创造之源与审美体验之源。审美活动推重心源的功能,旨在开启人的清净心性,张扬人的创造精神。关于这一点,还将在绘画美学章展开深入的论证。

这里着重讨论"凡所见色,皆是见心"这个命题。就心与境的关系而言,马祖道一提出的这个禅宗哲学命题具有一定的美学价值。

马祖道一说:"凡所见色,皆是见心。心不自心,因色故有。汝但随

---

① [宋]普济:《牛头山法融禅师》,《五灯会元》卷第二。
② [宋]道原:《江西大寂道一禅师语》,《景德传灯录》卷第二十八,《大正藏》第五十一卷。
③ [唐]刘禹锡:《董氏武陵集纪》,《刘禹锡集》卷第十九。
④ [唐]欧阳炯:《题景焕画应天寺壁天王歌》,《全唐诗》卷七六一。

时言说,即事即理,都无所碍。"①这是说,色相世界,都因人心所现。了悟色空之理,即可自在无碍。同样,他肯定了心识在境缘面前的重要作用。马祖道一认为,任何境界都是心体的起用。同时,他也指出境界的虚空体性,让人不对境缘产生执念。马祖道一关于心与境关系的论述,对于解会中国艺术的色彩观与形相论很有启发。

"色"是构成视觉艺术的必要条件,也是生成审美形式的重要因素。《说文解字》卷九上:"色,颜气也,从人从卩。凡色之属皆从色。"《说文解字》卷一三下:"黄,地之色也。"最初,"色"是指人的脸色、气色、女色,后来泛指事物的颜色。无论是由于物体发射(或反射)光线通过视觉而产生的印象(颜色),还是人脸上表现出的神气(气色),或者是情景、景象的代称(行色、景色),都离不开心与境这两层。换句话说,眼中之"色"是心物契合的产物。皎然说:"夫境象不一,虚实难明,有可睹而不可取,景也;可闻而不可见,风也;虽系乎我形,而妙用无体,心也;义贯众象而无定质,色也。凡此等,可以对虚,亦可以对实。"②从《说文解字》对"色"的规定,到皎然对"色"的诠释,可发现其中语义已有很大的迁移,而佛教禅宗正是促成这一语义迁移的关键性的思想背景。由"色"的语义迁移可知,色相是虚实不定的,所见之色不可执为实有。众色纷纭,这只是人对世间事物的规定而已,是人的认知心理的投射,是一种假名和权设,它不意味着事物的真实呈现。

常人以为,花红柳绿,桃花灿烂,牡丹艳丽,秋叶斑驳,这是大千世界的常态,是世间物色的真实面目。然而,在某些视颜色为虚幻的艺术家笔下,水墨之色才是物象的本色,更有甚者还认为,水墨之色也只是人对物象的一种规定,世间物象本无定色,所以他们主张破除对水墨之色的执著。凡所见色,皆是见心。色无定色,因心故有。这是隋唐五代禅宗心境论对审美形式观念的启发,有荡尽色相,不为幻色所缚的意味。大

①[宋]普济:《江西马祖道一禅师》,《五灯会元》卷第三。
②[唐]皎然著,李壮鹰校注:《诗式校注》附录二。

千世界色彩纷呈，纷繁复杂，变化无穷，这是造化之幻现，故万象又被称为幻象。常人以为物象有定形，有定色，因而刻意探求那永恒不变的形式规则，其实这不过是徒劳之举。实相即幻相，这就取消了贬抑有限事物而推崇至高无上之物的可能，为个体的、有限事物的存在提供了价值层面的承诺，肯定了现实世界的多样性、丰富性与生动性。审美物象正是因为它们的多样性、差异性而和谐共存，这就保证了有限事物出场的合法身份与审美价值。

马祖道一特别强调心灵在参禅悟道过程中的优先地位。即心即道，道不离心，心不异道，明妙之心即是觉悟法门。马祖道一说："佛不远人，即心而证。法无所著，触境皆如。"①马祖道一又说："汝等诸人，各信自心是佛。此心即是佛心。"②依马祖道一禅法，佛法真谛不在西方净土，而在各人明妙心中。所以，他主张即心即佛，以自心为佛心。佛法不在心外，此心所生之法，即为佛法。

马祖道一禅法有其高明之处，就是他将菩提达摩的一心之法落实为即心即法。万象森罗，不外一心。即心即佛，不离自心，不向外求，这为高扬人的自信与自尊提供了思想支持。达摩所传"一心之法"，表明物不离心，万物皆由心生。马祖道一更为突出自心不异佛心，认为众生平等，心性圆成，出乎各人的本真之心。即心自悟，外无所求，内有所证，即能转动万物，境由心生。皎然说："世人不知心是道，只言道在他方妙。还如瞽者望长安，长安在西向东笑。"③这首诗表达的，就是即心即道的佛理禅意。

以上从五个层次讨论了隋唐五代禅宗心境论的内涵，这五个层次共同揭示出心与境的复杂关系。这些关系为理解中国美学的心境（物）关系提供了有别于儒道诸家的运思路向。隋唐五代禅宗心境论的美学价值也是多层面的，在此，简要提出一些初步的看法。

① ［唐］权德舆：《唐故洪州开元寺石门道一禅师塔铭》，《全唐文》卷五〇一。
② ［宋］普济：《江西马祖道一禅师》，《五灯会元》卷第三。
③ ［唐］皎然：《戏呈吴冯》，《全唐诗》卷八一六。

由心境互依这个层次,可联系到审美活动的当下性、即时性,审美活动是即时即地即刻进行的生命体验活动,它不能脱离具体的心与境等因素,所以要重视人的审美体验。心能转境、境由心生这两个层次表明,在审美传统与艺术法度面前保持怀疑与批判的态度是非常必要的,没有怀疑精神与批判意识的审美活动,只是一味地被"境"所牵,被"物"所转,就没有创新,更谈不上审美创造,难以生成新的审美传统与艺术法度。心境双泯这个层次则对于审美境界的建构很有启发,中国美学推重心物交融、物我不二的审美境界,就与这个层次直接相关。心不起境,则意味着除了传统的、占主流地位的儒家感应论之外,还应重视中国美学的非感应论传统。道家和禅宗都有这方面的智慧,尤以禅宗的表述更为集中。感应论在中国美学中影响深远,渗透面广,学界已有大量研究。但是,中国美学的非感应论传统,尚未引起足够重视,这并不意味着非感应论传统缺乏美学价值,事实上,非感应论传统也曾为中国美学与艺术的发展提供了富有创新精神的审美经验。如果能深入开掘这方面的理论资源,并给予合乎历史的阐释,必将有助于推动现有的中国美学史研究,更为完整地呈现中国美学史的真实面目。

六、寂寥之境

在此,以隋唐五代诗学的寂寥之境为例,对心与境关系的论证做些补充。在皎然、齐己等的诗歌中,"寂寥"一词经常出现。这绝不是偶然的修辞现象,其背后的思想基础与审美意蕴需要加以探讨。实际上,"寂寥"是隋唐五代禅宗心境论在审美领域的投影。隋唐五代诗学的寂寥之境主要包括以下五层含义。

(一)"寂寥"源于佛教禅宗,而不是道家或道教

禅道寂寥,虽可修而难会。真如虚空,非亲证何以得。禅师们认为,专精于道,澄神静虑,才能体味寂寥,领取真如。诗僧齐己指出,道教炼金觅求长生的做法极为虚妄,把握宇宙世运的消息,只在寂寥一关。齐己说:"大道多大笑,寂寥何以论。霜枫翻落叶,水鸟啄闲门。服药还伤

性,求珠亦损魂。无端凿混沌,一死不还源。"①这可以代表当时文人阶层对禅宗与道教思想分歧的体认。

佛教禅宗之"道",是"寂寥"之境,不同于道教的养生之"道"。关于这一点,当时的道教徒也直认不讳。吕岩说:"方丈有门出不钥,见个山童露双脚。问伊方丈何寂寥,道是虚空也不著。闻此语,何欣欣,主翁岂是寻常人。"②这首诗题于寺壁,词语用意有明确的针对性,再考虑到吕岩在晚唐五代道教界的声望,他以"寂寥"概括佛教禅宗的精神,应该说是中肯的。可见,他也将"寂寥"作为禅宗与道教思想的分野之一。

(二)在佛教禅宗看来,寂寥是心性的本体

禅宗认为,人的本源心性湛然虚寂,本觉之心澄清如水。它无能所之迹,绝名相之端,是至深至静的寂寥世界。在晚唐五代诗僧眼中,体验寂寥也就化作了一种禅境、一份禅悟:

> 云山零夜雨,花岸上春潮。归卧南天竺,禅心更寂寥。③
>
> 夜来思道侣,木叶向人飘。精舍池边古,秋山树下遥。磬寒彻几里,云白已经宵。未得同居止,萧然自寂寥。④
>
> 家家望秋月,不及秋山望。山中万境长寂寥,夜夜孤明我山上。⑤
>
> 日日加衰病,心心趣寂寥。残阳起闲望,万木耸寒条。楚寺新为客,吴江旧看潮。此怀何以寄,风雨暮萧萧。⑥

从上述诗句所传达的意境看来,寂寥之境多与季节性(秋)、时间性(夜)以及诗人的心境状态(清、惆怅、孤独)存在关联。禅门盛传的"万古长空,一朝风月",差可拟之。寂寥之境是指心识突破历史时空的间隔,

---

① 〔唐〕齐己:《话道》,《全唐诗》卷八四二。
② 〔唐〕吕岩:《题四明金鹅寺壁》,《全唐诗》卷八五九。
③ 〔唐〕清江:《送坚上人归杭州天竺寺》,《全唐诗》卷八一二。
④ 〔唐〕无可:《秋夜寄青龙寺空贞二上人》,《全唐诗》卷八一三。
⑤ 〔唐〕皎然:《山月行》,《全唐诗》卷八二一。
⑥ 〔唐〕齐己:《残秋感怆》,《全唐诗》卷八四一。

凝聚在特定的时间点上,从而探究人生与宇宙的意义。

(三)寂寥指称独立自尊的人格理想

唐人常以乐于寂寥称许友人,或欣然自谓。这是对独立自尊的人格理想的向往,以及对坚守生命信仰者的认同。如:"新秋霁夜有清境,穷檐病客无佳期。生公把经向石说,而我对月须人为。独行独坐亦独酌,独玩独吟还独悲。古称独坐与独立,若比群居终校奇。"①在这首诗里,陆龟蒙称道特立独行、羁傲不群的审美人格。这是诗人独立自尊的人格理想的流露,也是其坚守生命信仰的情感投射。

寂寥之境多为隋唐五代诗人所推重。寂寥成为他们参禅悟道活动的代称,其主旨是回到人的本真境界。寂寥因而具有灭妄显真的功能:

> 久与寒灰合,人中亦觉闲。重城不锁梦,每夜自归山。雨破冥鸿出,桐枯井月还。唯君道心在,来往寂寥间。②
>
> 掩关苔满地,终日坐腾腾。暑气冷衣葛,暮云催烛灯。寂寥知得趣,疏懒似无能。③
>
> 沙渚渔归多湿网,桑林蚕后尽空条。感时叹物寻僧话,惟向禅心得寂寥。④
>
> 古寺临江间碧波,石梯深入白云窠。僧禅寂寂无人迹,满地落花春又过。⑤

寂寥之人能超越世情干扰,不为尘俗牵系,也就是对境心不起,绝缘不染尘。寂寥之人不与喧嚣尘世同流,不遇名利声色之域,独与天地精神相往来。心境寂寥,六境不入我怀,五识无伤我性。桂花寂寂闲自落,流水无心西复东。独品寂寥之人,必然无苟合媚俗之态,必定有纵逸方外之心。

---

① [唐]陆龟蒙:《独夜》,《全唐诗》卷六二四。
② [唐]齐己:《城中示友人》,《全唐诗》卷八三九。
③ [唐]孟贯:《夏日寄史处士》,《全唐诗》卷七五八。
④ [唐]李频:《鄂州头陀寺上方》,《全唐诗》卷五八七。
⑤ [唐]李习:《凌云寺》,《全唐诗》卷七六九。

（四）寂寥之境是宇宙天地的本来面目

什么是宇宙天地的本来面目？相似的话头在隋唐五代禅门时有出现。有僧问："承古有言，有物先天地，无形本寂寥。如何是有物先天地？"禅师答："非同非合。"僧又问："如何是无形本寂寥？"禅师反问："谁问先天地？"①这则公案表明，寂寥即是佛道，它不假言说，不由方所，也不为具体的时空所限，它是宇宙天地的本来面目，是世界的真实图景。因此，体验寂寥就是体悟宇宙天地之道，就是参究世界的本来面目。这层思理也为隋唐五代文人所认可：

> 偶来中峰宿，闲坐见真境。寂寂孤月心，亭亭圆泉影。□□□满山，花落始知静。从他半夜愁猿惊，不废此心长杳冥。②

> 薪拾纷纷叶，茶烹滴滴泉。莫嫌来又去，天道本泠然。③

> 宜阳城下草萋萋，涧水东流复向西。芳树无人花自落，春山一路鸟空啼。④

这些诗句虽然没有直接出现寂寥等字眼，但其天道自运、水流花开的世界背后，是寂寥无言的宇宙天地的本真面目。

（五）寂寥不是沉寂，也不是枯寂，寂寥之境即动即静，动静不二

这是寂寥之境的第五层含义。皇甫冉有诗："山馆长寂寂，闲云朝夕来。空庭复何有，落日照青苔。"⑤这首诗呈现出动静不二的意境，这种动静不二的意境就是寂寥之境，它是北宗禅推重的境界。就审美领域而言，尤以王维诗为代表。王维有诗："落花啼鸟纷纷乱，涧户山窗寂寂闲。峡里谁知有人事，郡中遥望空云山。"⑥寂寥之境是王维诗的重要特征。但是，王维诗的寂寥之境不是归于虚无的沉寂，也不是没有生意的枯寂，

---

① ［宋］普济：《天台德昭国师》，《五灯会元》卷第十。
② ［唐］皎然：《宿山寺寄李中丞洪》，《全唐诗》卷八一六。
③ ［唐］贯休：《赠灵鹫山道润禅师院》，《全唐诗》卷八三二。
④ ［唐］李华：《春行寄兴》，《全唐诗》卷一五三。
⑤ ［唐］皇甫冉：《山中五咏·山馆》，《全唐诗》卷二四九。
⑥ ［唐］王维撰，［清］赵殿成笺注：《寄崇梵僧》，《王右丞集笺注》卷之六。

而是动静不二,静中生动,动中含静。动境是指世间物象的变幻纷呈,迁流不住;静境是指心境的悠闲自在,如如不动。在此诗中,落花、啼鸟为动,"寂寂闲""空云山"为静,王维能将物象的动静因素微妙化合,实现动静不二的审美效果。寂寥之境有对境心不起的哲思,也有水流心不竞的闲适。

提起隋唐五代禅宗哲学与美学的意境/境界问题,学界多以王维诗的空灵美感作为代表。在一定程度上,这种看法是可以成立的。因为,王维受过佛教禅宗文化的影响,且在诗文里有直接的体现。但是,如果将这种看法具体落实到当时特定的社会环境当中,以王维诗的空灵美感指代隋唐五代禅宗哲学与美学的境界内涵,则似乎有些不妥。理由有二。

其一,以"空灵"指称王维诗的境界似乎不妥。根据王维佛教信仰的具体情况,特别是参照其诗文的总体风格来说,王维诗文的空灵特征并不明显。虽然王维诗追求色空有无之际的妙意,讲究动静不二的审美效果,但总体上偏向还是寂静一路。以神秀为代表的北宗禅讲静修,在心性的澄寂方面下工夫。如果要将王维诗的审美境界与禅宗文化对接起来,倒是更能见出它与北宗禅法的近似之处。前面提到,寂寥之境在精神层面倾向于北宗禅理,因此,以"寂寥"概括王维诗的审美境界似乎比"空灵"更为妥帖。再说,空灵境界在中国美学与艺术中的正式出场应该是在北宋时期。

其二,从中国美学史的发展来看,"空灵"境界的出场要晚于"寂寥"之境。中国美学领域的空灵境界,与南宗禅法更为接近。南宗禅推重不落有无、无住两边的般若空观,这种观照智慧为空灵境界提供了思想支持。虽然隋唐五代禅宗文献出现过与空灵境界接近的表述,但这时空灵并未上升为一个独立的审美范畴,关注者也颇为鲜见,倒是寂寥作为一种审美境界在诗僧阶层及其他诗人那里已经成为热门话题。就这两种审美境界来说,寂寥在当时的影响要远远大于空灵。空灵作为一种审美境界或一个审美范畴的提出,并得到中国美学的普遍认同,大致应归为苏轼等的理论贡献。苏轼论诗："欲令诗语妙,无厌空且静。静故了群动,空故纳万境。阅世走人间,观身卧云岭。咸酸杂众好,中有至味永。"①苏轼以阅世走人间、观身卧云岭说明诗歌中的动静因素各有其妙,认为动静相宜,微妙化合,就会生成独特的韵味。这种独特的韵味,就是空灵美。这是中国美学史上较早对空灵境界的基本规定。结合苏轼的诗文来看,也能较好地印证他的审美观念。稍微比较即可发现,将空灵作为苏轼的审美境界远比将空灵境界的发现权归于王维更为恰当,也更符合实际。

将寂寥之境作为隋唐五代禅宗境界论美学的重要内涵加以介绍,一是为了尊重中国美学史发展的事实,二是想为中国美学范畴的研究提供一点启示。

第五节 幻与真

"幻",是佛教的核心概念,幻有是对事物存在状态的描述;"真",即真空、真如,是佛教对事物体性的规定。真空幻有,这是大乘佛教对"幻"与"真"这组关系的基本规定,是其般若空观的精神支柱。"幻"与"真"这组关系在禅门引起过广泛的讨论,充分体现出禅宗追问事物真实性的哲思路向。本节从这组关系入手,探讨隋唐五代禅宗的真实观及其美学意蕴。

一、即幻即真

这是隋唐五代禅宗真实观的第一层含义。真即是幻,幻即是真,即真即幻,真幻不二。这在当时的禅门广为流传。有僧徒问曹山本寂:"幻本何真?"禅师答:"幻本元真。"僧又问:"当幻何现?"曹山本寂说:"即幻

---

① [宋]苏轼:《送参廖师》,《苏轼诗集》卷一七。

即现。"①禅师是说,真如不是孤立的存在,它总是以幻有的方式呈现。然而,幻有虽然是世间事物的存在状态,但其体性虚空,不可把捉。真与幻对举,真是幻之体,幻是真之用。幻相是真如的发用流行,真如不是幻相,但又不可舍弃幻相。这就是真幻不异,体用不二。真如可以借助幻相来显现,但幻相缤纷,空无自性,故不可对它产生执念。事物的虚幻性既不可取,事物的真实性也是相对而言的。幻既虚妄,真亦假名,二者都不可执为实有,此之谓真幻不二之理。

禅宗的真实观为事物在生活世界的真实显现提供了价值承诺。正所谓,道不远人,般若遍在,色不异空,应物现真。隋唐五代禅门常提及此一话头,如大珠慧海的翠竹黄花之论:

> 华严座主数人问:"禅师何不许'青青翠竹是法身,郁郁黄花是般若'?"师曰:"法身无像,对翠竹以成形;般若无知,对黄花而现相。非彼黄花、翠竹,而有般若、法身乎?经云:'佛真法身,犹若虚空,应物现形,如水中月。'黄花若是般若,般若则同无情;翠竹若是法身,翠竹还同应物不?"大德数人杜口无言。②

翠竹、黄花,本是生活世界里的平常事物,但在大珠慧海禅师看来,它们可以作为真如佛性的显现方式。赵州从谂禅师也曾与僧徒探讨事物的真实性:

> 问:"佛花未发,如何辨得真实?"师云:"是真是实。"……问:"佛花未发时,如何辨得真实?"师云:"已发也。"云:"未审是真是实?"师云:"真即实,实即真。"③

赵州从谂禅师是南泉普愿禅师法嗣,谥真际大师。他与大珠慧海都认为,事物的真实性可以通过当下的存在而显现。真实不离存

---

① [南唐]静、筠二禅师:《曹山和尚》,《祖堂集》卷第八。
② [南唐]静、筠二禅师:《大珠和尚》,《祖堂集》卷第十四。
③ [南宋]赜藏:《赵州真际禅师语录之余》,《古尊宿语录》卷第十四。

在,存在即真实,所以赵州大师"不将境示人"。这在禅门得到了普遍的认同。僧徒常以"如何是西来意""如何是教意""如何是祖意"之类的话头探问事物的真实性,这时候,禅师们总以生活世界里的具体物象作答。

佛法现成的思想在法眼宗流传颇广。从传法谱系来看,桂琛和尚、清凉文益、天台德韶等都是法眼宗大德,他们曾有类似的表述。如,德韶禅师有一偈语:"通玄峰顶,不是人间,心外无法,满目青山。"①南宗禅即色明真,真即真如,是大乘佛教的般若空性,真如不再是高妙而不可见闻的至理,真如空性可在日常的生活世界中显发出来。真如就是佛教禅宗所理解的真实,它不同于现代汉语中的真实。但是,禅宗又强调,在生活世界当中,处处隐藏禅机,事事不无禅意,真实并非远离生活世界,生活世界里的事物蕴含着禅宗所说的真实。许多艺术杰作往往不待安排,不假修持,自然而成,就是生活世界真实意蕴的当下显现。相反,那些钻入传统而不能自拔的审美活动,尽管注重雕琢与修饰,艺术手法精细,表达技巧熟练,但由于脱离生活世界太远,在中国美学中地位并不高。

隋唐五代禅宗的真实观是秉承大乘佛教的般若空观而来的。大乘佛典说:"一切诸法假有实无,非自在天,亦非神我。非和合因缘五大能生。是故当知,一切诸法本性不生,从缘幻有。无来无去,非断非常。清净湛然,是真平等。"②五蕴虚妄,空无所有,这是大乘佛教所讲的真实。在这个意义上,事物体性平等,是一种平等的真实。世间事物虚幻不实,若能明了此一机关,就能参破幻相,直达真源。隋唐五代禅宗也依据万物皆空之理,运平等不别之思,即幻悟真,即假明理。

这种即幻即真的真实观直接影响到当时文人的生存态度。王维说:"一兴微尘念,横有朝露身。如是睹阴界,何方置我人。碍有固为主,趣

①［宋］普济:《天台德韶禅师》,《五灯会元》卷第十。
②［唐］般若译:《大乘理趣六波罗蜜多经》卷第十,《大正藏》第八卷。

空宁舍宾。洗心讵悬解,悟道正迷津。因爱果生病,从贪始觉贫。色声非彼妄,浮幻即吾真。四达竟何遣,万殊安可尘。"①王维有很深厚的佛教哲学造诣,他参悟佛理,以此身为幻有,视病痛为云烟,断除烦恼边见,即此虚幻之五蕴,开启生命之真实。

禅师们在探讨事物的形相体性时,也经常探讨即幻即真的禅理。如:

> 问:"如何是诸法空相?"师曰:"山河大地。"②
>
> 供奉又问:"如何是实相义?"师曰:"将虚底来。"对曰:"虚底不可得。"师曰:"虚底尚不可得,问实相作什摩?"③

在禅师们看来,"空相""实相"并非远离现有的事物,相反,空相即幻相,即实相,幻相与真相不别。依俗谛义,一切幻相因缘而有;依真谛义,众相自性本空,并非实有。从体性的角度讲,唯有扫荡一切色相,空去一切幻相之后,才可体证事物的真相。但是,事物的体性不是作为形相的对立面而出现的,体性与形相是一而二、二而一的关系。幻相既非实有,体性也并非立于幻相背后,或超然幻相之上。空一切相,并不是否定事物,或取消现存事物的合法性,而是借幻相以现本体。因此,禅宗形相论的意义并不止于形相本身。形相虽然虚幻,却可以作为真相呈现的阶梯。

禅师试图破除僧徒执著于实相的心念,南宗禅门有"于相而离相"之说。"离相",不是否定形相的存在,而是即用而现体,即相以显性,"于相"而超越幻相,以达到明心见性的教旨。禅宗六祖认为,自心即佛,自心生成万物,必须了悟"一相三昧"。所谓"一相三昧者,于一切处而不住相,于彼相中而不生憎爱,不取不舍,不念利益,不念散坏,自然安乐,故

---

① [唐]王维撰,[清]赵殿成笺注:《与胡居士皆病寄此诗兼示学人二首》其一,《王右丞集笺注》卷之三。
② [宋]普济:《正勤希奉禅师》,《五灯会元》卷第十。
③ [南唐]静、筠二禅师:《慧忠国师》,《祖堂集》卷第三。

因此名为一相三昧"①。"一相三昧",是禅宗对待事物形相的基本态度。

实相即空相,它绝对无二,真实无待,有无穷的功用。真如实相遍为万物的本体,无形相,无方所,肇始万物,貌似无所有而无所不有。本体起用,心与相对;摄用归体,心相双泯。本体幽隐而无形相,也没有空间可言。真相即空相,空去任何相状。空相即破除对形相的执著,而不是否弃事物的形相。幻相发用流行,显现为差别之相。南宗禅无住于相,不再纠结于形相体性的有无,而是"于相而离相",于幻相既不取,也不舍。熊十力说:"般若荡尽一切相,虽诣极超越,而实无超越之相存。夫唯无相,故不拒诸相。超越与不超越两忘,谓之真超越固可。而息情忘虑,冥应如如,实无超越之感想存也。"②熊氏可谓深解禅宗形相论之真谛,直探禅宗即真即幻之妙理。

隋唐五代禅宗即幻即真的美学意蕴,还体现在它影响到中国人审美态度与审美形式观念的发展,以及关于艺术本体的思考。作为一代诗僧,皎然有较高的佛学造诣。他对绘画真实性的思考就体现出即幻即真的意趣。他说:"我立三观,即假而真。如何果外,强欲明因。万像之性,空江月轮。以此江月,还名法身。"③皎然以"即假而真"的态度观照万象,审美活动也不例外。他还说:"绘工匠意通幽,若菩萨出现,湛兮凝心于内,怡然示相于表。非法王妙用,何哉?"④依据即幻即真的禅理,佛的法身或真像是无法确定的,作为审美形式而存在的绘画、雕塑,其体性也同样是虚幻不实的。但是,法身或真像的传达又不能脱离虚幻的审美形式,因为只有借助审美形式,法身或真像的真实性才能得以显现。这就是审美形式具有的双重意义。因而,在审美活动中,要运之以妙悟之心,即幻而悟真,不落孰真孰幻之边见。

---

① [南唐]静、筠二禅师:《惠能和尚》,《祖堂集》卷第二。
② 熊十力:《十力语要》卷三,第270页,北京:中华书局,1996年。
③ [唐]清昼:《天台和尚法门义赞》,《全唐文》卷九一七。
④ [唐]清昼:《画救苦观世音菩萨赞并序》,《全唐文》卷九一七。

二、真幻双泯

真幻双泯是隋唐五代禅宗真实观的第二层含义。

依佛教慧见,以妄执之心所获得的对世界的种种认知,都是虚幻不实的,因为它们出于人的颠倒之心。本然之心才是绝对真实的,它远离一切颠倒之见。印度佛教的真如佛性是寂静无为的,是人远离妄执情染之后证得的涅槃境界。真如即如如不动,是事物的性体,即佛教所讲的真实。但是,中国佛教发展到隋唐五代禅宗之时,这种状况已经有了很大改观。南宗禅参悟真、幻(妄)平等之理,主张真幻双泯。慧能有法偈云:"一切无有真,不以见于真,若见于真者,是见尽非真。若能自有真,离假即心真,自心不离假,无真何处真。"①依此,道是假名,佛亦妄立。司空山本净禅师有《真妄偈》,说:"穷真真无相,穷妄妄无形。返观推穷心,知心亦假名。"②本净禅师认为,真与妄对举,追问其本性,二者都虚空不实,是假名式的存在。在禅宗看来,刻意地消除幻妄固然是自寻烦恼,趣向真如之道也同样不远邪见。任境随缘便无挂碍,真如凡圣宛若空花。永嘉真觉禅师也说:"不求真,不断妄,了知二法空无相。无相无空无不空,即是如来真实相。心镜明,鉴无碍,廓然莹彻周沙界。万象森罗影现中,一颗圆明非内外。"③真因妄立,妄从真显。弃有著空,舍妄取真,还是有所取舍,有所分别,就还没有摆脱巧伪之念、分别之见,难以体证事物的真如实性。唯有真幻双泯,真妄不立,有无俱遣,心物两忘,方能妙然现真。

真幻双泯的目标是转识成智。转识成智既是一种境界,又是一种工夫,它超越知识理性与真幻对立的认知方式,契之以心灵体悟。在日常观照活动中,当人立于世界之外,以观察者的身份出现时,世界是作为被

---

① [唐]慧能撰,杨曾文校写:《六祖坛经》,第66页。
② [南唐]静、筠二禅师:《司空山本净禅师》,《祖堂集》卷第三。
③ [宋]道原:《永嘉真觉禅师〈证道歌〉》,《景德传灯录》卷第三十,《大正藏》第五十一卷。

观察对象而存在的。既然确立了观察者,同时也就意味着有了被观察的对象。这种观察属于二元对立的认知活动,而不是审美活动。

只有当观察者的身份隐去,让世界自在言说,才有希望接近事物的真相。佛教对事物的真实性有其独特的体证,这不同于一般的思维认识活动。认识活动的目标在于识别,即了别,而佛教对事物真如实性的体证并没有就此止步,它还主张开启人的生命智慧,进行般若观照,而不采取观察的方式。般若观照不是脱离心识的特殊心理过程,它是在识别或了别的基础上转换生成的空观慧见。"无分别"作为大乘佛教的求真方式,成就"无分别智"这种佛教的最高智慧,这也正是隋唐五代禅宗真实观的内涵所在。所谓"无分别""无分别智",并不是说混淆事物的差别,而是指破除不必要的、虚妄颠倒的分别边见。夹山和尚有四句偈:"目前无法,意在目前。他不是目前法,非耳目之所到。"①这种真幻双泯、转识成智的般若智慧,也引起了当时文人的咏叹传颂。如:

> 寂然秋院闭秋光,过客闲来礼影堂。坚冰销尽还成水,本自无形何足伤。②

> 夜夜池上观,禅身坐月边。虚无色可取,皎洁意难传。若向空心了,长如影正圆。③

> 被色空成象,观空色异真。自悲人是假,那复假为人。④

这些诗句都流露出参透事物真实性的智慧,主张破除事物的大/小、真/幻、迷/悟之见,心无所执,真幻双泯,转识成智。真幻双泯,不是混同万物的差异,而是以般若智慧进入不分别的境界;转识成智,不是舍弃眼前事物而求他,而是即万物以见真,舍弃认知观察,开启般若观照智慧。这种观照智慧是心境与事物的交融无碍,它不刻意追求真实,而事物的

---

① 〔南唐〕静、筠二禅师:《夹山和尚》,《祖堂集》卷第七。
② 〔唐〕魏信陵:《过真律师旧院》,《全唐诗》卷三一九。
③ 〔唐〕皎然:《南池杂咏五首·水月》,《全唐诗》卷八二〇。
④ 〔唐〕元稹:《象人》,《元稹集》卷第十四。

真实性就在对立之见消亡的瞬间灿烂显现。这是真幻双泯的目标,也是心物两忘的审美境界。

三、触物即真

触物即真是隋唐五代禅宗真实观的第三层含义。在中国佛教史上,追溯这种观念的早期渊源,可从僧肇对支道林的批判谈起。《世说新语·文学》注引支道林集《观妙章》:"夫色之性也,不自有色,色不自有,虽色而空。故曰:'色即为空,色复异空。'"支道林是即色宗的代表,支道林将色空解释为"非有",忽视了它还有"非无"的一面,他的解释因此招致了僧肇的批判。僧肇说:"即色者,明色不自色,故虽色而非色也。夫言色者,但当色即色,岂待色色而后为色哉!"[①]"色"与"非色"不同,物色各有形相,不必将某一形相附加到事物之上。在这里,僧肇既批评了即色宗将事物概念化的意向,同时又从缘起性空的角度突出了事物幻有层面的价值。僧肇对事物的真实性做了切合儒道文化精神的阐述。也可以说,僧肇的真实观立足于大乘佛教般若空观的基础之上,并将般若空观的精神更为彻底化了。

在批判即色宗的基础上,僧肇提出了"立处即真""触事而真"等有关事物真实性的命题。僧肇认为,事物体性虚空,非分析所得,又说:"故经云:甚奇至尊,不动真际,为诸法立处。非离真而立处,立处即真也。然则道远乎哉?触事而真。圣远乎哉?体之即神。"[②]"触事而真"之"真",不同于"真"在现代汉语中的用法,其特定的语义指向佛教之"空"。佛教以真与幻对举,二者一体双面,佛教的真实观有其特别的内涵。隋唐五代佛教禅宗对事物真实性的思考是以僧肇作为思想中转站,并在僧肇真实观的基础上进一步发展与推进的。

僧肇的真实观在中晚唐以来的南宗禅门得到了大肆弘扬,并形成了

---

① [后秦]僧肇作:《肇论》,《大正藏》第四十五卷。
② 同上。

与之相关的两个命题：一是临济宗的"触目是道"，一是曹洞宗的"即事而真"。临济宗、曹洞宗分别代表着南岳、青原二系，这两宗虽然同属南宗禅，但各自的禅法有别。临济宗侧重"理"与"事"的关系，以理为根据来见事，所见者莫不是道，"触目是道"颇能概括由临济宗传下来的南岳一系的禅法特征。曹洞宗则重视在"事"上体会"理"，"即事而真"反映出由曹洞宗传下来的青原一系的禅法特征。简言之，临济宗、曹洞宗都注重理事关系，都主张理事圆融，但临济宗从体用着眼，见事为理之用，理为见事之体。曹洞宗则依本末关系而论事上见理，以事为末，以理为本。①这是临济宗与曹洞宗在事物真实性方面的立论差异。如果舍其异而取其同，不妨以触物即真作为隋唐五代禅宗真实观的含义。

触物即真，俯仰即是。审美活动是情与景的偶然遇合，是天地造化的自然赐予，也是审美者的心灵妙悟。皎然论诗："四时物象节候者，诗家之血脉也。"②皎然主张在生活世界寻找审美创造的诗料。一些敏锐的文人发现，审美创造活动不必身锁高阁而苦心经营，奇思妙想常蕴含在生活世界里的微花寸草、片土块石之中。刘禹锡对此感触甚深："空斋寂寂不生尘，药物方书绕病身。纤草数茎胜静地，幽禽忽至似佳宾。世间忧喜虽无定，释氏销磨尽有因。同向洛阳闲度日，莫教风景属他人。"③刘禹锡关注当下的生活世界，在他看来，纤草、幽禽，无一不是真如佛性的显现，无一不可寄托心灵的幽思。

"应物现形"是马祖道一在描述法身体性时提出的形相论命题。马祖道一说："法身无穷，体无增减。能大能小，能方能圆。应物现形，如水中月。滔滔运用，不立根栽。"④这个命题可以代表隋唐五代禅宗关于事物形相生成的普遍看法。事物本无定形，形相具有不确定性，形相的多样性与变幻性离不开真如空性的起用。

---

① 吕澂：《吕澂佛学论著选集》，第 2815—2816 页，济南：齐鲁书社，1987 年。
② [唐]贾岛：《二南密旨》，《吟窗杂录》本。
③ [唐]刘禹锡：《秋斋独坐寄乐天兼呈吴方之大夫》，《刘禹锡集》卷第三十四。
④ [宋]道原：《江西大寂道一禅师语》，《景德传灯录》卷第二十八，《大正藏》第五十一卷。

又如,石室和尚与仰山同玩月次,仰山问他:"这个月尖时,圆相在什么处?"禅师答:"尖时圆相隐,圆时尖相在。"云喦道:"尖时圆相在,圆时尖相无。"道吾说:"尖时亦不尖,圆时亦不圆。"①在此,禅师们即体即用,言说尖相圆相显隐不二,体现出不执于感官所触形相的般若慧见。月亮是生活世界里的常见物象,或圆或缺,或明或暗,这是它的形相。就月亮的形相而言,明不离暗,暗不异明,明暗交参,隐显互替。明为用,暗为体。体,是指月亮形相之本体;用,即作用,是月亮体性的变现流行,是月亮具体形相的显现。月暗不现,由用归体;月明即亮,由体起用。月有阴晴圆缺,本体朗然无亏。圆尖不别,体用一如,明暗交契之月相,实为事物形相生成法则的绝妙譬喻。

"触目皆形"是天台德韶禅师关于法身形相的说法。天台德韶说:"法身无相,触目皆形;般若无知,对缘而照。"②"法身无相",不是否定应身之相,是说法身为众身之体,法身是佛道的代称,它没有固定的形相,因此不可迷恋法身之外的幻相。然而,天台德韶也肯定了事物形相的意义。

"应物现形""触目皆形",这两个形相论命题都有触物即真的美学意蕴。有禅师上堂,说:"大道纵横,触事现成。云开日出,水绿山青。"③"触事现成"与"应物现形""触目皆形"的美学意蕴接近,它们都主张事物的真实性可以在生活世界里当下显现,这就肯定了事物形相显现的遍在性与即时性,同时也承诺了现实事物的平等价值及其在审美形式生成方面的平等地位。

当然,上述有关事物形相生成论的命题还有一层美学意蕴,就是它们都很重视审美感兴的作用,隋唐五代禅宗因此丰富了审美感兴的理论内涵。在审美活动中,"感兴"又称为"兴",它指向美感的生成性。权德舆说:"桑门之患有二焉:未得之患,为外见所杂;既得之患,为内见所缚。

---

① [南唐]静、筠二禅师:《祖堂集》卷第五。
② [宋]普济:《天台德韶禅师》,《五灯会元》卷第十。
③ [宋]普济:《渤潭文准禅师》,《五灯会元》卷第十七。

今元公翛然于二见之间,不内不外,冥夫至妙,身戒心惠,合于无倪。且以句吴有山水之绝境,天竺又经行之静界,振锡而往,其心浩然。盖随缘生兴,触物成化,而不为外尘所引也。"①所谓"随缘生兴,触物成化",就具有审美感兴论的内涵。审美感兴同样需要审美者进入内外双泯的境界。内外双泯,消除二元对立,这时人与世界处于交融共存的境地。艺术家触目即道,应物成形,这是感兴在审美活动中的起用。这种审美感兴不预设现成的审美图式,而是在特定的审美情境中开启心灵创造的能力。

"即事"是中国古代诗文常用的一类标题,唐代诗人杜甫、白居易等常以此为题。在某种程度上,"即事"而作便是推重审美感兴之举。白居易有即事诗:"见月连宵坐,闻风尽日眠。室香罗药气,笼暖焙茶烟。鹤啄新晴地,鸡棲薄暮天。自看淘酒米,倚杖小池前。"②"即事",表明审美创造活动源于审美感兴的触发,不必苦心经营,也表明诗文所即之事多源于现实生活。"即事"这种审美创造方式,颇有禅宗触物即真的意趣。

隋唐五代禅宗的真实观直接影响到中国人的人生态度与超越精神。在禅宗看来,人的有/无、真/幻诸见,属于虚妄分别,真实的存在不离纷纭复杂的色相,永恒的理想不异变动不居的世界,这也很能代表隋唐五代以来中国人的超越智慧。这种中国式的精神超越并不主张从当下的存在迈向另一个永恒的世界。隋唐五代文人普遍认为,人生的意义和生命的价值就在真实的生命历程之中,就在人生的此岸世界,就在当下的存在本身。白居易有"舍偈":"众苦既济,大悲亦舍。苦既非真,悲亦是假。是故众生,实无度者。"③这种参破真/幻、悲/欢等的生存智慧,这种自度自救、自信自主的人生态度,都显示出中国人精神超越的生命信念。

隋唐五代禅宗张扬的精神超越,有别于西方以柏拉图、黑格尔为代表的传统形而上的超越路数。西方传统形而上所指的超越,是指超越现实的、具体的生活世界,追求现世时空之外的纯粹理念的绝对无限,并以

① [唐]权德舆:《送元上人归天竺寺序》,《全唐文》卷四九二。
② [唐]白居易:《即事》,《白居易集》卷第二十七。
③ [唐]白居易:《八渐偈》,《白居易集》卷第三十九。

此作为最高的、唯一真实的永恒精神。隋唐五代以来,中国人追求的超越,主要是指在有限的生命存在过程当中,在人与之打交道的生活世界,在人与人的具体交往活动之中,体验人与世界本然一体的联系。从机械的、单调的、重复的、乏味的生存牢笼中解放出来,走向一个似曾相识、而又经验全新的、有情味的人间世。这是真实的生活世界,也是美丽的当下存在。简言之,从价值取向来看,西方传统形而上所指的超越有脱离生活世界的倾向,它意在超越有限而走向抽象王国;隋唐五代禅宗张扬的精神超越则既源于心性,又关注存在,它旨在沟通有限与无限,且在有限中体验无限。这是隋唐五代哲学与美学的重要特征与突出贡献。

第三章　华严宗与美学

　　华严宗是隋唐时期形成的佛教流派。这个流派与魏晋南北朝以来的华严学联系密切。华严学是指以参究研修印度大乘佛教《大方广佛华严经》等经典为主要目的的佛教学派。《大方广佛华严经》是隋唐五代华严宗的理论基础,也是他们从事佛教义理建构的总纲法门。几乎每代华严宗师在阐发华严教理时,都会对这部大乘佛教经典的名称先做一些解释。由法藏、澄观等展开的《华严经》正名工作,是后人深入华严世界的必经之路。

　　法藏(643—712),字贤首,唐代佛教华严宗的实际创始人,曾译《华严经》等,著述甚多,与华严经相关的就有《华严金师子章》《华严一乘教义分齐章》《华严经探玄记》《华严经旨归》《华严策林》《华严问答》《华严经义海百门》等十余种。[①]

　　法藏解释过"华严三昧"。他说,"华"有生实之用,行有感果之能,二者生感力相似,以法托事故名"华"。"严"者,行成果满契合相应,垢障永消证理圆洁,随用赞德故称"严"。"三昧"即理智无二,交彻镕融,彼此俱亡,能所斯绝。"华严三昧"也可理解为"华即严""华严即三昧""三昧即

---

① 汤用彤:《隋唐佛教史稿》,第169页,北京:中华书局,1982年。

华严"等。经名或即或入，或智或理，或因或果，或一或异，法尔圆明，自在无碍。① 所以，华严浩汗微言叵寻其旨，法海渊深罕测其源，教理圆通，揽法界于毫端。

澄观（738—839），字大休，五台山高僧，幼年依宝林寺霈禅师出家，华严宗四祖，后被封为"清凉国师"。他在广博地学习天台宗、禅宗、华严宗、三论宗、律宗等教义后，对华严宗服膺不已。澄观指出，《华严经》是群经之首，它遍布十方，周流世界，亡言绝迹，义理灿然。他说："大方广者，一切如来所证法也。佛华严者，契合法界能证人也。法分体相用。人有因果。大者体大也。则深法界，诸佛众生之心体也。旷包如空湛寂常住强称为大。"②在澄观看来，《华严经》是所有大乘佛典中义理最丰富、最深刻、最完备的一部。

依据澄观的说法，"大"是指一摄一切，指经义广大无际，包含真理，不是与小相对的大，而是无限的大；"方"以轨范为功，正法自持；"广"指体极用周，分为两层，一指遍一切处，二指遍一切时，"方广"合指超越时间和空间的广阔无垠；"佛"是指果圆觉满；"华"即"花"，喻功德万行；"严"为饰兹本体，饰法成人；"经"则贯穿无竭之涌泉，缝缀妙义。至此，能诠之教就明显了。③

以上只是简要介绍华严法藏与澄观关于《华严经》名称的诠释，这既属于隋唐华严学的范围，也是深入探讨华严宗与美学关系的前提。

隋唐以来，从华严学发展到华严宗，主要有两个方面的原因。首先，这是华严宗自身理论探索的需要。由于隋唐华严宗师杜顺、法藏、澄观等的共同努力，使得华严宗的教理教义得以完善，不断繁荣，并走向鼎盛。其次，这也与唐代政府力量的支持分不开。特别是在武则天时期，尊法藏为华严大师，极力扶持华严宗的壮大，使得这个佛教流派成为当时的显宗，其社会影响甚至超过了禅宗。唐代是华严宗的鼎盛期，也是

---

① ［唐］法藏：《华严游心法界记》，《大正藏》第四十五卷。
② ［唐］澄观：《华严法界玄镜》卷上，《大正藏》第四十五卷。
③ ［唐］澄观：《大方广佛华严经疏序》，《全唐文》卷九一九。

华严宗哲学的成熟期,探讨隋唐五代佛教哲学的美学意蕴,显然不能忽视对华严宗与美学关系的探究。迄今为止,学界的相关研究主要集中在禅宗领域,由于华严宗教理繁杂,加之它与中国美学的关系更为潜隐,系统的研究并不多见,深入而全面的探讨更是缺乏。这与华严宗对中国美学的实际影响并不相符。因此,单列华严宗与美学章,初步探讨其美学意蕴。

第一节 法界圆融

华严宗以"四法界"理论为其基本教理构架。这"四法界"分别是指:事法界、理法界、事理无碍法界以及事事无碍法界。一般认为,"法"即诸法,也就是事物;"界"即分界,事物因自体各别,分界不同,故称"法界"。华严宗是在多种意义上广泛使用"法界"这个概念的。法界具有超越时空的特性:一方面,它指向空间的无限性;另一方面,它意味着时间的永恒性。法界既可泛指宇宙间的所有事物,又可特指决定着事物体性的因素。在"四法界"中,理法界是指事物同一理性,它真实平等,没有差别。事法界是指事物各有差别,分齐不一。在华严宗看来,事物缘起生成,因为没有自性而能缘起,故理不碍事;缘起而生成的事物却没有自性,故事不碍理。因此,理事无碍法界是指缘起论基础上的理事互容,交摄互渗,无碍圆融,相即不二。事理无碍法界强调理由事显,事中含理,这是最为关键的法界之一。华严宗又认为,一切事物各有分齐,各守自性,却相即辉映,重重无尽,互容无碍。这就是事事无碍法界的大意。

在深广幽微的华严教理之中,"一切即一","一即一切",体现出法界无碍的精神。

一、一切即一 一即一切

"一切即一","一即一切"。这是华严宗法界圆融论的代表性命题。华严宗讲"一即一切""一切即一",经历了几代宗师的阐发。早期华严宗师杜顺(557—640)说:"于一法中解众多法,众多法中解了一法。如是相收彼此即入,同时顿现无前无后。随一圆融即全收彼此也。"①杜顺对"一法"与"众多法"关系的规定,已经涉及二者相即相入的教理。被尊为华严宗二祖的智俨(602—668)接续了杜顺的话头:"一乘道理。一即一切,一切即一,具因陀罗及微细等。三乘道理,但是一寂不说别相,名不相应,不相应者,不与分别相应也。"②智俨是较早提出这个命题的华严宗师。他认为,一乘道理不同于三乘道理,主要原因在于前者突出了事与理之间的不二关系。

到了法藏那里,这个命题的内涵得以充分地发掘。法藏说:"即此情尽体露之法,混成一块,繁兴大用,起必全真;万象纷然,参而不杂。一切即一,皆同无性;一即一切,因果历然。力用相收,卷舒自在,名一乘圆教。"③这里的"一切",指的是事法界,即万事万物;"一",指的是理法界,即真如本体。"一"与"一切",即体与用的关系。

法藏认为,真如本体与世间事物不可分割,真理寓于每一事物当中,而任何微细的事物又都含摄无边的真理。依华严宗慧见,能遍之理,性无分限,所遍之事,分位差别。事理既不可分别,事物又平等不二。所以,真理并非为某些事物所特有,它遍布在各各不同的事物之间,或者说,任何事物都含有至深至真之理。就连细微不可眼见的纤尘,也是圆满自足、毫无欠缺的,也含摄无边的真理。这就是理事无碍。法藏以金、狮子为例,阐明理事无碍。金为理,狮子为事,二者相容成立,一多无碍。然而金与狮子各各不同,或一或多,各住自位,所谓一多相容而不同。又以狮子诸根而言,一一毛头,皆以金为体,体收狮子尽。金体显发为狮子之眼、耳、鼻、舌、身这五根。诸根相即,又自在成立,毫无障碍。在法藏看来,"一"即本,即金,即真如;"多"即末,即狮子,即万物。一为体,多为

---

① [唐]杜顺:《华严五教止观》,《大正藏》第四十五卷。
② [唐]智俨:《华严经内章门等杂孔目》卷第四,《大正藏》第四十五卷。
③ [唐]法藏著,方立天校释:《论五教第六》,《华严金师子章校释》,第30页,北京:中华书局,1983年。

用,体一而分殊。

　　永嘉真觉禅师有一段话,体现的却是华严宗"一即一切""一切即一"的教理。永嘉真觉道:"一性圆通一切性,一法遍含一切法。一月普现一切水,一切水月一月摄。"①月映万川,一月圆,则处处皆圆。体一分殊,一体真,则处处皆真。"体",是真如本体,是"一";"分",是世间万象,是"殊"。"分"以显"体","殊"则归一。"一性圆通一切性,一法遍含一切法。"同不碍异,异不碍同。"体一"不是绝对不变的至上本体,"分殊"也不是散漫无纪的事物杂陈。"一性"与"一切性"、"一法"与"一切法"互融含涉,了无干碍。就像一面镜子,因为镜子的存在,万物得以映现。但是,千万影像并不妨碍或减损镜子本身的功能。又如,人们的生活世界,百花齐放,万紫千红,飞潜动植,生气流贯,都是宇宙天地之大德,都在承受阳光雨露的滋养。然而,这万木异形、千花殊品的世界与宇宙天地是融洽无间的。"一"(性、法、月)为体,"一切"(性、法、水月)为用,二者互为含摄,假名权立。若悟入一心,何容拟议分别? 澄观说:"湛智海之澄波,虚含万象;皦性空之满月,顿落百川。"②这里阐发的同样是体一分殊的华严教义。

　　在上述命题里,"一"不是数量之"一",是指缘起生成而无自性之"一"。因此,"一"即"多",名为"一"。事物因缘而成,皆无自性,因此,无缘不成"一"。"多"是指事物的无穷无尽。一门中有十,十又自迭相即相入,便成重重无尽之势。然而,无尽重重之"多",都由"一"摄取。一真法界,无尽缘起。无"一","一切"不成。事物没有生成则罢,事物生成,则彼此相即镕融,自在无碍。

　　华严宗以圆融理想为其精神内核,主要包括理事无碍与事事无碍。华严宗的教理基础在于:"理随事变,则一多缘起之无边;事得理融,则千差涉入而无碍。"③这种事理圆融的教理,是华严宗哲学的重要内涵。

---

① [宋]道原:《景德传灯录》卷第三十,《大正藏》第五十一卷。
② [唐]澄观:《大方广佛华严经疏序》,《全唐文》卷九一九。
③ 同上。

"一句之内，包法界之无边；一毫之中，置刹土而非隘。"①这就是华严世界的微妙幽深。华严宗将理事无碍的圆融理想贯穿于教理之中，它对语言文字功能的体认也能见出这种思路。法藏说："夫以主教圆通，尽虚空于尘刹；帝珠方广，揽法界于毫端。无碍熔融，卢舍那之妙境；有崖斯泯，普贤眼之元鉴。浩瀚微言，实叵寻其旨趣；宏深法海，尤罕测于宗源。"②在法藏看来，华严教理深广莫测，纵横无碍，而又法理遍在。依据华严宗的圆融精神，语言文字的起用并不妨碍圆通之教的落实。正如慧苑所言："原夫第一胜义，是离言之法性；等流真教，诚有海之方舟。故以名句字声，作别相之本质；色香味触，为住持之自体。嗟乎！超绝言虑之旨，洽悟见闻之境，莫不以法王宏造权道之力欤。"③慧苑是唐代华严藏法师上首弟子，他针对翻译《华严经》这种行为本身的佛理意味发表了看法。依据华严宗理事不二的说法，佛理真义是超越言说境界的，属于"理"的层面；语言文字是佛理的起用，属于"事"的层面。翻译佛典必然离不开语言文字的运用，翻译是借助语言文字而使人觉悟的方式，与华严宗的圆融理想是一致的。

杜顺精通三藏，佛学造诣很深，尤为尊崇《华严经》，著作有《华严法界观门》《华严五教止观》《华严一乘十玄门》等。杜顺说，事理虽为两门，却圆融一际。所谓两门：一是心真如门，即理；二是心生灭门，即事。二门隐显不同，但自在圆融，毫无障碍。缘起之事似有，却不离性空之理。这是缘起性空论的落实，也就是说事理两门，一际圆融。④

法藏的理事关系论更为深入。他区分了三乘事理与普法事理。法藏认为，三乘之"事"是指心缘色碍，"理"是指平等真如。理事虽然不同，却可以相即相融，互不干碍，但是，事义并非理义。普法事理与此不同。普法事理之"理""事"相即，理中有事，事中含理，虽事理不参，而冥合无

① [唐]武皇后：《大周新译大方广佛华严经序》，《全唐文》卷九七。
② [唐]法藏：《华严经指归序》，《全唐文》卷九一四。
③ [唐]慧苑：《新译大方广佛华严经音义序》，《全唐文》卷九一四。
④ [唐]杜顺：《华严五教止观》，《大正藏》第四十五卷。

间。正如言语尽而意无尽,理事也是有尽无尽的存在。①

法藏说:"初会理事者,如尘相圆小是事,尘性空无是理。以事无体,事随理而融通。由尘无体,即遍通于一切。由一切事事不异理,全现尘中。故经云:'广世界即是狭世界,狭世界即是广世界。'"②法藏还举例说,一尘虽微,而能即理即事,即彼即此,即染即净,即同即异,即一即多,即广即狭,即情即非情。事物的生成是个虚幻不实的过程,微尘能显现大千世界事物的生成之理,而大千世界事物的性空之理也可以在微尘里显现。灿然明亮,毫无欠缺。这就是理事无碍的境界。

理事无碍中的"理",是指真实不变的事理,而"事"则指随缘生成的事物。理事无碍强调真理随缘而成事。这一佛理最为突出的贡献在于,它张扬了自在无碍的境界。无碍是指真理与事物体用互收,真理不变,随缘之理则不碍缘起之事。理事无碍作为一种观照方式,需要权实互融、随缘自在的智慧,超越理/事、大/小之情,远离体/用、一/异之见。实质上,它是华严宗化用大乘佛教般若空观而提出的理事无碍、权实双融的运思方式。

华严宗理事圆融的精神在隋唐五代审美领域有所渗透,特别是唐代诗学与园林艺术深受此一教理的影响。

诗歌如何处理"理"与"景"的关系?这个诗学问题颇受关注。王昌龄(约690—约756)论诗,有"理入景体""景入理体"。所谓"理入景体",是指诗人通过具体的景物意象来抒发事理或情理。如,丘希范诗"渔潭雾未开,赤亭风已飘"、颜延年诗"凄矣自远风,伤我千里目",这种诗体以景为主,融理入景,但景不离理。"景入理体",是指诗人在描绘具体的景物时寄寓一定的事理或情理。如,鲍明远诗"侵星赴早路,毕景逐前俦"、谢玄晖诗"天际识孤舟,云中辨江树",③这种诗体融景入理,理与景合。这两种诗体在"理"与"景"的具体营造方面各有偏重,但是,它们都强调

① [唐]法藏:《华严经问答》上卷,《大正藏》第四十五卷。
② [唐]法藏:《华严经义海百门》,《大正藏》第四十五卷。
③ [唐]王昌龄:《诗格》,《吟窗杂录》卷五。

"理"与"景"的交融不二,契合为一。

在探究王昌龄的诗歌思想时,学界多注重辨析哪些诗句属于"理",哪些诗句属于"景",并对此进行解剖式的分析。这显然有悖于王昌龄的初衷,因为他论诗时反复强调"理"与"景"的契合关系。那么,王昌龄为何以"理"与"景"论诗?从美学的角度追问,应该充分考虑到王昌龄的佛学背景。王昌龄生活在盛唐时代,当时正是华严宗极盛时期。王昌龄提出"理人景体""景人理体"这两种诗体,与华严宗理事圆融的精神颇为契合。诗歌之"理",相当于华严宗的"理法界";诗歌之"景",相当于华严宗的"事法界"。依据华严宗理事圆融的说法,诗歌的"理"与"景"应相互交融,二者在具体的诗歌中虽然有所偏重,但不可偏废,最高的艺术境界必然是"理"与"景"的圆融妙合。

在隋唐五代诗学领域,另一个援引华严宗教理人论的是皎然。皎然论诗,重视诗歌之"格","格"是关于诗歌格调和法式等的范畴。皎然诗学中的"格",也涉及"理"与"事"的关系。其中,"不用事"为第一,"作用事"为第二,不用事但须措意高,否则仍是格调不高。① 总之,皎然之诗"格"不执于"事",也不执于"理",以理事圆融为上,同样体现出华严宗理事圆融的精神。

二、须弥入芥子

"须弥入芥子",是华严宗为了体证事物之间的圆融关系,或者说是为了阐发事事无碍法界理论而提出来的。这个命题源于印度佛教。"须弥",是指古代印度宇宙论中位于世界中央的须弥山,喻极大之物。"芥子",本意是指芥菜之种子,体积微小,喻极微之物。维摩诘言:"唯!舍利弗!诸佛菩萨有解脱名'不可思议'。若菩萨住是解脱者,以须弥之高广内芥子中无所增减。须弥山王本相如故,而四天王、忉利诸天,不觉不

---

① [唐]皎然著,李壮鹰校注:《诗有五格》,《诗式校注》卷一。

知己之所入,唯应度者乃见须弥入芥子中。是名住不思议解脱法门。"①华严宗用"须弥入芥子"指称法界广大,不可思议,无所不包,大小无碍。一须弥山置入一芥子中,须弥山不为之缩小,而芥子也不因此而膨胀,这个命题体现的是事事无碍的华严教理。如果人能超越事物之间的大小、分别之见,即能事事无碍,各适其位。

法藏在说法的时候,经常借用"芥子"之喻来宣扬理事无碍的教理。宇宙的造化本体宛如混沌的太空,难以计算,不可穷尽,不生不灭,无去无来。这是华严宗关于宇宙造化的看法,造化之体等同虚空,造化之理因而也超越世俗空间大小的局限,所谓"入纤芥之微区,匪名言之可述"。造化之体虽然广大虚空,但不妨碍事物的缘起生成,也不妨碍世间万物的和谐共存。

"须弥入芥子",体现出大小无碍的意趣。华严宗宣扬事物之间的圆融关系,通常就从破除人对事物大小关系的认知入手。法藏说:"大小者,如尘圆相是小,须弥高广为大。然此尘与彼山,大小相容,随心回转,而不生灭。且如见高广之时,是自心现作大,非别有大。今见尘圆小之时,亦是自心现作小。非别有小,今由见尘,全以见山,高广之心,而现尘也。是故即小容大也。"②在法藏看来,事物形相的大小差异,是人的心识所见,是人的心识杂念。然而,事物的真实性并不因人的感触而变异,它超越大小等形相之见,属于纯净的心源所现。人感触到的形相与事物的真如空性应该是相即而存的。

法藏还指出,由于事物体性虚空,不属于任何空间,其生成具有一定的偶然性,其存在具有某种不确定性,因此事物之间能够和谐共存,圆融自在,毫无挂碍。法藏说:"初无定相者,谓以小非定小故能容大,大非定大故能入小。"③这种事物之间的大小圆融关系,就是须弥入芥子的思想基础。对此,法藏做了进一步的解释:"大必收小方得名大,小必容大乃

---

① [后秦]鸠摩罗什译:《维摩诘所说经》,《大正藏》第十四卷。
② [唐]法藏:《华严经义海百门》,《大正藏》第四十五卷。
③ [唐]法藏:《华严经旨归》,《大正藏》第四十五卷。

得小称。各无自性,大小所以相容,并不竟成。广狭以之齐纳。是知大是小大,小是大小。小无定性,终自遍于十方。大非定形,历劫皎于一世。则知小时正大,芥子纳于须弥。大时正小,海水纳于毛孔。若不各坏性,出入何得不备。又以皆存本形,舒卷自然无碍。"[1]事物既无定性,它又有何定形?须弥入芥子,大小并无碍。事物无论大小,都是"各无自性",故能彼此共存,舒卷自在。这就是各顺其性、各张其天的境界。

华严宗也以"一"与"多"的关系论证事物之间的圆融自在。法藏说:"金与师子,相容成立,一多无碍;于中理事各各不同,或一或多,各住自位,名一多相容不同门。"[2]依据华严宗的规定,"一"与"多"是相即而存的,彼此存在的同时也就成全了对方,这就是一多相容而不同。多中有一,一中有多。多不是杂乱,它遵循一的生成原则;一不是单一,它具有变现为多的能力。这种一多无碍的关系,在美学领域也可找到对应的情况,如审美意象的交互含摄,交相辉映,又如审美形式构成的和谐状态。

初唐文人王勃描绘过释迦佛的生活图景,这个生活图景显然是以华严世界为蓝本的:

> 昔如来下兜率天,生中印土,降神而大地摇动,应迹而诸天拥护。九龙吐水,满身而花落纷纷;七宝祥云,举足而莲生步步。盖以玉辇呈瑞,金轮启图。恩露九有,行洽三无。宝殿之龙颜大悦,春闱之凤德何虞。方知灌顶之灵心,兴王后嗣,必为万类之化主。作帝中枢,岂不知海量无边,天情极广,厌六宫珠翠之色,恶千妃丝竹之响。雪山深处,全抛有漏之身心;海月圆时,顿悟无为之法相。莫不魔军振动,法界奔惊,觉阎浮之日出,睹优钵之华生。十方调御,皆来圆光自在;六趣含霶,尽喜金色分明。暨乎万法归空,双林告灭,演摩诃般若之教,示阿耨多罗之诀。普光殿里,会十地之华严;耆阇山中,投三乘之记别。是知灵觉无尽,神理莫闻。芥子纳三千之国,

---

[1] [唐]法藏述:《华严策林》,《大正藏》第四十五卷。
[2] [唐]法藏著,方立天校释:《勒十选第七》,《华严金师子章校释》,第64页。

藕丝藏百万之兵。目容修广于青莲,寒生定水;毫相分明于皓月,照破迷云。群机而不睹灵踪,万世而空留圣迹。①

在这里,王勃大量化用了与华严经典相关的术语典故,如"海月""优钵之华""圆光自在"等,他还提到"芥子纳三千之国,藕丝藏百万之兵",这是华严宗"须弥入芥子"的别一说法。王勃描绘佛国世界的庄严美妙、自在圆融,充满着对即将到来的盛唐时代的人文想象。前面提到,隋唐五代道教说理也重视想象,极尽铺张想象之能事,道教的想象也与盛唐时代的文化精神相契合,但是,道教的仙宫天堂却与华严宗的佛国世界差异甚大。

隋唐五代园林美学家破除园林面积的大小之见,消解园林景物的真假之分,透露出事事无碍的圆融精神。白居易说:"为爱小塘招散客,不嫌老监与新诗。山公倒载无妨学,范蠡扁舟未要追。蓬断偶飘桃李径,鸥惊误拂凤凰池。敢辞课拙詶高韵,一勺争禁万顷陂?"②在白居易看来,"一勺"之地,却有"万顷陂"之势。园林的精神不在物理空间的大小,它要以有限的空间显现无限的风光。隋唐五代园林假山的叠置也体现出圆融共存的意趣。权德舆咏假山:"春山仙掌百花开,九棘腰金有上才。忽向庭中摹峻极,如从洞里见昭回。小松已负干霄状,片石皆疑缩地来。都内今朝似方外,仍传丽曲寄云台。"③这种消解园林景物的真假之分,进而主张即假悟真的园林观念,虽然受到禅宗的影响,但也可以见出华严宗强调事物圆融无碍关系的印迹。

从一定程度上说,华严宗的法界圆融理论为中国人精神超越的向内转提供了思想支持。这种精神超越的向内转,是指由对无限的追求逐渐转向对有限的珍惜。碧潭之上观鱼,无惊风骇浪之险,却能体验到圆波处处生的妙意。秋月照沙明,兹处可濯缨。濯足何必到沧浪?遗世何须

---

① [唐]王勃:《释加佛赋》,《全唐文》卷一七七。
② [唐]白居易:《酬裴相公题兴化小池见招长句》,《白居易集》卷第二十五。
③ [唐]权德舆:《奉和太府韦卿阁老左藏库中假山之作》,《全唐诗》卷三二一。

至桃源？中晚唐人总爱从现实生活之中体悟生命存在的意义，也总想与生活世界圆融相处，安顿生命。这方面的表述很多：

> 清景持芳菊，凉天倚茂松。名山何必去，此地有群峰。①
>
> 郡守虚陈榻，林间召楚材。山川祈雨毕，云物喜晴开。抗礼尊缝掖，临流揖渡杯。徒攀朱仲李，谁荐和羹梅。翰墨缘情制，高深以意裁。沧洲趣不远，何必问蓬莱。②
>
> 嘹唳遗踪去，澄明物掩难。喷开山面碧，飞落寺门寒。汲引随瓶满，分流逐处安。幽虫乘叶过，渴狖拥条看。上有危峰叠，旁宜怪石盘。冷吞双树影，甘润百毛端。异早闻镌玉，灵终别建坛。潇湘在何处，终日自波澜。③

罗浮石虽不出于名山，却集众山之精华。东斋虽无世名，自有沧州蓬莱之趣。鹤鸣泉高致出群，何必舍近而求远？上述诗文，都流露出法界圆融的意趣。可见，华严宗的圆融教理为中唐以来审美情调与审美理想等的变迁提供了契机。

华严宗以"一"与"多"的关系论证理与事、事与事的圆融无碍，具有一定的美学意蕴。法藏有颂："一即具多名总相，多即非一是别相。多类自同成于总，各体别异现于同。一多缘起理妙成，坏住自法常不作。唯智境界非事识，以此方便会一乘。"④华严宗依据总相与别相、一与多的相即相容，论证世俗生活与涅槃境界、此岸世界与彼岸世界的互融无碍，强调理事无碍，事事无碍，自在独立。万物参差不齐，正因为事物之间存在差异，它们才可以息息相通，共生共存。事物突破自身的界限而进入其他事物之中，这就是事事无碍的境界。如月印万川，处处皆圆。一切即一，一即一切。各各自在，互不干碍。这是一种很高的审美境界。它肯

---

① ［唐］李德裕：《题罗浮石》，《全唐诗》卷四七五。
② ［唐］孟浩然：《韩大使东斋会岳上人、诸学士》，《全唐诗》卷一六○。
③ ［唐］齐己：《题鹤鸣泉八韵》，《全唐诗》卷八三九。
④ ［唐］法藏：《华严一乘教义分齐章》卷第四，《大正藏》第四十五卷。

定现实事物之美的平等关系,承认具体事物之美与最高的美的理想彼此关联。这种体用不二的运思方式展示出中国人审美世界的完整性、丰富性和圆融性,使得中国人的处世态度与审美态度、生命情趣与审美情趣、人格理想与审美理想、精神境界与审美境界都能很好地对接起来,不做截然的对立二分,也没有非此即彼的取舍,而是将审美的精神落实到细致入微的生活之中。

华严宗主张事理之间、事物之间普遍含容,交互存在,指向美的本体与现象的不二关系,也指涉美与美感的彼此联系。隋唐五代以来,大与小、远与近、一与多、虚与实、有与无、真与假等审美关系,都受到了华严宗圆融智慧的滋养。所以说,华严宗的美学意蕴极为丰富,影响也甚为深微,可与备受学界关注的隋唐五代禅宗的美学价值平分秋色。

华严宗的法界圆融无碍思想同样是承续大乘佛教的般若空观而来,般若空观视事物为真空幻有的存在。华严宗的独特价值在于,它在继承的基础上,又大大发展了般若空观的精神,这主要体现在华严宗对法界圆融无碍的强调方面。华严宗的法界圆融无碍精神蕴含着华严宗的审美理想,这是一种广大和谐之美。

第二节　性相一如

性相一如也是隋唐五代华严宗的重要思想。"性",是指事物的自体,它被规定为事物永恒不变的本性。"相",是事物的具体相貌,是事物显现出来可资分别的形相。借用体用论的思路,性即事物的本体,相即事物的起用。隋唐五代华严宗强调性相互通,交融无碍,暂且称之为性相一如。

一、金外更无师子相可得

事物都有体性,也都有一定的形相,体性是形相的前提。法藏以"金"与"师子"的关系为例,对此做了颇有说服力的论证。法藏说:"谓以金收师子尽,金外更无师子相可得,故名无相。"①这表明事物的体性(狮子相)要通过具体的形相(金)来显现,这是即形相以显现其体性。《宗镜录》打比方说,人通过大冶金制作的形像,其实是非相非非像。大冶金可喻法身、真如、实相,它所制作的形像是化合而生的,从本质上说,它们是种种幻相。然而,法身非相非非相。所谓"非相",是说法身是体,是理,它无定相,形相因心而显现,是事,是用。幻相本无实体,由于人心感触而生,四大五蕴消散,形相自然灭没,实相本无定形。所以说,法身"非相"。法身"非非相",是指事物的形相因缘而有。形相虽然变幻不定,但只要众缘凑泊,形相就会生成,这是即相以明性。

从这个意义上讲,形相并非虚无,形相是真如实相的体现。如果心灵不妄生分别,不执于自/他、有/无、内/外之分,即得佛教性相一如之理。可见,法身、真如、实相与幻身、幻有、形相是相待而存的。② 再从更远的渊源考察,在印度佛教中,就有法相与法性之分。法相是指宇宙万物的色法和心法,法相的本体被称为法性。这与西方哲学的现象与本体之分颇为相似。有宗既出,以不毁法相而道实性。破(法)相显(实)性是大乘空宗的密意,旨在破除人的知识和情见。凡是执宇宙万物为实有的,被称为相缚。大乘佛教于法相而不执法相,以悟入真如实性,则离差别相(千差万别),离生灭相(生命无常),离变动相(变动不居)。众相如如,究竟平等。

华严法藏有"金外更无师子相"的说法,这是对大乘佛教相论的继承与发展。大乘佛教依据"相"的性质,将它分为实相与幻相。按照一切如幻的佛旨,实相亦即幻相。所以,在空虚如幻的意义上,种种事物之相又都平等不二,虚幻不实。领会实相即幻相,幻相即无相,才能不被相缚,不为色惑。《摩诃般若波罗蜜经》:"若法无自性是法无相,若法无相是法一相。所谓无相,以是因缘故。"③事物因缘和合,虚而不实,没有自性,故

---

① [唐]法藏著,方立天校释:《显无相第四》,《华严金师子章校释》,第22页。
② [宋]延寿:《宗镜录》卷第十七,《大正藏》第四十八卷。
③ [后秦]鸠摩罗什译:《摩诃般若波罗蜜经》卷第二十三,《大正藏》第八卷。

称"无相"。无相并非否定天地万物的存在,而是指事物没有固定不变的形相,故被称为"一相",此"一相"即是幻相。实相即幻相之说,意在唤起人的圆活之心,不执于感官见闻到的具体相状,也不执于心念所生的意象。众人执假为实,并孜孜以求,迷于情执妄见,所以生出相状差别之见。其实,从根性上说,经由感官触发的任何形相都是虚幻不实的。若来若去,若生若灭,这是如来之相,也是事物的真相。以上是般若类经典关于事物实相的基本认定。观照一切因缘所生的事物,其相虚空,即得实相。如果能开启不分别的智慧,参悟世相虽然变现无穷,却又毕竟虚空不实的本来面目,心念不为事物的形相所惑,于世间而觉悟出世间之理,这就是于一切相,皆无所著。法藏以"金"与"师子"的不二关系体证"无相"思想,以破除人对事物性相的分别之见,体认其圆融一如之理。了达形相即"无相","无相"即真相,则智慧之心源开启,真实之世界敞开。

　　华严宗的性相一如说与大乘佛教的缘起论是一致的。缘起论主要是指事物真空体性的起用,也就是说事物具体形相的生成问题。可见,性相一如说又不等于缘起论,它还强调事物的形相始终不能脱离本体而存在,事物的形相与其本体是开合自如的圆融关系,这是大乘佛教缘起论不太关注的层面。虽然中国佛教的其他宗派也主张体用不二,但是它们不太强调事物性相之间的圆融关系,因此,性相一如思想是华严宗的特别之处。这为审美形式的存在提供了本体的承诺,也为审美活动中的随物赋形、应物成真提供了思想支持。

二、应缘成事

　　从生成论的角度看,华严法界不离缘起之法。所谓"法界旷阆无垠,应缘成事,允用虚根"①,说的就是这个道理。华严宗不毁形相而谈体性,被称作"应缘成事"。华严宗认为,事物的体性是虚空不实的,因其虚空,

---

① ［唐］唐文宗:《华严四祖清凉国师像赞》,《全唐文》卷七五。

故没有封畛,不存在定形,也不存在固定的方所。与体性对称的是事物的具体形相,凡是落实到形相,就必然会有封畛,有一定的形状,存在一定的方所,不然就不能称为形相。依据华严宗性相一如的佛理,形相的生成必须有体性的保证,而事物体性的落实也不能脱离具体形相的显用。"性"不能直接显现自身,它必须借助事物的形相来得以显现。这就是应缘成事。

事物的形相千差万别,异彩纷呈,在佛教看来始终只是幻相,不是真相,它是迁流不息的。华严宗的高明之处就在于,它将这虚幻的形相视为显现事物本性的阶梯,认为二者能达到圆融存在的境界。为了论述这一教理,华严宗常以海水与浮沤为例。海水是体,是性;浮沤为用,为相。一一浮沤,各以海水为体。海水因而遍为众沤之体。正所谓,沤不异水,水不异沤,水中有沤,沤中有水。海水本来湛然平静,因风浪触发,便有浮沤生起。这就是华严宗的应缘成事之理。

这个事例看似简单平常,而事例背后的佛理却极为微妙幽深。法藏说:"故使不变性而缘起,染净恒殊;不舍缘而即真,凡圣致一。其犹波无异湿之动,故即水以辨于波;水无异动之湿,故即波以明于水。是以动静交彻,真俗双融,生死涅槃,夷齐同贯。"①基于水与波的体用一如关系,法藏主张以"无住"为性,随事物升沉而心不迁,任万象起灭而无住,在变幻不定的世相面前从容平宁,不至于因为表象的诱惑而迷失自己。

法藏认为,事物的体性圆融体现在四个方面:一是事物的形相虚空,故不住形相;二是事物的体性显现为形相,故不住涅槃;三是事物的体性与形相共在,故两无相碍;四是事物即体性即形相。法藏主张破除关于事物形相空与不空等边见,"空相湛然而不空""生相纷然而不有",纷繁形相不异体性,应缘成事不离真理。"其犹水波高下动转是波湿性平等是水。波无异水之波。即波以明水;水无异波之水,即水以明波。心犹水波,波水一而不碍殊,水波殊而不碍一。不碍一故处水而即住波,不碍

---

① [唐]法藏:《大乘起信论疏序》,《全唐文》卷九一四。

殊故住波而即居水。"①这种借水波、浮沤来喻示事物性相一如关系的做法，常为华严宗师所采用。

　　水为静，波为动，这是世俗之见。在心性圆融的华严宗这里，水即波，动即静，动静交彻，性相一如。这种缘起论基础上的圆融思想解除了生与灭、动与静、有与无、实与虚的对立二分，而使这些关系巧妙地谐和起来。华严宗的动静一如之理在当时的审美领域就有所体现。齐己有诗："霏微晓露成珠颗，宛转田田未有风。任器方圆性终在，不妨翻覆落池中。"②与其说，这是在描绘荷叶露珠之美，不如说是借荷叶露珠传达华严宗应缘成事的教义。水是指圆成实性，它体性虚空，方圆不定，无有方所。然而，正是水虚空的体性，使得它具备应缘成事的可能。"任器方圆"，就是应缘成事。水可以为露珠，可以为水滴，也可以"翻覆落池中"，化为平静，复归于虚空的本性。这首诗表述的也是华严宗性相不二的佛理。

三、卷舒自在

　　法藏以卷舒自在为华严宗圆教的判教标准之一。法藏说："即此情尽体露之法，混成一块，繁兴大用，起必全真；万象纷然，参而不杂。一切即一，皆同无性；一即一切，因果历然。力用相收，卷舒自在，名一乘圆教。"③摄末归本，不碍其末；依本起末，无妨其本。对此，北宋华严学者深有意会。承迁认为，这是阐述华严宗"性起圆融，法门无碍"的思想。④ 净源将"力用相收，卷舒自在"解释为："一有力收多为用，则卷他一切，入于一中，即上文'一切即一，皆同无性'也。多有力收一为体，则舒己一位，入于一切。即上文'一即一切，因果历然'也。文虽先后，义乃同时，故云

---

① ［唐］法藏:《华严游心法界记》,《大正藏》第四十五卷。
② ［唐］齐己:《观荷叶露珠》,《全唐诗》卷八四七。
③ ［唐］法藏著,方立天校释:《论五教第六》,《华严金师子章校释》,第 30 页。
④ ［唐］法藏述,［宋］承迁注:《大方广佛华严经金师子章》,《大正藏》第四十五卷。

卷舒自在也。"①根据法藏的表述,参照北宋承迁、净源的解释可知,卷舒自在是隋唐五代华严宗教理的重要内涵,也是华严宗区别于同时代其他佛教宗派的主要特征之一。在华严宗这里,"卷"即收藏,是由现实世界回到真实的性体;"舒"即舒展,是从真如性体起用为参差万象。卷舒自在是华严宗性相一如思想的又一内涵。

华严宗反复强调事物体用之间的圆融关系。法藏指出,归体之用不碍其用,全用之体不失其体。因此体用并存,相即相入,互不干碍。了达尘中既无生灭,又无自性,而是一味真空,此为性体。如果以智慧通观,则真空之理不碍纷繁事相,森罗万象,世界宛然,这就是用。尽管形相纷繁,但它们都是真如空性的显现,从体性而言,又都是毫无欠缺的。这是体用相即之理。以百川入海为例。溪流密布,汇集成川,川流不息,融入大海。海纳百川,其性澄清,浪花翻腾,不碍川流共存。这就是大海与百川的交融互摄,随缘自在。事物相入之时谓之"舒",起用以示差别;相即之时谓之"卷",复体以会同一。依本起末,即是随缘。摄末归本,故为妙用。事物各各不齐,然而,随缘生成而同时起用。这就是真理显现不碍世相纷呈,千差万别无非真空一际②。法藏说:"夫满教难思,窥一尘而顿现。圆宗叵测,观纤毫而顿彰。然用就体分,非无差别之势。事依理显,自有一际之形。"③法藏视华严宗为"满教""圆宗",就是指称这种体用不二、性相一如的圆融境界。

从体用论的角度说,所谓"卷舒",即"谓尘无性举体全遍十方是舒。十方无体随缘全现尘中是卷"④。华严宗主张卷舒自在,是其性相一如佛理的落实。事物于一尘中显现是"卷",一尘遍及一切处则为"舒"。事物的真空之理与具体形相总能开合自如,这就是华严宗所说的即卷常舒,卷舒自在。

---

① [宋]净源:《金师子章云间类解》,《大正藏》第四十五卷。
② [唐]法藏:《修华严奥旨妄尽还源观》,《大正藏》第四十五卷。
③ [唐]法藏:《华严经义海百门》,《大正藏》第四十五卷。
④ 同上。

华严宗卷舒自在的教理在中国美学中落实为对含蓄艺术特征的追求。司空图论诗,以"悠悠空尘,忽忽海沤。浅深聚散,万取一收"概括"含蓄"作为审美风格或艺术境界的基本特征。进一步说,司空图对"含蓄"的规定来自华严宗教理。"海沤",即海中的水泡。海水在水中有深有浅,微尘漂浮于空中,或聚或散,气象万千。对于诗歌创造而言,可以入诗的题材、物象如微尘,似水泡,不可胜数,而真正收入笔端的,又能通过审美活动显现的,只不过取其万分之一而已。对于整个审美世界来说,任何审美意象或艺术境界也如空中的一粒微尘,大海中的一滴水泡,是那么渺小,又是那么微不足道。然而,一粒微尘就是茫茫大千,一滴水泡就是浩浩大海。审美意象或艺术境界宛若微尘、水泡,微不足道,却分享着整个审美世界的意义。在审美领域,含蓄就是包含蓄纳,包含蓄纳不是物理空间上的无限伸展,不是审美物象的压缩变形。含蓄是指这样一种艺术境界:它以一驭万,以小见大,以少见多,它具有蕴藉之美,引领着审美者精神视野的不断开拓。孙联奎《诗品臆说》:"万取,取万于一,即不著一字;一收,收万于一,即尽得风流。"①可见,在司空图推重"含蓄"的背后,是性相不二、卷舒自在的华严教理。

四、隐显一际

在华严宗性相一如的微妙教理领域,与卷舒自在相关的另一个命题是隐显一际。这也是华严宗师们经常提起的话头。空中之月,常满常半,杜顺曾以此喻示事物的隐显无别。② 法藏关于隐显关系的论证最为详尽。隐显之义难以穷尽,华严宗依据真空幻色两无碍来领悟这层玄义。那么,何谓"显",何谓"隐"? 事物都有在场与不在场这两个方面,在场的一面称为"显",不在场的另一面称为"隐"。事物在随缘显现的同时,必然存在着隐蔽的一面,这隐蔽的一面就是事物的真性。这就是"隐

---

① [唐]司空图著,郭绍虞集解:《诗品集解》,第 22 页,北京:人民文学出版社,1963 年。
② [唐]智俨撰,杜顺和尚说:《华严一乘十玄门》,《大正藏》第四十五卷。

由显立,法界开乎缘起中"。不在场的"隐"不能离开在场的"显",在场的一面能显现事物的真性。这就是"显由隐成,万物镜于一空之上"。此显彼隐,此隐彼显,交彻而在,始终不异。因此,"隐在即是显在,显时正是隐时。一坏全摄,多成此显"①。卷舒收放,隐蔽起用,并不妨碍事物体性的真实显现。明了隐显一际,即能即色即空,见空见色。这表明,在处理事物的隐显关系时,既不可执于"显"的一面,又不能忽视"隐"的一面。事物的隐显一际,保证了在场之物与不在场之物平等不二的合法身份。

隐显一际的事理可以分为两个层次:一是事显而理隐,一是理隐而事显。当观照到事物的形相虚幻而了不可得时,这就是"相尽而空现"。事理与形相相资相摄。微尘能摄彼,即彼隐而此显;彼能摄微尘,即微隐而彼显。隐显一际,相由成立。显现之时已成隐,隐蔽之时而全显。故有隐时正显、显时正隐的说法。② 法藏还举金狮子为例,以几种观照金狮子的方式论证事物的隐显之理。法藏说:"若看师子,唯师子无金,即师子显金隐。若看金,唯金无师子,即金显师子隐。若两处看,俱隐俱显。隐则秘密,显则显著,名秘密隐显俱成门。"③这是说,如果专注于狮子的形相,则眼中没有金性,这时狮子相显现,而金性隐蔽,也就是"相显性隐"。倘若观照狮子的金性,则眼中无狮子相,这时金性显现,而狮子相隐蔽,也就是"性显相隐"。在法藏看来,这两种观照方式都有所偏重,需要从金性与狮子相不二的角度观照金狮子,则是俱隐俱显,性相同时,隐显齐现。金与狮子或隐或显,或一或多,相无定相,形无定形,由心回转,隐显一际。

性相一如是华严宗的重要教理,以法藏为代表的华严宗师们提出的系列命题,都是围绕这一教理而展开的。无论是"金外更无师子相可得""应缘成真",还是"卷舒自在""隐显一际",都在强调华严宗圆融无碍的教旨。特别是"卷舒自在""隐显一际"这两个命题,或收或放,随缘说法,

---

① [唐]法藏:《华严策林》,《大正藏》第四十五卷。
② [唐]法藏:《华严经义海百门》,《大正藏》第四十五卷。
③ [唐]法藏著,方立天校释:《勒十玄第七》,《华严金师子章校释》,第 64 页。

具有很强的灵活性,洋溢着圆通的生命精神。这些华严教理对隋唐五代以来中国美学的影响甚大。它们或影响到中国人舒卷自如的审美态度的生成,或塑造着中国艺术家圆活自在的处世理想,或滋养着中国艺术活泼泼的生命精神。中国美学也在言说与沉默、体验与阐发、含蓄与直切的运思方式中呈现着自身,这在一定程度上也体现出华严宗性相一如的圆融精神。

第三节　圆觉与妙观

　　白居易见僧院花开,突然受到莫名的触动。于是,他即兴而发:"欲悟色空为佛事,故栽芳树在僧家。细看便是华严偈,方便风开智慧花。"①这首诗化用了华严宗的智慧,同时又藏有一道暗语:华严宗的觉悟论已经渗入当时文人的审美活动之中,这个现象不可忽视。"华"即"花",华严教义千言万语,始终不离开启生命的智慧之花。

　　觉悟是佛教的解脱法门,中国佛教也同样如此。那么,作为隋唐五代佛教显宗之一的华严宗,它提倡的觉悟论有何内涵与特征?这是本节需要提出,并且做出阐述的。

一、圆觉

　　刘禹锡说:"佛说《华严经》,直入妙觉,不由诸乘,非大圆智不能信解。"②刘禹锡的看法颇能代表当时文人对华严宗觉悟论的基本态度。华严宗视觉悟为大圆智,即广大圆满的智慧。华严宗的觉悟论可从圆觉与妙观两个层次切入。

　　与隋唐五代其他佛教宗派相似,华严宗也特别重视人的觉悟问题。法藏提到的觉者意识,就是对觉悟的自觉体认。法藏说:"觉者。觉有二

---

① 〔唐〕白居易:《僧院花》,《白居易集》卷第二十六。
② 〔唐〕刘禹锡:《毗卢遮那佛华藏世界图赞》,《刘禹锡集》卷第四。

种：一是觉悟义，谓理智照真故。二是觉察义，谓量智鉴俗故，又觉察烦恼贼故。"①法藏指出，"觉"有两层含义。其中，"觉悟"主要是从境界论的角度而言的，指人以智慧观照世界和自身，从而获得彻悟的智慧。"觉察"主要是从工夫论的角度来说的，指人以般若智慧破除烦恼，使妄念不生。凡是有所觉悟的人都可以称为觉者，然而，由于各人智慧开启的程度有别，所以彼此的觉悟境界并不一致，其觉悟工夫也不可一概而论。本觉是人的真如本性，指心体离念及其念相。本觉之心遍虚空界，无所不及，无所不包。各人的觉悟都不离本觉之心，这是觉悟的本体，本觉之心又随缘起用，化作各各差别的具体觉悟工夫。

法藏谈觉悟，主张参破有为法的虚幻不实，舍离取舍颠倒之见，成就无上菩提智慧。法藏说："菩提，此云道也，觉也。谓见师子之时，即见一切有为之法，更不待坏，本来寂灭。离诸取舍，即于此路，流入萨婆若海，故名为道。即了无始已来，所有颠倒，元无有实，名之为觉。究竟具一切种智，名成菩提。"②觉悟成菩提，就是大彻大悟的生命智慧。华严宗称觉悟为"断惑"，前后际断，智起惑灭。所谓灭，也不过是方便说法而已，因为心性本来虚空，心源清净，智慧充满，无惑可断。

何谓智慧？法藏所讲的"菩提""觉"，就是大乘佛教的空观智慧。大乘佛教的缘起生成论认为，事物都是幻有实无，假有本空。能在幻有、假有的暂存事物面前开启妙悟之心，就是"智"；能了悟假有事物背后毕竟虚空而了无所得的观空之心，就是"慧"。"若住于空，即失有义，非慧也。若住于有，即失空义，非智也。今空不异有，有必全空，是为智慧也。"③可见，智慧是不住于有，不落入空，不执名相的觉悟境界。不住即住，住即不住，这就是觉悟。人有了觉悟的智慧，眼前就会显现出一个光明灿烂的世界。观照世间万物的真如之理，显现本真圆明的心性，这就是智慧的烛照。所以说，觉悟的关键在于开启生命的智慧。是心光明，照亮一

---

① 〔唐〕法藏：《华严经明法品内立三宝章》卷上，《大正藏》第四十五卷。
② 〔唐〕法藏著，方立天校释：《成菩提第九》，《华严金师子章校释》，第153页。
③ 〔唐〕法藏：《华严经义海百门》，《大正藏》第四十五卷。

切事物。心放光明，则事物的真性灿然朗现。本觉之心常放光明，以此观照一切世界，则理事无所不显，智慧无所不周。

华严宗很重视判教，而觉悟论是华严宗判教的理论依据之一。华严宗将觉悟作为解脱烦恼的法门。那么，华严宗的觉悟论到底有何特征和内涵？这就需要对华严宗的判教理论做出简要介绍。

华严宗的圆觉思想有一个大致的发展脉络。在早期华严宗师杜顺那里，圆觉虽没有直接提出，但其表述已经初步体现出这种倾向。法界缘起论是杜顺觉悟论的起点，他同时指出，对于尚未觉悟的人来说，法界缘起论是很难理会的。杜顺说，事物形相的真实性非言诠境界，也不为妄心所及。人的认知感官、语言文字等都是空而无实的。因其体性虚空，故有种种幻相生成。因其缘起而生，故种种幻相本无自性。这就是法界缘起的大意。杜顺认为，法界缘起是觉悟的关键所在，必先濯涤尘垢，方能成就正觉。"是故性相浑融全收一际。所以见法即入大缘起法界中也。"[1]可见，杜顺的法界缘起论已经体现出性相圆融的指向。

与杜顺相比，华严宗二祖智俨的觉悟论也自有其特色。智俨主要是从"菩提"的特性来言说觉悟之道。他指出，菩提非身心所得。菩提无为，泯生灭，是寂灭之道。无处是菩提，它无形色，空去一切形相。不观是菩提，它超离一切因缘。菩提舍离妄想邪见，脱离烦恼业习。菩提无贪著，住于法性。菩提是不二之智，是一种假名，其名字虚空，如幻如化，绝离攀缘，无所取舍。菩提又是心性的清净境界。菩提的特性表明，菩提是佛法的真谛，但这真谛又是微妙的，它遍布万物，超越语言文字境界。也就是说，觉悟是获得菩提智慧的别称，是微妙难言而又不可舍弃的生命体验。[2]这是智俨关于觉悟的看法。由此可见，他的觉悟论不太强调觉悟的圆融精神，而侧重对觉悟智慧特性的揭示。

法藏关于觉悟论的论证最详尽，贡献也最大。法藏将有史以来的佛

---

[1]〔唐〕杜顺：《华严五教止观》，《大正藏》第四十五卷。
[2]〔唐〕智俨：《华严经内章门等杂孔目》卷第二，《大正藏》第四十五卷。

教分为五种：小乘、大乘始教、终教、顿教与圆教。这五种教派的觉悟思想是法藏判教的重要标准之一。从他的排列次序看，这五种教派之间在觉悟境界方面也呈现出依次上升的趋势。

依据法藏的判教理论，华严圆教与顿教并不一致。在顿教看来，烦恼本无生灭，脱离断与非断边见，破除我见，即证菩提。顿教以顿悟为立教标准。所谓顿悟，是指言说顿绝，理性顿显，解行顿成，妄念不生，即成佛道。顿悟与渐悟是对举而言的。法藏举例说，觉悟幻相虚空而不可得，方见空相。觉悟事物幻有而无自性，方见无生。觉悟事物形相无有自体，方见空性。依照这样的思路渐次推寻，就是渐悟。顿教不同于渐教，它如镜中像，顿现非渐，不假推寻。它不待次第，直见事物虚空体性，言说顿绝，真性顿显，对缘即现，当下觉悟，即是顿教。①

华严宗澄观也提到觉悟的问题，不过他没有特别强调觉悟方式，却同样贯彻着华严宗的圆融精神。澄观指出，心为至道之源，无住为心法之体。心体空灵虚寂，包含万有，统摄内外，不落有无，无住始终，远离取舍。很显然，澄观所说的这种心体，就是人的本觉之心、圆觉之智。所谓"迷现量则惑苦纷然，悟真性则空明廓彻。虽即心即佛，惟证者方知。然有证有知，则慧日沉没于有地；若无照无悟，则昏云掩蔽于空明"②。可见，澄观很强调心性的观照、觉悟与体证工夫，以觉悟真性的"空明廓彻"为旨归。

谈到华严宗五祖圭峰宗密，他的觉悟论也不可放过。圭峰禅师曾是荷泽宗嗣，开法于遂州大云寺道圆和尚。一日，遇《圆觉》了义，感悟流涕，便将所悟禀告其师。师抚之，说："汝当大宏圆顿之教，此经诸佛授汝耳。"可见，《圆觉经》对于宗密华严思想的形成有着特别的意义。《圆觉经》成为圭峰宗密圆觉论的理论根基。圭峰宗密推崇的圆觉之教，同样也属于圆顿之教。

---

① [唐]法藏：《华严经义海百门》，《大正藏》第四十五卷。
② [唐]澄观：《答皇太子问心要书》，《全唐文》卷九一九。

宗密指出，天地之德，始于一气。佛道之德，本乎一心，因此应"专一气而致柔，修一心而成道"。人的心体冲虚纯粹，灿烂灵明，洞彻十方，超越生灭之间，远离去来之相。事物始于虚空，因缘而有，生法本无，一切唯识，而"识如幻梦，但是一心。心寂而知，目之圆觉。弥满清净，中不容他，故德用无边，皆同一性，性起为相，境智历然相得。性融身心廓尔，方之海印。越彼太虚，恢恢焉，晃晃焉，迥出思议之表也"[①]。"心寂而知，目之圆觉"，这是对圆觉寂空圆融特征的概述。同时，圆觉又是超然冲虚、超越言表的觉悟境界。

依据圭峰宗密的说法，圆觉能照亮事物的本来面目，舍离人我、法我之见，摆脱生死苦海。人的种种识见，全都出于"觉心"，幻尽觉圆，心通法遍。人心本是佛，由于妄念生起而漂沉不已，不能抵达彼岸。妄念顿除，心性圆明。对于幻海沉浮的人来说，就很有必要调理心性，而圆修正是这样一种觉悟的方法。心华发明，妄病自然出离身体。克念摄念，业惑顿时消失无踪。圆觉遍及世界，始终不离本心，佛境刹那现前，成就智慧之生。可见，圆觉不同于北宗禅的渐悟渐修，它只是心不起念的方便说法而已。要护持圆觉的境界，需要用心觉察，勤加观照，令习气不起，当处即断。既不任习气生成，也不刻意去灭除它。习气犹如阳焰之水，了不可得，当不趋不灭。趋是凡夫纵情境界，灭则堕入二乘调伏之地。所以说，圆宗顿教，并无特别神奇之处，只是与自家本觉之心相应而已。这样，觉悟与智慧也就自然无间了。宗密还认为，觉悟有难易之分，因此而有顿悟、渐悟之说。渐悟基于世谛，顿悟微妙绝虑。因而，他将《圆觉经》归于顿悟之门。

以上对隋唐华严宗师的觉悟论做了简要介绍，下面从五个层次探讨圆觉论的内涵与特征。

其一，圆觉是一种高深圆满的觉悟方法。华严宗属于大乘圆教，其觉悟方式可称圆觉。严格地说，圆觉的说法是唐代佛教学者裴休提出来

---

① ［唐］宗密：《大方广圆觉修多罗了义经略疏序》，《全唐文》卷九二〇。

的。不过,他的说法不是空穴来风,有着华严宗的思想支持。裴休说:"统众德而大备,烁群昏而独照,故曰圆觉。"①裴休(791—864),字公美,进士出身,官至吏部尚书,善文章,工书法。裴休对佛教有虔诚的信仰,人称"宰相沙门""河东大士"。裴休佛学造诣甚深,精通《华严》教旨与禅宗心要,与庞蕴、白乐天等居士齐名。据裴休说,圆觉是本觉之心,它能生成一切事物,因此事物未尝舍离圆觉。三藏之文,其所诠者唯"戒""定""慧"三学而已。这是学佛修行的基础。

"戒""定""慧"三学旨归何处?一言以蔽之,圆觉而已。众人根器有别,因此要修圆觉之法。圆觉在于一心,它是一种高深圆满的觉悟方式。凡夫、菩萨不是圆觉境界,如来才有圆觉境界。裴休曾追随圭峰宗密修习华严,因宗密常住圭峰兰若,世人以圭峰禅师代称。圭峰的著述多请裴休撰序,如《圆觉经序》《华严经法界序》《禅源诸诠集都序》等。考虑到圭峰的华严背景,从裴休对圭峰的记述中也可窥探华严宗思想之一二。这也是以圆觉来概括华严宗觉悟论的基本理由。

其二,华严宗的圆觉论贯彻着圆融自在的教理精神。不可否认的是,华严宗的圆觉吸收了大乘佛教的顿悟思想,但它在此基础上又有很大改进。正因其改进,所以法藏反复强调,华严宗的圆觉与大乘顿教差异较大。法藏如此规定:"若依圆教,一切烦恼不可说其体性,但约其用即甚深广大,以所障法一即一切,具足主伴等故,彼能障惑亦如是也。是故不分使习种现,但如法界一得一切得故。是故烦恼亦一断一切断也。"②简要地说,华严宗自判为圆教,主要是紧扣着"一即一切""一得一切得"等华严宗核心思想立论的。一即一切,一切即一,法界自在,具足无尽法门。作为大乘圆教觉悟方式的圆觉,始终贯彻着华严宗圆融自在的基本教理。或者说,圆觉是华严宗圆融精神的具体落实。

其三,华严宗的圆觉,还有"一显一体"的规定。所谓"一显",是指圆

---

① [唐]裴休:《大方广圆觉修多罗了义经略疏序》,《全唐文》卷七四三。
② [唐]法藏:《华严一乘教义分齐章》卷第三,《大正藏》第四十五卷。

觉智慧的开启;所谓"一体",是指自性清净圆明之体。这是如来藏中法性之体,无始以来圆满具足,毫无欠缺。它既不为污染所垢,也不会因修治而净。这实际上就是人的自性清净心,相当于前面提到的本觉之心。不过,它在华严宗觉悟论中比本觉之心更具特色,内涵也更丰富。它"性体遍照无幽不烛故曰圆明。又随流加染而不垢,返流除染而不净,亦可在圣体而不增,处凡身而不减,虽有隐显之殊,而无差别之异"①。由于觉悟程度有别,人的清净圆明之心体也或隐或显。当它被烦恼覆盖之时,就处于隐蔽状态。当它为智慧观照之时,则处于显现状态。这种自性清净心就是人的真如自体,有大智慧光明在焉。圆觉境界是人的自性清净圆明之体的显用,而自性清净圆明之体则是由三层意蕴构成的,即遍照法界义、真实识知义、自性清净心义②。这三层意蕴的共同规定,组成了华严宗圆觉的基本内涵。其中,"遍照法界义"保证圆觉的圆满具足,"真实识知义"指明圆觉的真实无妄,"自性清净心义"则强调圆觉的圆明自在。

其四,华严宗的圆觉,需要很高的觉悟工夫。在《华严经普贤观行法门》里,法藏将华严宗的觉悟工夫分为"照""寂""俱""泯""圆"这五个层次。"照"是指以无漏智慧观照事物,与真如之性证契相应;"寂"不同于"照",它体证智慧,内证自体,而非契合于真性,所以这种观照未尝不寂。"寂"只见到事物皆真,而唯独智慧非真,由"照"证真,真证"照"亡。"俱"是指证真而不碍"照",朗然圆照,而不碍"寂"。由证故有"照",由证故"照"亡。若无"照",谁能体证? 心若存"照",即乖于证。"泯"由"寂""俱"二层而来,指互相形夺,"寂""照"俱泯。"照"即"非照","寂"即"非寂"。"圆"是最后一个层次,也就是最高的觉悟工夫,它包含前面四层,是为圆明具德、寂用自在的圣智。"圆"觉难以言传,需要觉者个人的沉思体验,亲证自得。在"圆"觉层次,智照非照,惑断非断,诸惑性空,惑不

① [唐]法藏:《修华严奥旨妄尽还源观》,《大正藏》第四十五卷。
② [宋]净源:《金师子章云间类解》,《大正藏》第四十五卷。

须断。

其五,圆觉只是一种随缘说法,同样不可执著。华严宗主张理事无碍,虽明真诠,不废言相。法藏以华严宗为大乘圆教,认为华严宗的圆觉可使一切有识获得智慧,同时也提出了圆觉的多种层次。但是,依据大乘佛教的般若空观,华严宗的圆觉从体性上说,同样是虚空不实的,不可执著不放。法藏的判教理论将华严宗定为大乘圆教,这表明华严宗教理不可思议,高深莫测。窥一尘而顿现,睹纤毫以齐彰。华严宗讲圆觉,是理想的觉悟方式或觉悟境界,而不是指日常生活中各人的实际觉悟状态。圆觉不可能设置固定的觉悟方法,也没有特定的觉悟程序,它只是随缘说法,是一种方便法门,犹如病起药兴,对症下药,妄生智立,心通法通。人的圆觉之心犹如明镜,明镜既能映现万有,心境也可显隐染净。明镜虽映现万有,而不失镜体明净,圆觉之心也不会因显现净相而增明,又不会因显现染相而受污。心境如水,能显现染净诸相而不取舍,不执著。法藏于是主张:"既觉既悟,何滞何通。百非息其攀缘,四句绝其增减,故得药病双泯,静乱俱融,消能所以入元宗,泯性相而归法界。"[1]可见,圆觉不是语言文字境界,不是可以传授的法门,圆觉需要觉者开启自家的生命体验,亲证而入,不假思量,它只是一种随缘说法,同样不可执著。在这一点上,它与南宗禅的顿悟法门存在相似之处。

二、妙观

如果说,圆觉侧重华严宗圆融自在的觉悟特征,那么,妙观则是华严宗微妙莫测的观照方式。二者都与华严宗的觉悟理论有关,不可截然分开,但在具体内涵方面,还是各有偏重,不能混同。关于华严宗的妙观,可从两个层次加以介绍:一是妙观的基本内涵与特征,二是妙观的具体法门。

华严宗的妙观是一种理事圆融、止观不二的观照方式。华严宗人多

---

[1] [唐]法藏:《修华严奥旨妄尽还源观序》,《全唐文》卷九一四。

次谈到这个特征。杜顺倡导"止观双行,悲智相导"的观照法门。他说:"以有即空而不有故名止。以空即有而不空故名观。空有全收不二而二故亦止亦观。空有互夺二而不二故非止非观。言悲智相导者,有即空而不失有故。悲导智而不住空,空即有而不失空故。智导悲而不滞有,以不住空之大悲故。恒随有以摄生。"①杜顺这段话可以看作是华严宗观照论的总纲法门。这种空有双遣的运思方式是"止观双行,悲智相导"的精神所在。后代华严宗师的观照论大多承续了杜顺以般若空观为止观法门精神支柱的传统。

澄观指出,智是理之用,理体而成智,智还照于理。理智一如为最高境界,也就是智与理冥,谓之"真智"。"又法界寂照名正,寂而常照名观。观穷数极妙符乎寂,即定慧不二。"②澄观对正观、寂照、定慧的规定都采用了即体即用的运思方式。澄观提倡理事无碍、悲智相导的观照方式:"然事理无碍方是所观,观之于心即名能观。此观别说观事俗观,观理真观。观事理无碍成中道观。又观事兼悲,观理是智,此二无碍。即悲智相导,成无住行。亦即假空中道观耳。"③华严宗以能观、所观表诠观照法门。澄观主张观理事无碍的中道观照,其实质是大乘佛教的般若空观。作为大乘佛教观照事物的基本方式,般若空观最大的特征在于,它不落有无,超越边见。在观照活动中,若能观/所观双泯,绝待无寄,则般若现前。

"空有双融之中道"是澄观提倡的圆觉境界,这种圆觉境界也体现出华严宗的观照智慧。澄观论道:

> 是以悟寂无寂,真知无知,以知寂不二之一心,契空有双融之中道。无住无著,莫摄莫收,是非两忘,能所双绝。斯绝亦寂,则般若现前。般若非心外新生,智性乃本来具足。然本寂不能自现,实由

①［唐］杜顺:《华严五教止观》,《大正藏》第四十五卷。
②［唐］澄观:《三圣圆融观门》,《大正藏》第四十五卷。
③［唐］澄观:《华严法界玄镜》卷上,《大正藏》第四十五卷。

般若之功。般若之与智性，翻覆相成，本智之与始修，实无两体。双亡证入，则妙觉圆明；始末该融，则因果交彻。心心作佛，无一心而非佛心；处处成道，无一尘而非佛国。故真妄物我，举一全收；心佛众生，浑然齐致。是知迷则人随于法，法法万差，而人不同。悟则法随于人，人人一智，而融万境，言穷虑绝，何果何因？体本寂寥，孰同孰异？惟忘怀虚朗，消息冲融。其犹透水月华，虚而可见；无心鉴象，照而常空矣！①

澄观以般若空观体证华严宗的观照法门与觉悟方式。"空有双融之中道"，是这段觉悟论的精神内核。寂/无寂、真知/无知、本智/始修、真/妄、物/我、迷/悟等关系性概念，都是以"空有双融之中道"贯通起来的。

法藏对华严宗的观照智慧有过深入的思考。法藏说，"观"就是观照的智慧，远离种种情计。于是有人问他，既然事物虚空无相，又该怎么去观照？法藏解释说，正是因为事物虚空无相，它们才能成就观照。法藏所说的"观"，不是日常生活中人对实体事物的观看，这种实体化的眼光只能看到事物的表面现象，不能洞察事物的真相，这不属于华严宗的观照智慧。在法藏看来，观照分为能观与所观两层，"能观是慧，所观是无相。今慧照彼无相之境，故名为观也"。华严宗的妙观也不是闭目塞听，无视事物的实际形相。这样的观看还没有超越颠倒之见，也不足称为观照。法藏举例说，证入事理，二门圆融，一际方便，就是一种妙观。此二门是指心真如门、心生灭门。心真如门，是指理，即真谛。心生灭门，是指事，即俗谛。二门圆融自在，即明空有无二，隐显俱同，毫无障碍。缘起的事物似有实空，故能无二。事物体性虚空而假有，因此是二而非二，圆融一际而不殊。《华严经》论事物的生灭，都以缘起论着眼。事物生成是因缘，事物变灭也是因缘。若能如是解会，便能当下超脱。所以，法藏也与杜顺一样，主张"悲智相导"："以有即空而不有故是止境也。以空即有而不空故为观境也。空有全收而不碍二，故止观二法融也。空有二而

---

① ［唐］澄观：《答皇太子问心要书》，《全唐文》卷九一九。

不二故是止观二法离也。即以能观之心契彼境故是止观融也。"①法藏的止观双行,也以华严宗的理事圆融境界为归依。

在《注华严法界观门》里,圭峰宗密以"情尽见除,冥于三法界"来注释"观"。这可以看做是对观照的简要定义。宗密认为,华严宗的观照方式是般若现前,言语道断,心行处灭,不可智知。到了宗密这里,华严宗与禅宗合流的态势颇为明显,宗密关于观照方式的表述已经与当时禅宗的觉悟论极为相似。但是,如果停留于此,则华严宗的观照方式还不能称为妙观。观照内心名为能观,在观照之时,应以俗谛观事,而以真谛观理。令观照无碍,成就般若中道空观,自然悲智相导,自在无住。可见,华严宗的妙观始终以理事无碍、真俗不二为宗旨,虽然其中也融入了禅宗及其他佛教宗派的觉悟思想。

圭峰宗密认为,"观"是洞见事物真谛的慧眼,"门"是指通向般若智慧的法门,观照的关键在于寻找法门。对于初步介入观照活动的人来说,也许他悟性极高,如果不得其门,同样难以洞见事理。对于观照者而言,应该运之以慧眼,于法门中观照妙境。不必门外设门,只需开启微妙的心门。在观照法门之中,又有重重法界,事理无边,广大精深,难以穷尽,远非语言文字境界。圭峰宗密谈观照,首标"修"字,是要使观照者泯灭外求之念,引导他们自行修证,开启妙观之心,自观自照,不假外求。自心既明,即能洞见无尽,不在于备通教典,也不在于断章取义。这些都只是外观外照,离华严宗的内观内照距离甚远。所以,华严宗典籍的注释常以"简而备"著称,"备"只是为了引导学者抵达观照之门,"简"则是为了使学者用心妙观。观照是"以心目求之",超越认知理性的觉悟法门。② 圭峰宗密所讲的观照,主要是指微妙难言的观照方式,它需要观照者开启真切的生命体验,对世事人生作透彻的洞察亲证。与佛教其他宗派相似,华严宗的觉悟同样也是超越语言文字境界的。

---

① [唐]法藏:《华严游心法界记》,《大正藏》第四十五卷。
② [唐]裴休:《释宗密禅源诸诠序》,《全唐文》卷七四三。

华严宗的妙观是一种生命体验活动,是心无所住的直觉性领悟,更是止观不二、寂照一如的觉悟方式。澄观在比照几种观照方式之后,提出了华严宗的观照方式。第一种观照方式为,一念不生,前后际断,照体独立,物我皆如。这种观照方式直造心源,不取不舍,无对无修,就其精神而言,颇为接近南宗禅的观照方式,但其迷悟相依,真妄相待。第二种观照方式为,弃妄求真,有如弃影劳形,显然是徒劳之举。第三种观照方式为,体妄即真,有如处阴灭影,虽然暂时无事,但不能从根本上解决问题。第四种观照方式为,无心于妄照,则万虑尽除,这种观照境界高于前面三种观照方式。澄观最为推崇的,就是第四种观照方式,即"任运寂知,则众行爰起。放旷任其去住,静鉴觉其源流;语默不失元微,动静未离法界。言止则双忘知寂,论观则双照寂知,语证则不可示人,说理则非证不了"①。华严宗的觉悟论特别强调展开观照活动时的心性圆融状态。这从澄观阐发"照"与"寂"的关系时可以见出,法藏关于止观法门的界定也是明证。

法藏在分别界定"止""观"的基础上,提出了止观融通的观照方式。何谓"止""观"? 法藏说:"如见尘无体空寂之境为止。照体之心是观。今由以无缘之观心通无性之止体,心境无二,是止观融通。由止无体不碍是心故,是以境随智而任运。由观心不碍止境故,是以智随法而寂静。由非止观以成止观,由成止观,以非止观,二而不二,不二而二,自在无碍。"②法藏将"止"落实为事物体性空寂的境界,这与其他宗师们的解释差别很大。"观"是照见事物本体之心,也就是前面说的能观。能观之心与所观之境交互契合,这就是法藏所说的止观融通。这种圆融自在的观照方式是华严宗观照论的重要特征。

华严宗的观照思想被转化到审美观照活动之中。柳宗元在他的园林游记里就援引华严宗的"照""寂""觉"等概念入文,其中蕴含着他对园

---

① [唐]澄观:《答皇太子问心要书》,《全唐文》卷九一九。
② [唐]法藏:《华严经义海百门》,《大正藏》第四十五卷。

林审美观照活动的理解。贞元元年(785)十一月,柳宗元被贬永州,政务清闲,于是:"取官之禄秩,以为其亭,其高且广,盖方丈者二焉。或议照之居于斯,而不蚕为是也。余谓昔之上人者,不起宴坐,足以观于空色之实,而游乎物之终始。其照也逾寂,其觉也逾有。然则向之碍之者为果碍耶? 今之辟之者为果辟耶? 彼所谓觉而照者,吾讵知其不由是道也? 岂若吾族之挈挈于通塞有无之方以自挟耶?"①柳宗元说的"觉而照""其照也逾寂"是即用归体,"其觉也逾有"为即体起用。柳宗元以华严宗的观照理论言说觉照不二。觉照不二本指人观照世界的方式,属于华严宗的妙观法门。亭台楼阁,色相世界,是有,它不离本觉之心;色相纷纭,虽有实空,是照,它妙观万有圆成。柳宗元认为,园林亭台是"观于空色之实,而游乎物之终始"的极妙去处,游园者不但可以尽情欣赏园林之美,而且还可以获得关于人生、世界、宇宙的形而上体验。在觉照不二的游园者那里,二者并行无碍,从而获得多层次的美感体验。

除此之外,华严宗杜顺、法藏等还对止观法门进行过分类。杜顺的《华严五教止观》将止观法门分为五种:一是小乘教的法有我无门,二是大乘始教的生即无生门,三是大乘终教的事理圆融门,四是大乘顿教的语观双绝门,五是一乘圆教的华严三昧门。这是杜顺对华严宗止观法门的基本规定。事实上,在后代华严宗师那里,他们对止观法门的规定基本上都包括了上述五种中的某几种,并加以融会贯通,注入华严宗的教理精神,而绝少仅以其中某一种为其止观理论的。法藏则将观照方式分为六种:一是摄境归心真空观,二是从心现境妙有观,三是心境秘密圆融观,四是智身影现众缘观,五是多身入一境像观,六是主伴互现帝网观。理事无碍、定慧双融、一多相即等华严宗教理是法藏对止观法门进行分类的重要尺度。②

华严宗的圆觉具有圆融自在的觉悟特征,它不等于南宗禅的顿悟,

---

① [唐]柳宗元:《永州法华寺新作西亭记》,《柳宗元集》卷二十八。
② [唐]法藏:《修华严奥旨妄尽还源观》,《大正藏》第四十五卷。

更不同于北宗禅的渐悟,而是强调觉者心性的圆通和谐。这种圆通和谐的心性可以转化为审美的态度,就是以本觉之心观照世界、历史与人生,圆融而自在,温和而清净。华严宗的妙观则是止观融通、悲智相导的观照方式,妙观具有超越世俗功利、凝神观照等特征,它是观照者以沉思静默之心体证事理的直观性体验。如果淡化妙观的宗教色彩,这种直观性的体验与审美观照时的心性状态也颇有接近之处。

三、清净莲花心

华严宗讲圆觉与妙观,二者都是华严宗觉悟论的组成部分。那么,华严宗的觉悟境界如何?在此,仅以隋唐五代审美领域经常出现的莲花意象为例,对华严宗的觉悟境界做出小中见大的阐发。

华即花,《华严经》之"华"可作"花"解。《华严经》描述的就是一个香花庄严的佛国世界。莲花是华严宗的清净香花,莲花世界是华严宗佛国的投影。华严宗爱莲花,取其清净无染之心,彰其圆融无碍之性。《华严经》多次提到莲花,如莲花世界是成佛之国,一莲花有百亿国,佛祖坐莲花宝座等。莲花清净离染,出尘无瑕,因而常被人作为照见如来之心、体察如来之法的重要途径。莲花出于淤泥,是尘世之物,但莲花的可贵之处在于,它能即淤泥而不染,步尘俗而自在,所谓"风行电扫,纳噍类于百亿之区;雾廓尘销,反游魂于清净之域"①。隋唐五代人爱莲花,主要是推重莲花的清净品性。深受华严教理熏陶的裴休也称赞青莲"不染而住""性无去来"的品性②。作为华严宗香花的莲花意象,被援引入当时的艺术批评之中。例如,刘禹锡的华藏世界图赞就提到了莲花的清净品性。他说:"清净不染花中莲,捧持世界百亿千。踊出香海浩无边,风轮负之昼夜旋。大雄九会化诸天,释梵八部来森然。从昏至觉不依缘,初初极

---

① [唐]崔融:《为百官贺千叶瑞莲表》,《全唐文》卷二一八。
② [唐]裴休:《圭峰禅师碑铭》,《全唐文》卷七四三。

极性自圆。写之绡素色相全，是色非色言非言。"①华藏世界图像出于画家的灵心妙运，它超越色相言说境界，清净无染，庄严美丽。

中国人爱莲花，与华严宗推重莲花的香洁品性有一定的联系。作为华严宗香花的莲花意象，更为广泛的影响在于，它进入了隋唐五代人的精神世界。白居易说："上人处世界，清净何所似。似彼白莲花，在水不著水。性真悟泡幻，行洁离尘滓。修道来几时，身心俱到此。"②白居易以莲花"在水不著水"等特征比况志趣高洁、心性闲适，而又不为世俗生活所累的隐逸之士。权德舆也说："云公兰若深山里，月明松殿微风起。试问空门清净心，莲花不著秋潭水。"③莲花"不著水"，在于它能妙观世界而不为其所困，圆融身心而成就真性。隋唐五代以莲花的清净心喻人，或以其不执之心自况，这不是为了道德教化而说法，而是中国人生命意识觉醒的体现，也是圆通人格理想的写照。

隋唐五代莲花意象的大量出现，成为一种较为特别的审美现象。这种审美现象的最大价值在于，它丰富了中国人的美感世界。由莲花色之美、香之清，到其品之清、性之洁，莲花意象已经成为中国人不可或缺的美感经验。在清净莲花世界的背后，有着华严宗圆觉与妙观法门的思想印迹。

第四节　华严境界

华严境界是最具美学价值的华严宗哲学概念。在这一节，主要从三个层次体证华严境界：一是真俗无碍，二是心境圆通，三是无尽之世界。先看真俗无碍的华严境界。

一、真俗无碍

在上一节，已经提到华严宗师普遍重视大乘佛教般若空观的事实。

---

① ［唐］刘禹锡：《毗卢遮那佛华藏世界图赞》，《刘禹锡集》卷第四。
② ［唐］白居易：《赠别宣上人》，《白居易集》卷第十四。
③ ［唐］权德舆：《题云师山房》，《全唐诗》卷三二九。

般若空观就是中道空观,真俗(妄)不二是般若空观关于事物真实性的基本主张。澄观说:"色不异空,明俗不异真。空不异色,明真不异俗。色空相即,明是中道。"①澄观的真俗不异,被法藏转化为真妄双融。法藏又说:"又明真该妄末无不称,真妄彻真源体无不寂,真妄交彻二分双融无碍全摄。"②大致而言,华严宗的真俗不二、真妄双融继承了大乘佛教的般若空观,特别是在法藏这里,又注入了圆融无碍的华严理想,这就与当时其他佛教各宗的真实论区别开来。与禅宗相比,华严宗的真实论更强调事物形相与体性的交互圆融,而禅宗的真实论则更侧重事物形相存在的价值与意义。

作为佛教的一对关系概念,"真"与"俗"对举,如一体之双面。《法华经》有真俗不可思议之论。"俗"是指事物因缘所生,其存有的体性毕竟虚幻。佛教所说的"真"不是科学认识或逻辑推理之真,它源于般若空观的真如本体。《法华玄义释签》:"幻有即俗,空即是真。不空是中,但观名中空合在何谛。若合在俗谛即如别教名含真入俗二谛。若合入真谛如别圆入通名含中入真二谛藏通即名单俗单真。圆教即名不思议真俗。"③真为真空,俗为假有。依据般若空观,真不异俗,俗不异真,真俗不二,即俗即真。印度佛教的真俗论是通过僧肇的介绍与阐发而逐渐本土化的。僧肇说:"是以圣人乘真心以理顺,则无滞而不通。审一气以观化,故所遇而顺适。无滞而不通,故能混杂致淳。所遇而顺适,故则触物而一。如此,则万象虽殊,而不能自异。不能自异故知象非真象。象非真象,故则虽象而非象。然则物我同根,是非一气。"④世间万物并不是先天地就存在着的,它是一气的显发流行,所以说"象非真象"。事物的形相虽然各有差别,却又彼此关联,归于本根之"一气"。僧肇借道家象论切入大乘佛理,以论证"万象"与"一气"(即"道""一象")的体用一如关

①［唐］澄观:《华严法界玄镜》卷上,《大正藏》第四十五卷。
②［唐］法藏:《华严一乘教义分齐章》卷第四,《大正藏》第四十五卷。
③［唐］湛然:《法华玄义释签》卷第六,《大正藏》第卅三卷。
④［后秦］僧肇作:《肇论》,《大正藏》第四十五卷。

系,为隋唐五代佛教各宗探讨事物的真实性做了必要的过渡。

天台宗立教,以事物的真俗不二为基本教理。空谛、假谛、中谛三谛相即,这是天台宗的基本教旨。何谓三谛?在天台宗看来,事物因缘所生,自性本空,谓之空谛。假谛是说事物本无自性,因缘和合而成,它们虽然存在,却不具实有之性,只是假名为有,是一种虚幻的暂存。又由于事物自性虚空,不是假有;因其假有而在,故不是虚无一物,谓之假谛。从空谛的角度说,谓之实空;从假谛的角度说,谓之假有。因此,事物既不属假有,又不属实空。或者说,事物既是实空,又是假有,这就是中谛之意。[①]　就三谛而言,空谛为真,假谛为俗,中谛则义兼空假,贯通真俗。这就是天台宗的真俗不二。

华严宗也讲真俗不二,这与天台宗没有根本精神的差异。但是,华严宗没有天台宗的三谛结构,而设世谛与真谛二面,这是一大区别。法藏说:"幻有现前,是世谛。了尘无体,幻相荡尽,是真谛。今此世谛之有,不异于空相,方名世谛。又真谛之空,随缘显现,不异于有相,方名真谛。又空依有显即世谛,成真谛也。由有揽空成,即真谛成俗谛也。由非真非俗,是故能真能俗。即二而无二,不碍一二之义历然。"[②]法藏指出,世谛之有与真谛之空是二而一,一而二的关系。真谛虚空,世谛幻有,称为俗谛。二者相待而在,空有不异。华严宗也承续了大乘佛教的般若空观智慧,运之于真俗不二的讨论。从最高的境界来说,真源超绝筌蹄,妙观超越言象。虽然妙观以真俗双泯、空有两亡为旨归,但不妨碍真俗二谛的存在。真空未尝不俗,即俗以体真空。俗谛未始不真,即真以明俗谛。破除对空/有、常/断的执著,才能显露般若精神。天地万物,无不缘起而在,自性为空,真俗融一,即中道义。

此外,华严宗主张真俗不二,还含有真俗圆融的意蕴,这也是天台宗所不具备的。法藏说:"是故空有无碍,名大乘法。谓空不异有,有是幻

<hr />

① 慈怡:《佛光大辞典》(5),第 4217 页,高雄:佛光出版社,1989 年。
② [唐]法藏:《华严经义海百门》,《大正藏》第四十五卷。

有。幻有宛然,举体是空。有不异空,空是真空。真空湛然,举体是有。是故空有,无毫分别。"①这里讲了两层意思:一是空有不异,二是空有无碍。这段话很能代表华严宗真实论的基本见解。真空妙有,圆融自在,是极为微妙的华严境界。

隋唐五代时期,中国佛教各宗之间相互影响,华严宗的真俗无碍论也为后来的禅宗所称道,并被吸收到禅法中来。这在那些华严宗与禅宗合流的典籍里体现得尤其明显。如,《宗镜录》提出,事物从无而生,性空幻有。事物的存在样态为"俗",俗中含真,真俗无碍。因其俗,故能显现真,即真空之理。宋代永明延寿说:"幻有立而无生显,空有历然。两相泯而双事存,真俗宛尔。"②永明延寿禅法有融会诸宗的旨趣,他主张即俗见真,即事明理,可见华严宗真俗无碍论的影响所及。

二、心境融通

华严境界又与心境有关,它指向融通的心灵境界。法藏说:"心境融通门者,即彼绝理事之无碍境与彼泯止观之无碍心。二而不二故不碍心境,而冥然一味。不二而二故不坏一味,而心境两分也。"③法藏将理事圆融的精神贯通到境界论领域,其中最有美学价值的是关于心与境关系的论述。

唐君毅认为:"华严法界观,亦即华严之宇宙观也。然此宇宙观即宇宙唯心观,此宇宙唯心观,非如天台之重观心而可说其重在观宇宙或观境。然华严之观境,又非如唯识宗之观境之非外,以破外境之执,而是观外境是一真法界之显现,一心之显现。心之所以异于境,在心之能摄。然依华严法界观以观法界中之一切法,皆能相摄,即皆是心。如境是法,亦即是心,万境相摄如众心相摄,我心观万境,即我心观万心之互摄,于

---

① [唐]法藏:《华严经探玄记》卷第一,《大正藏》第三十五卷。
② [宋]延寿:《宗镜录》卷第三,《大正藏》第四十八卷。
③ [唐]法藏:《华严发菩提心章》,《大正藏》第四十五卷。

是充塞宇宙皆成一透明之心光所照耀，更无外境可执，无执可破。"①唐君毅将华严法界观与华严宇宙观等同起来，也就是将华严法界与华严境界等而视之。华严宗主张心境互摄，无执无破，这是极为高深的华严境界。

在华严宗哲学系统中，华严境界总是与华严法界存在不可分割的联系。要体证华严境界，就必须从华严法界说起。法界理论是华严宗立教的基础。法界的体性如何？裴休对此有精要的概括。裴休指出："法界者，一切众生身心之本体也。从本已来，灵明廓彻，广大虚寂，唯一真之境而已。无有形貌而森罗大千，无有边际而含容万有昭昭于心目之间，而相不可睹。晃晃于色尘之内，而理不可分。非彻法之慧目离念之明智，不能见自心如此之灵通也。"②华严法界是一切众生身心的本体，是人的心源。法界是事物的真实本体，是万物的本源，事物的真如实性的显现必然离不开一真法界。法界不是客观存在的物理世界，它是人的本源心性，是世间万象之源。"往复无际，动静一源，含众妙而有余，超言思而迥出者，其唯法界欤！"③法界超越语言文字境界，而源自本心；法界没有具体的形貌，而森罗大千；法界没有固定的边际，却含容万有。法界昭明于心目之间而无相可睹，往复于色尘世界之内而理不可分。这就是华严法界。

探讨心与境的关系，也就顺理成章地成为华严宗法界论的重要内容。从华严宗的规定看，一真法界是本觉之心的映现。华严法界与世间万象体用不二，可以通过心与境关系的探讨加以印证。华严法界是心境融通的境界。要体证华严法界，必须有离念之智，洞见自心之灵通，体察一真之境。这一真之境就是华严境界。一真之境不离法界，它没有形貌和边际，"灵明廓彻，广大虚寂"，这就使得事物的存在自在无阂，犹如纳须弥入芥子，掷大千于方外。

---

① 唐君毅：《略说中国佛教教理之发展》，《现代佛教学术丛刊》第 31 册，第 18—19 页，台北：大乘文化出版社，1978 年。
② ［唐］裴休：《注华严法界观门序》，《大正藏》第四十五卷。
③ ［唐］澄观：《大方广佛华严经疏序》，《全唐文》卷九一九。

　　按照唐君毅的看法,华严法界观的重心在于观宇宙或观境。华严所观之境就是华严境界。它是人心之本体,指向心灵的广阔无垠、辽阔无边,且不可思议。生活于尘境之中,众人妄想执著,固步自封,画地为牢,迷惑而不知自拔,更不知心体的广大神妙,不能体证心灵境界的寥廓无垠。在华严智者眼里,华严境界是人人皆备的如来智慧,是人的创造能力。佛见人迷惑,不能体证法界,因此说《华严经》,令其回光返照,反求诸己,妙观如来广大智慧,体证心境的圆融无碍。杜顺和尚著有《法界观》,也赞叹法界精深,主张开三重门:"一曰真空门,简情妄以显理。二曰理事无碍门,融理事以显用。三曰周遍含容门,摄事事以显玄。使其融万象之色相,全一真之明性,然后可以入华严之法界矣。"①这三重门对应着华严宗的三重境界。开三重门,即可证入华严法界,即心境融通的自在境界。

　　中国哲学常以心与镜来揭示心灵与世界的关系。《庄子·应帝王》:"至人之用心若镜,不将不迎,应而不藏,故能胜物而不伤。"在佛典中,也有很多以镜像、影像喻示事物虚空体性的例证。包括佛法在内的一切事物,犹如镜面映照而成的影子,不必追逐,也无须断除。真正体验到佛理深微,就能心若明镜,随缘遇合,不作取舍,缘境自在。既不与物合,又不与境离,深领华严境界之奥义。唐译《华严经》:"譬如净满月,普现一切水。影像虽无量,本月未曾二。如是无碍智,成就等正觉。"②满月当空,情影普现。处处皆圆,在在即真。影像圆成,这是华严宗理事圆融论的支点,也提供了处理心与境关系的华严智慧。

　　华严宗还认为,心境圆通的境界需要处理好"境"与"智"的关系。真俗二谛是所依之境,而贯达之心就是能依之智。对于所依之境而言,能依之智没有能取与所取的分别。通过事物来成就的智慧,才是真正的智慧。脱离具体的事物,则无能分别之智。智慧通过事物得以显现,才有

---

① [唐]裴休:《注华严法界观门序》,《大正藏》第四十五卷。
② [唐]实叉难陀译:《大方广佛华严经》卷二十三,《大正藏》第十卷。

境界可言。如果事物脱离智慧，就无所分别之境。心智虚空，故照而常寂。境界随缘而有，虽空寂而恒用。[1] 这种心境融通的境界，源于华严宗处理人与世界关系的智慧，它流溢着审美化、诗意化的光彩。

三、无尽之世界

华严境界还有一个特别重要的特征，就是它在空间上无边无际，在事理上无穷无尽，在事物之间则相容互摄。华严宗师多有这方面的表述：

> 境界者，即法，明多法互入犹如帝网天珠重重无尽之境界也。[2]
> 若据一乘，总别与十一法相应，是佛境界。一佛境界，齐如虚空，此是总也。[3]
> 事事无碍，法如是故十身互作自在用故，唯普眼之境界也。如上事相之中，一一更互相容相摄，各具重重无尽境界也。[4]

因其虚空，故能无碍。因其无碍，故能无穷无尽，无边无际。这是杜顺、智俨、法藏等华严宗师对华严境界的基本体认。

在概述华严佛理时，裴休提到"三重门"这个话题。这是裴休在引证圭峰宗密的基础上对华严境界做出的概括性阐释：

> 夫欲观宗庙之邃美，望京邑之巨丽，必披图经而登高台，然后可尽得也。不登高而披图，则不可谓真见。不披图而登高，则眊然无所辨。故法界具三大，该万有，性相德用，备在心，不在经也。明因果，列行位，显法演义，劝乐生信，备在经，不在观也。观者，通经法也；文者，入观之门也；注者，门之枢钥也。故欲证法界之性德莫若经，通经之法义莫若观，入观之重玄必由门，辟三重之秘门必由枢

---

① ［唐］法藏：《华严经义海百门》，《大正藏》第四十五卷。
② ［唐］杜顺：《华严五教止观》，《大正藏》第四十五卷。
③ ［唐］智俨：《华严经内章门等杂孔目》卷第一，《大正藏》第四十五卷。
④ ［唐］法藏：《修华严奥旨妄尽还源观》，《大正藏》第四十五卷。

钥。夫如其则经不得不广,门不得不束矣。然则其门何以为三重?答曰:"吾闻诸圭山云:凡夫见色为实色,见空为断空,内为筋骸所梏,外为山河所眩,故困踣于迷涂,局促于辕下,而不能自脱也。于是菩萨开真空门以示之,使其见色非实色,举体是真空,见空非断空,举体是幻色。则能廓情尘而空色无碍,泯智解而心境俱冥矣。"①

裴休是说,法界包罗万象,无微不至,性相开合,全在一心,它不在经典文字,犹如宗庙京邑之美不离登高披图,却不在图纸之上。这是说,美需要经由人的心灵世界而显现,这就是审美体验,它超越语言文字境界。要熟悉佛教义理,必须由观照以通经,缘心性以证入,犹如登高披图而望京邑。这是通向真理的必经途径。经文就像高台下面的门,欲登高台必入其门,然后才能上升。台高门深,非善用枢钥者不能开,佛典的注释就如开启这枢钥。所以,要亲证佛法的高深微妙,必须通读详备的佛典,领悟深广的法义不如亲身观照体验,而要步入幽深的观境就离不开开辟"三重门"。开辟三重秘密法门,可以消除面向物色境界时的困惑,从而敞开真实无限的世界。

对于为何设置"三重门",裴休引述了圭峰宗密的话作答。简言之,就是由幻入真。第一重门为真空门。为了破除人执著于实色、断空之见,开真空门使其"空色无碍,泯智解而心境俱冥"。第二重门为理事无阂门,它在第一重门的基础上有所推进,其目标是达到"理事圆融,无所挂阂"。第三重门即周遍含容门,这重门所观境界最为高深莫测,它包含前面两重门的内涵,而又强调理与事、大与小、一与多、隐与显、体与用等的圆融无碍,以及各种事物之间的交互含摄关系。

这是华严宗的法界理想,也是华严宗理想中的美的世界。因此,华严宗的"三重门"具有审美境界的意蕴。"三重门"的内涵分别对应着不同的境界形态,渐次上升,不断超越,最终达到至高无上的圆融的审美理想。在华严宗教理中,还有开清净眼的说法。开清净眼大致有三层含

---

① [唐]裴休:《注华严法界观门序》,《大正藏》第四十五卷。

义：一是洞彻义，超越事物的形相，以平等观洞彻真源；二是照嘱义，明了事物的真实体性；三是现象义，譬喻互相影现，事物含摄无碍，缘起自在。在这三层含义中，尤以第三层为华严宗所推崇。这层含义在精神层面与华严宗的第三重门是一致的。

在华严宗无穷无尽的世界里，事物之间各各自在，毫无干碍。这种圆融含摄的境界，不是杂乱无纪，而是万象宛然。法藏说："十总圆融者，谓尘相既尽惑识又亡。以事无体故，事随理而圆融。体有事故，理随事而通会。是则终日有而常空，空不绝有。终日空而常有，有不碍空。然不碍有之空，能融万像。不绝空之有，能成一切。是故万像宛然，彼此无碍也。"①在法藏这里，圆融的精神贯穿到华严教理的每一角落。事物性空，故虚空无碍而随理圆融；随体成事，故真理遍在而与事会通。会通即是含摄，圆融不离中道。在华严法藏等构想的这样一种境界里，空有交互，万象宛然。

华严境界是一种无穷无尽、高深莫测的世界图景。华严境界的这个特征为中国美学理论建构提供了思想支持，中国艺术的审美意境也常有华严境界的意味。唐人徐安贞题画："画得襄阳郡，依然见昔游。岘山思驻马，汉水忆回舟。丹壑常含霁，青林不换秋。图书空咫尺，千里意悠悠。"②咫尺之间，便有千里之意。美感无穷，令人回味。宋人严羽论诗："盛唐诸人，惟在兴趣，羚羊挂角，无迹可求。故其妙处，透彻玲珑，不可凑泊。如空中之音，相中之色，水中之月，镜中之象，言有尽而意无穷。"③严羽称赞盛唐诗歌之妙，在于"言有尽而意无穷"，就是指审美意境的无穷性，同样让人体验到盛唐诗歌的余味。严羽的概括是准确的，盛唐时代正是华严宗的繁荣兴盛时期。由这则诗论材料，也可管窥华严宗境界理论的影响。

隋唐五代艺术也流露出华严境界的意趣。隋唐五代绘画常以重屏

---

① ［唐］法藏：《华严经义海百门》，《大正藏》第四十五卷。
② ［唐］徐安贞：《题襄阳图》，《全唐诗》卷一二四。
③ ［宋］严羽撰，［明］毛晋订：《沧浪诗话》，明崇祯间虞山毛氏汲古阁津逮秘书刻本。

入画,这种重屏入画现象具有多方面的功能。中国画中屏风等物象的设置,当然不能排除物质材料的运用与艺术媒介特殊性等方面的考虑,同时,这种绘画现象隐含的审美观念也值得思考。重屏入画,最大的视觉效果就是促成审美时空的交织,而这种时空交织的审美效果在中国艺术中具有特别的意味。关于这个问题,可结合华严宗的境界理论加以阐释。例如,五代画家周文矩有《重屏会棋图》(现藏故宫博物院),该图卷中央为一扇巨型屏风,屏风上面绘制的是白居易的《偶眠》诗意,这是第一重屏。就在这扇屏风之中,还画有一扇山水屏风,这是第二重屏。这种屏中有屏,大屏套小屏的构图,被称为重屏。很明显,画家在这里展现出一个多重时空交织的审美世界,现实与往事、短暂与永恒、屏中人与屏外人彼此互摄,相映成趣,令人回味无穷。这幅画反映出华严境界的审美意趣。

不仅在艺术美领域充满着华严境界的意趣,在更为广阔的社会美、日常生活审美领域也同样洋溢着华严精神。宗白华说:"空寂中生气流行,鸢飞鱼跃,是中国人艺术心灵与宇宙意象'两镜相入'互摄互映的华严境界。"①宗白华说的这种华严境界在日常生活当中也无处不在。风雅君子临水闲观望,这是人与水面的互摄互映。如花少女对镜贴花黄,这是人与镜面的互摄互映。华严境界是一种和谐共存、彼此相关的世界。更宽泛地说,人与他者、人与世界、人与万物无时无刻不处在彼此关联之中。

在这个华严世界里,事物之间平等共存,和谐相处,互不取扰,各各独立。人人都能实现自我,物物都能各尽其性。这就是本真的存在境界,是彼此关联的世界,也是美的理想世界。华严宗设定的美的世界既是普遍存在的,又是广大和谐的。这对于理解美的和谐性、审美活动的多样性、审美形态的丰富性等都有启发。和谐美并不是美的杂多或堆砌,不是美的铺排杂陈,而是美的形态或要素的和谐化合,交互共存而圆

---

① 宗白华:《中国艺术意境之诞生(修订稿)》,《宗白华全集》第 2 册,第 375 页。

融自在。和谐美也不是抹杀事物的个性和丰富性，而是美的形态或要素之间的和谐共存，它是在尊重差异性基础之上的和谐共存。

隋唐五代审美领域呈现出丰富多彩、多元并存的格局。就审美风格而言，既有声色交错、流光溢彩之美，也有风骨嶙峋、自然清新之美。在绘画审美领域，既出现了色彩绚烂的壁画、青绿山水、仕女服饰、"唐三彩"，光彩夺目，令人目不暇接，同时也存在以平淡天真、闲适情致见长的水墨山水。唐代艺术雅俗并存，和谐发展，形成了多元化的审美风尚。这种多元化的审美风尚的出现，这种不同审美风格并存不碍的局面，一方面与开放自由的社会时代背景分不开，另一方面也与当时思想领域的文化气象有着密切的联系。说起盛唐气象，人们多会发出会心的微笑，既而心向往之，这就包含着对盛唐时代开放多元、繁荣昌盛而兼容并包的文化气象与审美精神的神往。

法藏谈到的"圆音"也同样体现出盛唐时代关于音乐境界的追求。圆音不是世俗之乐，它是合乎华严教理的音乐美的形态。华严宗以圆融无碍为其立论宗旨，圆音即圆融之音，它是华严宗最高境界的音乐。圆音并不意味着声音的数量众多，数量众多的声音可能出于杂乱的排列，显然不具备圆音的精神。何谓圆音？"镕融无碍名作圆音。若彼一音不即一切，但是一音非是梵音。以彼一音即多音故，融通无碍名一梵音。若此等音，不即无性同真际者，是所执故非如来音。以彼音等离作故，无性故如响故，所以法螺恒震妙音常寂故也。"[1]法藏认为，圆音不等于一音，只有一音含摄一切音而融通无碍，才能称作梵音，也就是圆音。圆音位居中国佛教音乐的极高境界，它寂寥无声而音韵具足，无声无响而又振聋发聩，圆音是中国佛教的如来之音。

圆音空无所有，而遍于一切微尘，它无知无识，而智慧充满。圆音是超越声音的大／小、虚／实、真／假、有／无等分别之见的至妙之音。圆音是佛教即声以显教、会事以明理的妙具。圆音同样也具足"一即一切，一切

---

[1] ［唐］法藏：《华严经明法品内立三宝章》卷下，《大正藏》第四十五卷。

即一"的华严教理。一音挥奏,显现重重无尽境界。耳闻之声总是有漏的,不是声音的大全境界,不是圆融周遍的妙音。圆音需要听之以心:"此一音上,由机有大小,令此法门亦复不一。一切诸声,各各如是。乃为如来无碍圆音法轮常转尔。"[①]如果按照法藏的规定,圆音遍在一切处所,各人虽然天机有深浅,觉悟程度有高有低,但只要心境清虚,听者体验到的声音又都是圆满自足的,都是圆音的真实显现。

概而言之,隋唐五代华严宗与美学的关系不同于禅宗。唐代艺术具有圆融无碍、卷舒自在的审美风韵,化俗为雅,多姿多彩,而华严宗正是促成唐代审美风韵的重要原因之一。与华严宗哲学最为契合的是盛唐审美境界。盛唐艺术华贵而雍容,飘逸而沉著,自然而热烈,纯真而深沉。盛唐艺术美得繁富,美得绝伦,又美得那般世俗。这种繁富而世俗的美却又如意流转,温婉尔雅,广大和谐。这种美在当时的诗文、书画、雕塑、工艺等审美领域都有突出的体现。这是一种只属于盛唐时代的美,审美的时代性与社会性在此可以得到最为充分的证明。作为一种宗教哲学,华严宗在深刻的教理之中蕴含着丰富的美学智慧,它对于中国美学的发展起到了直接而深远的作用。仅此而言,隋唐五代华严宗与美学的关系还需要进一步发掘。

---

① [唐]法藏:《华严经义海百门》,《大正藏》第四十五卷。

第四章　诗歌美学

隋唐五代是中国古典诗歌极为繁荣的时代。唐代诗坛,名家辈出,李白、杜甫、王维、白居易等,都是照亮整个中国诗学天空的灿烂明星。与繁荣兴盛的诗歌创造相比,隋唐五代诗歌美学也毫不逊色。诗人热衷于提出诗歌理论,进行诗歌批评,善于总结诗歌审美经验,特别是出现了王昌龄、皎然、白居易、司空图等成就卓著的诗歌美学家,他们从多角度、多层面探讨诗歌的审美情感、结构层次、"六义"、审美风格与审美境界等重要问题,很好地继承了先秦以来的诗歌美学传统,同时也为宋元以来的诗歌美学建设铺平了道路。因此,隋唐五代诗歌美学在中国诗歌美学史上具有较高的地位。

本章探讨隋唐五代诗歌美学,其理论贡献主要集中在盛唐、中晚唐时期。初唐时期虽然有人提倡刚健之风,但还处于积累与发展阶段。首先,介绍盛唐王昌龄、中唐皎然、晚唐司空图的诗歌美学,因为这些诗歌美学家都对唐代境界/意境理论做出过重大的贡献。其次,简要评述唐代经学家孔颖达、史学家魏徵与刘知幾的诗歌美学,并讨论白居易的诗歌美学。最后,梳理隋唐五代关于诗歌结构层次与诗势的论述。

在材料的选择方面,却不限于诗论,其中可能会涉及部分具有代表性的文论材料,因为这些文论含有诗歌美学的成分。这样做主要是基于尊重隋唐五代诗歌美学特殊性的考虑。

第一节　王昌龄的诗歌美学

王昌龄(698—757?),字少伯,曾任江宁丞等职,后贬龙标尉,世称王江宁、王龙标。王昌龄是盛唐诗人,长于七绝,其边塞诗格调高昂,意境高远,备受殷璠、沈德潜等诗学家的推重。殷璠《河岳英灵集》称,王昌龄克嗣曹、刘、陆、谢之迹,这是对王昌龄诗歌成就的肯定。王昌龄也是唐代杰出的诗歌美学家。在盛唐时代,王昌龄的诗歌美学贡献最大,在中国美学史上占有一席之地。

在唐代,境界正式成为中国美学的一个重要概念,这是隋唐五代美学的重要贡献。当然,隋唐五代美学的境界理论不只为诗歌美学所独有,它也渗入到当时其他艺术美学领域,但是,境界概念在隋唐五代诗歌美学领域特别突出,也特别关键。王昌龄在这方面的贡献不可忽视。

一、诗有三境

隋唐五代诗歌美学最为突出的贡献在于,不少诗歌美学家都对诗歌的境界问题做出了富有深度的探索,王昌龄提出的诗歌境界理论尤其值得一提。旧题为王昌龄所撰的《诗格》就是一本重要的诗学著作,其中提出了很多诗歌美学思想,最有影响的当推他的"诗有三境"说:

> 一曰物境,二曰情境,三曰意境。
>
> 物境一　欲为山水诗,则张泉石云峰之境极丽绝秀者,神之于心,处身于境,视境于心,莹然掌中,然后用思,了然境象,故得形似。
>
> 情境二　娱乐愁怨,皆张于意而处于身,然后驰思,深得其情。
>
> 意境三　亦张之于意而思之于心,则得其真矣。①

王昌龄将诗歌境界分为"物境""情境"与"意境",并分别规定这三种

---

① [唐]王昌龄:《诗格》,《吟窗杂录》卷四。

诗歌境界的内涵。在这三种境界中，"'物境'是指自然山水的境界，'情境'是指人生经历的境界，'意境'是指内心意识的境界"①。这是王昌龄诗歌"三境"的具体内涵。

倘若只是就此追寻"意境"的来源尚可，如依某些学者断定的那样，王昌龄只重"意境"而轻视"物境"，这种说法值得商榷。其实，王昌龄并未对这三种诗歌境界做出优劣高下的判断，他的诗歌境界分类主要立足于审美境界的类别差异，尤其要注意的是他关于"物境"和"意境"的规定。学界一般关注"意境"这个概念，实际上王昌龄对"物境"的阐释也同样不可忽视。"物境"与"意境"在审美内涵方面存在一致之处，如它们都主张心物合一，并突出"心""思"的功能，这就是诗人的审美创造力，又都重视诗人的审美感悟力——"了然境象"，等等。"物境"之所以得其"形似"，这是着眼于它作为物象的自然审美特征而言的。王昌龄指出，"物境"具有"形似"的特征，这与和"神似"并举的"形似"含义不同。这是探讨王昌龄诗歌境界时需要注意的。

当然，在王昌龄提出的诗歌"三境"中，影响最为深远的，当推"意境"。王昌龄诗歌境界理论张扬了诗人"心""意"的创造力，并强调在诗人创造力的激发之下诗歌所能达到的真实效果。可见，王昌龄的"意境"概念有着特定的理论内涵，它来自诗人的心灵体验，具有丰富的人生感、历史感、宇宙感，而非后代学者仅以"情景交融"作为意境的本质内涵可以概括。王国维对诗歌意境的阐释并不符合中国诗歌美学（至少不符合王昌龄）的原意，王昌龄的"意境"概念除了情景交融、心物不二这些规定之外，还需要特别强调的是，与"物境""情境"相比，它更偏重"意"的内涵。

下面，将对唐代诗学中与王昌龄诗歌"三境"相关的问题做些简要辨析。这既能见出王昌龄诗歌美学的理论价值，又可以窥测唐代诗歌美学的丰富性。

① 叶朗：《中国美学史大纲》，第267页，上海人民出版社，1985年。

贾岛、齐己等都有关于诗歌之"格"的看法。贾岛(779—843),字浪仙,早年出家为僧,号无本。贾岛与张籍、韩愈有交谊,唐文宗时贬为长江主簿,世称贾长江,有诗学著作《二南密旨》。贾岛认为,诗有"情""意""事"三格,并分别予以界定,且引诗为证:

> 情格一　耿介曰情。外感于中而形于言,动天地,感鬼神,无出于情。三格中,情最切也。如谢灵运诗:"池塘生春草,园柳变鸣禽。"如钱起诗:"带竹飞泉冷,穿花片月深。"此皆情也。如此之用,与日月争衡也。

> 意格二　取诗中之意,不形于物象。如《古诗》云:"行行重行行,与君生别离。"如昼公《赋巴山夜猿送客》:"何年有此路,几客共沾襟。"

> 事格三　须兴怀属思,有所冥合。若将古事比今事,无冥合之意,何益于诗教? 如谢灵运诗:"偶兴张邴合,久欲归东山。"如陆士衡《齐讴行》:"鄙哉牛山叹,未及至人情。"如古诗云:"懒向碧云客,独吟黄鹤诗。"

> 以上三格,可谓握造化手也。①

贾岛的诗歌"三格"说,相当于三种诗歌境界。贾岛的诗歌"三格"说与王昌龄的诗歌"三境"说既有联系,也有区别。

一方面,贾岛的"三格"说与王昌龄的"三境"说内涵颇为接近。其中,"情格"相当于"情境","意格"对应于"意境","事格"接近于"物境"。

另一方面,贾岛的"三格"说与王昌龄的"三境"说又存在两大差别。其一,贾岛的"意格""事格"与王昌龄的"意境"内涵不同。简言之,"意境"比"意格"含有更为丰富的审美内涵,尤其体现在王昌龄对诗歌意境真实性的理解方面。"意境"概念包含的审美内涵的丰富性与深刻性也远非"意格"所可比拟。其二,贾岛的"事格"也不同于王昌龄的"物境",

---

① [唐]贾岛:《二南密旨》,《吟窗杂录》卷三。

前者注重审美意象的历史文化内涵与诗歌的教化功能,而后者讲究的是审美意象的自然形态与心灵的神会契合。仅从诗歌境界论而言,王昌龄的诗歌美学贡献大于贾岛,其影响远非贾岛可比。但是,贾岛的诗歌思想是在对大量诗歌进行批评的基础上总结提炼出来的,其价值也不可低估。

与贾岛相似,诗僧齐己论诗,也持"三格"说:

> 一曰上格用意 诗云:那堪怀远道,犹自上高楼。又云:九江有浪船难济,三峡无猿客自愁。
>
> 二曰中格用气 诗云:直饶人买去,还向柳边栽。又云:四海鱼龙精魄冷,三山鸾凤骨毛寒。
>
> 三曰下格用事 诗云:片石犹临水,无人把钓竿。又云:一轮湘渚月,万古独醒人。①

前面提到,贾岛论诗,独标"意格""事格""情格"。齐己论诗,则言"用意""用气""用事"。表面看来,贾岛与齐己的诗学思想非常接近。但是,齐己的"三格"与贾岛的"三格"有很大不同。在贾岛那里,诗歌的"三格"之间是平等的关系,而齐己的"三格"则相当于上、中、下三种诗歌境界,并分别以"意""气""事"限定之。"用意"为胜者谓之意境,"用气"为胜者取其才情,但其境界稍低。"用事"入诗,成为学识的炫耀,其境界自然偏下。齐己论诗的价值取向是不言而喻的。

王昌龄在《诗中密旨》中也提到诗有"二格"。他依据诗意格调的高低,将诗格分为高、下两类。王昌龄又认为,诗有"三得",即"得趣""得理""得势"。王昌龄以"得趣"为首:"谓理得其趣,咏物如合砌,为之上也。诗曰'五里徘徊鹤,三声断续猿。如何俱失路,相对泣离罇'是也。"②其次,为"得理",它是指诗歌首尾呼应,用语确当,不失其理。再次,为"得势",对此,他没有界定,只是引用诗句:"孟春物色好,携手共登临,放

---

① [唐]齐己:《风骚旨格》,《历代诗话续编》本。
② [唐]王昌龄:《诗中密旨》,《吟窗杂录》卷六。

旷丘园里,逍遥江海心。"王昌龄所说的"三得",实质上就是三种诗格,其中以"得趣"格调为上,其余逐次下降。王昌龄的诗格理论既做出了价值判断,又一分为三地引诗作证。齐己的"三格"在运思方式上倒是与之颇为接近。

由王昌龄的"诗有三境"说可知,境界并不等于意境。境界与意境都是中国美学的重要概念。境界的外延大于意境,意境的内涵大于境界。这是二者的基本关系。

考虑到已经介绍过诗歌的境界问题,这里主要探讨诗歌意境的内涵与特征。谈到隋唐五代诗歌美学,人们可能会想到"兴象"这个概念。这个概念是由殷璠提出来的。

殷璠生活于开元、天宝年间,他编选了唐诗选本《河岳英灵集》,并因此而闻名。该集选录盛唐诗人 200 余首诗作,分别加以评点。殷璠论诗多主"出常"。如,他称王维诗"一句一字,皆出常境"。他发现高适性情落拓,不拘小节,故其诗多胸臆语,兼有气骨。他又说王季友"诗放荡,爱奇务险,远出常情之外"。这种以出常为奇的诗学观念的实质在于,它突出了诗人在审美活动中的创造精神。唯有语奇体峻,立意幽致,不落俗套,方可称格高调逸,趣远情深,饶有余味。

殷璠在为《河岳英灵集》所作的序言里说:"夫文有神来、气来、情来,有雅体、野体、鄙体、俗体。编纪者能审鉴诸体,安详所来,方可定其优劣,论其取舍。至如曹、刘诗多直语,少切对,或五字并侧,或十字俱平,而逸驾终存。然挈瓶庸受之流,责古人不辨宫商徵羽,词句质素,耻相师范。于是攻乎异端,妄穿凿,理则不足,言常有余,都无兴象,但贵轻艳。虽满箧笥,将何用之?"①殷璠认为,王维、王昌龄、储光羲等,都以诗歌名世,皆为河岳英灵,所以编选他们的诗歌,并结集为《河岳英灵集》。在这篇序里,殷璠提出了与"轻艳"并举的"兴象"概念。殷璠说的"兴象",是对诗歌意象特征的规定,它起于审美感兴,而有所寄托。所谓"理则不

---

① [唐]殷璠撰,王克让校注:《河岳英灵集序》,《河岳英灵集注》,第 1 页,成都:巴蜀书社,2006 年。

足,言常有余",是指诗歌词采矫饰,辞艳轻浮,兴寄不足。严格地说,兴象只是意象的一种特别类型,也可看做是对意象特征的概括,它具有意境的感兴特征,而这种特征有时并不能作为意境的本质规定。

二、诗有三思

王昌龄重视诗歌之"格",其诗学著作取名为《诗格》,可见其细微用心。王昌龄认为,诗有五种趣向:高格、古雅、闲逸、幽深、神仙。这五种诗歌趣向,差可相当于诗歌的五种境界。同时,王昌龄也指出了诗歌创造活动中具体的意象运思方式,诗有"三思"可为代表:

生思一　久用精思,未契意象,力疲智竭,放安神思,心偶照镜,率然而生。

感思二　寻味前言,吟讽古制,感而生思。

取思三　搜求于象,心入于境,神会于物,因心而得。①

在上述"三思"中,"生思"在于"放"与"偶",任运自然,不假人为。"感思"是指从已有的诗学传统获取灵感的滋养。"取思"指向心物妙合的境界。"生思""取思"的对象都是意象,且都离不开审美心境的参与。这是王昌龄的运"思"工夫。

王昌龄诗歌美学的贡献主要在于,他对诗歌"三境"与"三思"做了前所未有的表述,分别规定了诗歌"物境""情境"与"意境"的理论内涵,这为皎然、司空图诗歌意境论美学的出场铺平了理论的道路。

第二节　皎然的诗歌美学

皎然,字清昼,生卒不详,唐代诗僧,大致活动于大历、贞元年间,谢灵运十世孙,住吴兴兴国寺。他还是一位诗歌美学家,有诗学著作《诗式》《诗议》等。皎然在张扬诗人的审美创造力、阐发"诗家之中道",论述

---

① ［唐］王昌龄:《诗格》,《吟窗杂录》卷四。

诗歌形式与意蕴的关系,规定诗歌意境的内涵等方面都做出了突出的理论贡献。

中唐以来,对于大多数出身于底层社会的文人来说,建功立业的愿望已经幻灭,他们于是寄情诗文歌赋,游戏翰墨,这为他们舒卷性情打开了另一道门。在这种文化环境中,追求闲适的审美情调成为诗歌美学的重要内涵。诗僧皎然不仅创造闲适的诗歌,还提倡这种闲适的审美情调。皎然自称:"又昼于文章,理心之外,或有所作。意在适情性,乐云泉,亦何能苦健羡于其间哉!"①皎然将诗歌作为自娱自乐的艺术样式,在他看来,诗歌审美活动是文人舒卷性情的方式,也是他们实现人生审美化的重要途径。

一、诗情缘境发

诗歌创造活动中的感应现象主要包括两个层面:它既可以是诗人对广阔的社会人生及其所处时代的回应,也可以指诗人与特定的审美情境的相互感应。唐人刘得仁说得好:"老树呈秋色,空池浸月华。凉风白露夕,此境属诗家。"②这已暗示出诗歌审美情境的感性特征。皎然有诗:"江郡当秋景,期将道者同。迹高怜竹寺,夜静赏莲宫。古磬清霜下,寒山晓月中。诗情缘境发,法性寄筌空。"③现实生活世界的具体景物,以及由景物共同生成的审美情境,也会触发诗人的审美感兴。

这首诗提出了一个重要的诗歌美学命题,即"诗情缘境发",它涉及诗歌审美情感的激发与特定审美情境的关系。皎然是说,诗人的审美感兴与审美情感直接影响着诗歌创造活动的展开。对此,隋唐五代诗学家多有认同:

> 屈平辞赋悬日月,楚王台榭空山丘。兴酣落笔摇五岳,诗成笑

---

① 〔唐〕清昼:《赠李舍人使君书》,《全唐文》卷九一七。
② 〔唐〕刘得仁:《池上宿》,《全唐诗》卷五四四。
③ 〔唐〕皎然:《秋日遥和卢使君游何山寺宿敩上人房论涅槃经义》,《全唐诗》卷八一五。

傲凌沧洲。①

经天纬地物,动必计仙才。几处觅不得,有时还自来。真风含素发,秋色入灵台。吟向霜蟾下,终须神鬼哀。②

前习都由未尽空,生知雅学妙难穷。一千首出悲哀外,五十年销雪月中。兴去不妨归静虑,情来何止发真风。曾无一字干声利,岂愧操心负至公。③

上述材料都强调,审美感兴是触发诗歌创造的直接动因。审美感兴或来自当下闲适的情境,或受人生事故的变动而牵系,或是心头刹那间的灵思妙想,或是超越历史时空而与先贤对话。审美感兴的来源可以不一,但都必须出于诗家的真实性情,且要发乎自然,不假雕琢。审美感兴既可指诗人因外物的触动而引发微妙诗兴,又可以是诗人情感的回光返照,作诗以抚慰自身,安顿生命。在此,贯休指出了诗歌审美感兴的非实体性。感兴飘渺无踪,不可遇求,却又不离日常生活。齐己则暗示诗人应该超越声色名利的桎梏,诗歌能以审美感兴的方式使人回归本真的存在境界。

诗歌审美感兴具有创造性。对于不少任凭审美感兴而进行创造的诗人来说,凭兴而作,任兴而行,与其依乎性情而为的生活态度是一致的。审美感兴是他们人生审美化的体现,也是生命创造活动的直接动力。皎然论诗:"夫诗者,众妙之华实,六经之菁英。虽非圣功,妙均于圣。彼天地日月、元化之渊奥、鬼神之微冥,精思一搜,万象不能藏其巧。其作用也,放意须险,定句须难,虽取由我衷,而得若神表。至如天真挺拔之句,与造化争衡,可以意冥,难以言状,非作者不能知也。"④诗歌创造中的感兴体验,"虽取由我衷,而得若神表",它是诗人的灵思妙想,因而具有较为突出的个性特征,而这个特征又是诗人创造精神的集中展现。

---

① [唐]李白:《江上吟》,《李太白全集》卷之四。
② [唐]贯休:《诗》,《全唐诗》卷八三三。
③ [唐]齐己:《吟兴自述》,《全唐诗》卷八四五。
④ [唐]皎然著,李壮鹰校注:《诗式序》,《诗式校注》。

与当时的绘画美学、书法美学同步,诗歌美学也在探讨逸格(品)话题。皎然论诗:"高手述作,如登衡、巫,觌三湘、鄢、郢山川之盛,萦回盘礴,千变万态。或极天高峙,崒焉不群,气腾势飞,合沓相属;或修江耿耿,万里无波,欻出高深重复之状。古今逸格,皆造其极妙矣。"①皎然将逸格与诗歌之"势"联系起来。这里描述了文体开阖作用之势,奇势在工,奇势互发。"气象氤氲,由深于体势。"皎然所称的高手之作,似是对盛唐诸家的评价。在绘画美学章,将专门论述逸格(品)问题。与绘画美学侧重逸品的境界层次相比,诗歌美学领域的逸格理论更突出美感的创造性。千变万态、不拘常势,这是皎然对逸格审美形态的描述。

唐代诗学中的"逸",指向诗歌审美活动的感兴特征与诗人的创造精神。打破传统,不守法度,独立无依,自成一家之言,这就是"逸"的理论内涵。沈约有句:"不傍经史,直举胸臆。"皎然评之:"吾许其知诗者也。如此之流,皆名为上上逸品者矣。"②在《诗式》里,皎然评及"逸""高"二体,多次替代互用。如,郭璞《游仙》:"翘足企颍阳,临河思洗耳。闾阖西南来,潜波涣鳞起。灵妃顾我笑,粲然启玉齿。""吞舟涌海底,高浪驾蓬莱。神仙排云出,但见金银台。"皎然皆以"逸""高"评之。又如,他评嵇康诗《赠秀才入军》"目送归鸿,手挥五弦。俯仰自得,游心太玄"为"高也",又评郭璞《游仙》"左挹浮丘袂,右拍洪崖肩"为"逸也"。"逸"是指它不同常规,"高"则称其超拔流俗。"逸""高"二体互用,表明它们在诗歌的审美境界与张扬诗人的创造力方面颇为接近,都需要发乎性情,又须有一定的超越精神。

皎然论诗,有"越俗"一格:"其道如黄鹤临风,貌逸神王,杳不可羁。"为了说明这种诗格,皎然引古诗为证,其中就有东晋道教学者郭璞的游仙诗:"左挹浮丘袂,右拍洪崖肩。"③"越俗",即超越世俗,在他看来,郭璞这首诗就体现出一个道教徒的超越精神。

---

① [唐]皎然著,李壮鹰校注:《诗式校注》卷一。
② 同上。
③ 同上。

诗人审美感兴触发的境界，是人与天地为一，心灵与创造同流。与天地为一，与造化同流，神妙莫测，不可端倪。所以，古人认为，诗人造极之旨，必在于神诣，或与古人神合，或与世界妙契。可以说，最高的审美创造境界不是工巧雕琢，不是模拟形似，它需要的是审美者的心神妙悟，需要具备通达玲珑之心，能点铁成金，触物成真。感兴触发的高峰体验，需要博通古今的见识，神造理极，而无迹可求。可见，这方面的表述已经较早触及中国诗歌美学的妙悟问题。

二、诗家之中道

大乘佛教以般若空观贯通佛理，佛法微妙，不离中道。皎然师其意而用之，力主"诗家之中道"：

> 且文章关其本性，识高才劣者，理周而文窒；才多识微者，句佳而味少。是知溺情废语，则语朴情暗；事语轻情，则情阙语淡。巧拙清浊，有以见贤人之志矣。抵而论属于至解，其犹空门证性有中道乎！何者？或虽有态而语嫩，虽有力而意薄，虽正而质，虽直而鄙，可以神会，不可言得，此所谓诗家之中道也。①

般若空观是大乘佛教的核心思想，与之相应的中道运思方式则是大乘佛教宣扬教理的基本方法。皎然以般若空观入诗论，力主"诗家之中道"，就是为了破除人对诗歌的偏见，以领会诗歌的艺术精神。皎然以般若空观论诗的例子还可举出很多。如，他认为诗有"二废"：虽废巧尚直，而思致须备；虽废言尚意，而典丽不遗。他论诗有"六至"："至险而不僻；至奇而不差；至丽而自然；至苦而无迹；至近而意远；至放而不迂。"②皎然关于诗有"四离""四不"的说法也可作如是观。皎然论诗，合乎不偏不倚之道，这是大乘佛教中道运思方式的具体运用。

实际上，皎然已经将"诗家之中道"贯穿于他的诗歌理论建设之中。

---

① ［唐］皎然著，李壮鹰校注：《诗议》，《诗式校注》附录二。
② ［唐］皎然著，李壮鹰校注：《诗式校注》卷一。

他在为《诗式》所作的序言里写道：

> 所著《诗式》及诸文字，并寝而不纪。因顾笔砚笑而言曰："我疲尔役，尔困我愚，数十年间，了无所得。况尔是外物，何累乎我哉？住既无心，去亦无我，今将放尔，各原其性，使物自物，不关于余，岂不乐乎？"遂命弟子黜焉。[①]

这表明，皎然论诗，也只是性情所在，兴致使然，他不为论诗而论诗，不为外物所累，以无住之心应世接物，以圆活之心顺达天性。

诗歌审美活动中的心境圆活，不仅落实在诗歌创造过程中，而且也体现为诗歌的审美品第与艺术境界。领会诗文之道，当运之以不滞之心。落入边见，则不足以体证诗道精微。晚唐司空图论诗，有"流动"一品："若纳水輨，如转丸珠。夫岂可道，假体如愚。荒荒坤轴，悠悠天枢。载要其端，载同其符。超超神明，返返冥无。来往千载，是之谓乎。""流动"是一种舒卷自如的艺术境界。流动之境宛转如珠，不执一方，离不开诗人圆活的心境，同时它又妙契大道，不见端倪。这种诗歌审美品第与艺术境界的微妙之处在于动静之间、有无之际，这就是妙悟，也就是"诗家之中道"。

因此，诗歌审美活动一方面要求诗人心境圆活，另一方面又需要取象深致，超常脱俗。也就是说，诗人应该通晓古今通变之理。用皎然的话说，就是：

> 作者须知复、变之道。反古曰复，不滞曰变。若惟复不变，则陷于相似之格，其状如驽骥同厩，非造父不能辨。能知复、变之手，亦诗人之造父也。以此相似一类，置于古集之中，能使弱手视之眩目，何异宋人以燕石为玉璞，岂知周客嘘唏而笑哉？又，复变二门，复忌太过。诗人呼为膏肓之疾，安可治也，如释氏顿教，学者有沉性之失，殊不知性起之法，万象皆真。夫变若造微，不忌太过，苟不失正，

---

① ［唐］清昼：《诗式中序》，《全唐文》卷九一七。

亦何咎哉！如陈子昂复多而变少，沈、宋复少而变多，今代作者不能尽举。吾始知复、变之道岂惟文章乎？①

皎然论诗，强调"复""变"过犹不及的道理。他援引"性起之法，万象皆真"论诗，其中含有妙悟成真的佛理禅意。学诗不离妙悟，但是学诗者先应具备基本功，涵养天机，然后妙契诗道。"凡诗者，惟以敌古为上。"这是学诗者对待诗歌传统的应有态度，也与诗人的创造力相关。"敌古"不同于"写古"。"写古"是借他人之眉目，依傍他人而非一己之得，虽有佳辞丽句，令人目不暇接，终患倚傍之病。"敌古"是指师古而能出古，通古而不泥古，诗家取材虽有所本，却能"制体创词，自我独致"，如屈原之文，虽本于诗学传统，而体势自立，去模拟之习，堪称辞赋之宗。诗人面向传统而不拘泥传统，这就是不落两边的诗家之中道，也是诗人惟我独尊的创造精神。

三、因意成语

在审美创造方面，皎然初步探讨了诗歌形式与意蕴的关系。

皎然充分肯定诗歌意蕴的重要地位，这种意蕴是以审美情感和感兴为底里的。皎然说："夫诗工创心，以情为地，以兴为经，然后清音韵其风律，丽句增其文彩。如杨林积翠之下，翘楚幽花，时时开发，乃知斯文，味益深矣。"②诗歌首先应该具备"情""兴"等因素，这是最为根本的结构要素。然后，在此基础上，再推敲词句，修饰音韵，推敲格律，这样诗歌才会文彩焕然。

皎然提出"因意成语"，论述诗歌形式与意蕴的关系。有人认为，今人之所以不及古人，病因在于俪词。皎然对此不以为然。他说："六经时有俪词，扬、马、张、蔡之徒始盛。'云从龙，风从虎。'非俪耶？但古人后于语，先于意，因成语，语不使意，偶对则对，偶散则散。若力为之，则见

---

① ［唐］皎然著，李壮鹰校注：《诗式校注》卷五。
② ［唐］皎然著，李壮鹰校注：《诗议》，《诗式校注》附录二。

斤斧之迹。故有对不失浑成,纵散不关造作,此古手也。"①皎然认为,言辞形式之美("俪"或"丽"等)并不一定会妨碍诗歌的成功,诗人要有所创造,超越古人,关键在于处理好"语"与"意"的关系。高明的诗人往往意在笔先,运法自然,"因意成语",得意忘言。至此"诗中之仙"境地,虽有声律,何妨作用。诗家纵横自在,如抛针掷线,似断复续。诗歌的形式美与意蕴美融为一体,而结构形式也莫可端倪。

皎然还指出,诗歌创造必然面对既有的诗学传统。在师法审美传统的时候,有三种情况需要辨明。皎然称之为三"偷",首先是"偷语",此举最为愚钝,也最为露骨;其次"偷意",事虽可罔,而情不可原,同样无益于诗教。最上者为"偷势":"才巧意精,若无朕迹,盖诗人阃域之中偷狐白裘之手,吾亦赏俊,从其漏网。"②如,王昌龄《独游》:"手携双鲤鱼,目送千里雁。悟彼飞有适,嗟此罹忧患。"该诗取自嵇康《赠秀才入军》:"目送归鸿,手挥五弦。俯仰自得,游心太玄。"令人称叹的是,王昌龄出手不凡,能偷嵇康之势,而不见斧凿之迹。这是皎然推崇的无迹可求之境,是一种很高妙的诗歌境界。

四、语近而意远

诗歌的审美风格是诗人文化涵养、精神风貌、个性特征的综合反映,也是诗人的生命理想、审美体验与他所处的特定时代环境等因素相互契合的产物。唐代诗坛群星灿烂,风格独异,倍受历代诗家之仰慕,这无需多言。在唐代诗歌美学领域,很多学者都谈到诗歌的风格问题,从初盛唐到中唐,从中唐到晚唐,其间的学理线索颇为明显。

唐代诗坛推崇刚健之风是从初唐开始的。当时诗坛不满于雕刻纤细的六朝遗风,倡导骨气奇高、刚健有力的诗歌风格。王勃(649—676),字子安,"初唐四杰"之一。在《上吏部裴侍郎启》这封写给当时名人裴行

---

① [唐]皎然著,李壮鹰校注:《诗议》,《诗式校注》附录二。
② [唐]皎然著,李壮鹰校注:《诗式校注》卷一。

俭的书信里,王勃叙述了三代以来诗文"微言既绝,斯文不振"的现状,指斥雕琢修饰为诗文余事。

同属"初唐四杰"的杨炯(650—693?),在提倡诗风变革方面与王勃的看法接近。他说:"尝以龙朔初载,文场变体,争构纤微,竞为雕刻。糅之金玉龙凤,乱之朱紫青黄,影带以狗其功,假对以称其美,骨气都尽,刚健不闻。思革其弊,用光志业。"①杨炯赞同王勃以诗文"知来藏往,探赜之所宗",即探究天人之际,他主张切乎时宜,不事雕琢。杨炯呼吁有"骨气""刚健"的诗风,这种做法在唐代诗歌理论界引起了共鸣。

生活年代稍晚的陈子昂也主张诗风变革,成为"初唐四杰"的同路人。陈子昂在读到东方虬诗《咏孤桐》之后,深受鼓舞,于是向东方虬投寄《修竹篇》,并作《与东方左史虬修竹篇序》。陈子昂开门见山地指出:"文章道弊五百年矣。汉、魏风骨,晋、宋莫传,然而文献有可征者,仆尝暇时观齐、梁间诗,彩丽竞繁,而兴寄都绝,每以永叹,思古人常恐逶迤颓靡,风雅不作,以耿耿也。"②陈子昂对"彩丽竞繁,而兴寄都绝"的齐梁诗风深表不满,他推重"骨气端翔,音情顿挫,光英朗练,有金石声"的汉魏风骨。与"初唐四杰"相比,陈子昂的诗歌风格理论批判中有建构,变革中有承传。刚健有力是他理想的诗歌风格,这种风格引起了诗学家的广泛关注,似乎憧憬着诗国盛唐豪迈气象的早日到来。

这是初盛唐诗学家理想中的诗歌风格,可是辉煌的盛唐时代也不是永远地存在。由于中唐以来国运不济,加之禅宗尤炽,合乎当时审美理想的诗歌风格便不再是刚健的风骨了,而是逐渐转变成闲适冲淡之风。

"语近而意远",这是皎然关于诗歌审美风格的基本主张。清新之风,自然而至,似微风拂面,如雨后幽林,让人心境澄明,尘染顿消。作为一种诗歌风格,清新自然为皎然所推重,只不过,他与盛唐时期李白倡导

---

① [唐]杨炯:《王勃集序》,《杨炯集》卷三。
② [唐]陈子昂:《修竹篇并序》,《陈子昂集》卷之一。

的清新自然诗风也有所不同。

李白论诗,高举恢复"大雅"的旗号,高扬的却是崇尚自然、反对雕琢的诗风,这是他返璞归真的审美理想的反映。皎然也主张风雅之道,同样不废自然之风。现将他们的表述略作比较:

> 大雅久不作。吾衰竟谁陈?王风委蔓草。战国多荆榛。龙虎相啖食,兵戈逮狂秦。正声何微茫,哀怨起骚人。扬、马激颓波,开流荡无垠。废兴虽万变,宪章亦已沦。自从建安来,绮丽不足珍。圣代复元古,垂衣贵清真。①

> 《古诗》以讽兴为宗,直而不俗,丽而不巧,格高而词温,语近而意远,情浮于语,偶象则发,不以力制,故皆合于语而生自然。建安三祖、七子,五言始盛,风裁爽朗,莫之与京,然终伤用气使才,违于天意,虽忘松容,而露造迹。正始中,何晏、嵇、阮之俦也,嵇兴高逸,阮旨闲旷,亦难为等夷。②

不难发现,尽管李白、皎然都主张清新自然的诗风,但是他们的理论内涵有别。李白追求清真自然之风,皎然看重自然天全之质。清水芙蓉之姿,为李白所向往。寒松白云之态,为皎然所推重。自然之诗,脱落纤尘。天全之质,不计工整。

由李白的诗歌风格论,尚能见出初唐王勃、陈子昂等提倡诗歌风骨的影迹,他们都以大雅之作为其审美理想,批评六朝以来的绮丽之风。但是,李白又与初唐诗学家的主张有所不同,这既反映出他们在对待具体时代与诗人评价方面存在差异,又体现在彼此审美风格与审美理想的不尽相同。

唐代诗坛主张恢复诗文之道,主要有两大派别:一派以恢复刚健有力的建安风骨为目标,主张恢复诗文的美刺功能,质文并举,如陈子昂;另一派以恢复自然无为的道家审美理想为旨归,主张清新诗风,尚质轻

---

① [唐]李白:《古风五十九首》其一,《李太白全集》卷之二。
② [唐]皎然著,李壮鹰校注:《诗议》,《诗式校注》附录二。

文。李白批判诗坛"大雅久不作""颂声久崩沦"的衰颓现状,高呼诗"贵清真",无疑是后一派的代表。他的诗歌语出天真,自然天成,这与他推崇清新自然的诗风达到了一致。

简言之,李白追求清新自然的审美风格,是对老庄道家审美理想的回应。皎然讲究清新自然的审美风格,则是以语近而意远、闲适而高逸的禅宗精神为基础的。

皎然还注意到诗歌风格的时代性与个体性特征,这在隋唐五代诗歌美学领域也是颇为难得的发现。

皎然论诗,能从实际情况出发,灵活地采用相应的风格标准。一方面,皎然指出"诗道初衰"发生在大历时期,其原因在于诗歌取材的私密化,风花雪月,浅吟低唱,缺少广阔的生活气息,也缺乏博大的社会担当。另一方面,皎然并不因此而截然否定大历诗坛的历史贡献。这是否表明皎然的诗歌批评自相矛盾? 未必。其实,这与皎然的评诗标准有关。皎然说:

> 夫五言之道,惟工惟精。论者虽欲降杀齐梁,未知其旨。若据时代道丧几之矣。诗人不用此论。何也? 如谢吏部诗"大江流日夜,客心悲未央";柳文畅诗"太液沧波起,长杨高树秋";王元长诗"霜气下孟津,秋风度函谷",亦何减于建安? 若建安不用事,齐梁用事,以定优劣,亦请论之:如王筠诗"王生临广陌,潘子赴黄河";庾肩吾诗"秦皇观大海,魏帝逐飘风";沈约诗"高楼切思妇,西园游上才",格虽弱,气犹正,远比建安,可言体变,不可言道丧。大历中,词人多在江外,皇甫冉、严维、张继、刘长卿、李嘉祐、朱放,窃占青山白云、春风芳草以为己有。吾知诗道初丧,正在于此。何得推过齐梁作者? 迄今余波尚寖,后生相效,没溺者多。大历末年,诸公改辙,盖知前非也。①

---

① [唐]皎然著,李壮鹰校注:《诗式校注》卷四。

皎然以时代性与个体性相结合的风格标准评诗,颇有超常之见。他认为,从时代性来看,齐梁诗道几近沦丧,但是,如果从另一个角度看,即就诗人个体而言,则不可概而论之,因为齐梁时期也出现过像谢朓、柳恽、王融等名家杰作,其"格虽弱,气犹正"。与建安风骨相比,可谓体变,但尚不足以言其道丧。大历诗坛也是如此。大历诗坛虽处"诗道初丧"时期,然而大历末年出现了像皇甫冉、严维、刘长卿、张继、李嘉祐、朱放等的"改辙"之举,时有佳作问世,其成绩并不亚于南朝。可见,皎然以时代性与个体性相结合的标准来评判诗歌风格是很有眼力的。

对于诗歌美的时代性与个体性差异加以区别,而不是一味混淆,或以偏概全,这是皎然的高明之处。就诗歌风格的时代性而论,魏晋南北朝时期已渐入浮侈。晋代尤尚绮靡,宋初文格,沿晋而下,更为憔悴。从诗歌风格的个体性来说,则呈现出另一番景象。皎然说:"论人,则康乐公秉独善之姿,振颓靡之俗。沈建昌评:'自灵均已来,一人而已。'此后,江宁侯温而朗,鲍参军丽而气多,杂体《从军》,殆凌前古,恨其纵舍盘薄,体貌犹少。宣城公情致萧散,词泽义精,至于雅句殊章,往往惊绝。"①皎然论魏晋南北朝诗,坚持的是诗歌风格的时代性与个体性差异。他的双重标准是可行的,也是切实的。读中晚唐诗,宛如步入荒山野岭、人烟杳冥之境,顿感凉意彻骨,魂飞魄散,亦如皎然所言:"秋风落叶满空山,古寺残灯石壁间。昔日经行人去尽,寒云夜夜自飞还。"②这是诗歌风格时代性的一个例证。

五、文外之旨

皎然谈到的"文外之旨"也指向诗歌的意境内涵。皎然论诗:"两重意已上,皆文外之旨,若遇高手如康乐公,览而察之,但见情性,不睹文字,盖诣道之极也。向使此道尊之于儒,则冠六经之首;贵之于道,则

---

① 〔唐〕皎然著,李壮鹰校注:《诗议》,《诗式校注》附录二。
② 〔唐〕皎然:《秋晚宿破山寺》,《全唐诗》卷八一五。

居众妙之门；精之于释，则彻空王之奥。但恐徒挥其斥而无其质，故伯牙所以叹息也。"①所谓"两重意已上"，是指诗歌意蕴的丰富性，以及诗歌意境美的多层次性。"文外之旨"，不落言象，"不睹文字"，而诗家之性情和精神触目可见。

皎然论诗，讲究诗歌的余味，追求诗歌的意境美。皎然引《古诗》："回车驾言迈，悠悠涉长道。四顾何茫茫，东风摇百草。"评之为"思也"②。诗歌之"思"是指蕴含着言有尽而意无穷的余味。皎然又引陆士衡《于承明与士龙》："伫眄要遐景，倾耳玩余声。"以"情也"评之③。这里的"情"不只是诗歌意象的表层之情，而是指诗歌的深层之情，是诗歌的余情、余味，同样属于诗歌的意境美。

六、取境工夫

"取境"本是一个佛学概念。佛教认为，人以眼、耳、鼻、舌、身这五种色根认识事物，分别形成色、声、香、味、触这五种对境。这是人以直接的方式感知世界而产生的意境。在印度佛教看来，这五种对境都是心识的虚妄作用，是虚幻不实的存在。觉悟者应该不迷于五根所生之境，对此不取不舍。凡有取舍，即是分别之见。因此，"取境"在佛教里是应该舍离的。这是佛教对于境界虚幻性的基本态度。

但是，到了皎然这里，境界幻有的一面被强化了。他虽然明了境界的虚幻性，却以心无取舍的态度看待境界这个概念。因其虚空，故无挂碍。皎然于是在肯定的意义上化用了佛教的"取境"概念。他说："夫诗人之思初发，取境偏高，则一首举体便高；取境偏逸，则一首举体便逸。才性等字亦然！体有所长，故各归功一字。偏高偏逸之例，直于诗体；篇目风貌，不妨一字之下，风律外彰，体德内蕴，如车之有毂，众美归焉。"④

---

① ［唐］皎然著，李壮鹰校注：《诗式校注》卷一。
② 同上书，卷二。
③ 同上。
④ 同上书，卷一。

皎然将诗体分为十九类,他对"逸""闲""情""静""远"等诗体的规定都很有见地。一方面,皎然延续了此前儒家诗学重视教化的审美传统;另一方面,他又拓宽了诗体的范围,并加以精要的界定,其中很多诗体实际上已经具有审美意境的内涵。如:

> 静　非如松风不动、林狖未鸣,乃谓意中之静。
>
> 远　非如渺渺望水、杳杳看山,乃谓意中之远。①

这里的"静"已经不是自然界了无声息的沉寂,而是诗人"意中之静",是诗人审美心境之静,静中有动,动静不二。这里的"远"也已经不是地理空间的遥远,而是"意中之远",是远中有近,远近不离。至此,很自然地让人想起那空灵淡远的禅意,那似有若无的宋元山水。郭熙论画有"三远",其中不乏唐代诗歌美学的印迹。

在皎然之前,荀子、刘勰都提到过"取象"的问题。不过,他们基本停留在审美意象的层面。只有到了皎然这里,"取境"才正式作为一个诗歌美学概念而被提出来,并给予具体的内涵规定。皎然重视诗歌的取境工夫,这是他的诗歌美学在境界理论方面的突出贡献。

第三节　司空图的诗歌美学

司空图(837—908),字表圣,咸通二年(861)进士,官至中书舍人。司空图出身于官宦之家,原本有着儒家积极进取的入世意识,却生不逢时。唐末宦官专权,军阀混战,加之天灾人祸,黄巢起义爆发,于880年末至881年初攻克长安,唐僖宗逃往成都,司空图从逃不及,退还河中。司空图晚年隐居中条山王官谷,后虽几度应召,因年岁已高,佛道出世思想影响甚深,不久又回来隐居,过着"日与名僧高士游咏其中"的逍遥生活。

---

① 〔唐〕皎然著,李壮鹰校注:《诗式校注》卷一。

　　司空图是晚唐诗歌美学家,有诗歌美学著作《诗品》(或称《二十四诗品》)。① 司空图的《诗品》是以诗论诗的典范之作。后人仿此体例,撰有《补诗品》《词品》《二十四赋品》《续诗品》等,这部著作的影响可见一斑。

　　司空图诗歌美学最为突出的特征,就是他非常重视诗歌的风格问题。《诗品》之"品"的第一层含义就指向诗歌的审美风格。晚唐司空图试图超越齐梁之风,化纤秾为纯真,融枯淡于浓艳,重振清新自然之风。这是司空图理想中的"纤秾"诗品:"采采流水,蓬蓬远春。窈窕深谷,时见美人。碧桃满树,风日水滨。柳阴路曲,流莺比邻。乘之愈往,识之愈真。如将不尽,与古为新。"细品之,可见纤秾中含清新,迥异于浮靡轻艳的齐梁诗风。又如"绮丽"一品:"神存富贵,始轻黄金。浓尽必枯,淡者屡深。雾余水畔,红杏在林。月明华屋,画桥碧阴。金尊酒满,伴客弹琴。取之自足,良殚美襟。"绮丽不作浓艳语,不着涂抹态,绮丽而不乏枯淡的意味。依据司空图的描述,这两种诗歌风格已不能仅仅从它们的标题臆测,纤秾不是耀眼夺目,绮丽也不是光彩亮丽。总之,从审美风格来说,它们已经被清新自然的道禅之风冲淡了。

一、象外之象

　　司空图诗歌美学的重要贡献,不仅在于他重视诗歌的审美风格,而且还在于他对诗歌的意境理论做出了深入的探索。在隋唐五代,对诗歌意境理论做出重要贡献的,除了前面提到的王昌龄、皎然之外,还有刘禹锡、司空图。

　　"境生于象外"是刘禹锡关于诗歌意境内涵的规定。刘禹锡说:"片言可以明百意,坐驰可以役万景,工于诗者能之。风、雅体变而兴同,古今调殊而理冥,达于诗者能之。工生于才,达生于明,二者还相为用,而

---

① 一般认为,《诗品》是晚唐司空图所作。但是,自从 1994 年唐代文学年会开始,学界关于它的作者问题颇有争议。或以为元人虞集撰,或以为明人怀悦作,或坚持传统看法。各抒己见,一时难以定断。今取旧说。

后诗道备矣。"①刘禹锡肯定诗歌神妙入微的特性,言有尽而意无穷,并以此为标准,评衡诗歌境界的高低。刘禹锡说:"诗者,其文章之蕴邪! 义得而言丧,故微而难能。境生于象外,故精而寡和。千里之缪,不容秋毫。非有的然之姿,可使户晓。必俟知者,然后鼓行于时。"②"境生于象外"是刘禹锡诗歌美学的核心命题,这个命题指明诗歌具有超越言象之外的审美内涵。

司空图接过刘禹锡关于诗歌意境的阐发,丰富了诗歌意境的理论内涵。司空图论诗,以"韵外之致""味外之旨"来规定诗歌意境。人的审美经验表明,咸酸适口,而止于味,诗贯六义,则众美备至。然而,能直寻而得,不思而致,毕竟罕见。以王维、韦应物论,"澄澹精致,格在其中,岂妨于道学哉? 贾阆仙诚有警句,然视其全篇,意思殊馁。大抵附于寒涩,方可致才。亦为体之不备也,矧其下者哉? 噫! 近而不浮,远而不尽,然后可以言韵外之致耳"③。"韵外之致""味外之旨"是司空图对诗歌意境内涵的规定。

司空图还认为,诗歌意境不是一种实有之境,它具有不可把捉的特征。司空图论诗:"戴容州云:'诗家之景,如蓝田日暖,良玉生烟,可望而不可置于眉睫之前也。'象外之象,景外之景,岂容易可谈哉?"④他在《诗品》中这样描述"雄浑"之境:"大用外腓,真体内充。反虚入浑,积健为雄。具备万物,横绝太空。荒荒油云,寥寥长风。超以象外,得其环中。持之非强,来之无穷。"又如"超诣"之境:"匪神之灵,匪机之微。如将白云,清风与归。远引若至,临之已非。少有道气,终与俗违。乱山乔木,碧苔芳晖。诵之思之,其声愈希。"从司空图对"雄浑""超诣"这两品的规定来看,诗歌意境的非实体性、不确定性是很明显的。要领悟诗歌的审美意境,需要用心体味与妙悟。从思想根源上讲,司空图的诗歌意境理

---

① [唐]刘禹锡:《董氏武陵集纪》,《刘禹锡集》卷第十九。
② 同上。
③ [唐]司空图:《与李生论诗书》,《全唐文》卷八〇七。
④ [唐]司空图:《与极浦书》,《全唐文》卷八〇七。

论源于老庄道家关于"道"与"象"关系的体认。

在老子,道无常名,道体微妙,道不是可以客观认识的实体。《道德经》第十四章:"视之不见,名曰'夷';听之不闻,名曰'希';搏之不得,名曰'微'。此三者不可致诘,故混而为一。其上不曒,其下不昧。绳绳兮不可名,复归于无物。是谓无状之状,无物之象,是谓惚恍。迎之不见其首,随之不见其后。"可见,道不是科学认知的对象,也不是可以指称的实体。道是最高层次的象,是象的本源,道显发为象,又复归于无物。道不是纯粹的虚无,它是无规定性的,却包孕着无限的可能性,它不能规定为具体之象。《道德经》第二十一章:"道之为物,惟恍惟惚。惚兮恍兮,其中有象;恍兮惚兮,其中有物。窈兮冥兮,其中有精;其精甚真,其中有信。"恍惚之道与实体之物相互联系,又存在区别。道是本,是大象,不是具体之象,更不等于实有之物。具体之象是大象的显发,是道体的起用,是有限的存在。

《庄子·天地》里说,黄帝遗失了"玄珠",先后派遣"知""离朱""喫诟"等去寻找,但都没有找到。最后,黄帝只好让"象罔"去找,意想不到的是,"象罔"却找到了"玄珠"。这则寓言里的"象罔""玄珠"实质上都是道的指称,它是道体的异名。可见,道家之道不是一种实物,它不属于具体之"象",它玄妙难言,只能体验,而不可把捉。

老庄道家对"道"与"象"关系的规定在隋唐五代思想界有着广泛的影响。如,唐人林琨《象赋》:"物皆有象,象必可观。听之则易,审之则难。"[1]林琨对"象"的描述与观照显然有妙悟道体的意味。诗歌意境也同样具有非实体性,其微妙意蕴绝非言语文字可以传达。这在隋唐五代诗歌思想界已被普遍认同。这种象外之象的非实体性,司空图表述为"韵外之致""味外之味""象外之象,景外之景"。这几个诗歌美学命题的内涵基本一致,都是关于诗歌意境内涵和特征的规定。司空图指出,诗歌意境超越具体言象,具有一定的形而上意味,这就确认了诗歌深层意蕴

---

① [唐]林琨:《象赋》,《全唐文》卷四五八。

存在的可能性与必要性。

道家认为,一切现存的物象都是有规定的、有限的,只会向人展示在场者的某些方面,这是物象的有、实、显。隐藏于在场者背后的不在场者,即物象的本源之道则是无规定的、无限的,它能超越具体事物的限制,有无限地生成具体之象的可能,这就是物象的无、虚、隐。道无限,并非说它不存在,它与在场者共同形成一个无穷无尽的整体,道需要通过在场者来彰显,即有限与无限始终关联,不可分割。意境是诗歌意象的一种,但不是一般的意象,意境是最高级别的意象形态。意境是无与有、虚与实、显与隐的统一。在诗歌审美活动中,既要注意到意象在场的一面,又要体验意象不在场的另一面。这样,才能体认完整的意境内涵,感受象外之象的微妙。

体味诗歌的"象外之象,景外之景""味外之味",不是要舍弃眼前的意象而别求它象,不是要舍弃当下之味而别求它味。刘禹锡、司空图的诗歌意境理论表明,不要局限于眼前感触到的意象的实、显、有,而更要用心体验意象的虚、隐、无,这样才能把握诗歌的整体意境,因为象内与象外是彼此关联的整体存在。"象外之象""味外之味"不是具体,也不是抽象,不是模仿,也不是象征,它不是任何一种修辞可以指称。司空图讲究诗歌意境的含蓄隐意,这是介乎言说与沉默之间的妙意,是处于玩味与妙悟之际的神韵:

> 知道非诗,诗未为奇。研昏练爽,忧魄凄肌。神而不知,知而难状。挥之八垠,卷之万象。[1]
>
> 素处以默,妙机其微。饮之太和,独鹤与飞。犹之惠风,茬苒在衣。阅音修篁,美曰载归。遇之匪深,即之愈希。脱有形似,握手已违。(《诗品·冲淡》)
>
> 欲返不尽,相期与来。明漪绝底,奇花初胎。青春鹦鹉,杨柳楼台。碧山人来,清酒深杯。生气远出,不著死灰。妙造自然,伊谁与

---

[1] [唐]司空图:《诗赋赞》,《全唐文》卷八〇八。

裁。(《诗品·精神》)

　　落落欲往,矫矫不群。缑山之鹤,华顶之云。高人惠中,令色绷蕴。御风蓬叶,汎彼无垠。如不可执,如将有闻。识者已领,欲得愈分。(《诗品·飘逸》)

　　在司空图这里,诗歌审美活动是不可期待的心物相触,是自然而然的性灵流露。要进行诗歌审美活动,要领会诗歌的审美意境,就需要开启审美者的妙悟之心。司空图列举的"冲淡""精神""飘逸"诸境,都有可遇而不可求,可神会而不可目测的特征。

　　无论是刘禹锡的"境生于象外",还是司空图的"味外之味""韵外之致""象外之象",其主旨都是由眼前的意象体味意象背后的深层意蕴。这与从有限引向无限、从存在回归超越的道家智慧一脉相承。道家哲学和佛教禅宗是隋唐五代诗歌意境理论的思想渊源。这里主要分析隋唐五代诗歌意境理论与道家哲学的关联。在禅宗美学章,也谈过禅宗与审美活动的精神契合,此处从略。

二、妙契自然

　　司空图论诗,特别讲究妙契自然。这既指取境自然,不假雕琢,又指冲淡闲适,妙契自然。这在《诗品》中体现得尤其明显:

　　俯拾即是,不取诸邻。俱道适往,著手成春。如逢花开,如瞻岁新。真与不夺,强得易贫。幽人空山,遇雨采蘋。薄言情悟,悠悠天钧。(《诗品·自然》)

　　取语甚直,计思匪深。忽逢幽人,如见道心。清涧之曲,碧松之阴。一客荷樵,一客听琴。情性所至,妙不自寻。遇之自天,泠然希音。(《诗品·实境》)

　　绝伫灵素,少回清真。如觅水影,如写阳春。风云变态,花草精神。海之波澜,山之嶙峋。俱似大道,妙契同尘。离形得似,庶几斯人。(《诗品·形容》)

俯拾即是,著手成春。妙契自然,触物即真。自然之境发乎性情,出于天机,以自然之法出之。实境不等于写实,却又取于平常之境,不傍古人,平淡天真。形容之境不假雕琢粉饰,其取境需领物象之精神,写风云之变态。上述三种诗歌境界虽然内涵不一,但都有推重取境自然之意。

司空图所说的妙契自然,还体现在他对野逸之趣的张扬等方面。

"野"是庙堂之外的存在,野趣不同于世俗之趣,不同于众人之乐,它是一种独乐、自得之乐。"野"意味着超越流俗,不拘常规。野人指称摆脱世俗礼教束缚的人格性情,有了这样的人格性情,世俗的生活才能转化为有情的世界,处处充满着生动可感的野趣。疏野是司空图诗歌美学推重的审美趣味与精神境界。这是一种具有审美意蕴的野趣,是超越实用功利与认知理性的审美感兴。司空图论诗,有"疏野"一品:"惟性所宅,真取弗羁。控物自富,与率为期。筑室松下,脱帽看诗。但知旦暮,不辨何时。倘然适意,岂必有为。若其天放,如是得之。""疏野",即疏野。司空图描述的疏野之境,在精神内涵方面显然不同于孔颖达、白居易等的儒家诗歌美学。"筑室松下""惟性所宅",这是纯然天放的本真行为,以性灵的"适意"为生活理想。

在司空图《诗品》里,又有"典雅"一品:"玉壶买春,赏雨茆屋。坐中佳士,左右修竹。白云初晴,幽鸟相逐。眠琴绿阴,上有飞瀑。落花无言,人淡如菊。书之岁华,其曰可读。"司空图以典雅之境论诗,这就暗示此诗的意象具有典雅的审美趣味与精神境界。这一品通过描绘幽雅如画的生活物象,张扬一种"落花无言,人淡如菊"的精神品位。可以说,这样的诗歌境界既是典雅的,同时又充满着悠淡如水的野逸情怀。那么,在司空图的诗歌美学中,为什么一方面推崇"野",而另一方面又追求"雅"?他是如何处理二者差异的?

对于"野"与"雅"关系的理解,牵涉到中晚唐以来中国诗歌审美观念的变迁问题。大致而言,中国上古时期审美领域所说的"野",主要是指"俗","俗"与"雅"并举,"俗"即不"雅",因而"野"是不登大雅之堂的。到了隋唐五代,雅俗观念已经发生了很大的改变。随着道家、道教与佛教禅宗文化的合流,"野"的文化内涵与价值定位都发生了改变,文人将"野"作为一种隐逸情怀,作为"逸"的又一说法,甚至将它等同于超越世俗生存状态的"雅",于是就出现了审美领域以"野"为"雅"的现象。不过,这种审美现象的思想背景主要在道教与禅宗哲学,它在文化内涵的规定方面已经不同于先秦两汉占主流地位的儒家之"雅"。通过司空图对野逸境界的描绘,也可玩味中国诗歌审美观念发展与变迁的细微运思。在晚唐司空图的美学视野里,疏野仍然是文雅风流的审美趣味,不是趋时媚俗之举,而是一种超越尘俗的审美境界。

司空图诗歌美学的贡献,不仅在于他提出了一些重要的诗歌意境理论,而且还在于他能将这些理论与具体的审美活动结合起来,或者说,他将诗歌意境落实到审美化的人生境界当中,二者水乳交融,难以区分。读他的《诗品》,就能处处见出诗歌意境与人生境界的彼此交融。司空图论"旷达"之境,这种诗歌境界是以赏花体验传达的:"生者百岁,相去几何。欢乐苦短,忧愁实多。如何尊酒,日往烟萝。花覆茆簷,疏雨相过。倒酒既尽,杖藜行歌。孰不有古,南山峨峨。""花覆茅簷",是对落花图景的描绘。在这种诗歌境界里,旷达之士闲看落花,心静如水,没有一般人的感伤情绪,也不见难舍难分的怜惜之情,他们"倒酒"、"行歌",及时行乐,与落花残红相映成趣。这可以看做是对旷达的诗歌意境的规定,同时也体现出旷达乐观的生命境界。

第四节 经学家、史学家的诗歌美学

唐代是经学与史学非常兴盛的时代,这个时期影响很大的经学家孔颖达(574—648),史学家魏徵(580—643)、刘知幾(661—721)都有诗歌美学方面的独到见解。作为儒家诗歌美学传统的继承者与发扬者,他们对诗歌美学问题的思考进一步丰富了儒家诗歌美学传统,也体现出特定时代的理论走向。

一、孔颖达论诗歌情感及"美其声"

孔颖达,字冲远、仲达,隋唐年间著名学者、经学家。他通过注疏《毛诗正义》《周易正义》《尚书正义》《礼记正义》等儒家系列经典,阐发他作为经学家的美学思想,尤以诗歌美学最有价值。

先秦儒家美学特别强调诗歌的教化功能,温柔敦厚是儒家诗歌教化论的核心思想,也是儒家美学对于审美情感的基本要求。《礼记·经解》:"孔子曰:'入其国,其教可知也。其为人也,温柔敦厚,《诗》教也。'"孔颖达注疏:"'温柔敦厚,《诗》教也'者,'温'谓颜色温润;'柔'谓情性和柔,《诗》依违讽谏,不指切事情,故云'温柔敦厚',是'《诗》教也'。"①依据孔颖达的说法,诗歌教化功能的内涵与诗歌表露的诗人性情是统一的。

唐代经学家孔颖达的诗歌美学贡献,主要在于将诗歌的审美情感与中国诗学的感应论传统结合起来。这样,既保证了诗歌情感的内涵,又以感物而动作为审美情感的导引路标。

"情缘物动,物感情迁",这是孔颖达在注疏儒家经典时提出的诗歌情感论命题。在注疏中,孔颖达总是自觉地坚持并阐发儒家的感应论诗学传统。他说:"夫诗者,论功颂德之歌,止僻防邪之训。虽无为而自发,乃有益于生灵。六情静于中,百物荡于外。情缘物动,物感情迁。若政遇醇和,则欢娱被于朝野;时当惨黩,亦怨刺形于咏歌。作之者所以畅怀舒愤,闻之者足以塞违从正。发诸情性,谐于律吕,故曰感天地,动鬼神,莫近于诗。"②孔颖达指出,感天地,动鬼神,是诗歌之大用。要实现诗歌之大用,就必须正确对待诗歌的情感问题。"情缘物动,物感情迁",是说在诗歌审美活动中,情感与物象存在双向的互动关系,审美物象是诗人情感运动的触发点,诗人又因物象的触发而情随事迁。情感与物象的双向互动,使得诗歌创造活动得以顺利展开。

---

① [唐]孔颖达:《礼记正义》卷五〇,《十三经注疏》本。
② [唐]孔颖达:《毛诗正义序》,《十三经注疏》本。

　　"诗言志"是早期儒家诗歌美学的重要命题。孔颖达通过注疏《毛诗序》,发展与丰富了这个理论命题。《毛诗序》:"诗者,志之所之也。在心为志,发言为诗。"孔颖达疏:"诗者,人志意之所之适也。虽有所适,犹未发口,蕴藏在心,谓之为志。发见于言,乃名为诗。言作诗者,所以舒心志、愤懑而卒成于歌咏。故《虞书》谓之'诗言志'也。包管万虑,其名曰心。感物而动,乃呼为志。志之所适,外物感焉。言悦豫之志则和乐兴而颂声作,忧愁之志则哀伤起而怨刺生。《艺文志》云:'哀乐之情感,歌咏之声发。'此之谓也。正经与变,同名曰诗,以其俱是志之所之故也。"①这段话主要是谈诗歌的创造问题。一方面,孔颖达承续了秦汉儒家诗歌美学的"诗言志"传统,认为诗歌是"人志意之所之适",也就是说诗歌与人的情志密切相关;另一方面,孔颖达又将感物说的因素注入"诗言志"命题当中。孔颖达讲"诗者,人志意之所之适",这个"志意"并不局限于诗人的政治抱负与诗歌所反映的社会治乱问题,"志意"还可以是一己之欢乐,或个体之忧愁,不一而足。但是,不管是哪种情感内涵,"志意"又必须是"感物而动"的,它离不开诗人的感应活动。孔颖达关于"诗言志"的注疏,拓宽了这个传统诗歌美学命题的理论内涵,并使之具有了更为丰富的意蕴。

　　除了关注诗歌的审美情感问题,孔颖达还在《左传正义》中多次阐发"美其声"这个诗歌美学命题。《左传·襄公二十九年》载,吴公子季札请观周乐,于是乐工为之歌《周南》《召南》,季札听后,说:"美哉! 杜始基之矣,犹未也。"杜预注:"美其声。"孔颖达疏:

　　　　先儒以为季札所言,观其诗辞而知故,杜显而异之。季札所云"美哉"者,皆美其声也。《诗序》称:"诗者,志之所之也。在心为志,发言为诗。情动于中而形于言,言之不足故嗟叹之。"长歌以申意也。及其八音俱作,取诗为章,则人之情意,更复发见于乐之音声。出言为诗,各述己情。声能写情,情皆可见。听音而知治乱,观乐而

————————————

① [唐]孔颖达:《毛诗正义》卷一,《十三经注疏》本。

晓盛衰。神瞽大贤师旷、季札之徒,其当有以知其趣也。①

《左传》同年又载,乐工为季札歌《郑》。季札听后称赞道:"美哉!其细已甚,民弗堪也。是其先亡乎?"孔颖达正义:

> 乐歌诗篇,情见于声。"美哉"者,美其政治之音有所善也。郑君政教烦碎,情见于诗,以乐播诗,见于声内,言其细碎已甚矣,下民不能堪也。民不堪命,国不可久,是国其将在先亡乎。居上者,宽则得众,为政细密,庶事烦碎,故民不能堪也。②

上古乐歌诗篇,多以声见情,《左传》所谓之"美",儒家学者认为是"美其声",即美其言辞温婉典雅,具有"乐而不淫""哀而不伤"的中庸平和之"情",而不是纯粹的歌辞音乐效果。由乐工吟咏而流露出来的诗歌情感,是以个人口头传播的方式传达出带有时代性、群体性与阶层性的集体之"声"。孔颖达阐发"美其声",认为诗歌首先必须符合温柔敦厚的教化传统。可见,"美其声"不是片面肯定诗歌的话语言辞之美,也不属于个体性的审美体验活动,而是指以群体性的审美方式代表某个时代、群体与阶层发言。

二、魏徵论诗歌审美风格的地域性

魏徵,字玄成,唐朝政治家,曾任谏议大夫、左光禄大夫,以直谏敢言著称。他是一位学问广博的史学家,主持编撰《梁书》《陈书》《北齐书》《周书》《隋书》等,并撰写《隋书》序论与《梁书》《陈书》《北齐书》的总论。

诗歌审美风格不仅具有时代性与个体性差异,而且也常体现出鲜明的地域性。魏徵注意到了诗歌审美风格的地域性。他在一篇传序言里谈到:

---

① [唐]孔颖达:《春秋左传正义》卷三九,《十三经注疏》本。
② 同上。

　　自汉、魏以来,迄乎晋、宋,其体屡变,前哲论之详矣。暨永明、天监之际,太和、天保之间,洛阳、江左,文雅尤盛。于时作者,济阳江淹、吴郡沈约、乐安任昉、济阴温子昇、河间邢子才、钜鹿魏伯起等,并学穷书圃,思极人文。缛彩郁于云霞,逸响振于金石。英华秀发,波澜浩荡,笔有余力,词无竭源。方诸张、蔡、曹、王,亦各一时之选也。闻其风者,声驰景慕。然彼此好尚,互有异同。江左宫商发越,贵于清绮,河朔词义贞刚,重乎气质。气质则理胜其词,清绮则文过其意。理深者便于时用,文华者宜于咏歌,此其南北词人得失之大较也。若能掇彼清音,简兹累句,各去所短,合其两长,则文质彬彬,尽善尽美矣。①

　　魏徵指出,诗歌审美风格具有鲜明的地域特征,"江左""河朔",风格迥异。产生于不同地域环境之中的诗歌,可能具有不同的风格形态与审美特征,这些不同的风格形态与审美特征可以形成互补的局面。在他看来,理想的诗歌风格应该取彼此之长,而避二者之短,融会贯通于一炉,自成南北交融之风格,使得理词协调,文意一致,文质彬彬,尽善尽美。同时,也可发现,魏徵的这种风格调和之力,在一定程度上又掩盖了诗歌风格的丰富性与差异性,他对诗歌审美风格的多样性做出调和式处理,体现出隋唐以来南北文化交融的发展态势,但又毕竟回到了儒家的中庸老路。这是他的诗歌审美风格理论的特征。

三、刘知幾论诗歌情感

　　刘知幾,字子选,唐代史学家,历任著作佐郎、中书舍人、著作郎,兼修国史二十多年,有历史学著作《史通》名世。

　　与孔颖达一样,刘知幾也谈到诗歌的情感问题。刘知幾认为,诗歌应该抒发真情实感。愁思之声所以要妙,不平之音所以感人,就在于这

---

① [唐]魏徵、令狐德棻:《隋书》卷七六。

些诗歌都是以真情实感为基础的。以情感为内涵的诗歌不应只是空洞的说教,也不必处处合乎规矩而压抑情感。与《诗经》温柔敦厚、中庸无邪的情感内涵及其教化效果不同,《楚辞》的情感内涵更为丰富,更为真实,更具个体性,因而也更能感人。在此,刘知幾肯定了屈宋诗歌的价值内涵。

诗歌以情感为核心,而诗歌的情感又是多层次、多形态的,既有日常生活领域的情感,又有美感层面的情感。那么,又该如何看待诗歌情感与日常情感的关系? 史学家刘知幾注意到了这个问题。他谈到:"《左氏》称仲尼曰:'鲍庄子之智不如葵,葵犹能卫其足。'夫有生而无识,有质而无性者,其唯草木乎? 然自古设比兴,而以草木方人者,皆取其善恶薰莸,荣枯贞脆而已。必言其含灵畜智,隐身违祸,则无其义也。寻葵之向日倾心,本不卫是,由人睹其形似,强为立名。亦由今俗文士,谓鸟鸣为啼,花发为笑。花之与鸟,安有啼笑之情哉? 必以人无喜怒,不知哀乐,便云其智不如花,花犹善笑,其智不如鸟,鸟犹善啼,可谓之谠言者哉?"[1]刘知幾坚持史学家的立场,这种立场预先决定了他难以理会诗歌的情感问题。在他看来,草木虽然有生有质,但是无识无性,古人借草木设喻,乃取其德行之似,不是说草木具有人性。由此出发,他批评当时诗歌以啼笑拟花鸟,却缺乏啼笑之情。刘知幾的论证并不充分。他误解了诗歌情感与日常情感的差异。以纯粹客观的、理性的态度看待诗歌情感,必然导致诗歌情感意蕴的匮乏,忽视了诗人审美情感的创造性。这是刘知幾的偏误之处。

这三位诗歌美学家的贡献在于,他们对诗歌的审美情感有着独特的理解,发扬了儒家美学的感应论传统,同时也流露出一些保守的看法。

第五节　白居易的诗歌美学

白居易(772—846),字乐天,号香山居士。他是中唐著名诗人,又是

---

① ［唐］刘知幾:《杂说上》,《史通》,中华书局影印明张之象刻本。

一位杰出的诗歌美学家。他倡导"新乐府运动",针对诗歌的审美感情、审美感应等问题发表过独到的看法。

诗歌离不开审美情感,情感是中国诗歌的灵魂。隋唐五代抒情诗词特别发达,而抒情诗词对审美情感的要求更为强烈。探讨诗歌的审美情感也是白居易诗歌美学的重要内容。

一、管乎人情

白居易的"管乎人情"说立足于儒家诗学温柔敦厚的教化传统,它同样体现出白居易对诗歌审美情感的要求。白居易说:"是故温柔敦厚之教,疏通知远之训,畅于中而发于外矣。庄敬威严之貌,易直子谅之心,行于上而流于下矣。则睹之者莫不承顺,闻之者莫不率从。管乎人情,出乎理道;欲人不化,上不安,其可得乎?"①白居易提出诗歌要"管乎人情",是因为他将情感作为诗歌的根本要素,即使是教化功能突出的诗歌也不例外。在唐代诗坛,白居易与元稹共同发起"新乐府运动",试图恢复先秦儒家的诗歌教化传统。白居易说,讲《诗经》的人应该以"六义"为宗,不限于识别鸟兽草木之名。可是,当时有些学者满足于诵读《诗经》之文,而不体察其中的宗旨深义。这种本末倒置、舍精取粗的做法,很不利于诗歌的健康发展,也无益于教化传统的落实。"温柔敦厚之教"不能依靠词语的堆砌而实现,它必须出于诗人的真情实感,并与广阔的社会人生结合起来。不遗其旨,不失其情,才有可能实现儒家温柔敦厚的诗歌教化效果。

基于对诗歌审美教化功能的重视,白居易主张恢复采诗官制度,并将诗歌作为了解政治得失与民生哀乐的途径。他设想,通过采诗官制度,统治者可以依据国家、社会、民生的实际情况,有针对性地采用更为理想的统治方式,或进行更为有效的人与人的情感沟通。白居易说:"圣王酌人之言,补己之过,所以立理本,导化源也。将在乎选观风之使,建

---

① ［唐］白居易:《救学者之失》,《白居易集》卷第六十五。

采诗之官,俾乎歌咏之声,讽刺之兴,日采于下,岁献于上者也。所谓言之者无罪,闻之者足以自诫。"①他认为,诗歌是诗人感事而发,情动于中而发于吟咏的艺术样式。从西周灭亡到隋朝建立,历朝都没有设置采诗官。郊庙登歌多是赞扬君王之声,乐府艳词莫非取悦君王之意。兴谕规刺之言不竟,审美教化传统既绝。这种现象的出现与历代朝廷杜绝讽议的政治文化体制有关。谏鼓高悬,形同虚设。朝臣所贺皆是德音,春官每奏唯有祥瑞。统治者只听朝堂之言,不曾目睹社会现实。

在隋唐五代,儒家文化仍然占据诗歌美学的主流地位。但是,当时的诗歌美学家在传承古乐府诗学传统时,也常从诗歌情感的真实性出发追溯乐府的本义。诗歌的美刺功能应该是全面的,既可以劝功,也可以戒政。当时的乐府诗仅限于"以魏、晋之侈丽,陈、梁之浮艳",显然违背了乐府的精神,它们缺乏真情实感为基础。一方面,诗人应该继承古乐府的美刺传统,美刺是古乐府的精神所在;另一方面,诗人又应该不满足于唐代乐府诗沉溺于声律形式之弊而不能自拔的现状。因此,白居易要为乐府正名,提倡重振乐府诗,以恢复古乐府精神为旗帜,将真情实感充实到乐府诗的美刺传统当中。

有鉴于此,白居易提倡建立采诗官制度。所谓采诗官制度,就是建立官员到民间采诗听歌的文化体制。通过这种渠道,了解民情,沟通民意,疏通民心,使得整个社会稳定、安泰、和谐。采诗官制度的建立与实行,离不开对社会人情的有效疏通,使之处于畅通无阻的状态。白居易说:"欲开壅蔽达人情,先向歌诗求讽刺。"②民间诗歌通常是民众情感的自然流露,民间诗歌的传统一直延续不断,而采诗之风则难以为继。白居易主张将诗歌的教化功能与社会人情结合起来,肯定了诗歌的审美情感,当然也张扬了诗歌的社会美与时代性,以及通过诗歌教化活动进行社会美育的必要性。

---

① [唐]白居易:《采诗》,《白居易集》卷第六十五。
② [唐]白居易:《采诗官》,《白居易集》卷第四。

白居易说的"管乎人情",主要是指一种带有社会性与群体性的诗歌审美情感,借此可以传达一定社会阶层与群体的心声。白居易还主张,君子之文应该"咏性不咏情",使得心境平和,不生邪念之见。这实际上也是在突出诗歌情感的社会性。这里的"性"不同于个体性的、私人化的情感,它是一种普遍性与群体性的情感形态。"咏性不咏情",是偏重社会内涵的审美情感,它是儒家温柔敦厚的诗歌教化传统的产物。感于心性,归于风雅,这是白居易诗歌情感论的重心所在。

二、忧愤怨伤

在诗歌情感的个体特征方面,与韩愈"不平则鸣"说看法接近的是白居易。白居易一方面强调诗歌情感的社会内涵,另一方面又突出诗歌情感的个体特征,他提出了"愤忧怨伤"这个诗歌情感论命题。白居易指出,诗歌的美感体验与诗人生活阅历的丰富性、人生命运的顺达程度存在不平衡关系。白居易说:"予历览古今歌诗,自《风》、《骚》之后,苏、李以还,次及鲍、谢徒,迄于李、杜辈,其间词人,闻知者累百,诗章流传者钜万。观其所自,多因谗冤谴逐,征戍行旅,冻馁病老,存殁别离,情发于中,文形于外,故愤忧怨伤之作,通计今古,什八九焉。世所谓文士多数奇,诗人尤命薄,于斯见矣。又有已知理安之世少,离乱之时多,亦明矣。"①生途平坦,命运顺达,是世俗人生的普遍愿望,但是,对于诗人来说,一帆风顺的人生旅程并不见得就是好事。

这是因为,诗人的使命在于诗歌创造,而诗歌创造离不开人生体验(其中也包括审美体验),审美活动离不开审美感兴的激发,过于平淡的生活不利于审美经验的丰富积累,难以从生命底里激发出对于社会人生的真切体认,难以有迫切的心境追问人生的意义与生命的价值,也就是说,难以产生诗歌创造活动的感兴冲动。愁思之声所以要妙,不平之音所以感人,都表明诗歌应该抒发真情实感。发乎真情实感的诗歌更具有

---

① [唐]白居易:《采诗官》,《白居易集》卷第四。

真实性,更能感动人。例如,与《诗经》温柔敦厚、中庸无邪的情感内涵及其教化效果不同,《楚辞》的情感内涵更为丰富,更为真实,更具有个体性,因而也更能感人。真切的人生体验与丰富的审美感兴在命运坎坷的诗人那里更容易出现,"谗冤谴逐,征戍行旅,冻馁病老,存殁别离",残酷的生存境况可能使诗人遭遇人生的坎坷,感受命运的戏弄,体验生活的艰辛,同时也将使他们的审美情感更为丰富,审美感兴更为强烈。一旦特定的审美情境出现,便会情不自禁,心物交感,从而创造出有价值的诗歌来。在此,白居易再次强化了"文士多数奇,诗人尤命薄"的传统。

三、以诗情自娱

除了重视诗歌情感的社会性与个体性之外,白居易也颇为关注诗歌的审美愉悦功能。白居易有"诗魔"一说,很能体现以诗情自娱的审美态度:

> 今所爱者,并世而生,独足下耳。然百千年后,安知复无如足下者出而知爱我诗哉? 故自八九年来,与足下小通则以诗相戒,小穷则以诗相勉,索居则以诗相慰,同处则以诗相娱,知吾罪吾,率以诗也。如今年春、游城南时,与足下马上相戏,因各诵新艳小律,不杂他篇。自皇子陂归昭国里,迭吟递唱,不绝声者二十里余。樊、李在傍,无所措口。知我者以为诗仙,不知我者以为诗魔。何则? 劳心灵,役声气,连朝接夕,不自知其苦,非魔而何? 偶同人,当美景,或花时宴罢,或月夜酒酣,一咏一吟,不知老之将至,虽骖鸾鹤,游蓬瀛者之适,无以加于此焉,又非仙而何? 微之微之! 此吾所以与足下外形骸,脱踪迹,傲轩鼎,轻人寰者,又以此也。①

这段话出自白居易写给友人元结的书信。白居易不愿意与时俗为伍,独与元结引为知音,他们都爱好诗歌,经常相互唱和。白居易非常怀念那种诗意化的生活。时人或以"诗仙",或以"诗魔"评价白居易,对此,

---

① [唐]白居易:《与元九书》,《白居易集》卷第四十五。

他不仅不为之恼怒,反而颇为自许。在他看来,诗歌是他抒发性情的重要方式,也是他审美化人生的理想所在。白居易以"诗魔"自喻,是对其诗人身份的认同,也表露出诗歌作为审美活动应该具备丰富而热烈的情感体验。

在《与元九书》里,白居易将自己的诗歌归为三大类型,即讽谕诗、闲适诗与感伤诗。基于生平所遇、所感而作,与美刺比兴相关,或因事而题为新乐府者,谓之讽谕诗。退隐或出仕期间,知足自乐,保和闲居,吟玩情性之作,谓之闲适诗。事物牵于外,情理动于内,随感遇而形于叹咏之作,谓之感伤诗。① 在上述分类的基础上,白居易简要规定了这三种诗歌的风格特征。例如,他用"意激而言质"来概括讽谕诗风,又以"思澹而辞迂"来概括闲适诗风。

白居易还依据诗歌之"气"来划分诗歌的风格类型。白居易说:"盖是气凝为性,发为志,散为文。粹胜灵者,其文冲以恬。灵胜粹者,其文宣以秀。粹灵均者,其文蔚温雅渊,疏朗丽则,检不拘,达不放,古常而不鄙,新奇而不怪。"②白居易认为,天地万物都有粹气、灵气,而人居多,文人尤甚。粹气、灵气散为诗文,凝为风格。依据粹气、灵气在诗文中的组合关系,大致可以生成三种审美风格,即"冲以恬""宣以秀",以及"蔚温雅渊,疏朗丽则"。白居易的这种诗歌风格分类方式较为偏重恬淡闲适之风,实际上是诗歌愉悦功能观的落实。

白居易以诗论诗的情况并不多见。因此,他的《诗解》一诗就颇值得重视,其中有句:"新篇日日成,不是爱声名。旧句时时改,无妨悦性情。"③在这里,白居易以诗歌来愉悦性情,突出了诗歌的审美愉悦功能。诗歌创造不是为了功利性的现实目的,不是为了虚名浮利,它是安顿生命的极佳方式。白居易在《效陶潜体诗十六首序》里提到,他退居渭上期间,曾闭门不出,无以自娱。当时正值佳酿新成,于是雨中独饮,酣醉不

① ［唐］白居易:《与元九书》,《白居易集》卷第四十五。
② ［唐］白居易:《故京兆元少尹文集序》,《白居易集》卷第六十八。
③ ［唐］白居易:《诗解》,《白居易集》卷第二十三。

醒。此时的他心怀懒放,性情疏野,忍不住吟咏陶渊明诗,适与意会,弥觉自得。这是白居易落实审美愉悦理想的例证。

白居易的诗歌愉悦观对于中唐以来诗歌美学的影响极为深远。五代十国时期,政局动荡,社会多变,这种突出诗歌愉悦功能的论调更为普遍。欧阳炯(896—971),晚唐至后蜀年间花间词家,他在为《才调集》所作的序里说:"或闲窗展卷,或月榭行吟,韵高而桂魄争光,词丽而春色斗美,但贵自乐所好,岂敢垂诸后昆!"①欧阳炯这里提倡的,就是以诗歌"自乐所好"的审美价值观。《才调集》是后蜀韦縠编选的唐诗选本。所谓"才调",是要求入选的诗歌具有高尚的情韵格调与秾丽的词采才华。杜甫沉郁,韩愈奇崛,不符合入选要求,故不为其所取。该集所选,以华丽蕴藉的晚唐诗为主,尤重温庭筠、韦庄、杜牧、李商隐诸家。可见,《才调集》的编选有其基本的审美标准,那就是讲究诗歌的愉悦价值,而远离诗歌的教化功能。在一定程度上,《才调集》的编选及其诗学主张既是晚唐以来审美风尚使然,也可看做是白居易审美愉悦观的重现。

可见,白居易的诗歌情感论与中唐以来特定的社会文化环境是密切联系着的。可贵的是,作为承上启下的诗歌情感论美学发展环节,白居易在诗歌情感与诗歌功能等方面做出了或立足于社会现实,或立足于诗歌美感的探索。他延续着先秦两汉诗歌美学注重教化的传统,又通过主张诗歌的自娱功能,逐渐推进中唐以来诗歌审美愉悦风尚的形成,这是白居易诗歌美学的重要贡献。

四、文章合为时而著　歌诗合为事而作

"文章合为时而著,歌诗合为事而作。"这是白居易关于诗歌时代性内涵与社会性内涵的规定,即诗人应该与他所处的时代以及广阔的社会人生相互感应。

《周易》以天、地、人为三才。《周易·系辞下》:"有天道焉,有人道焉,

----

① [唐]欧阳炯:《才调集序》,《全唐文》卷八九一。

有地道焉,兼三才而两之。"《周易·说卦》:"是以立天之道,曰阴与阳;立地之道,曰柔与刚;立人之道,曰善与恶;兼三才而两之,故《易》六画而成卦。"简言之,"三才"之道认为人与世界、人与社会、人与他人和谐共存,相互感应,连为一体。白居易以此为出发点,论述诗歌审美活动中的感应关系:

> 三才各有文,天之文,三光首之;地之文,五材首之;人之文,六经首之。就六经言,《诗》又首之。何者?圣人感人心而天下和平。感人心者,莫先乎情,莫始乎言,莫切乎声,莫深乎义。诗者,根情、苗言、华声、实义。上自贤圣,下至愚骏,微及豚鱼,幽及鬼神;群分而气同,形异而情一;未有声入而不应、情交而不感者。圣人知其然,因其言,经之以六义;缘其声,纬之以五音。音有韵,义有类。韵协则言顺,言顺则声易入。类举则情见,情见则感易交。于是乎孕大含深,贯微洞密,上下通而二气泰,忧乐合而百志熙。[1]

关于白居易这段诗论,学界较多关注他的诗歌定义,而忽略其余。事实上,白居易的诗歌定义不是孤立的。在这个定义提出之后,他紧接着对此做了进一步的规约性补充。其中,他特别强调声入而应、情交而感的重要意义。只有诗人与审美物象相互感应,体证天地万物之间的同构关系,才能感上通下,宇宙泰定。

白居易对诗歌感应问题最有影响的论述是在《与元九书》里。白居易分析周秦晋宋以来诗歌"六义"浸微的状况,对于梁陈之际"嘲风雪、弄花草"的诗风,他深表不满。白居易并不反对诗歌取材于自然物象,他看重的是诗歌中的自然意象要有真情实感,并在其中寄寓讽刺的兴味。他认为,像"余霞散成绮,澄江净如练""归花先委露,别叶乍辞风"之类的篇什,虽然极为丽致,但其所讽不明,"于时六义尽去",显然不得要领。唐代诗家名作,他极为推崇陈子昂的《感遇诗》,对于诗中豪杰李、杜之作,他并没有一味高歌。他认为,李白奇才过人,而风雅比兴,十无其一。杜

---

[1] [唐]白居易:《与元九书》,《白居易集》卷四十五。

诗贯穿古今,格律工整,可传者虽多,但如"三吏"等章,"朱门酒肉臭,路有冻死骨"等句,不过十之三四。

因此,白居易痛惜诗道崩坏的现状。他有感而发:"自登朝来,年齿渐长,阅事渐多,每与人言,多询时务;每读书史,多求理道。始知文章合为时而著,歌诗合为事而作。"①在此,白居易提出了"文章合为时而著,歌诗合为事而作"这个影响深远的诗歌美学命题。这里的"时"与"事"不是空洞或抽象之物,它们最为切近的现实背景在于白居易在朝为谏官时所要处理的事务和时务。可见,这个命题的提出具有极强的现实针对性。白居易的理论出发点有二:一是作诗为文应该能为朝廷分忧,二是诗文应该反映民生疾苦,传达民间百姓的呼声。但是,他试图通过诗歌来救治社会人心的努力并没有得到统治阶层的认可,也很少得到亲友的理解。同时,这个诗歌美学命题也反映出白居易张扬诗歌感应论的思路。作为白居易对诗歌功能或诗歌创造动因的规定,这里的"时"与"事"虽然有其现实针对性,但也可上升到关乎社会人生的事务和时务。这样,白居易就将诗歌感应论的基石安放在现实的社会人生当中。

白居易提倡乐府诗,主张"为事不为文"。白居易说:"篇无定句,句无定字,系于意,不系于文。首句标其目,卒章显其志,《诗》三百之义也。其辞质而径,欲见之者易谕也。其言直而切,欲闻之者深诫也。其事核而实,使采之者传信也。其体顺而肆,可以播于乐章歌曲也。总而言之,为君、为臣、为民、为物、为事而作,不为文而作也。"②依据白居易的看法,乐府诗应该"系于意,不系于文",它是诗人有感于社会人生而作。可见,白居易的诗歌美学饱含着深切的人文情怀与真切的人生体验。

第六节　诗歌的结构层次与诗势

隋唐五代特别重视诗歌的结构层次问题,很多诗学论著对此有专门

---

① [唐]白居易:《与元九书》,《白居易集》卷四十五。
② [唐]白居易:《新乐府并序》,《白居易集》卷第三。

的探讨。诗歌"六义"深为早期儒家诗歌美学所关注,隋唐五代也延续了这方面的思考,并有新的发现。考虑到诗歌"六义"与诗歌的结构层次有一定联系,所以放在本节一起讨论。最后,探析诗歌之"势"这个隋唐五代经常出现的诗歌美学概念。

一、诗歌的结构层次分类

隋唐五代关于诗歌结构层次的分类大致有三,即两层次说、三层次说与四层次说。

主张诗歌结构两层次说的学者多将诗歌的结构分为"文"与"质",或"意"与"义"两层。李白将"赋"定义为"古诗之流,辞欲壮丽,义归博远"①。李白将赋的结构分为"辞""义"两层,接近于形式层与意蕴层的区分。初唐史学家令狐德棻(583—666)也说:"考其殿最,定其区域,撮六经百氏之英华,探屈、宋、卿、云之秘奥。其调也尚远,其旨也在深,其理也贵当,其辞也欲巧。然后莹金璧,播芝兰,文质因其宜,繁约适其变,权衡轻重,斟酌古今,和而能壮,丽而能典,焕乎若五色之成章,纷乎犹八音之繁会。"②令狐德棻也将诗文分为"文"与"质"两层。其中,"调""旨""理"可归于"质"的层次,而"辞"则归于"文"的层次,至于"和""丽"等,则可归入"辞"或"文"的层次。

中唐时期的独孤及也主张诗歌应该是"词"与"意"的统一。他说:"志非言不形,言非文不彰,是三者相为用,亦犹涉川者假舟楫而后济。"③虽说是"志""言""意"三分,实际上可以归为"词"与"意"两层。独孤及指出,周代以来,世道陵夷,风雅不再,文道日衰,作诗者往往偏重"词"的层次,先文字后"比兴","饰其词而遗其意",导致诗风流荡而不返,润色愈工,实质愈丧。

① [唐]李白:《大猎赋并序》,《李太白全集》卷之一。
② [唐]令狐德棻:《王褒庾信传论》,《周书》卷四十一。
③ [唐]独孤及:《检校尚书吏部员外郎赵郡李公中集序》,《全唐文》卷三八八。

殷璠主张,诗歌应该做到词与调合。作诗为文,并非一定要严格遵守四声尽美,八病咸避,只要诗歌的雅调仍在,形式结构不是拈缀而成,不成体统,即使小有瑕疵,也不为大缺憾。词有刚柔之分,调有高下之别,"令词与调合,首末相称,中间不败",便是成功之作。这里的"词"是指诗歌的辞藻、音韵、形式等,这"调"不是指声调节律,而是指诗歌的情调、格调、韵味等。"词与调合",也就是文质相参,词意统一。

唐代提倡古文运动的理论家多主张"文"与"道"一,这也属于两层次说。柳冕,字敬叔,生卒不详。他是韩愈、柳宗元古文运动的先驱。柳冕不仅主张文与道一,而且对文与道的具体内涵进行了规定。柳冕认为,文章本于教化,发于情性,应以圣人之言、尧舜之道为准则。在柳冕看来,诗文应该包括"文"与"道"两层。圣人之道与圣人之文、圣人之教是统一的。诗文当有为而作,因于教化而成。上古之时,君子在心为志,发言为诗,谓之文,兼三才而称儒,诗文即儒之用。后来,骚人起而淫丽之辞兴,文教分离而为二。扬、马不知教化,荀、陈不知文章,皆非孔门之教。君子之儒必有其道,既有其道,必有其文。道不及文则德胜,文不知道则气衰。① 简言之,柳冕主张文道合一斯为美,这在精神上承传了儒家"文质彬彬,然后君子"的审美传统。

柳冕还提出,文道合一的方法在于领会"养才之道"。柳冕说,文生于质,是天地之性,观其志而知国风。"形似艳丽之文兴,而雅颂比兴之义废",这是风雅不作的文坛现状。艳丽而工,乃为文之病,君子不屑为之。时俗为文者才尽气衰,其教不兴,而终身不悟,不知其病。这是"才者之病",有悖于文道合一之理。因此,君子作诗为文,当去其病而行其道,讲究养才之道,所谓"无病则气生,气生则才勇,才勇则文壮,文壮然后可以鼓天下之动,此养才之道也"②。

上述各家都主张诗歌结构的两层次说。总体上看,他们都强调诗歌

---

① [唐]柳冕:《答徐州张尚书论文武书》,《全唐文》卷五二七。
② [唐]柳冕:《答杨中丞论文书》,《全唐文》卷五二七。

应该是"文"与"质"的统一,相当于形式层与意蕴层的两分,不过有时更为突出"质"的层次。

"文、理、义三者兼并",是李翱提出的关于诗歌结构的三层次说。李翱说:"故义虽深,理虽当,词不工者不成文,宜不能传也。文、理、义三者兼并,乃能独立于一时,而不泯灭于后代,能必传也。"①李翱将诗歌的结构分为三个层次,即"文""理""义"。其中,"文"属于形式层,"理"属于意象层,"义"属于意蕴层。这种诗歌结构的三层次说在隋唐五代较为少见,它特别增加了"理"这个层次,其具体要求是"当",这与李翱作为肩负唐代儒学复兴的思想家立场有关。理当并不等于义深,这个"理"在不同的诗文里可能出现不同的内涵,或是人情事理之理,或是天地自然之理,或是宇宙造化之理。但是,不论哪种内涵之"理",都要求能与"文""义"兼而为一,共同形成诗歌美的结构。

白居易将诗歌结构分为四个层次:"感人心者,莫先乎情,莫始乎言,莫切乎声,莫深乎义。诗者,根情,苗言,华声,实义。"②可见,白居易将诗歌结构分为"情""言""声""义"四层,并分别规定了这四个层次的内涵及其在诗歌结构中的地位。"情"能感人,它是诗歌结构的基础,故为诗歌之根;"言"以传意,它是诗歌结构的始端,故为诗歌之苗;"声"能切情,它是诗歌结构的形式,故为诗歌之花;"义"有深度,它是诗歌的意蕴所在,故为诗歌之实。白居易的诗歌结构四层次说在中国诗歌美学史上具有一定的地位。

刘禹锡在回复柳宗元的书信里,也谈到诗歌的层次结构问题。刘禹锡说:"余吟而绎之,顾其词甚约,而味渊然以长。气为干,文为支。跨踔古今,鼓行乘空。附离不以凿枘,咀嚼不有文字。端而曼,苦而腴。佶然以生,癯然以清。"③刘禹锡从"词""味""气""文"这四个层次评价柳宗元,认为柳宗元诗歌结构的各个层次都很精妙,达到了结构美的

---

① [唐]李翱:《答朱载言书》,《全唐文》卷六三五。
② [唐]白居易:《与元九书》,《白居易集》卷第四十五。
③ [唐]刘禹锡:《答柳子厚书》,《刘禹锡集》卷第十。

高度统一。

主张诗歌结构四层次说的还有生活于晚唐时期的徐仲雅。他高度评价齐己的诗："格何古，天工未生谁知主。混沌凿开鸡子黄，散作纯风如胆苦。意何新，织女星机挑白云。真宰夜来调暖律，声声吹出嫩青春。调何雅，涧底孤松秋雨洒。嫦娥月里学步虚，桂风吹落玉山下。语何奇，血泼乾坤龙战时。"①"格""意""调""语"是徐仲雅在批评齐己诗歌时确立的基本标准，这也可以看做是关于诗歌结构的四层次说。

这三位诗学家都主张诗歌结构的四层次说，但他们各自的说法并不相同，较难做出统一的评判。不过，有一点却是相同的，他们都强调诗歌四个层次的协调统一，以获得层次完整的诗歌结构之美。

二、以气为主 以文传意

令狐德棻分析"气""文""意"等要素在诗文结构中的地位，提出了"以气为主，以文传意"这个命题。令狐德棻说："原夫文章之作，本乎情性。覃思则变化无方，形言则条流遂广。虽诗赋与奏议异轸，铭诔与书论殊途，而撮其指要，举其大抵，莫若以气为主，以文传意。"②"文以气为主"并非令狐德棻所独创，这种说法自从汉代曹丕以来就已行之于世。令狐德棻的发现在于，他将"气"与"文""意"等因素结合起来，突出了气在诗文结构中的主流位置。

此外，其他推重诗文之气的论调还有很多。如，韩愈说："气，水也；言，浮物也。水大而物之浮者大小毕浮，气之与言犹是也，气盛则言之短长与声之高下者皆宜。"③皎然也常以"气"评诗。如，他引燕太子送荆轲诗："风萧萧兮易水寒，壮士一去兮不复还"。又引汉高祖《大风歌》："大风起兮云飞扬，威加海内兮归故乡，安得猛士兮守四方。"此二例均以"气

---

① ［唐］徐仲雅：《赠齐己》，《全唐诗》卷七六二。
② ［唐］令狐德棻：《王褒庾信传论》，《周书》卷四十一。
③ ［唐］韩愈撰，马其昶校注，马茂元整理：《答李翊书》，《韩昌黎文集校注》第三卷。

也"评之。① 诗歌中的"气"不同于形式节律,但也不等于深层意蕴,它能为诗歌意境的生成提供某种氛围,或者说,"气"是诗歌结构中可感而不可触的生命律动。

唐代诗歌思想界出现过一种较为普遍的现象,就是那些以恢复风雅之道为旗号者,几乎无不指责沈约"四声"之过,都把诗歌正道沦丧的责任追究到沈约那里。皎然说,诗歌应做到韵情相合,文格不损,而"沈休文酷裁八病,碎用四声,故风雅殆尽。后之才子,天机不高,为沈生弊法所媚,懵然随流,溺而不返"②。从初唐的王勃、杨炯、陈子昂到皎然乃至晚唐五代诗歌思想界,一方面批评诗道沦丧的现实,另一方面又借此主张"以文传意",并开掘诗歌的意蕴美。类似的呼声不绝如缕,颇有力挽狂澜之势。

唐代诗歌美学重意蕴而轻形式的审美倾向,是建立在对诗歌文质关系的思考之上的。尽管对意蕴美的呼吁有所偏重,但他们并未否认或反对形式美的价值。成伯瑜说:"诗人之才有短长。言之直者,取辞达而已矣。事之长者,歌之难尽,不思章句之繁,此皆诗之体。"③在这里,诗歌的形式美与意蕴美是互不干碍的。

三、六义

"六义"是先秦以来儒家诗学的核心概念。自汉魏以来,说《诗》者多重"六义",隋唐五代诗歌思想界也不例外。

何谓"六义"？据《毛诗序》:"诗有六义:一曰风,二曰赋,三曰比,四曰兴,五曰雅,六曰颂。"王昌龄将诗歌"六义"规定为"讽""赋""比""兴""雅""颂"。王昌龄以"讽"代"风",显然是为了突出诗歌的讽喻功能。他还对"比""兴"做出界定:"比者,各令取外物象已兴事""兴者,立象于前,

---

① ［唐］皎然著,李壮鹰校注:《诗式校注》卷二。
② 同上书,卷一。
③ ［唐］成伯瑜:《毛诗指说》,清同治十二年粤东书局《通志堂经解》重刊本。

然后以事喻之"。① 王昌龄认为,"比""兴"与"象"有关,但在诗歌创造活动中,"比""兴"与"象"的关系又不一致。

皎然辨析了诗歌用"比"与"用事"的关系。在皎然看来,诗歌"用事"必然取用意象本义,而"比"则不拘于象,可借象以示一己之情。皎然论诗:"时人皆以徵古为用事,不必尽然也。今且于六义之中略论比兴:取象曰比,取义曰兴,义即象下之意。"②时人多以"比"为"用事",以"用事"为"比"。在与"象"的关系方面,"比""兴"的内涵有别:"比"是全取外象以兴之,如"西北有浮云"句;"兴"是立象于前,再以人事谕之,如《关雎》之类。如古诗:"仙人王子乔,难可与等期。"曹植诗:"虚无求列仙,松子久吾欺。"再如古诗:"师涓久不奏,谁能宣我心。"前两句言仙道不可偕,次二句言求仙之无效,末二句略似指人,如曹魏呼"杜康"为酒。"用事"必然涉及"取义",要取典故的"象下之意",这就属于"兴"的范畴了。这些诗句的引用表明,诗人虽引用典故,只是存其粉本,不作过多更改而伤其天真,所以不能称为"用事",而只能称为"比",只是"取象"而已。应当说,皎然的辨析有一定的理论价值。

白居易、皎然、贾岛都很重视诗歌"六义"的阐发,下面简要比较他们关于诗歌之"兴"的阐释:

> 风雪花草之物,三百篇中,岂舍之乎? 顾所用何如耳。设如"北风其凉",假风以刺威虐也;"雨雪霏霏",因雪以愍征役也;"棠棣之华",感华以讽兄弟也;"采采苤苡",美草以乐有子也。皆兴发于此,而义归于彼;反是者,可乎哉?③

> 兴者,情也,谓外感于物,内动于情,情不可遏,故曰兴。④

> 四曰兴。兴者,立象于前,后以人事谕之,《关雎》之类是也。⑤

---

① 〔唐〕王昌龄:《诗中密旨》,《吟窗杂录》本。
② 〔唐〕皎然著,李壮鹰校注:《诗式校注》卷一。
③ 〔唐〕白居易:《与元九书》,《白居易集》卷第四十五。
④ 〔唐〕贾岛:《二南密旨》,《吟窗杂录》本。
⑤ 〔唐〕皎然著,李壮鹰校注:《诗议》,《诗式校注》附录二。

这三位诗歌美学家都谈到了诗歌之"兴",他们对"兴"的阐发也各有特色。白居易指出,"兴"与诗歌意蕴存在微妙的关系。大千世界中的自然物象都可传载社会生活内涵,但是,诗歌中的感兴之辞不等于诗歌的深层意蕴。皎然认为,"六义"是诗歌之本,散为情性,其中有君臣讽刺之道,有父兄朋友规正之义,还有游览答赠之意。雅为诗歌正体,情性为诗歌之用,诗歌应该归于风雅之道,这是白居易、皎然探讨诗"兴"的共同旨归。严格地说,贾岛关于诗"兴"的界定美学价值最高。他所说的"兴"是指审美感兴,即诗人与世界沟通而难以遏制的情感体验。这是诗歌创造的先决条件。

四、诗歌之势

诗歌之"势"是隋唐五代经常出现的诗歌美学概念。王昌龄论述诗有"三得"时,其中之一便是"得势"。何谓"得势"? 王昌龄没有解释,他只是引诗代言:"孟春物色好,携手共登临。放旷丘园里,逍遥江海心。"[1]此诗似乎暗示,诗歌之"势"与诗人登高望远、居高临下的审美情境以及开阔的心襟有关。王昌龄虽为诗歌之"势"下了一大暗语,但他并没有过多引证,更谈不上具体的界定或诠释。

皎然论诗,主张"明势"。他列举了三种诗歌之"势"。其一,文体开阖作用之势,皎然拟之以"高手述作,如登荆、巫,睹三湘、鄂、郢山川之盛,萦回盘礴,千变万态"。其二,奇势在工,皎然拟之以"或极天高峙,崒焉不群,气胜势飞,合沓相属"。其三,奇势互发,皎然拟之以"或修江耿耿,万里无波,欻出高深重复之状"。皎然论诗之"势",不同于诗歌的体式。在这里,皎然以姿态横生的自然物象指称诗歌之"势"的微妙之处。皎然还将造势作为评判诗歌是否达到逸格境界的重要标准。[2]

齐己论诗,有"十势"之说,如:

---

① [唐]王昌龄:《诗中密旨》,《吟窗杂录》本。
② [唐]皎然著,李壮鹰校注:《诗式校注》卷一。

狮子反掷势　诗云："离情遍芳草，无处不萋萋。"

丹凤衔珠势　诗云："正思浮世事，又到古城边。"

龙凤交吟势　诗云："昆玉已成廊庙器，涧松犹是薜萝身。"

猛虎投涧势　诗云："仙掌月明孤影过，长门灯暗数声来。"

龙潜巨浸势　诗云："养猿寒嶂叠，擎鹤密林疏。"

鲸吞巨海势　诗云："袖中藏日月，掌上握乾坤。"①

齐己没有严格辨析诗歌之"势"与诗"体"、诗"式"、诗"门"的差异，其表述也时有重复。与王昌龄相似的是，齐己也是仅取前人诗句为例证，同样没有给出具体的诠释。《苕溪渔隐丛话》前集卷五十五引《蔡宽夫诗话》："唐末五代，俗流以诗自名者，多好妄立格法，取前人诗句为例，议论锋出，甚有师子跳掷，毒龙顾尾等势，览之，每使人拊掌不已。大抵皆宗贾岛辈，谓之贾岛格。"②这则诗话所批评的俗流妄立诗格，大致也包括齐己的《风骚旨格》在内。在齐己之后，神彧的《诗格》亦有"十势"，徐寅所撰《雅道机要》也列有"八势"，但他们多因袭前人，创见更少。仅从诗歌之"势"在晚唐五代诗学领域的普及性来说，它也应该占有一席之地。

人们不禁会问，为何王昌龄、皎然、齐己都重视诗歌之"势"，却又未对诗歌之"势"做出较为明确的规定？主要原因有二：其一，诗歌"势"论不同于诗歌的审美风格、结构层次、意境等问题，这在以往的诗学传统中颇为少见，要给予较为明确的规定或诠释的确有一定的理论难度，因此这些诗歌美学家基本上都是存而不论；其二，诗歌之"势"本无定形，神妙莫测，非言语文字可以规定，需要在具体的诗歌审美活动中亲身体验，这就类似于佛教禅宗所讲的妙悟。这两个原因都在一定程度上成立，也都能找到相关的证据。特别是这些诗歌美学家都受过佛教禅宗的影响，所以从妙悟的角度来理会诗歌之"势"不失为一种可行的

---

① ［唐］齐己：《风骚旨格》，《历代诗话续编》本。

② ［宋］胡仔：《苕溪渔隐丛话》前集卷第五十五。

尝试。

仅以齐己为例。齐己出于沩仰宗，"势"在沩仰宗是一种让僧徒顿悟的法门，仰山门风的最大特点就在于"有若干势以示学人"。齐己以"势"论诗，主要来自仰山以"势"接人之风。据禅宗典籍记载："自尔有若干势以示学人，谓之仰山门风也。"①仰山和尚为僧徒开悟，常采用各种"势"，如"背抛势""修罗掌日月势"②。仰山之"势"在禅门影响甚大，所谓"应对言语，深认仰山之势，顿了直下之心"③，即是此意。仰山以"势"接人，齐己则将仰山之"势"转化为论诗之利器。

"狮子返掷势"位居齐己诗歌"十势"之首，这种说法出于禅宗话头。大阳警玄禅师上堂："诸禅德须明平常无生句、玄妙无私句、体明无尽句。第一句通一路，第二句无宾主，第三句兼带去。一句道得师子频呻，二句道得师子返掷，三句道得师子踞地。纵也周遍十方，擒也一时坐断。"④"狮子返掷"属禅宗三关之第二关。在此境界，地水火风，四大五蕴，尽其本分，莫非菩提，故齐己示之以"离情遍芳草，无处不萋萋"。

从美学的角度来说，王昌龄、皎然、齐己以"势"论诗，具有两层含义。

首先，以诗歌意象的方式呈现诗学思想，使得诗势互动，超越逻辑推理的表达局限，使诗学思想意象化、审美化，让读者在妙悟诗歌意境的过程中领会诗歌之"势"的精神所在。

其次，就诗歌的审美效果而言，这与佛教禅宗推重活泼泼的生命精神契合。如果说，诗歌意境/境界的本质是审美者的时空体验，那么，诗歌之"势"则是诗人精神力量、力度与生命活力的定格。诗歌之"势"是诗人圆活心境的当下呈现，是物象世界生命活力的留影。诗歌之"势"意味着力量的积蓄，也意味着意境生成的多种可能性，自有一种可意会而难以言传的动感。王昌龄、皎然、齐己等援"势"论诗，也有利于增强诗歌的

---

① ［宋］赞宁：《唐袁州沩山慧寂传》，《宋高僧传》卷第十二。
② ［宋］普济：《五灯会元》卷第九。
③ ［宋］赞宁：《晋会稽清化院全付传》，《宋高僧传》卷第十三。
④ ［宋］普济：《大阳警玄禅师》，《五灯会元》卷第十四。

动态美,丰富着诗歌的审美境界。

简言之,诗歌有"势",必定有余味,也就有意境,而诗歌的意境则不一定具备诗歌之"势"的审美内涵。可见,诗歌意境与诗歌之"势"这组概念存在一定的联系,但毕竟二者内涵有别,旨趣不同。

第五章　绘画美学

隋唐五代时期,中国绘画出现了繁荣的局面。相应地,以绘画理论批评为主要传播方式的绘画美学也得以深入发展。随着绘画题材与画科门类的不断拓展,如山水画的逐渐兴起,文人画、宫廷画、壁画的竞相兴盛,唐代画坛涌现出吴道子、王维等扬名千古的绘画大师,同时也出现了难以计量的杰出的民间绘画能手。隋唐五代绘画的繁荣发展为当时的绘画理论建设提供了条件。从隋唐五代的文化环境来说,道教、禅宗鼎盛,儒学也呈现复兴之势,这种多元并存的文化格局也为绘画美学的深入发展提供了难得的契机。

总体而言,隋唐五代在继承六朝以来的审美传统的基础上,对一些重要的绘画美学问题或做出富有时代性的阐释,或有所推进。在隋唐五代绘画美学领域,不仅出现了张彦远、朱景玄、荆浩等专业性的绘画美学家,而且还有大量文人参与到绘画理论建设中来,杜甫、白居易、王维等以题画诗文的方式参与绘画美学问题的讨论,也取得了较大的理论成就。

本章主要介绍张彦远、朱景玄、王维、荆浩的绘画美学,同时也将探讨一些富有时代性的绘画美学问题,由此领略隋唐五代绘画美学的独特风貌与理论价值。

第一节　张彦远的绘画美学

张彦远(815—907),唐代绘画史家、绘画美学家。在中国绘画史与中国绘画美学史上,张彦远的理论贡献都是非常突出的。

艺术的真实性是隋唐五代美学普遍关注的话题,相关的讨论在当时的绘画美学领域尤为集中。"似"与"真",是探讨隋唐五代绘画美学真实性绕不过去的一组关系。那么,绘画究竟应该追求"似",还是应该追求"真"? 这个时期的绘画美学家基本上都选择了后者。张彦远的绘画美学就是这方面的代表。

一、真画与死画

张彦远认为,绘画有"真画"与"死画"之分。二者如何区分? 张彦远说:"夫用界笔直尺,界笔是死画也。守其神,专其一,是真画也。死画满壁,曷如圬墁,真画一划,见其生气。夫运思挥毫,自以为画,则愈失于画矣。运思挥毫,意不在于画,故得于画矣。不滞于手,不凝于心,不知然而然,虽弯弧挺刃,植柱构梁则界笔直尺,岂得入于其间矣。"①在张彦远看来,"真画"与"死画"的区别有三。

其一,从传达方式来说,"死画"是循规蹈矩的("用界笔直尺");"真画"则不拘泥于一定的媒介或手段,它只求"守其神,专其一"。

其二,从审美态度来说,"死画"多是有意而作,自以为画,却离绘画的真实性越远;"真画"多是自然而为,意不在画,而取其真实。

其三,从审美境界来说,"死画"虽然布满空间,填塞画面,满纸涂鸦,犹如"圬墁",了无生机;"真画"不论笔墨多少,往往以少胜多,计白当黑,"真画一划,见其生气"。

以上区别,都是紧扣绘画的真实性而展开的。可见,"真画"意味着

①［唐］张彦远:《论顾陆张吴用笔》,《历代名画记》,《中国书画全书》第一册。

张彦远对绘画真实性的要求,追求绘画的真实性必须"不滞于手,不凝于心,不知然而然"。也就是说,绘画创造活动要遵循道法自然、无意而为的审美原则。

二、以自然为尚

隋唐五代深入讨论过绘画的审美境界,以自然为尚,即崇尚道法自然的审美境界。绘画的审美境界主要体现为绘画的艺术品第。划分绘画品第的做法并不始于隋唐五代,南朝陈姚最所撰《续画品》就将绘画先分为上、中、下三大等级,再在这三大等级之下细分上、中、下三品。这样,绘画的艺术品第总共形成了九个等级。

与前代相比,隋唐五代的绘画境界理论有了较大的推进。张彦远崇尚自然境界,并以此作为艺术品第的标准。张彦远承认,绘画有成教化、助人伦之功。他又进一步指出,绘画之所以能"穷神变,测幽微,与六籍同功",在于它能与"四时并运,发于天然,非繇述作"。[①] 运阴阳造化之力,当以自然为尚。张彦远说:"夫画物特忌形貌采章,历历具足,甚谨甚细而外露巧密,所以不患不了,而患于了。既知其了,亦何必了。此非不了也。若不识其了,是真不了也。夫失于自然而后神,失于神而后妙,失而妙而后精,精之为病也而成谨细。自然者为上品之上,神者为上品之中,妙者为上品之下,精者为中品之上,谨而细者为中品之中。余今立此五等,以包六法,以贯众妙。其间诠量了有数百等,孰能周尽。非夫神迈识高、情超心慧者,岂可议乎知画。"[②]这段话多次出现"了"字,所谓"了",是指审美者对于绘画艺术品第的了悟程度。很多画作,虽然谨细入微,却品第不高,这是因为画家既有所"了",却未曾全"了",或者虽然已"了",却不能将自己的了悟体验付诸审美活动,所以还"是真不了也"。因此,张彦远依照艺术品第的高下原则,将绘画分为"自然""神""妙"

① [唐]张彦远:《叙画之源流》,《历代名画记》,《中国书画全书》第一册。
② [唐]张彦远:《论画体工用拓写》,《历代名画记》,《中国书画全书》第一册。

"精""谨细"这五个品级。

上述各品之中,以"自然"为上,它"发于天然",合乎造化。"守其神,专其一",神全气备,才能"合造化之功"。张彦远极为推崇吴道子的画,认为自从顾恺之、陆探微以来,画迹鲜存,对于如何经营笔墨位置,后人也难有详尽的了解。顾恺之所画,"紧劲联绵,循环超忽,调格逸易,风趋电疾,意存笔先,画尽意在,神气俱全"①。吴道子的画"六法俱全,万象毕尽,神人假手,穷极造化"②。张彦远认为,吴道子的画独步古今,无愧于"画圣"之称,其"神假天造,英灵不穷,众皆密于盼际,我则披其点画。众皆谨于象似,我则脱落其凡俗。弯弧挺刃,植柱构梁,不假界笔直尺,虬须云鬓,数尺飞动,毛根出肉,力健有余。当有口诀,人莫得知"③。有人问张彦远,为何吴道子作画不用界笔直尺,而能弯弧挺刃,植柱构梁?张彦远解释说,这是因为画家能"守其神,专其一,合造化之功"。吴道子作画,如"庖丁发硎,郢匠运斤",意在笔先,心怀不乱,性灵舒展,外物不役,心物双泯,臻于造化。张彦远主张,作画应意不在画,运思挥毫,无滞于手,不凝于心,不知然而无不然。按照张彦远的绘画境界理论,吴道子的画似乎出于神品,而有自然之致。

张彦远将吴道子的画断为"真画",也是基于这方面的考虑。张彦远说:"运思挥毫,意不在于画,故得于画矣。不滞于手,不凝于心,不知然而然,虽弯弧挺刃,植柱构梁,则界笔直尺岂得入于其间矣。"④张彦远生活在中唐时代,他虽然推崇绘画的自然品第,或以自然为绘画的最高审美理想,但他与中国艺术重视师承的传统仍然保持着高度的一致。所谓"精通者所宜详辨南北之妙迹,古今之名踪,然后可以议乎画"⑤,就是明证。在他看来,不了解画家的师资传承情况,就没有评判绘画的资质。

---

① [唐]张彦远:《论顾陆张吴用笔》,《历代名画记》,《中国书画全书》第一册。
② [唐]张彦远:《论画六法》,《历代名画记》,《中国书画全书》第一册。
③ [唐]张彦远:《论顾陆张吴用笔》,《历代名画记》,《中国书画全书》第一册。
④ 同上。
⑤ [唐]张彦远:《论传授南北时代》,《历代名画记》,《中国书画全书》第一册。

张氏考察画家师资传承的细密谱系,显然也是对既有绘画传统与法度的坚守。

张志和具体记述过吴生的绘画活动,也体现出崇尚自然的审美境界论倾向。张志和说:"吴生者,善图鬼之术,粉壁墨笔风驰电走,或先其足,或见其手。既会其身,果应其口。若合自然,似见造化,负以国名,行年六十,天下之图工迹其妙而不能尽。"张志和曾经造访吴生,以求图鬼之方。酒酣茶饱之后,吴生对张志和说:"吾何术哉? 吾有道耳。吾尝茶酣之间,中夜不寝,澄神湛虑,丧万物之有,忘一念之怀。久之寂然豁然,儵然恢然,匪素匪画,诡怪魑魅,千巧万拙,一生一灭,来不可关,貌不可竭。"①张志和强调,吴生的鬼图已经达到很高的境界,相当于张彦远所说的自然品第。由"坐忘"到"寂然豁然,儵然恢然,匪素匪画,诡怪魑魅,千巧万拙,一生一灭,来不可关,貌不可竭",这大致概括出吴生绘画审美活动的自然境界。

隋唐绘画思想界提倡绘画之道,某种意义上就是对自然境界的推崇。吴道子作画道法自然,这从远可以追溯到庄子,由近可以体察隋唐道教的影响。吴道子作为唐代著名画师,又擅长道教题材,对道教文化或有相当深入的了解。张志和是著名的道教徒,由他的记述来看,吴生的图鬼境界也与隋唐道教所主张的"坐忘"体验契合。司马承祯说:"坐忘者,因存想而得也。因存想而忘也。行道而不见其行,非坐之义乎! 有见而不行其见,非忘之义乎! 何谓不行? 曰:心不动故。何谓不见? 曰:形都泯故。天隐子瞑而不视,或者悟道,乃退曰:道果在我矣,我果何人哉! 天隐子果何人哉! 于是彼我两忘,了无所照。"②关于司马承祯的"坐忘"思想,在此不再展开。这里点到为止,旨在引起学界对隋唐五代绘画美学与其特定思想文化环境关系的注意。

---

① [唐]张志和:《玄真子外篇》卷下,《道藏》第 21 册。
② [唐]司马承祯:《天隐子》,《道藏》第 21 册。

三、物我两忘

物我两忘,这是张彦远推重的绘画审美境界。张彦远说:"遍观众画,唯顾生画古贤得其妙理,对之令人终日不倦。凝神遐想,妙悟自然。物我两忘,离形去智。身固可使如槁木,心固可使如死灰,不亦臻于妙理哉! 所谓画之道也。"①不难发现,张彦远从老庄道家哲学获得过思想的支持。在审美活动中,"物我两忘"这个绘画美学命题吸收了老子哲学的澄怀静虑、凝神静观,融入了庄子哲学的心物两忘、物我为一,其中贯穿的是道家自然无为、妙达造化的审美理想。

"物我两忘",与道为一。这时已经消解了心与物的间隔,破除了主与客的分离,我心即自然,笔墨即造化。在这种审美境界里,画家精气充盈,艺术神全形备。唐代另一位绘画史家符载也指出,张璪的绘画境界高超,他不做绘画技法的表演,而重在传达"真道"体验。符载说:"当其有事,已知夫遗去机巧,意冥玄化,而物在灵府,不在耳目,故得于心,应于手,孤姿绝状,触豪而出,气交冲漠,与神为徒,若忖短长于隘度算妍蚩于陋目,凝瓢吮墨依违良久,乃绘物之赘疣也。宁置于齿牙间哉!"②这种"遗去机巧,意冥玄化""得于心,应于手"的审美体验,之所以备受绘画史家的推重,是因为它能传达画家与万物一体的生命体验。符载所谓"非画也,真道也",与张彦远"物我两忘,离形去智"的表述颇为接近,也是一种借助绘画活动以自由体道的审美境界。

"物我两忘",又称心物俱忘,心物双泯,而与天地为一。它使万物各顺其性,各张其命,各得其所,各适其适。庄子向往的逍遥游是一种绝对的自由,也是一种物我两忘的境界。《列子·仲尼》载列子好游,列子之"游"是忘其所以游之游,"至游"是"不知所适"之游,这种"游"的境界也是超越功利目的,忘怀主客内外对立的。在审美活动中,它能指向心与

①[唐]张彦远:《论画体工用拓写》,《历代名画记》,《中国书画全书》第一册。
②《唐符载观张员外画松石序》,《佩文斋书画谱》卷一五。

物、笔与墨的契合无间,或者说是一种不受机心束缚与世俗时空制约的自由心境。张彦远、符载的绘画观念显然是道家体道境界在绘画美学领域的落实。

四、重气韵 轻形似

唐代绘画理论界普遍沿用谢赫"六法"作为衡量绘画形式的基本标准。也就是说,唐人推重的艺术形式,主要还是以"六法"为总纲法门的。杜甫题山水画,以气韵生动为形式的最高理想。所谓"尤工远势古莫比,咫尺应须论万里。焉得并州快剪刀,剪取吴松半江水"①,就是指绘画以小尺寸、小幅度呈现大气势、大格局。王宰山水正是因为气韵生动而受到杜甫的称道。唐代绘画史家裴孝源说:"大唐汉王元昌,天植奇材,心专物表,含运覃思,六法俱全。随物成形,万类无失。"②"随物成形",即随物赋形。这种绘画形式观念道法自然,所以能生动传神,"六法俱全"。

张彦远继承了六朝以来以"六法"评判绘画的传统,认定绘画的骨气、气韵远比形似重要,体现出崇古而抑今、重气韵而轻形似的审美倾向。张彦远说:"古之画或移其形似,而尚其骨气。以形似之外求其画,此难可与俗人道也。今之画纵得形似,而气韵不生。以气韵求其画,则形似在其间矣。古之画迹简意淡而雅正,顾陆之流是也。中古之画细密精致而臻丽,展郑之流是也。近代之画焕烂而求备。今人之画错乱而无旨,众工之迹是也。夫象物必在于形似,形似须全其骨气。骨气形似,皆本于立意而归于用笔。"③张彦远论画并没有否定"形似"的作用,他认为这是绘画的必要条件,无形似则审美物象的真实性无从显现。但是,气韵与形似毕竟存在等级差别:气韵是本,是内;形式是末,是外。倘若气韵与形式不能两全,宁可舍其末而取其本,也不舍其本而逐其末。绘画

---

① [唐]杜甫著,[清]仇兆鳌注:《戏题王宰画山水图歌》,《杜诗详注》卷之九。
② [唐]裴孝源:《贞观公私画史》,《中国书画全书》第一册。
③ [唐]张彦远:《论画六法》,《历代名画记》,《中国书画全书》第一册。

不能停留于形似阶段,因为形似只是对绘画的基本要求,绘画必须有内在的气韵或骨气作为精神,这样绘画形式才不至于显得空洞。倘若形式无所依附,审美物象就没有气韵或生命,绘画也就没有精神或灵魂。可见,在气韵与形似之间,张彦远虽无偏废,但还是有所偏重。张彦远将绘画形式看作躯壳,而将气韵或骨气看作精神或灵魂。重气韵,或"以气韵求其画",才是绘画的正道。这就突出了传达审美物象精神的优先性。这与谢赫"六法"论的审美传统并没有本质差别。

六朝以来,绘画美学重气韵,轻形似,或以气韵、骨气涵盖形似,作为对绘画形式的要求。如果将绘画形式细分为气韵、形似这两层,那么,张彦远显然是偏重气韵这一层的。

五、外师造化　中得心源

"外师造化,中得心源。"这是张彦远转引画家张璪而提出的绘画美学命题。据《历代名画记》载:"初,毕庶子宏擅名于代,一见惊叹之,异其唯用秃毫或以手摸绢素,因问璪所手。璪曰:'外师造化,中得心源。'毕宏于是搁笔。"①这个绘画美学命题与张扬画家的创造精神有关,学界一般称之为心源说。依据张彦远的记述,张璪,字文通,工树石山水,画学造诣甚深,自撰《绘境》一篇,探讨绘画要诀,可惜词多不载。由于文献材料所限,较难深入地了解画家张璪。关于这个命题,张彦远也只是一笔带过,或许出于《绘境》,却缺乏充足的证据。因此,放在本节加以介绍。

至于张璪的绘画水平,也可从时人的描述略知一二。元稹评价他:"张璪画古松,往往得神骨。翠帚扫春风,枯龙夏寒月。"②刘商也说:"苔石苍苍临涧水,阴风袅袅动松枝。世间唯有张通会,流向衡阳那得知。"③张璪善于画松,能"得神骨",有生动的气韵,有超越世俗尘埃的气象。五

---

① [唐]张彦远:《叙历代能画人名》,《历代名画记》,《中国书画全书》第一册。
② [唐]元稹:《画松》,《元稹集》卷第三。
③ [唐]刘商:《怀张璪》,《全唐诗》卷三〇四。

代荆浩如此评价张璪的画："故张璪员外树石，气韵俱盛，笔墨积微，真思卓然，不贵五彩，旷古绝今，未之有也。"①张璪的绘画水平究竟如何，似乎很难断定，但是他提出"外师造化，中得心源"，这个绘画美学命题意蕴丰富，不容轻易放过。张璪将造化与心源结合起来，主张内外为一，讲究审美物象与审美心境的契合。然而，他的绘画心源理论并没有重复不偏不倚的中庸之道，将造化与心源调和起来。实际上，在造化与心源、外与内的取向方面，张璪还是有所偏重的。也就是说，"造化"是艺术创造的重要因素，是激发画家创造力的催化剂；而"心源"则是艺术创造的根本因素，是滋生审美创造活动的直接源泉。虽然绘画心源理论还需要进一步完善，但由此可见，隋唐五代绘画美学张扬画家创造精神的倾向是非常明显的。

从思想渊源上讲，绘画心源说的正式出场受到了佛教禅宗的启发。例如，《大乘起信论》指出，佛教之"觉"有本觉、始觉二义，觉悟与心源有关："又以觉心源故，名究竟觉。不觉心源故，非究竟觉。"②大乘佛教认为，明了一切佛理，莫不自心而起。此心念念不住，心象纷呈，毫无间断，犹如幻术诈现，佛理禅机因时因地而有，并非固定不变的永恒真理，它们也是幻化般地存在。佛理至妙，妙在何处？妙在各人心性的澄明。如果心澄如镜，平静若水，何处不觉。触事即真，洞然明白。若觅其觉处，却了不可得。心识不二，体用一如，心为识之体，识为心之用。禅宗四祖道信就说："夫百千法门，同归方寸。河沙妙德，总在心源。"③"百千法门""河沙妙德"，都"同归方寸"，即源于一心，心源乃众妙之门。《坛经》也说："自性心地，以智慧观照，内外明徹，识自本心。若识本心，即是解脱。"④这里的"本心"，是清净无染、圆满具足之心，是生命智慧之源，是创造精神之所。慧能将成佛体道的般若三昧、解脱觉悟与本源之心联系起

①［五代］荆浩：《笔法记》，《中国书画全书》第一册。
②［梁］真谛译，高振农校释：《大乘起信论校释》，第27页。
③［宋］普济：《牛头山法融禅师》，《五灯会元》卷第二。
④［唐］慧能撰、杨曾文校写：《六祖坛经》，第37页。

来，以突出心源的功用。以心为源，灵智廓然。南宗禅法多传心源之法。南阳慧忠上堂："禅宗学者，应遵佛语。一乘了义，契自心源。"[1]"心源"之"心"，是如来藏心，是真如之性，是本真无染之心。心识种种，莫不从如来藏心、真如之性生起。心是万识的本源，它具足圆满，毫无欠缺。当人的心体起念时，就会转化为种种意识，其中也包括人的创造精神。

佛教禅宗以"心画"与"世画"对举，以心灵为造化之烘炉，这对隋唐五代以来的绘画观念启发很大。《宗镜录》："则知三界九有，一切染净等法，皆不出法界众生之心。犹如画师，画出一切境界。心之画师，亦复如是。"[2]"心画"与"世画"对举，其意图在于强调心画的境界高超。在禅师看来，心为万物之源，世间事物莫不因心而有，"心画"自心源流出，得其正脉，故造化无穷，变幻莫测，不可端倪，是大巧之笔。"世画"因缘而成，毫无根基，虚幻不实，变灭无常，虽惑人眼目，却难免其拙。所以，"世画"的地位远远低于"心画"。"心画"为本体，源于人的本源心性，是心灵的妙用；"世画"起用，如人的意识迁流，是心识的拙用。所谓"一心开二门"，此言不差。心源本无差别，而起用却有巧拙。禅宗重"心画"，轻"世画"，即是此意。

马祖道一示众："汝等诸人，各信自心是佛。此心即是佛心。达摩大师从南天竺国来至中华，传上乘一心之法，令汝等开悟。又引《楞伽经》文，以印众生心地。恐汝颠倒，不自信此心之法，各各有之。故《楞伽经》以佛语心为宗，无门为法门。夫求法者应无所求。心外无别佛，佛外无别心。"[3]依马祖道一禅法，佛不在西土，即心即佛，以此心为佛心；佛法不在心外，此心所生之法，即为佛法。马祖道一将"一心之法"演为即心即法，开启人的本源真性。巖头和尚甚至呼吁："他时后日若欲得播扬大教去，一一个个从自己胸襟间流将出来，与他盖天盖地去摩！"[4]这些表述可

---

① ［宋］普济：《南阳慧忠国师》，《五灯会元》卷第二。
② ［宋］延寿：《宗镜录》卷第十八，《大正藏》第四十八卷。
③ ［宋］普济：《江西马祖道一禅师》，《五灯会元》卷第三。
④ ［南唐］静、筠二禅师：《祖堂集》卷第七。

谓禅宗性灵说的先声。可见,南宗禅的心性论对隋唐五代绘画心源理论的影响不可忽略。实际上,隋唐五代绘画美学中的"写意""六要""游戏三昧"等问题,也多获益于斯。

张扬画家的创造精神,必然要求彰显画家的个人面目。就像马祖道一所说的:"性无有异,用则不同。在迷为识,在悟为智。顺理为悟,顺事为迷。迷则迷自家本心,悟则悟自家本性。"①所以,马祖道一劝僧徒自悟本心,"拾取自家宝藏",一悟永悟,不复更迷。回归各自的心性,认识你自己,是南宗禅的深义,也是禅宗在提升中国人自信心、自尊心方面的巨大贡献。不过,禅宗的认识自己有别于西方以知识理性进行自我反省与自我超越的路数,它主要是通过开启生命本源觉性的方式成就自身。审美活动也同样如此。当画家有了自觉意识,开启了创造精神,其审美风格与艺术境界等就会别具风采,独领风骚。

最后,介绍张彦远关于杜甫画论的一则批评,略论张彦远绘画美学的时代特征。

杜甫评画,主"真骨",重"清峻",要求"卓立天骨"。这些看法都指向审美物象(如马、鹤、鹰等)的精神境界。其中,杜甫的"画骨"说很有代表性。杜甫说:"弟子韩幹早入室,亦能画马穷殊相。幹惟画肉不画骨,忍使骅骝气凋丧。"②这首题画诗的批评对象是薛少保,即唐代画家薛稷。薛稷善于花鸟人物杂画,以画屏风知名。杜甫还有一则关于薛稷壁画的题跋:"薛公十一鹤,皆写青田真。画色久欲尽,苍然犹出尘。低昂各有意,磊落如长人。佳此志气远,岂惟粉墨新?万里不以力,群游森会神。威迟白凤态,非是仓鹒邻。高堂未倾覆,常得慰嘉宾。曝露墙壁外,终嗟风雨频。赤霄有真骨,耻饮洿池津。冥冥任所往,脱略谁能驯?"③薛稷画清瘦之鹤,很能表写审美物象超凡脱俗的情趣。杜甫论画还爱用"清峻""神俊"等语。矫若惊龙,天骨卓立,清峻自具,方是马中神品。以此为背

---

① [宋]道原:《景德传灯录》卷第二十八,《大正藏》第五十一卷。
② [唐]杜甫著,[清]仇兆鳌注:《丹青引赠曹将军霸》,《杜诗详注》卷之十三。
③ [唐]杜甫著,[清]杨伦笺注:《通泉县署壁后薛少保画鹤》,《杜诗镜铨》卷九。

景,再来看杜甫的"画骨"说。它是杜甫在评价曹霸画马时提出来的。这表明,绘画的真实性既是指画家与审美物象交融为一,妙达造化,又是指欣赏绘画要身临其境,心与境会,领略艺术的真谛,体验物象的真实。

杜甫的"画骨"说提出之后,受到了唐代张彦远、顾云,元代倪瓒的批评。张彦远引杜甫《丹青引赠曹将军霸》,并评之:"彦远以杜甫岂知画者,徒以幹马肥大,遂有画肉之诮。"①有人认为,张彦远指责杜甫,这表明他评画标准的前后矛盾,②其实不然。在此,张彦远之所以非难杜甫,主要是因为他们所处的审美立场不同。张彦远是绘画史家,他代表的是当时主流审美情趣与时代风尚,而杜甫则是站在绘画理论家的个人立场发言,"画骨"是他崇尚劲瘦与骨力等审美趣味的体现,也是他超越流俗审美风尚的思想表达。

其实,杜甫并非不知马有肥瘦良劣之分,也并非不了解当时以肥大丰腴为美的时代风尚,③他之所以主张"画骨"而贬抑"画肉",除了个人的审美偏爱之外,还有特殊的时代文化背景因素。盛唐以来,上层阶级以肥硕华丽为美,这种审美风尚产生之后,全社会趋之若鹜,竞相仿效,从而导致了浮华奢靡的脂粉气。杜甫对此深表不满,因而加以严肃的批评。可见,杜甫的审美理想代表了当时部分绘画理论家的立场,他们要求从当时社会盛行的主流审美风尚突围出来,呼吸清新的理论空气,所以他将思想的触角伸向了超凡脱俗的审美情趣。

杜甫认为,马的美不在于外表的华美肥硕,也不只是要表现马的骨骼健壮,因为这还只是停留于马的物理存在状态,不足以谓之真实。他主张画马须画骨,将"骨"与"气""神"等因素结合起来,"画

---

① [唐]张彦远:《历代名画记》,《叙历代能画人名》,《中国书画全书》第一册。
② 如,张彦远说:"古之画,或能遗其形似,而尚其骨气,以似之外求其画,此难与俗人道也……今之画人,空陈形似,粗善写貌,得其形似,则无其气韵。"可见,他并非不懂"形似"与"骨气"的关系,这是他出于绘画史家的立场与代表当时主流审美风尚所致,并非矛盾一语可以概括。
③ 如,杜甫说:"同学少年多不贱,五陵衣马自轻肥"(《秋兴八首》其三);"朝扣富儿门,暮随肥马尘"(《奉赠韦左丞丈二十二韵》);"掌握有权柄,衣马自肥轻"(《太子张舍人遗织成褥段》)。

骨"既要刻画骏马的刚健雄强、奋勇无畏,又要展现马的内在骨力、气度与精神。

作为绘画史家,张彦远的立场和角度均与杜甫不同。在他看来,绘画不能离开特定的时代背景与社会环境,画家有师资传授,又必须别出心裁。绘画应该如实传达审美物象的真实样态,画肉画骨其实都只是形式层面的因素,并不是绘画真实性的关键所在。张彦远通过《历代名画记》的撰写确立了他的绘画史家地位,其实,通过对历代名家、名画的批评,以及对绘画原理的探讨,张彦远作为绘画美学家的身份也是非常明显的。他的绘画美学不仅在唐代举足轻重,而且泽被深远,传播海外。

第二节　朱景玄的绘画美学

朱景玄,生卒不详,唐朝武宗会昌时人,编撰《唐朝名画录》,以分品列传体编写而成。在这部断代画史里,他以"神""妙""能""逸"四品评判画家,其中前三品各分上、中、下三等,行文详略不一。朱景玄也提出了一些颇有价值的绘画美学问题,特别是他对绘画道法自然境界的推重,绘画逸品的出场也与他的努力分不开。

一、道法自然

据已有的绘画史料记载,在中唐以前,山水画科的地位远远不如人物画科那么高。张彦远《历代名画记》引顾恺之语:"画人最难,次山水,次狗马。其台阁一定器耳,差易为也。"张彦远评述:"斯言得之。至于鬼神人物有生动之可状,须神韵而后全。若气韵不周空陈形似,笔力未遒空善赋彩,谓非妙也。"①由此以观吴道子画,可谓神人假手,万象毕尽,六法俱全,穷极造化。他感慨时人之画粗得形似,全无气韵,徒具彩色,失其笔法,传模移写不过是画家末事,不足为画。

---

① [唐]张彦远:《论画六法》,《历代名画记》,《中国书画全书》第一册。

唐代绘画史家朱景玄也说:"夫画者以人物居先,禽兽次之,山水次之,楼殿屋木次之。何者?前朝陆探微屋木居第一,皆以人物禽兽,移生动质,变态不穷,凝神定照,固为难也。故陆探微画人物极其妙绝,至于山水草木,粗成而已,且萧史木雁风俗浴神等图画尚在人间,可见之矣。"①张彦远、朱景玄关于绘画各科地位的排列,都是以人物画为众科之首,张彦远认为山水画的地位仅次于人物画,而朱景玄则将山水画安排在人物画、禽兽画之后。可见,山水画在朱景玄这里的地位比在张彦远那里更低。朱景玄陈述了画科地位排列的理由。其中,山水画的地位偏低,朱景玄指认其艺术形式只是"山水草木,粗成而已",不如人物画变态无穷,生动难状,神韵难传。

与张彦远颇为接近的是,朱景玄也谈到绘画道法自然的艺术境界。他以吴道子为评判的基本尺度:

> 近代画者,但工一物以擅其名,斯即幸矣。惟吴道子天纵其能,独步当世,可齐踪于陆顾。伏闻古人云:画者,圣也,盖以穷天地之不至,显日月之不照,挥纤毫之笔则万类由心,展方寸之能而千里在掌,至于移神定质,轻墨落素,有象因之以立,无形因之以生,其丽也西子不能掩其妍,其正也姆母不能易其丑。故台阁标功臣之烈,宫殿彰贞节之名,妙将入神,灵则通圣,岂止开厨而或失,挂壁则飞去而已哉!②

朱景玄关于绘画感应通神的说法,其实是在肯定吴道子的绘画境界。依据朱景玄的描述,自然之作"天纵其能","妙将入神","灵则通圣",物我不分,心手两忘,这是道法自然的境界。这种绘画境界并非无法可依,而是忘怀自在,出神入化。后人以此论画,主张以心运法,圆活自如,既不墨守成规,又不舍弃法度。

从思想渊源的角度讲,神品出于儒家的审美传统,而自然则更合乎

---

① [唐]朱景玄:《序》,《唐朝名画录》,《中国书画全书》第一册。
② 同上。

道家的审美理想。但在中国美学中,神品与自然多不做严格的区分,学界普遍认为,道法自然与出神入化都指向审美活动的物我不分、心手两忘,它们可以指称自由的审美心境。《庄子·则阳》曰"师天而不得师天",宋人林希逸注:"师天而不得师天,言以自然为法而无法自然之名,不过与物相顺而已。"①前一"师天"是指刻意仿效,其结果只会远离自然之道;后一"师天"是指顺应自然之法,无意而顺乎天。在道家看来,进入物我两忘的审美心境,才能道法自然。无心于"师天",才能真正地师法造化。忘乎法度,才能真正地运法自如。这实际上也是朱景玄推重道法自然境界的精神所在。

二、逸品之出场

作为绘画审美境界的逸品,也应纳入隋唐五代绘画美学的讨论范围。与其他审美境界或艺术品第相比,逸品的文化内涵和审美特征颇为特别。"逸"的本义是"失",即"亡逸",引申为超脱、放纵、超越等义。中国古代文献常以"逸民"指称隐士,而美学意义上的"逸品"则是指不为法度所拘,而以另类风格为尚的审美境界或审美理想。由"逸"的语义规定,逸品也多指对常规法度的背离、突围与超越。这是逸品的基本内涵。相传南朝梁元帝就有关于"逸"的表述,这是逸品在中国艺术论中的较早出场。梁元帝说:"夫天地之名,造化为灵。设奇巧之体势,写山水之纵横。或格高而思逸,信笔妙而墨精。"②梁元帝论山水画,将其高妙的格调与画家卓尔不群的品行联系起来。逸品在后世艺术领域逐渐被推重,可能受到这种思路的启发。尽管"逸"的思想已经在艺术论中渐露头角,但至少在中唐以前,作为审美范畴的逸品并没有生成。但是,随着社会历史文化环境的变化,逸品逐渐进入新的审美传统之中。

在张彦远的《历代名画记》里,列有张志和、王默这两位后来被认定

---

① [宋]林希逸著,周启成校注:《庄子鬳斋口义校注》,第401页,北京:中华书局,1997年。
② 《梁元帝山水松石格》,《佩文斋书画谱》卷一三。

为逸品境界的画家。其中，会稽人士张志和，"性高迈不拘检，自号烟波钓徒。著《玄真子》十卷，书迹狂逸。自为渔歌便书之，甚有逸思"①。又如王默："风颠酒狂，画松石山水，虽乏高奇，流俗亦好。醉后以头髻取墨，抵于绢画。王默早年授笔法于台州郑广文虔，贞元末于润州殁。举枢若空，时人皆云化去。平生大有奇事，顾著作知新亭监时，默请为海中都巡。问其意，云要见海中山水耳。为职半年解去。尔后落笔有奇趣，顾生乃其弟子耳。彦远从兄监察御史厚与余具道此事，然余不甚觉默画有奇。"②从用字的角度统计，张彦远评张志和，用"逸"字 2 次，用"狂"字 1 次。张彦远评王默，用"狂"字 1 次，用"奇"字 2 次（指在肯定的意义上）。此外，张彦远在评顾恺之时，还使用过"调格逸易"一语，但在以上场合都未曾出现接近逸品的说法。当张彦远听说王默作画的情况后，也并没有觉得王默有让人感到惊奇之处。这种态度清楚地表明，张彦远并没有特别推崇王默等画家的意图。

在中国绘画美学领域，作为艺术品第的逸品初次出场，一般认为是在朱景玄的《唐朝名画录》里。朱景玄在"神""妙""能"三品之外，独自拈出"逸品"，并以"不拘常法"来界定它。朱景玄不仅大致确立了唐代以来绘画审美境界的基本类别，而且也对逸品的审美特征做了初步的规定。朱景玄《唐朝名画录序》："古今画品论之者多矣。隋梁已前不可得而言。自国朝以来，惟李嗣真《画品录》空录人名而不论其善恶，无品格高下、俾后之观者，何所考焉。景玄窃好斯艺，寻其踪迹，不见者不录，见者必书，推之至心，不愧拙目，以张怀瓘《画品》断神、妙、能三品，定其等格上中下，又分为三。其格外有不拘常法，又有逸品，以表其优劣也。"③可见，朱景玄之所以增列"逸品"，起初的意图是为了论述方便，但又并非出于一时快语，据交代，他对此早已"推之至心"。这表明，他拈出"逸品"，是经过反复揣摩而做出的理论总结。

---

① ［唐］张彦远：《叙历代能画人名》，《历代名画记》，《中国书画全书》第一册。
② 同上。
③ ［唐］朱景玄：《唐朝名画录》，《中国书画全书》第一册。

与张彦远对张志和、王默的评价相比,朱景玄推重逸品画家的意向已经有所表露。朱景玄所列的逸品画家有三位,分别是王墨、张志和、李灵省。朱景玄所说的"王墨",就是张彦远著作中的"王默",大概时人不识其真实姓名,而以其擅长泼墨山水,或以其性格沉默而呼之。此人漫游于江湖之上,"常画山水松石杂树,性多疏野,好酒,凡欲画图障,先饮醺酣之后,即以墨泼。或笑或吟,脚蹙手抹,或挥或扫,或淡或浓,随其形状,为山为石,为云为水,应手随意,倏若造化,图出云霞,染成风雨,宛若神巧,俯观不见其墨污之迹,皆谓奇异也"①。王墨虽性情疏野,笔墨随意,却合乎自然之道,有巧夺天工之妙。这是逸品画家的共同特征。

又如李灵省,性情落拓,不拘小节,爱画山水。图画出于心灵所向,断非强力而为。"但以酒生思,傲然自得,不知王公之尊重。若画山水竹树,皆一点一抹便得其象,物势皆出自然。或为峰岑云际,或为岛屿江边,得非常之体,符造化之功,不拘于品格,自得其趣尔。"②还有一位是张志和,此人"常渔钓于洞庭湖。初颜鲁公典吴兴,知其高节,以渔歌五首赠之。张乃卷轴随句赋象。人物、舟船、鸟兽、烟波、风月,皆依其文,曲尽其妙,为世之雅律深得其态"③。朱景玄将这三位画家列为逸品,是因为他们作画运用的都是"非画之本法","盖前古未之有也"。这三位画家在中国绘画史上具有一定的特殊性,于是独标逸品。其实,朱景玄之所以单独拈出逸品,不只是出于这三位画家的画法不同常人,他还有更为深层的绘画审美境界方面的考虑。只是朱景玄并没有完全挑明这一点,也没有做出深入的阐发。

在此,仅以张志和为例,并结合同时代文人的记述来深化对逸品画家的考察。据颜真卿所撰的碑铭记载,张志和与颜真卿、陆羽交游深厚。天宝末年,"安史之乱"爆发,张志和曾向唐肃宗献计,深受器重,令其为翰林待诏,授左金吾录事参军,并赐名志和,后贬南浦县尉,从此不仕,寄

---

① [唐]朱景玄:《唐朝名画录》,《中国书画全书》第一册。
② 同上。
③ 同上。

情山水。

张志和好画山水,长于渔歌。他是一位富有传奇色彩、信奉道教的画家,曾作《玄真子》十二卷,自号"玄真子"。颜真卿如是评价他:"士有牢笼太虚,戡掖玄造,摆元气而词锋首出,轧无间而理窟肌分者,其惟玄真子乎?"在好友颜真卿眼里,张志和简直就是天地造化的真元气象。他适性而生,适兴而往,随意取适,志在江湖,"扁舟垂纶,浮三江,泛五湖,自谓烟波钓徒"。垂钓去饵,兴在于渔,而不在鱼。他"齐得丧,甘贱贫",过着超越世俗功利目的的生活。这是张志和的生存方式,也体现出他自适其适的生命态度。这样的生命态度让他寄情于山水绘画,酒酣乘兴,击鼓吹笛而作,"或闭目,或背面,舞笔飞墨,应节而成"。俄尔挥洒,便有气吞云梦之势。须臾之间,抖出千变万化之姿。蓬壶仿佛,天水微茫。令观者轰然愕贻,欣然神往。颜真卿发现,张志和的舴艋舟破旧了,于是建议他更换新舟。张志和答道:"倪惠渔舟,愿以为浮家泛宅,沿泝江湖之上,往来苕霅之间,野夫之幸矣!"这个答复体现张志和疏野天放的性情,同时也反映出他精神境界的超凡脱俗,旷达自在。再从个性而言,他"立性孤竣,不可得而亲疏;率诚澹然,人莫窥其喜愠。视轩裳如草芥,屏嗜欲若泥沙。希迹乎道丈夫同符乎古作者,莫可测也"①。张志和的精神品格超然自适,因而获得颜真卿的深情厚谊,也得到了后世绘画史家的尊重。与王墨、李灵省相比,张志和在逸品画家中更具代表性与典范意义。从颜真卿对张志和的描述,也可以推测出唐代逸品画家的大致情况。

张志和与颜真卿、皎然、陆羽都是一时风流名士,他们之间又是志趣高洁的知心好友。关于张志和绘画的审美境界,皎然也有如此传神的记述:

> 道流迹异人共惊,寄向画中观道情。如何万象自心出,而心澹然无所营。手援毫,足蹈节,披缣洒墨称丽绝。石文乱点急管催,云

---

① [唐]颜真卿:《浪迹先生玄真子张志和碑》,《颜鲁公集》卷九。

态徐挥慢歌发。乐纵酒酣狂更好,攒峰若雨纵横扫。尺波澶漫意无涯,片岭峻嶒势将倒。盼睐方知造境难,象忘神遇非笔端。昨日幽奇湖上见,今朝舒卷手中看。①

在这里,皎然突出了张志和注重审美感兴与生命体验的传达,而这正是逸品境界的基本内涵。皎然这则记述为后来的中国绘画史书写提供了一些观念与方法层面的参考。

将朱景玄与张彦远的记述稍作比较,即可发现,逸品画家的人数已有增加,更重要的是,逸品画家的艺术地位也得到了明显的提升。上述被列为逸品境界的画家存在三个共同的特征。

其一,从画家的性情而言,他们都性喜江湖,志节高洁,有隐逸之风,不为世俗的功名利禄所累,常以书画诗酒自得其乐,过着逍遥自在的民间生活。

其二,在绘画审美活动中,他们貌似随意而为,却又合乎造化之功("倏若造化""符造化之功"),但他们的审美境界已经很难用既有的艺术品第来规定了。

其三,从法度论的角度看,逸品画家都是不拘常法的艺术家,不拘常法是这派画家最基本的特征,正因为他们所运之法"非画之本法,故目之为逸品"。

禅宗有"教外别传"之说。南宗禅以心传心,不拘泥于经典、传统、文字等说教形式,而主张以全部的生命投入对禅理的体验之中。所谓"教外别传",含有挑战权威、反叛秩序的意味。与道法自然推崇心物两忘的境界不同,逸品较多地体现出不为法缚,"教外别传"的旨趣。逸品画家多是好奇尚怪之士,具有不拘传统秩序与既有法度的反叛精神。非常之人,如果不是装模作样,故弄玄虚,就必然有其非常独特的见地。好奇尚怪,是在常规习法之外求活路,因而有意识地背离既有的传统和秩序。逸品画家突破常规的审美路数,表达自家的心灵体验,所以能不拘常法,

---

① [唐]皎然:《奉应颜尚书真卿观玄真子置酒张乐舞破阵画洞庭三山歌》,《全唐诗》卷八二一。

不为法缚,绝处逢生,痛快自在。有时,逸品画家的画面构图初看起来可能粗陋荒怪,不足仿效,然而仔细品味,却独具一种味道,别有一番风韵。在习法常规之外求生存,在模拟仿造之外获取灵感,需要画家具备点铁成金、化腐朽为神奇的本领。逸品画家之所以为世所重,主要是由于他们有破除陈法的创新意识。他们发乎性灵的创新精神、适兴随意的审美态度,给中国人以心灵的滋养。逸品画家的审美神韵绝非讲求细描精刻、雕琢修饰的画家所能办。

为了更清楚地把握逸品境界的出场背景,不妨再做些辨析。宋人黄休复撰有《益州名画录》,前有虞曹外郎致仕李畋于景德三年(1006)五月二十日所作之序,依此,可以大致确定该书的成书时间。学界一般认为,黄休复对于绘画逸品境界的贡献最大,因为他正式确立了逸品的地位,并给予简要的阐释。黄休复将"逸格"置于"神""妙""能"诸格之先:"画之逸格,最难其俦。拙规矩于方圆,鄙精研于彩绘。笔简形具,得之自然,莫可楷模。出于意表,故目之曰逸格尔。"①在此,所列为"逸格"者仅为孙位一人。孙位生活在唐僖宗年间,号会稽山人。他"性情疏野,襟抱超然,虽好饮酒未尝沉酩,禅僧道士常于往还。豪贵相请礼有少慢,纵赠千金难留一笔,惟好事者时得其画焉"。考虑到黄休复关注的是益州画家,仅列孙位也不足为奇。孙位的画作主要流传在禅门道观,因为他常被请到寺庙里画鬼神图像,作龙水壁画。黄休复称孙位所作"松石墨竹笔精墨妙,雄壮气象莫可记述。非天纵其能,情高格逸,其孰能与于此耶"②。这是黄休复对逸格境界的基本描述。

黄休复固然是第一次公开规定绘画逸格的基本内涵,但此前唐代绘画史家朱景玄围绕逸品问题所做的理论贡献也不可忽略。朱景玄在介绍逸品画家时,虽然没有进行综合性的归纳提炼,但已初步勾勒出逸品的文化内涵与审美特征。例如,他指出逸品画家"不拘常法",这被后来

① [宋]黄休复:《益州名画录》卷上,《中国书画全书》第一册。
② 同上。

者正式确定为逸品境界的理论内涵之一。他提到的三位画家也因此进入中国绘画史,并被追认为逸品画家之正脉。倒是被黄休复列为逸品画家的孙位,不仅在绘画史上的地位并不高,而且黄休复的批评文字也多沿袭梁元帝的《山水松石格》,以及朱景玄对王墨、张志和经历的介绍。可见,完全忽视或有意遮蔽朱景玄等唐代绘画美学的理论贡献,而放大宋人黄休复的功绩,既不能准确把握逸品出场的思想背景,也不符合隋唐绘画美学的发展事实。

第三节　王维的绘画美学

王维(699 或 701—761),字摩诘,盛唐诗人,有"诗佛"之称。王维多才多艺,在诗、书、画、音乐等领域造诣深厚。王维精通佛典,受佛教文化影响很深,识见远在时人之上。这成就了他的绘画美学。

高扬画家的创造精神,是王维绘画美学的重要内涵。王维探讨"游戏三昧"、绘画写意等绘画美学问题,都体现出高扬画家创造精神的意向。

一、游戏三昧

王维论山水画,时有精到之语:"手亲笔砚之余,有时游戏三昧。"①这个绘画美学命题主要是针对水墨山水而言的。所谓"游戏三昧",是指画家超越世俗功利的生存状态,以一种审美的态度进行山水画创造活动。或者说,"游戏三昧"传达的是画家在超功利的感兴状态之下即兴而为的审美体验。水墨画家不赋五彩,不为笔使,心境虚灵,以游戏的态度从事山水画创造活动,在无拘无束的审美情境中逍遥游戏。在此,审美物象的客观性状不再桎梏画家创造力的尽情发挥,也不再成为评判艺术真实与否的主要尺度。笔墨游戏是一种游戏自在的审美活动。须臾即永恒,

---

① [唐]王维:《山水诀》,《中国书画全书》第一册。

存在即此刻。中国山水画家常与须臾此刻相嬉戏,体证创造力的无穷微妙,省视内心世界的隐微变化,思索生命当下的存在意义。

"雪中芭蕉"是中国绘画史上的热门公案。相传王维曾经作有"雪中芭蕉"之景,这种将不同季节出现的审美物象安排在一起的构图,引人遐思,也颇让人费解。北宋以来,以为其不解常识者有之,为之辩护者似乎更多。大部分谴责者以为王维不知寒暑,而歌赞者(如释惠洪)则以为是作者打破禁忌的奇思妙想①。这些评价,往往从一个极端走向另一个极端。有的辩护者举例说,岭南、闽中大雪里确有芭蕉出现,他们想以此证明"雪中芭蕉"这类构图有其真实的依据。这些辩护者可谓用心良苦,但是,对于理解作为审美创造活动的绘画来说,无疑显得过于执实,不得要领。倘若结合王维游戏笔墨的绘画观念加以解读,就会发现,王维是否真的到过岭南、闽中,或者是否听说过这些地方的奇事轶闻,似乎并不特别重要。令人费解的是,某些当代学者在谈到此一公案时,依旧全然不顾语段的整体大意,断章取义地认为惠洪是在讥诮王维"雪里芭蕉失寒暑"。以上误解,只会离画家的本意越来越远。

王维画雪中芭蕉,显然与他在《山水诀》中提出的"游戏三昧"的创造精神是一致的。他以大乘佛教的幻化观念为画学基础,是要破除人对世俗时空意识的执念,突破世俗时空对画家创造精神的束缚,从而展示一种自由的审美心境。就王维当时的禅宗发展状况而言,当时南宗禅法盛行,王维还为慧能撰写过碑铭。佛教视变化为虚幻的观念已被南宗禅明心见性、即心即佛的宗旨所融化,禅师们已不太关注物质世界变化的真实性,而以明净之心获取任运自然的生命境界。王维并不像某些西方学者说的那样是为了追求长生而画芭蕉,至少在王维等文人画家那里,芭蕉意象是中国人直面幻化人生,以审美游戏的态度探寻存在的真实意义而生发的灵思奇致,是想通过须臾片刻来拓展生命的创造力,从有限的物理时空突围出来,而与永恒的宇宙相照面。

---

① [宋]惠洪:《诗忌》,《冷斋夜话》卷四。

二、写意

绘画写意观念的思想渊源可以追溯到先秦道家。在庄子那里,就有了重意轻言、得意忘言的倾向,但由于庄子不是针对具体的美学问题而言,因而他的言意观并没有直接促成审美领域写意观念的生成。长期以来,学界多以宋元文人画的疏淡之风作为绘画写意的出场标志,其实王维就已注意到这个问题。

中国哲学特别重视人的"识""意"等功能,这对于中国美学的很多问题都有启发。在中国美学看来,人的心灵主宰意识,具有无限的创造力,它是审美活动进行的必备条件。审美者通过起用心灵的创造力,不断超越自我,从而创造出意蕴丰富的审美世界。

关于画家的创造精神,王维的见解极为精要:"传神写照,虽非巧心。审象求形,或皆暗识。"①王维认为,传神写照,不是画家依赖机巧之心可以达到的境界。然而,传神写照,又离不开画家的创造之心,因为审美意象与艺术形式的传达,都必须依靠画家心识的起用。这里的"暗识"是指处于潜隐状态的心识,也就是画家的创造力。王维所说的"暗识",就是在张扬画家的创造精神。

王维提升了"心识"在绘画创造活动中的地位。"暗识"来自画家的审美创造力,是画家审美意识的流露,是画家心之所使,情之所发,或者更为深层地说,它源自画家的创造精神。据现有的中国绘画史文献记载,"写意"二字的首次合用,出现在元代汤垕的画论中。但是,在强调画家的创造精神方面,王维的"暗识"与汤垕的表述并无本质差异。王维绘画写意观念的美学价值由此可见一斑。

王维张扬画家的创造精神,这与唐代心性论的高度发达有着密切的联系。强调心性的圆满具足、清净无染,这是隋唐五代道教与禅宗心性论的基本看法。这些看法对于隋唐五代绘画与绘画美学都产生过直接

---

① [唐]王维撰,[清]赵殿成笺注:《为画人谢赐表》,《王右丞集笺注》卷之十七。

的影响。禅宗发展到慧能时代,心性的地位已经被提升到前所未有的高度。正如达摩西来,单传心印,不立文字,南宗禅也以人的心识为至高无上之法,高扬人的自觉、自悟、自信。落实到审美领域,就要求人在审美活动中以心为师,抒发自家的真实性灵,直入个体的创造心源。笔墨运用之道,源于画家的灵妙心源。心不系于外物,则天全自守,万象森罗,刹那顿现。

就画家的创造精神来说,前面提到的"游戏三昧""写意"等绘画美学问题,都在呼吁展现画家的个性风采,表写真实的生命体验。王维绘画美学张扬画家的创造精神,这对于推重创造、讲究体验的文人画来说,至今仍有不可低估的理论价值。

到了王维这里,山水画的地位得到了很大程度的提升。他不仅推重水墨山水,而且还针对山水画的审美形式发表过看法。传为王维所撰《山水诀》:"渡口只宜寂寂,人行须是疏疏。""塔顶参天不须见殿,似有似无,或上或下,茆堆土埠半露檐庑,草舍庐亭略呈墙柠。"①王维认为,水墨山水应该讲究意象经营,他对笔墨有/无、隐/现的处理就与审美形式有关。在王维看来,山水画的地位并不低于人物等科,山水画的形式创造也不只是"经营位置"或"粗略而成"可以概括,山水画的审美形式完全出于画家的创造心灵。所以,王维对审美意象的营造已经不像张彦远那样实体化、简单化,他主张绘画意象"似有似无""或上或下""半露""略呈",由此呈现各各不同的心灵境界,传达鲜活独特的形式美感。这样,绘画的艺术形式也就具备了不求形似的审美趣味,在似真若幻、似有若无的意象背后,蕴含着水墨山水形式散发的独有气韵。

三、形式即幻相

视艺术形式为幻相,是隋唐五代绘画美学在佛教幻相论启引之下形

---

① [唐]王维:《山水诀》,《中国书画全书》第一册。

成的一种艺术形式观。与不求形似的形式论相比,持这种观点的绘画美学家认为,艺术如泡影,形式为幻相,所以,审美者对绘画形式应当不取不舍,了无挂碍。种种艺术形式,总是心念所现,刹那生成,并无实在的意义,也无永恒的体性。任何绘画艺术,又必须以特定的媒介载之,以具体的形式出之。此真则彼真,此假则彼假。对于不同的形式处理,过分执著孰真孰假,孰是孰非,毫无意义。简言之,在这派绘画美学家看来,艺术形式正如幻相所出,它是心源造化的闪现,是灵心妙思的须臾游戏。它虚幻而无自性,不可执以为实。各种艺术形式之间又是平等存在的,故不可非此即彼。

王维没有再对绘画形式做出内外、轻重之分,他视绘画形式为幻相,将绘画形式的虚幻性道破。一般认为,佛教画像要传达佛祖或佛教人物的真容,但是,佛祖的真容到底如何,谁都很难说得清楚。佛祖的真容宛如梦幻空花,了不可得,世间画家用笔墨材料、艺术形式塑造出来的只是佛祖或其他佛教人物的化身而已。因此,画家塑造的佛教人物画像,成就的是佛教的幻化空身,观者不可执于一尊,而贬抑其余。因为在禅宗那里,无明实性即佛性,幻化空身即法身。从体性来说,虽然画家塑造的佛像是虚幻不实的,但这并不妨碍佛像作为佛祖真容显现方式的价值。王维的画赞就表达出这层思理。王维说:"法身无对,非东西也。净土无所,离空有也。"[1]变画是幻化之相,是一种审美幻相,是虚幻不实的艺术形式。王维是说,真如实相绝对至上,不可落入边见,但真如实相又可通过变画之相来显现。

在另一则画赞里,王维提出"一法"论,也同样触及绘画形式的真实性问题。王维说:"稽首十方大导师,能于一法见多法。以种种相导群生,其心本来无所动。稽首无边法性海,功德无量不思议。于已不色等无碍,不住有无亦不舍。我今深达真实空,知此色相体清净。"[2]此画赞中

---

[1] [唐]王维撰,[清]赵殿成笺注:《西方变画赞并序》,《王右丞集笺注》卷之二十。
[2] [唐]王维撰,[清]赵殿成笺注:《西方变画赞》,《王右丞集笺注》卷之二十。

的"一法",主要是指一相,是变画所展现的图像形式。这种图像形式出乎画家之心,是乍然变现的,所以称之为审美幻相。"能于一法见多法",表明西方变画的形式虚幻不实,能即幻相显真相,映现世间万物的本来面目,因为"一法"之相出于画家的圆活心境。结合隋唐五代绘画史来看,视形式为幻相的画理在佛教题材画像中也普遍存在。相传唐代卢楞迦所作《六尊者像册》(故宫博物院藏),神态庄严,悲天悯人之情、普度众生之愿,传神备至,令观者叫绝。

同属佛教人物画像,五代画僧贯休的罗汉图则怪诞丑陋,大异其趣。关于贯休罗汉图的怪异风貌,在贯休生活的时代就已经引起绘画批评界的注意。例如,张格在写给贯休的书信里称:"画成罗汉惊三界,书似张颠直万金。"①一个"惊"字,极省笔墨,将贯休罗汉画不同常规的怪异风貌概括无疑。相比之下,欧阳炯评价贯休的罗汉画更为传神:"忽然梦里见真仪,脱下袈裟点神笔。高握节腕当空掷,窸窣毫端任狂逸。逡巡便是两三躯,不似画工虚费日。怪石安拂嵌复枯,真僧列坐连跏趺。形如瘦鹤精神健,顶似伏犀头骨粗。"②欧阳炯描述了贯休罗汉图的"狂逸"、怪异之风,认为贯休之作孤情峭拔,"逸艺无人加"。这是极高的评价。

贯休的罗汉图"狂逸"、怪异,不为寻常之作,却有应真之功。谁能说贯休的罗汉图不真实? 贯休作罗汉图,有他关于绘画形式的独到理解。贯休视绘画形式为幻相,他要将常人执形相以为实的颠倒之见再颠倒过来。卢楞迦与贯休所造的罗汉形相不一,神态各异,但同为罗汉画像,事理本无二致,都可谓之写真。佛教罗汉画以幻相显现真相,这是视艺术形式为幻相的例证。

王维视绘画形式为幻相,是指艺术形式的非实体性。视绘画形式为幻相,是说绘画从体性来讲是画家心识的产物,不是先天就有的,也不是永恒不变的,它是画家瞬刻的心灵体验,展现的是一种虚幻不实的审美

①〔唐〕张格:《寄禅月大师》,《全唐诗》卷七六〇。
②〔前后蜀〕欧阳炯:《贯休应梦罗汉画歌》,《全唐诗》卷七六一。

形式。这并没有一味否定绘画形式的意思。依据大乘佛教的般若空观，幻相虽然不实，却可作为真如实相的显现方式，这就是幻相即实相之理。绘画形式也以真空幻有的形态存在，即幻悟真，它能在传达画家审美体验的同时，以圆活自在之心体证绘画形式的妙义，领会禅宗"不立文字"的旨趣，领悟绘画本体以及绘画与人生的同构关系。

第四节 荆浩的绘画美学

荆浩生活于五代时期，生卒不详。荆浩的《笔法记》是中国绘画美学史上的经典之作。傅抱石指出，荆浩"举一个'真'字做基础""以'真'为绘画的最大鹄的"①。探究绘画的真实性的确是荆浩绘画美学的理论核心。在《笔法记》里，与"真"组合的词汇很多，与"真"相关的思想也随处可见。"图真"是荆浩评判山水画的基本标准，"六要""四品""四势"都贯穿着崇尚真实的精神。这表明，真实性是荆浩绘画美学的基本内涵。

荆浩的绘画美学承上启下，虽然还带有隋唐五代主流审美观念的印迹，但在精神实质上又与前者拉开了距离。荆浩的"图真"理论代表着五代绘画真实性讨论的最高水平，这对文人画审美观念的发展功不可没。为了更好地把握荆浩的绘画真实观，本节一并评述唐代其他学者关于绘画真实性的看法。

一、六要

"六要"是荆浩在《笔法记》中提出的绘画美学概念。为了更好地理解这个概念，需要将它与谢赫在《古画品录》里提出的绘画"六法"对比考察。何为"六法"？一，气韵生动；二，骨法用笔；三，应物象形；四，随类赋

① 傅抱石：《傅抱石美术文集》，第25、26页，上海：上海古籍出版社，2003年。

彩;五,经营位置;六,传模移写。① 谢赫是六朝绘画美学家,他以"六法"作为评判绘画的基本尺度,依据绘画水平的高下将所论画家依次分为六大品级。第一品为陆探微、卫协等,他们的绘画水平最高,"六法"皆备,其余五品则各有所长,又各有所亏,或各有巧拙,不一而足。总体来看,"六法"看重的是艺术水平或审美特征,至于"六法"与画家精神世界有何联系,以及画家在绘画创造活动中究竟处于怎样的地位,这些问题都没有进入谢赫"六法"论的理论视野。

隋唐五代绘画美学已经发展到一个新的阶段,各方面的理论建树都出现了新的飞跃。画家在审美活动中的地位如何,这个问题引起了荆浩的重视。对此,他提出了绘画"六要"这个概念。他是这样规定"六要"的:

> 气者,心随笔运,取象不惑。韵者,隐迹立形,备仪不俗。思者,删拨大要,凝想形物。景者,制度时因,搜妙创真。笔者,虽依法则,运转变通,不质不形,如飞如动。墨者,高低晕淡,品物浅深,文采自然,似非因笔。②

荆浩将"六要"与"六法"加以对比,就会发现它们至少存在四个方面的差异。

其一,"六要"去"六法"之"传移模写",而代之以"删拨大要""凝想形物"之"思"。"思"与"度"是《笔法记》里的重要术语,二者语义颇为接近,都不是指理论的思考或计量,而是指与审美创造活动直接相关的一种心识状态,它们是画家创造力的体现。

其二,"六要"以"景"代"六法"之"应物象形",并要求画家能"搜妙创真",这与《笔法记》高扬画家的创造精神是分不开的。"搜妙创真",贯注着画家对世间万物的妙悟,是一种当下圆满的审美直觉,同时又强调妙悟成真,触物即道。画家心识自在,性灵开启,审美物象必然生气贯注,

---

① [南齐]谢赫:《古画品录》,《中国书画全书》第一册。
② [五代]荆浩:《笔法记》,《中国书画全书》第一册。

真趣充盈。谢赫所说的气韵，是指审美物象的生命精神。荆浩则进一步深化了气韵的内涵，他将气韵一分为二，既将"气"归入画家饱满的精神状态，又将"韵"归入绘画表现形态的超俗。有学者将"六要"之"韵"释为"韵律"，显然与其原有意义存在分歧，不妥。[①] 这样，经过荆浩的理论转化，气韵不仅有效地起到沟通画家与审美物象的作用，而且更为突出画家在审美活动中的地位，而这恰恰是谢赫"六法"概念不太注重的地方。

其三，"六要"去"六法"之"随类赋彩"，代之以用"墨"之道。荆浩解释说，随类赋彩，自古就有画家擅长这种技法，至于水晕墨章，则是从唐代才开始兴起的。例如，张璪画的树石，"气韵俱盛，笔墨积微，真思卓然，不贵五彩，旷古绝今，未之有也"。因其用墨有道，张璪画松得到了时人的高度评价。荆浩又说，李思训山水虽然理深思远，笔迹精湛，精巧华丽，然而大亏墨彩；项容所作树石顽涩不群，但用墨独得玄门，放逸而不失真元气象。[②] 讲究用墨之道，是《笔法记》高扬画家创造精神的体现，也是荆浩对于中国绘画美学的突出贡献。

在五代之前，泼墨画不太为绘画史家所重，如朱景玄《唐朝名画录》提到，王墨、李灵省、张志和常以游戏之法泼墨作画，他们同属逸品画家，但"此三人非画之本法"[③]。张彦远也认为："有好手画人，自言能画云气。余谓曰：古人画云，未为臻妙。若能沾湿绡素，点缀轻粉，纵口吹之，谓之吹云。此得天理，虽曰妙解，不见笔踪，故不谓之画。如山水家有泼墨，亦不谓之画，不堪仿效。"[④]上述两位绘画史家颇能代表唐代绘画理论界的基本态度。足见有唐一代，泼墨山水在画坛的地位并不太高。王维提

[①] 英国艺术史家苏立文将"六要"之"韵"释为"韵律"，显然与其本来意义存在分歧，不当。此外，苏立文在解读荆浩的绘画理论时，关注的主要是"逻辑""技术问题""依从自然的规律"等，很难说真正进入了中国艺术观念的深层世界。（参见苏立文，曾堉、王宝连编译：《中国艺术史》，第179—181页，台北：南天书局，1985年。）

[②]［五代］荆浩：《笔法记》，《中国书画全书》第一册。

[③]［唐］朱景玄：《唐朝名画录》，《中国书画全书》第一册。

[④]［唐］张彦远：《论画工用榻写》，《历代名画记》卷二，《中国书画全书》第一册。

倡水墨山水颇为用力："夫画道之中,水墨最为上。肇自然之性,成造化之功。或咫尺之图,写百千里之景。东西南北,宛尔目前,春夏秋冬,生于笔底。"①王维虽然以水墨山水为画道之最,但目前尚未发现他推重泼墨山水的详尽表述。到了五代时期,荆浩大力推崇泼墨山水,认为墨具五色,一应俱全,圆满自足,无需赋彩。绘画运墨,全凭画家在感兴状态下的审美直觉。绘画之美成于瞬间,它不经由概念演绎或逻辑推理而致,也不按照现有的画谱复制摹仿。这是不可复得的审美活动,运墨即道,当下即是,弄巧成拙,转念即非。

其四,在用笔方面,绘画"六要"主张"运转变通""不质不形,如飞如动"。在荆浩看来,笔随心转,意在笔先,飞动变化的笔迹传达着画家的神思,流畅自在的线条表显出画家的风韵,这是真正的用笔之道。一般认为,画家关于笔墨运用的认识差异,只涉及具体的艺术技法问题。其实,在中国绘画美学看来,任何绘画技法的运用都不只是浅层的技法问题,而是真实地反映出画家心灵的圆活通变程度。荆浩的笔墨之道也隐含着五代以来绘画审美观念变迁的趋势。传为荆浩所作的《画山水赋》也谈到:"势有形格,有骨格,亦无定质。所以学者初入艰难,必要先知体用之理,方有规矩。其体者,乃描写形势骨格之法也。""其用者,乃明笔墨虚皴之法,笔使巧拙,墨用轻重。使笔,不可反为笔使,用墨,不可反为墨用。"②结合《笔法记》的思想来看,将《画山水赋》的著作权归于荆浩不无道理。因为,这两篇绘画论文都思考了绘画的笔墨之道,都突出画家心识之于笔墨运用的优先地位。

可见,荆浩"六要"与谢赫"六法"在审美观念方面差异很大,其间有绘画美学家理论偏爱、学识素养、价值取向等方面的原因,这些差异更同时也意味着隋唐五代绘画美学的运思转向,即理论重心逐渐从六朝画学关注绘画艺术本身转移到强调画家创造能力,张扬画家的创造精神等层

---

① [唐]王维:《山水诀》,《中国书画全书》第一册。
② [五代]荆浩:《画山水赋》,《中国书画全书》第一册。

面来了。

二、去似取真

在《笔法记》里，荆浩借老叟之口对绘画的"似"与"真"(或称"华"与"实")的关系进行辨析。老叟如是说："似者得其形，遗其气。真者，气质俱盛。凡气传于华，遗于象，象之死也。"①这段关于绘画"似"与"真"关系的辨析，目的在于强调绘画的真实性。离"华"求"实"，去"似"取"真"，这是荆浩对绘画真实性的基本看法。

在中国绘画美学史上，荆浩第一次将"真"与"似"区分开来，这已得到学界的普遍认可。但是，很少有人追问其中的原因。究其实，《笔法记》之所以要去"似"取"真"，最根本的原因在于，"凡气传于华，遗于象，象之死也"。"华"纵然可以摹仿物象的外在形貌，得其外在的形似，但由于"华"无法传达物象的真元之气，不可能创造出"气质俱盛"的审美意象，因而也就不可能显现物象的真实。"气"传于"华"，如魂不附体，飘荡而无所依止，这样的物象是没有生命力的，它终究只是死"象"。"气"与"象"合，心物为一，才有真实之象可言。

老子尚"真"去"华"，这是道家真实观的源头，荆浩的绘画真实理论显然也离不开这个思想源头。《道德经》第三十八章："前识者，道之华，而愚之始。是以大丈夫处其厚，不居其薄；处其实，不居其华。故去彼取此。"在老子看来，道是万物之母，是宇宙之本源，它朴素无华而生成万物。道家将朴素无为之"道"确定为最高层次的真实，而世间万物都是由道生成的，它们华而不实，被称为道末。老子以"道"为本，以"华"为末，就是要超越舍"实"求"华"、重末轻本的世俗之见，归于自然朴素的本真世界，这是道家的存在境界。道家主张返璞归真，去"似"取"真"，离"华"求"实"，这是一种不同于儒家文质合一传统的真实观。

老子的真实观也为隋唐五代道教所吸纳。初唐道教主张返璞归真

---

① [五代]荆浩：《笔法记》，《中国书画全书》第一册。

之道,认为处其厚不处其薄,居其实而不居其华,才是体道悟真之本。形式美的生成都离不开人为的修饰,而人为的修饰却经常违背朴素自然的造化原则,它会遮蔽物象的真实存在。荆浩与当时道教界有着直接的联系,老庄道家与隋唐道教崇尚质朴的自然真实观也为荆浩所认同,并将此融入对绘画真实性的思考当中,因而提出了去"似"取"真"的说法。在《笔法记》里,还有一段话也体现出与之相似的运思路向。荆浩说:"神妙奇巧。神者亡有所为,任运成象。妙者思经天地,万类性情,文理合仪,品物流笔。奇者荡迹不测,与真景或乖异,以致其理。偏得此者,亦有笔无思。巧者雕缀小媚,假合大经,强写文章,增邈气象,此谓实不足而华有余。"①"实"即"真",所谓"实不足而华有余",也是批评机巧者重雕琢而轻自然的习气,同样表达出离"华"求"实",去"似"取"真"的真实理想。

荆浩指出,绘画在审美形式方面常出现两种毛病:一是"无形",二是"有形"。有形之病,是指绘画形式完全背离了审美物象的现有状态,如"花木不时,屋小人大,或树高于山,桥不登于岸,不可度形之类是也"。这种毛病,相当于前面提到的形似,它是画家造成的硬伤,是不可图改的。无形之病,是指审美物象"气韵俱泯,物象全乖,笔墨虽行,类同死物,以斯格拙,不可删修"。这种毛病是指气韵方面的问题,是缺乏生机活力的形式。于是,荆浩提出"须明物象之原"的主张。所谓"物象之原",是指审美物象的本来面目,它指向绘画的真实性,同时也是艺术形式应遵循的审美原则。"有形"之病失于"似",却不真实;"无形"之病既不"似",也不真实。沾上了这两种毛病,就不可能生成完美的绘画形式,因为它们背离了审美物象的真实原则。

荆浩还强调绘画真实与生命元气的密切联系。在《笔法记》里,"气"居"六要"之首,"气"为"四势"之一。其中,共出现"气韵"四次、"气质"一次、"气象"二次、"气势"一次、"气"三次,均指审美物象的生命元气和内在精神。荆浩说:"真者,气质俱盛。"可见,绘画的真实不是物象形式的

①〔五代〕荆浩:《笔法记》,《中国书画全书》第一册。

相似,不是再现式的模拟,真实须出乎物象的生气,真实是审美物象生动可感的精神。"气"与"质"合,"真""气"内充,审美物象才有可感的生命活力。这表明,绘画的真实不是抽象的逻辑真实,也不是审美物象的物理真实,而是指审美物象生命元气的充盈饱满,是天地万物的生机流布。

在这方面,荆浩的绘画真实观与杜甫对绘画真实性的态度较为接近。

在参与题画的唐代文人中,杜甫用力颇勤,且取得了较大的成绩。杜甫题画松、马、鹰、山水诸作,有搜奇抉奥、笔补造化之功。杜甫也重视绘画的真实性,杜甫所讲的绘画真实,主要是指画面展现出来的气势和气魄,而绘画的气势、气魄与画家的精神境界有关,同时又是审美物象生命元气的体现。绘画的气势和气魄能触发一种身临其境的真实可感的气场,能引发审美者痛快淋漓的生命体验。杜甫题画:

> 堂上不合生枫树,怪底江山起烟雾。闻君扫却赤县图,乘兴遣画沧州趣。画师亦无数,好手不可遇。对此融心神,知君重毫素。岂但祈岳与郑虔,笔迹远过杨契丹。得非玄圃裂?无乃潇湘翻?悄然坐我天姥下,耳边已似闻清猿。反思前夜风雨急,乃是蒲城鬼神入。元气淋漓障犹湿,真宰上诉天应泣。野亭春还杂花远,渔翁暝踏孤舟立。沧浪水深青溟阔,欹岸侧岛秋毫末。不见湘妃鼓瑟时,至今斑竹临江活。①

且不说刘少府山水障气象到底如何,仅从杜甫的这则题跋,也差可领略盛唐山水画的生命精神。特别是"元气淋漓障犹湿,真宰上诉天应泣",历来被尊为画论名句。这两句诗意蕴丰富,它们既描绘了山水障给杜甫带来的惊心动魄的审美快感,也表露出杜甫对山水画真实性的诉求。"真宰"语出《庄子·齐物论》:"若有真宰而不得其朕。"这是庄子对道体的指称。又,《庄子·知北游》:"通天下一气耳。"这"一气"贯注万物

---

① [唐]杜甫著,[清]仇兆鳌注:《奉先刘少府新画山水障歌》,《杜诗详注》卷之四。

而不为主,周流六虚而无休止。万物禀一气而运化,生生化育而不离大道,这就是宇宙生成与万物生存的真实状况。这是杜甫借用这则典故的出发点。至于这两句题画诗的理论价值,后人多有评述。清人仇兆鳌注:"昔仓颉造字,天雨粟,鬼夜哭。此暗用其意。"沈确士也说:"题画诗自少陵开出异境,后人往往宗之。"①所谓"开出异境",就是对绘画真实性的认可。这首题画诗引经据典,目的在于烘托欣赏刘少府山水障而生发的真实体验。

进一步讲,杜甫所说的"真宰"是指绘画既显现自然山水的逼真面貌,又能给人审美愉悦,但不是独指某一处山水,因此,绘画的真实是指通过审美活动,画家可以传达审美物象的生命精神。所以,山水画常让鉴赏者作脱离泥滓之想,有超越世俗生存而欣然神往之感。据朱景元《画断》,韦偃是京兆人,寓居于蜀,点簇鞍马,千变万态,巧妙精奇,堪与韩干为匹。杜甫也题跋过韦偃所画之马:"韦侯别我有所适,知我怜渠画无敌。戏拈秃笔扫骅骝,欻见骐驎出东壁。一匹龁草一匹嘶,坐看千里当霜蹄。"②这是说韦偃画马元气充盈,如有神通化现之力,这是一种艺术的真实。另一位画家王宰生活在蜀中,善画蜀地山水。他作画不求速成,然其品第不凡,气势逼人。杜甫题王宰山水:"壮哉昆仑方壶图,挂君高堂之素壁。巴陵洞庭日本东,赤岸水与银河通,中有云气随飞龙。舟人渔子入浦溆,山木尽亚洪涛风。"③王宰山水之"壮",如云龙飞旋,洪涛迎风,这同样是指艺术的真实。杜甫还认为,曹霸画马,须臾即成,下笔别开生面,有一洗万古凡马之力。④ 这是说曹霸画马生动传神,不同凡响。这表明,审美物象的生命元气是杜甫对绘画真实性的基本要求。

可见,杜甫反复强调绘画的气势和气魄,认为逼真才是绘画生命元气充盈的体现,这实际上还是在沿用谢赫以气韵生动为首的"六法"论

---

① [唐]杜甫著,[清]杨伦笺注:《杜诗镜铨》卷三。
② [唐]杜甫著,[清]仇兆鳌注:《题壁上韦偃画马歌》,《杜诗详注》卷之九。
③ [唐]杜甫著,[清]仇兆鳌注:《戏题王宰画山水图歌》,《杜诗详注》卷之九。
④ [唐]杜甫著,[清]仇兆鳌注:《丹青引赠曹将军霸》,《杜诗详注》卷之十三。

画。荆浩虽然突出审美物象的生命精神,要求审美物象传达天地万物的生命元气与生机活力,但是,他的真实性尺度在于"六要"法则,不同于唐代绘画美学界占据主流地位的"六法"模式。也就是说,荆浩主张的去"似"取"真",更多地是强调画家的创造能力,张扬画家的创造精神,这与杜甫偏重绘画艺术本身的运思方式已经有了很大的差异。

三、度物象而取其真

傅抱石虽然注意到"真"在荆浩画论中的重要性,但是,对于绘画之"真"到底具有哪些美学意蕴,不仅傅抱石的阐释有限,当今学界的解说也多因脱离了荆浩的道教与禅宗背景,难以还原《笔法记》绘画真实观的本来含义。

魏晋南北朝以来,中国思想文化的发展出现了三教合流的趋势。梁武帝倡"三教同源",讲"真神佛性",试图融儒、道、佛三教为一体。隋唐以来,文人的精神世界普遍存在着三教调和的倾向。荆浩生活在五代,考察他的思想状况也应作如是观。关于荆浩生平最具价值的两则材料如下,后人抄录多取材于此。其一,北宋郭若虚《图画见闻志》卷第二:"荆浩,河内人,博雅好古。善画山水,自撰《山水诀》一卷。为友人表进,秘在省阁。常自称洪谷子。"[1]其二,北宋刘道醇《五代名画补遗》:"荆浩字浩然,河南沁水人。业儒,博通经史,善属文。偶五季多故,遂退藏不仕,乃隐于太行之洪谷,自号洪谷子。尝画山水树石以自适。时邺都青莲寺沙门大愚尝乞画于浩……亦尝于京师双林院画《宝陁落伽山观自在菩萨》一壁。"[2]可见,荆浩虽然"业儒",但从《笔法记》来看,儒家思想成分相对淡薄,这至少表明他已由儒入道禅,故我们追溯其理论背景主要集中在道禅两家。

首先,荆浩的思想背景与禅宗有关。黄檗希运的禅法属于慧能——

----

① 《中国书画全书》第一册。
② 同上。

洪州一系,他是临济禅的先驱。黄檗希运卒于宣宗大中四年(850)。荆浩撰写《笔法记》时,黄檗希运圆寂多年,其禅法行世已久。黄檗希运参百丈怀海而开悟,其禅法重"即心即佛",突出自心佛性,为禅门大德树立了自信。黄檗希运所讲"即心即佛"的"心",就是人当下的即真即妄的一念之心。迷则为凡夫众生,悟则当下成佛。迷悟凡圣,全在一念之间。无执无著,心佛不二,心法平等,作用具足,得般若智,见大自在。希运禅法将华严宗的"一即一切,一切即一"融入其中。华严宗与禅宗合流,这在荆浩的《笔法记》中体现为即物象即真实,真实不离物象的审美理想。

其次,荆浩的审美观念其实还与道教学者司马承祯有一定的联系。学界在探讨荆浩艺术思想的渊源时,多集中在禅宗,这无疑富于启发性,但如果停留于此,则远远不够,因为这忽视了荆浩与司马承祯道教思想的联系。其实,道教思想在《笔法记》中的影响也不容忽视。《笔法记》借老叟之口道:"麴庭与白云尊师,气象幽妙,俱得其元,动用逸常,深不可测。"可见,他对白云尊师极为推崇,白云尊师即司马承祯。荆浩生活之时,司马承祯的道教著作已经整理,并产生了很大的影响,荆浩熟知司马承祯道教思想的可能性不容忽略。

"度物象而取其真"是"图真"说的思想纲领,也是《笔法记》最有价值的绘画美学命题。这个命题表明,追求绘画的真实不能仅仅停留于物象本身,又不能完全脱离审美物象,绘画的真实性必须通过审美物象的内在精神加以显现。隋唐佛性论认为,佛性是人人皆有的圆成实性。天台宗指出,无情有识,佛性遍于一切事物。般若空观还认为,事物体性虚空不实,所以只能以假有的形态存在,然而这种假有的形态却可以显现它的真实性。所以,佛教禅宗讲即事而真,触物即真。隋唐五代道教也有道性遍在、触处即道的说法。"度物象而取其真"这个命题很好地融汇了隋唐五代佛性论与道性论,这是二者在绘画美学领域的具体落实。荆浩主张通过妙悟领略艺术的真实,即物象即真,物象与真实原本为一。"度物象而取其真",通过一"度"字将画家与审美物象的真实性联系起来,而审美物象的真实是借助画家的妙悟之心来显现的。

许多研究者在谈到《笔法记》时,往往对其开篇"凡数万本,方如其真"一段赞赏不已,认为这是作者长期练习、师法自然达到的艺术境界。其实,作者的本意不在讨论勤学苦练与绘画真实的关系,也不在张扬师法自然的重要意义。相反,这段话是通过老叟的指点,否定此前的"写真"之法,以突显画家心灵妙悟的功用。在《笔法记》里,取法禅门无我无心、洒脱自在的表述还有很多。如:"气者,心随笔运,取象不惑""笔者,虽依法则,运转变通,不质不形,如飞如动""神者,亡有所为,任运成象"。画家具有怎样的审美心境与笔墨之道,就会生成与之相应的艺术境界,这是中国美学的一大传统。因此,对于画家来说,培养圆活洒脱的审美心境远比计度如何再现审美物象更为重要。事实上,这在《笔法记》里也可得以验证。据《笔法记》:

> 曰:"画者,华也。但贵似得真,岂此挠矣。"
>
> 叟曰:"不然。画者,画也,度物象而取其真。物之华,取其华;物之实,取其实。不可执花为实。若不知术,苟似可也;图真不可及也。"①

"花"是指审美物象在画家眼前呈现的外形相状,它不是"实",不是物象的本来面目。只有不"执花为实",任运自然,所谓"物之华,取其华;物之实,取其实",于物象不即不离,"度物象而取其真",才能把握审美物象的真实存在。可见,"图真"不是要离开物象而别求一种神秘而不可及的真实,更不是让感官滞于物象的色香形态而难以自拔,"图真"是一种触物即真、当下圆成的直觉观照,是心灵与物象的冥合为一。画家要传达审美物象的真实性,需要运之以妙悟之心。在审美活动中,以妙悟之心体证物象的真实,不是指画家将物象拟人化,人为地赋予审美物象以生命,并以此作为物象的真实形态。妙悟成真,是指画家以不沾不滞之心领会物象的存在,抵达"物象之原",借助绘画艺术的形式照亮审美物

---

① ［五代］荆浩:《笔法记》,《中国书画全书》第一册。

象的生命。

绘画的真实性与画家的妙悟之心相连,画家应以妙悟之心获取物象的真实。这要求绘画欣赏也运之以妙悟之心,它离不开对大乘佛教即幻即真思想的领会。即幻即真指向一种真实境界,它秉承般若空观而来。般若空观认为,一切事物都以真空幻有的方式存在,二者互为表里,不可分离。从体性而言,五蕴虚妄,实无所有,从存在样态而言,万象纷呈,世态万千,不离真如实性的显现。印度佛教中国化之后,即幻即真的佛理在隋唐五代绘画美学领域产生了直接的影响。皎然题画:"画与理冥,两身不异。"①这就是说,以妙悟之心观照眼前的写真与逸公的真相,破除执真执幻的分别之见,参究真相与写真平等不二的道理,就是借助人物写真来领略逸公的真相。荆浩的"图真"说也表明,参究事物的真实性不能脱离审美物象,即幻相而体味真相,解会审美物象背后隐含的佛理禅意,就能获取绘画艺术的审美真实。

总之,隋唐五代绘画美学对很多重要的理论问题都有所阐述,有所推进。它在中国绘画美学史上起到了承上启下的作用。不仅如此,隋唐五代出现的诸多绘画美学概念、范畴与命题等,既有鲜明的时代特征,又有重大的理论价值,至今仍为学界所认可。

---

① [唐]清昼:《大云寺逸公写真赞》,《全唐文》卷九一七。

第六章　书法美学

随着隋代京杭大运河的开通,南北交通变得更为便利,加之隋唐政府文化政策较为开明,南北文化交融与相互渗透的趋向越发明显,几乎体现在当时社会文化生活的各个领域。"贞观之初,孔颖达、颜师古等奉召撰《五经正义》,既已有折衷南北之意。祖孝孙之定乐,亦其一端也。文家之韩柳,诗家之李杜,皆生江河两域之间,思起八代之衰,成一家之言。书家如欧(阳询)、虞(世南)、褚(遂良)、李(邕)、颜(真卿)、柳(公权)之徒,亦皆包北碑南帖之长,独开生面。盖调和南北之功,以唐为最矣。"①唐代书法名家辈出,与其他艺术部门的繁荣局面交相辉映。梁启超指出,唐代书法有调和之功,实际上这种趋势也已经渗入书法美学领域,例如主骨力而不废妍丽,沉著痛快而出于自然,雄秀与壮美并存。这些书法风格都是阴与阳、力与美、气与韵等多种因素的交织,这都是南北文化交融情境下书法美学家提倡的审美风格。

隋唐五代书法呈现出碑帖融合的发展走势。不仅如此,隋唐五代的书法理论建设也非常活跃,欧阳询、虞世南、李世民、孙过庭、张怀瓘、颜真卿都是这方面的杰出代表。他们既是书法家,又兼有书法美学家的身

---

① 梁启超:《中国地理大势论》,《饮冰室文集》之十,第 87 页,北京:中华书局,1988 年。

份。这表明,隋唐五代书法家自觉参与书法理论与批评活动,提出并探讨一些深层次的书法美学问题,逐渐形成了较为系统的书法美学传统,成为中国书法美学的重要组成部分。

本章主要介绍欧阳询、虞世南、孙过庭、张怀瓘的书法美学,并集中讨论书法的风格及法度问题,由此把握隋唐五代书法美学的基本内涵。

第一节 欧阳询的书法美学

欧阳询(557—641),字信本,隋唐年间书法名家,楷书代表作有《九成宫醴泉铭》《皇甫诞碑》《化度寺碑》等,行书有《行书千字文》。欧阳询有书法美学论著《八诀》《用笔论》等。

审美心境是指审美者进行审美活动时的特定心境。作为一门心灵的艺术,书法家审美心境如何,必将直接影响到书法审美境界的高低。因此,书法创造活动对书法家的审美心境有着特别的要求。欧阳询特别重视书法家的审美心境。

一、心境虚静

虚静是指虚怀静虑的心灵境界。中国书法美学较早注意到虚静心境在审美活动中的重要意义,王羲之等有这方面的表述。如,王羲之说:"夫欲书者,先乾研墨,凝神静思。"①又说:"凡书贵乎沉静,令意在笔前,字居心后,未作之始,结思成矣。"②在王羲之看来,书法家凝神静虑,沉思不乱,意在笔先,有利于意象营构,位置经营。欧阳询也强调虚静心境在书法创造时的重要性。他说:"每秉笔必在圆正,气力纵横重轻,凝思静虑。"③欧阳询认为,书法创造应该审度字势位置,短长合度,粗细疏密。

① [东晋]王羲之:《题卫夫人〈笔阵图〉后》,《法书要录》,《中国书画全书》第一册。
② [东晋]王羲之:《书论》,《佩文斋书画谱》卷五。
③ [唐]欧阳询:《传授诀》,《佩文斋书画谱》卷五。

这时心境虚静则不乱,不乱则不忙,不忙则不失势,运笔不急,舒缓有度,字形肥瘦适当,"细详缓临,自然备体"。

欧阳询又说:"澄神静虑,端己正容,秉笔思生,临池志逸。虚拳直腕,指齐掌空。意在笔前,文向思后。"①分间布白,不偏不侧。墨色调合,浓淡得当。所书"斜正如人,上称下载,东映西带,气宇融和,精神洒落"。从王羲之到欧阳询,他们都认为,心境虚静则能意在笔先,胸有成竹,这表明心境虚静是书法创造的前提。神静气冲,性情平和,这样的审美心境显然有助于书法创造。心境虚静,还能颐养胸中正气,使邪气消散,令俗气不生。不论真行草书,自有一段清趣。这一段清趣的生成,同样离不开护持虚静澄怀、豁然无染的审美心境。

心境虚静,方能圆活。在《用笔论》这篇书论里,欧阳询设置了寮故无名公子与翰林善书大夫这两个人物,他们围绕书法"用笔之趣"交流切磋,展开对话,其中有一段文字谈到用笔之法。欧阳询说:"夫用笔之法,急捉短搦,迅牵疾掣,悬针垂露,蠖屈蛇伸,洒落萧条,点缀闲雅,行行眩目,字字惊心,若上苑之春花,无处不发,抑亦可观,是予用笔之妙也。"②欧阳询描述的这种"用笔之妙",不是中规中矩之笔法,而是洒脱不羁、变化莫测之心法。

二、引自然物象论书

李阳冰,盛唐书法家,生卒不详。《佩文斋书画谱》卷一载其书论《上李大夫论古篆书》一篇,援引自然物象论书是这篇书论的重要特征:

> 缅想圣达立卦造书之意,乃复仰观俯察六合之际焉。于天地山川得方圆流峙之形,于日月星辰得经纬昭回之度,于云霞草木得霏布滋蔓之容,于衣冠文物得揖让周旋之体,于须眉口鼻得喜怒惨舒之分,于虫鱼禽兽得屈伸飞动之理,于骨角齿牙得摆抵咀嚼之势。

①［唐］欧阳询:《八诀》,《佩文斋书画谱》卷三。
②［唐］欧阳询:《用笔论》,《佩文斋书画谱》卷五。

随手万变,任心所成,可谓通三才之品汇,备万物之情性状者矣。

"三才"是指天、地、人。书法家体察自然物象的运行变化,参悟运笔之道,揣摩结体之法。其实,这种援引自然物象论书的做法早在欧阳询这里已有明显的反映。欧阳询论书法八诀,也大量运用自然物象论书:

丶[点]如高峰之坠石　　乙[卧钩]似长空之初月
一[横]若千里之阵云　　丨[竖]如万岁之枯藤
乀[斜钩]劲松倒折,落挂石崖　　フ[横折钩]如万钧之弩发
丿[撇]利剑截断犀象之角牙　　乀[捺]一被常三过笔①

除了第八诀之外,前面七诀都援引了自然物象入论,如高峰、坠石、长空、初月、阵云、枯藤、劲松、石崖、万钧之弩、利剑、犀象之角牙等。欧阳询引用这些自然物象论书,一方面是为了增强书法理论的可感性和生动性,便于书法家领会并接受他的书法理论,另一方面则是通过自然物象言说书法之理,提升书法家的审美创造力与审美感悟力。

第二节　虞世南的书法美学

虞世南(558—638),字伯施,隋唐年间书法家,代表作有正书碑刻《孔子庙堂碑》。他有书法美学论著《笔髓论》。

一、绝虑凝神

虞世南论书,主张书法家开启妙悟之心,契合造化之道。如其所言:"心为君,妙用无穷,故为君也。手为辅,承命竭股肱之用,故为臣也。力为任使,纤毫不挠,尺寸有余故也。管为将帅,处运动之事,执生死之权。虚心纳物,守节藏锋,故也毫为士卒,随管任使,迹不拘滞故也。字为城

---

① [唐]欧阳询:《八诀》,《佩文斋书画谱》卷三。

池,大不虚,小不孤故也。"①他认为,书法用笔之时应该做到手腕轻虚,那些没有领会书法妙道之人,必然不能觉悟这一层。他们总是一笔一画地刻求物象之本,这样只会枉自取拙,不成书法。书法运笔,不可太缓,也不可太急,前者无筋,后者无骨。书法家妙悟到运笔的真谛,就能下笔自如,粗而不钝,细而能壮,长短方寸,恰到好处,意味深长。② 虞世南说:

> 欲书之时,当收视返听,绝虑凝神,心正气和,则契于妙。心神不正则攲斜,满则覆,中则正,正者冲和之谓也。然字虽有质,迹本无为,禀阴阳而动静,体万物以成形,达性通变,其常不主。故知书道玄妙,必资于神遇,不可以力求也。机巧必须以心悟,不可以目取也。字形者,如目之视也。为目有止限,由执字体也。既有质滞,为目所视远近不同,如水在方圆,岂由乎水?且笔妙喻水,方圆喻字,所视则同,远近则异,故明执字体也。字有态度,心之辅也;心悟非心,合于妙也。且如铸铜为镜,非匠者之明;假笔传心,非毫端之妙,必在澄心运思,至微至妙之间,神应思彻。又同鼓琴轮指,妙响随意而生。握管使锋,逸态逐毫而应。学者心悟于至妙,书契于无为。苟涉浮华,终懵于斯理也。③

"绝虑凝神",这是指书法家的虚静心境。心境虚静,则心神中正,志气冲和,才能体味书法创造的玄妙之道。正如用笔没有常阵,书法也没有常体。书法之妙,"必在澄心运思,至微至妙之间,神应思彻"。书法家应运之以自然无为之心,同天地造化之妙有,随物赋形,随机运法。虞世南反复强调"心悟"二字,"学者心悟于至妙,书契于无为",就是提倡妙悟之心。推重书法家个人的心灵妙悟,这在当时书法思想界颇多响应。如,晚唐释亚栖光论书:"书法犹释氏心印。发于心源,成于了悟,非口手所

---

① 〔唐〕虞世南:《笔髓论》,《虞秘监集》卷一。
② 同上。
③ 同上。虞世南还有一段讲究书法用心日久而通神的表述,详见《劝学篇》,《虞秘监集》卷一。

传。"①这是强调不假言传、妙悟成书的例证。

二、字无常定

虞世南讲究书法创造的圆活心境,他先以草书为例:"草则纵心奔放,覆腕转蹙,悬管聚锋,柔毫外拓。左为外拓,右为内伏,连卷收揽,吐纳内转,藏锋既如舞袖挥拂而萦纡,又若垂藤樛盘而缭绕。蹙旋转锋,亦如腾猿过树,逸蚪得水,轻兵追虏,烈火燎原。或体雄而不可抑,或势逸而不可止,纵狂逸不违笔意也。"如果说,草书的笔法无定有其体式本身的原因,那么,篆体的字无常定就显然不是体式可以解释清楚的了。虞世南说:"篆体或如蛇形,或如兵阵,故兵无常阵,字无常体矣。谓如水火,势多不定,故云字无常定也。"②前面提到,欧阳询是从运笔的总体原则出发来谈书法家的审美心境,虞世南则将他对书法创造心境的要求落实到具体的书体之中。但是,他们都追求圆活自在的审美心境,立场完全一致。

字无常定,不定之中自有定在。这就是书法家心境的自在,不为笔使,不为墨役,书写性灵,触处生趣。这是虞世南书法美学的独特用心。

第三节 孙过庭的书法美学

孙过庭(646—691),初唐著名书法家、书法美学家。孙过庭有书法美学著作《书谱》,其中探讨的书法理论问题非常深刻。可以说,他是隋唐五代最重要的书法美学家。

一、书法家个体意识的觉醒

儒家认为,君子立身,务修其本,那就是立功、立德、立言,这是中国

---

① 《佩文斋书画谱》卷六。
② [唐]虞世南:《笔髓论》,《虞秘监集》卷一。

古代士人的"三不朽"。汉儒扬雄以诗赋为小道，非壮夫所为，他对文学的偏见与轻视尚且如此，何况溺思豪厘、沦精翰墨的书法？但是，自从魏晋南北朝以来，随着人的觉醒意识不断提高，艺术家的个体意识不断增强，文人的审美观念也发生了很大的转变。不少书法美学家在承认书法实用价值与教化功能的同时，较多关注书法对于实现个体生命价值的意义，重视书法在陶冶心性、愉悦精神等方面的功能。孙过庭说：

> 夫潜神对奕，犹标坐隐之名；乐志垂纶，尚体行藏之趣。讵若功定礼乐，妙拟神仙，犹挺埴之罔穷，与工炉鑪而并运。好异尚奇之士，玩体势之多方；穷微测妙之夫，得推移之奥赜。著述者假其糟粕，藻鉴者挹其菁华，固义理之会归，信贤达之兼善者矣。存精寓赏，岂徒然欤！而东晋士人，互相陶淬。至于王谢之族，郗庾之伦，纵不尽其神奇，咸亦挹其风味。去之滋永，斯道愈微。①

这段文字出自孙过庭的《书谱》。《书谱》又称《书谱序》，是孙过庭撰于 687 年的一部书法论著，具有丰富的书法美学思想。这段文字第一句提到"坐隐"，是以魏晋时人的文雅风流言说书法的妙意。《世说新语·巧艺》："王中郎以围棋是坐隐，支公以围棋为手谈。"魏晋时人将围棋作为坐隐风流的代称，孙过庭则借此提升书法的愉悦功能。在孙过庭这里，书法不只是政治教化的工具，也不只是实用应酬的手段，书法应能满足不同审美情趣、审美格调者的精神需求。能否领会书法的妙趣，关键在于观照书法的态度如何。也就是说，书法向人敞开的是一个丰富多彩的、意蕴深厚的艺术世界，不同文化素养、精神境界、生活阅历的审美者可能感受到的是截然不同的书法世界，所谓"著述者假其糟粕，藻鉴者挹其菁华，固义理之会归，信贤达之兼善者矣"。孙过庭张扬的书法审美态度，显然已经超越实用理性的束缚，表现出对书法家自我愉悦、自由心性与生命体验的重视。这种超越实用功利目的的人生态度，就是一种审

---

① ［唐］孙过庭：《书谱》，《佩文斋书画谱》卷五。

美态度,对于实现书法的愉悦功能,对于回归书法的艺术本体,都是非常精辟的论述。

在此,顺便介绍唐代另一位书法理论家窦臮提出的"士人书"这个书法美学概念。窦臮论书:

> 尝考古而阅史,病贱目而贵耳。述勋庸而任人,挥翰墨而由己。则知亲瞩延想,如见君子,谅风雅之足,凭奚卷舒之,能已,古犹今也。斯得美矣。虽六艺之末曰书,而四人之首曰士,书资士以为用,士假书而有始。岂特长光价于一朝,适容貌于千里。①

这段书赋旁边附有典释:"王羲之书'戢山木竹角'扇五字,字索百钱,人竞买去。梁元帝书亦云:千里之面,转觉而能矣。"这篇书赋有很高的理论价值。

窦臮批评贵古贱今、贵耳贱目的书坛流弊,认为只要能与书法进行心灵的沟通与交流,"挥翰墨而由己",就能真正进入书法的深层世界,体会其中的审美意蕴。这样,古/今、人/我等问题都不会成为干扰书法审美活动的阻力。

窦臮认为,"书资士以为用,士假书而有始"。"士"与"书"相资为用,相得益彰,不可偏废。这是一层意思。这个概念还有另外一层意思,就是"士人书"的功能问题。"岂特长光价于一朝,适容貌于千里",是说"士人书"要淡化世俗物质利益的刺激,书法不是人与人之间利益交换的筹码,不能将书法视为现实商品的替代物而加以使用。书法应该寄托书法家的自由精神。可见,"士人书"也是提倡书法的审美愉悦功能,以及实现自我价值的功能。

从初唐孙过庭对书法家自我愉悦、自由心性与生命体验的关注,到中唐时代窦臮"士人书"这个书法美学概念的提出,略可见出唐代书法家个体意识觉醒的大致趋势,这种书法家的个体意识在后来的艺术界产生

---

① [唐]窦臮:《述书赋》,《佩文斋书画谱》卷九。

了深远的影响。例如,宋元以来中国艺术追求"士气",推重"士人画",其实都可由此找到思想的联系。"士人书"这个概念,以往较少引起注意,其实,"士人书"在中国书法美学史乃至中国美学史上都应具有一定的地位。

二、心悟精微

孙过庭也强调书法家心灵妙悟的重要性。在《书谱》里,他提到遏止书法审美活动进行,以及消解书法美感生成的某些因素。孙过庭指出,书法创造时,心境与笔墨时有乖合。"合"则有利于书法审美活动的进行与书法美感的生成;"乖"与"合"相反,它遏止审美活动的进行或消解书法美感的生成。依据孙过庭的看法,"乖""合"各有五类,其中,"神怡务闲"即为"合"之一类。乖合之间,优劣互见。五合交臻,神融笔畅。可见,审美心境的安闲畅快有利于书法审美活动的顺利进行。

孙过庭说:"贵使文约理瞻,迹显心通,披卷可明,下笔无滞。"①右军书法可以据为宗师,作为书法练习的范本。书法创造要融会古今,博采众长,更要传达自家的真实性情。这也是在突出书法家开启妙悟之心的意义。孙过庭说:

> 心不厌精,手不忌熟。若运用尽于精熟,规矩闇于胸襟,自然容舆徘徊,意先笔后,潇洒流落,翰逸神飞。亦犹弘羊之心,预乎无际,庖丁之目,不见全牛。尝有好事,就吾求习。吾乃粗举纲要,随而受之,无不心悟手从,言忘意得,纵未穷于众术,断可极于所临矣。②

孙过庭承认书法家的"心悟"之功,他所说的心悟已经包含渐修与妙悟这两层,融会了南北宗的觉悟法门,类似庄子的心物两忘之境。这种心悟便捷可行,适合绝大多数书法家的修习情况。同时,它与释譬光所讲的"了悟""心印",也存在审美精神的契合。书无定体,因情生变。心

---

① [唐]孙过庭:《书谱》,《佩文斋书画谱》卷五。
② 同上。

手两忘,书道自契。所谓"泯规矩于方圆,遁钩绳之曲直;乍显乍晦,若行若藏;穷变态于豪端,合情调于纸上"①,即是此意。因此,一个真正有成就的书法家必然"无间心手,忘怀楷则",不受陈规教条所限,独以殊异之姿立足书坛。张怀瓘说:"夫翰墨及文章至妙者皆有深意,以见其志,览之即令了然。若与面会,则有智昏菽麦,混白黑于胸襟,若心悟精微,图古今于掌握,玄妙之意出于物类之表,幽深之理埋伏杳冥之间。"②孙过庭主张"心悟",是以虚静之心映照万象,任其变化而成形。不作取舍,澄怀味道于动静微妙之际。书法家心有所悟,才能借助翰墨文章表显天地万物的玄妙之意,传达宇宙造化的幽深之理。

孙过庭说:"若思通楷则,少不如老;学成规矩,老不如少。思则老而愈妙,学乃少而可勉。勉之不已,抑有三时,时然一变,极其分矣。至如初学分布,但求平正,既知平正,务追险绝;既能险绝,复归平正。初谓未及,中则过之,后乃通会之际,人书俱老。"③孙过庭提出,学书要经历"初""中""后"三个阶段,即"平正"—"险绝"—"平正"。这三个阶段是指从初入门("未及"),到追求"险夷"("过之"),再复归于平正自然。知权而变,动静适宜,"会通之际,人书俱老"。贯穿其间的是书法家的觉悟意识,而最终通向道法自然、妙合天机的境界。

再看一段孙过庭的表述:

> 夫自古之善书者,汉魏有钟张之绝,晋末称二王之妙……评者云:"彼之四贤,古今特绝,而今不逮古,古质而今妍。夫质以代兴,妍因俗易。虽书契之作,适以记言,而淳醨一迁,质文三变,驰骛沿革,物理常然。贵能古不乖时,今不同弊,所谓'文质彬彬,然后君子'。何必易雕宫于穴处,反玉辂于椎轮者乎!"又云:"子敬之不及逸少,犹逸少之不及钟张。"意者以为评得其纲纪,而未详其始卒也。

①［唐］孙过庭:《书谱》,《佩文斋书画谱》卷五。
②［唐］张怀瓘:《书议》,《佩文斋书画谱》卷九。
③［唐］孙过庭:《书谱》,《佩文斋书画谱》卷五。

且元常专工于隶书,伯英犹精于草体,彼之一美,而逸少兼之。拟草则余真,比真则长草,虽专工小劣,而博涉多优,总其终始,匪无乖互。①

孙过庭批驳时人对于书法的非难。虽然王氏父子之书未必尽合古人规范,但是,他们能融会诸家,因而仍然彪炳书史。二王钟张,各有千秋。孙过庭是说,古今书法不离变化常新之理,这是书法发展的历史规律。这段话既表明书法美具有多样性,又包含因时因地自然运法之意。所以,书法审美活动不能固守传统,不求新变,书法审美者应该依据时世变迁与审美情境的变化,采用与之相应的法度,以生成新的审美传统。

三、同自然之妙有

书法创造不是闭门造车之举,它应任运造化,师法自然。用孙过庭的书法理论来说,就是"同自然之妙有"。这里所说的自然,差可接近现代意义上的自然界,即世间万物,与道家的自然概念内涵不同。当然,二者也并非毫无联系。孙过庭在介绍临池经验时,对自然物象惊叹不已:

观夫悬针垂露之异,奔雷坠石之奇,鸿飞兽骇之资,鸾舞蛇惊之态,绝岸颓峰之势,临危据槁之形。或重若崩云,或轻如蝉翼,导之则泉注,顿之则山安。纤纤乎似初月之出天涯,落落乎犹众星之列河汉,同自然之妙有,非力运之能成,信可谓志巧兼优,心手双畅,翰不虚动,下必有由。②

孙过庭主张师法自然,即"同自然之妙有"。天地万物生生不息,自然物象纷沓而至,这与书法的笔墨运法,点画变化,"拟效之方""挥运之

①［唐］孙过庭:《书谱》,《佩文斋书画谱》卷五。
②同上。

理"颇为契合。可见,师法自然,主要是指书法家应以变动不居的世界为师,通过书法创造活动传达天地万物的生机活意,彰显汉字意象的生动气韵与活泼泼的生命精神。

书法家自运其法而不执著,由无法生成万法,又将万法化归于无,运法自如,毫无滞碍。这就呼吁即兴而成的运法境界:

> 暨乎兰庭兴集,思逸神超;私门诫誓,情拘意惨。所谓涉乐方笑,言哀已叹。岂惟驻想流波,将贻啴缓之奏;驰神睢涣,方思藻绘之文。虽其目击道存,尚或心迷议舛,莫不强名为体,共习分区。岂知情动形言,取会风骚之意,阳舒阴惨,本乎天地之心。既失其情理,乖其实原。夫所致,安有体哉! 夫运用之方,虽由己出,规模所设,信属目前。①

孙过庭这段话描述书法创造的感兴特征,在这种即兴式的审美创造活动中,"运用之方,虽由己出,规模所设,信属目前"。孙过庭将当下性、唯一性作为书法运法的特征,即兴而成的书法创造体现出极高的审美境界。

书法创造是一种须臾瞬刻展开的审美体验活动,它是书法家创造精神的当下呈现。注意到书法创造的这个特征,于是唐代书法理论界出现了以心为书、即心即书等说法。孙过庭说:"是知偏工易就,尽善难求。虽学宗一家,而变成多体,莫不随其性欲,便以为姿。"在他看来,书法家具备何等性情,便有与之相应的书法风格、艺术体态与审美境界,如质直者径挺不遒,刚很者倔强无润,矜敛者弊于拘束,温柔者伤于软缓,躁勇者过于剽迫,狐疑者溺于滞涩,迟重者终于蹇钝,等等。所以说,书法之妙,近取诸身,乃一心之独运。"假令运用未周,尚亏工于秘奥;而波澜之际,已浚发于灵台"②,说的就是这个意思。

---

① [唐]孙过庭:《书谱》,《佩文斋书画谱》卷五。
② 同上。

四、知音诉求

知音诉求是孙过庭书法鉴赏论的重要话题,他对此有精到阐述:

> 闻夫家有南威之容,乃可论于淑媛;有龙泉之利,然后议于断割。语过其分,实累枢机。吾尝静思作书,谓为甚合,时称识者,辄以引示。其中巧丽,曾不留目;或有误失,翻被嗟赏。既昧所见,尤喻所闻。或以年识自高,轻至陵诮。余乃假之以缃缥,题之以古目,则贤者致观,愚者继声,竞赏豪末之奇,罕议锋端之失。犹惠侯之好伪,似叶公之惧真。是知伯子之息流波,盖有由矣。夫蔡邕不谬赏,孙阳不妄顾者,以其玄鉴精通,故不滞于耳目也。向使奇音在爨,庸听惊其妙响;逸足伏枥,凡识知其绝群,则伯喈不足称,伯乐未可尚也。至若老姥遇题扇,初怨而后请;门生获书几,父削而子懊,知之不知也。夫士屈于不知己而伸于知己,彼不知也,曷足怪乎![①]

孙过庭举前代书坛典故说明,知音是进行书法批评鉴赏活动的重要因素。

孙过庭也指出了当时书法批评的不足,并以此作为书法理论建设的出发点。孙过庭说:"至于诸家势评,所涉浮华,莫不外状其形,内迷其理,今之所撰,亦无取焉。"[②]在孙过庭看来,以往的书法批评多注重词藻的运用,浮华而不得要领,对书法审美意蕴开掘不够。为了改变这种现状,他决定撰写《书谱》:"昔之评者,或以今不逮古,质于丑妍,推察疵瑕,妄增羽翼。自我相物,求诸合己。悉为鉴不圆通也。亦由苍黄者唱首,冥昧者唱声,风议混然,罕详孰是。及兼论文字始祖,各执异端,臆说蜂飞,竟无稽古,盖眩如也。"[③]这里主要是不满于以往书法批评的现实。他主张"圆通"的书法鉴赏方式,而这种鉴赏方式同样体现出他对书法批评

---

① 〔唐〕孙过庭:《书谱》,《佩文斋书画谱》卷五。
② 同上。
③ 〔唐〕张怀瓘:《书断序》,《法书要录》卷七,《中国书画全书》第一册。

鉴赏的知音诉求。

五、书法美的丰富性及多样性

"济成厥美,各有攸宜",这是孙过庭《书谱》提出的有关书法美的美学命题。这个命题指出了书法美的丰富性及多样性。孙过庭说,书法体态众多,彼此同源而异派,共树而分条。就真书、草书而言,二者各专其美:"真以点画为形质,使转为情性;草以点画为情性,使转为形质。草乖使转,不能成字,真亏点画,犹可记文。回互虽殊,大体相涉。"①钟繇以隶书称奇,张芝以草书入圣,都是专精一体,以致美妙绝伦。所以,孙过庭说:"虽篆、隶、草、章,工用多变,济成厥美,各有攸宜。"②孙过庭认为,篆、隶、草、章各体,美感不一:篆书婉通,隶书精密,草书流畅,章书险便。这是各体书法的美感形态。在把握各体书法美感的基础上,再适当融入风神、妍润、枯劲、闲雅等,使各体书法成为书法家性情的呈现,即"达其情性,形其哀乐"。在丰富多样的书法美感面前,各体书法之间并无优劣之分。

孙过庭将以上论述与书法审美活动结合起来,所谓"不入其门,讵窥其奥",就是说只有了解到书法美的多样性,把握各体书法的审美特征,才能进行高层次的审美活动。那么,书法美的多样性到底有何体现?孙过庭接着说:

> 然消息多方,性情不一,乍刚柔以合体,忽劳逸以分驱。或恬憺雍容,内涵筋骨;或折挫槎枿,外曜锋芒。察之者尚精,拟之者贵似。况拟不能似,察不能精,分布犹疏,形骸未检。濯泉之态,未睹其妍;窥井之谈,已闻其丑。纵欲唐突羲献,诬罔钟张,安能掩当年之目,杜将来之口!慕习之辈,尤宜慎诸。至有未悟淹留,偏追劲疾,不能迅速,翻效迟重。夫劲速者超逸之机;迟留者赏会之致。将返其速,

---

① [唐]孙过庭:《书谱》,《佩文斋书画谱》卷五。
② 同上。

行臻会美之方；专溺于迟，终爽绝伦之妙。能速不速，所谓淹留，因迟就迟，讵名赏会！非夫心闲手敏，难以兼通者焉。假令众妙攸归，务存骨气，骨气存矣，而遒润加之。亦犹枝干扶疏，凌霜雪而弥劲；花叶鲜茂，与云日而相晖。如其骨立偏多，遒丽盖少，则若枯槎架险，巨石当路，虽妍媚之阙，而体质存焉。若遒丽居优，骨气将劣，譬夫芳林落蕊，空照灼而无依；兰沼漂萍，徒青翠而奚托。①

这段话对书法美的丰富性及多样性做了极为详尽的描述。孙过庭的目的不在于审美意象的铺排炫耀，而在于借助纷繁变幻的审美意象传达无穷无尽的美感体验。书法美形态众多，可谓发迹多端，触变成态，分锋互让，合势交侵，如五行五常，相克相生，相反相成。这不是将书法当作人格的比拟或象征，或者说书法是人格心理的物化形态，而是以变幻多姿的审美意象描述书法美的变化多端，形容书法之道的微妙难状。

孙过庭体证书法美的丰富性及多样性，指出了各体书法并行发展的合理性与必要性。只有各体书法之美自在显现，书法世界才会成为丰富多彩的美的世界。再从方法论来说，这种以审美意象进行书法批评的方法，在中国书法批评史上被称为审美批评或意象批评。这种书法批评鉴赏的路数虽然难以科学地界定批评对象，却能以充满美感的方式体验美，传达美。这种审美意象批评丰富了中国艺术批评的美感世界。这也是隋唐五代书法美学一个不可忽视的特征。

第四节　张怀瓘的书法美学

张怀瓘，生卒不详，生活于开元年间。张怀瓘是唐代书法家，更以书法美学家闻名于世，主要书法论著有《书议》《书断》《书估》《评书药石论》等。

《书断》共分上、中、下三卷。上卷依次为自序、总目、各种书体源流

---

① ［唐］孙过庭：《书谱》，《佩文斋书画谱》卷五。

及评赞、总论。中卷、下卷列举远古到唐代 3000 多年间的书法家 86 人，分"神""妙""能"三品，各有小传，卷末通评作结。在张怀瓘的书法论著中，《书断》的美学价值最高。

一、无为而用

唐代书法美学家将书法的地位提升到道的层次，因而书法审美活动也就成为人的体道活动。在这方面，张怀瓘的论述最为详尽，也最为深刻。张怀瓘说："在万事皆有细微之理，而况乎书。凡展臂曰寻，倍寻曰常，人间无不尽解。若智者出乎寻常之外，入乎幽隐之间，追虚捕微，探奇掇妙，人纵思之则尽不能解。"①张怀瓘认为，要追问书法的细微之理，需用心入微，虚怀"异照"。因此，张怀瓘又说："常情之所，能言世智之所能测，非有独闻之听，独见之明，不可议无声之音，无形之相。"②这"无声之音，无形之相"，就是指称书法的至上之道。它超越文字的实用功能，富有深层的审美意蕴。张怀瓘还辨析真书与草书之别：

> 真则字终意亦终，草则行尽势未尽。或烟收雾合，或电激星流，以风骨为体，以变化为用，有类云霞聚散，触遇成形；龙虎威神，飞动增势。岩谷相倾，于峻险山水，各务于高深。囊括万殊，裁成一相。或寄以骋纵横之志，或托以散郁结之怀。虽至贵不能抑其高，虽妙算不能量其力。是以无为而用，通自然之功，物类其形，得造化之理，皆不知其然也。可以心契，不可以言宣。观之者似入庙，见神如窥谷，无底俯猛兽之牙，逼利剑之锋芒，肃然巍然，方知草之微妙也。③

张怀瓘从美感、审美情趣等角度简要比较真书与草书这两种书体，主要是突出草书独特的艺术功能及其美感体验的丰富性。"或寄以骋纵

---

① ［唐］张怀瓘：《文字论》，《法书要录》卷四，《中国书画全书》第一册。
② ［唐］张怀瓘：《书议》，《佩文斋书画谱》卷九。
③ ［唐］张怀瓘：《三品书断》，《佩文斋书画谱》卷八。

横之志，或托以散郁结之怀"，是指草书与书法家生命体验的内在关联，这是草书创造的重要动力。更为深刻的是，张怀瓘指出，草书能契无为之道，"通自然之功""得造化之理"，这就将草书作为书法家体验社会、人生，观照世界与生命存在的艺术形态。况且，草书的美感体验极为微妙，"可以心契，不可以言宣"，只能以审美体验的方式细加品味。上述几层，都是草书胜于真书的地方。基于真书与草书在审美情趣、美感体验等诸多方面的差异，张怀瓘得出"真则字终意亦终，草则行尽势未尽"的结论。张怀瓘如此立论，是因为真书和草书的艺术特征不同。

一般认为，"形象"用于中国艺术理论，较早出现于张怀瓘的书论。张怀瓘说："于刚柔消息，贵乎适宜；形象无常，不可典要，固难评也。"①很多学者都将这里的"形象"等同于审美"意象"。其实，二者并不等同，更不可将它与西方文论中的形象混为一谈。这里的"形象"包括形式与意象两层。一般来说，意象不太关注形式因素，主要偏重于审美物象的情趣和意蕴等，而形象不单包括意象的审美成分，还重视艺术的形式因素。可见，"形象"的内涵比意象更为丰富。之所以称"形象无常，不可典要"，显然含有对书法意象形态变幻特征的体认。但是，书法意象的这种特征与其不可端倪的书法之道是一致的。张怀瓘对书法意象审美特征的概括，是他推重书法之道的体现。

这种"无为而用"的书法体道境界，与老子哲学的味道传统有关。老子认为，道本无名，它在日常言说之外，不是客观认识的对象。《道德经》第一章："道可道，非常道；名可名，非常名。"《道德经》第十四章："视之不见，名曰'夷'；听之不闻，名曰'希'；搏之不得，名曰'微'。此三者不可致诘，故混而为一。其上不曒，其下不昧。绳绳兮不可名，复归于无物。是谓无状之状，无物之象，是谓惚恍。迎之不见其首，随之不见其后。"一方面，道不是知觉认识的对象，不是可以指称的实体。道是最高层次的象，是万物的本源，是无象之象。另一方面，道又包孕着无限生成的可能性，

———————

① ［唐］张怀瓘：《三品书断》，《佩文斋书画谱》卷八。

它能显发为万物,万物最终又复归于无。《道德经》第二十一章:"道之为物,惟恍惟惚。惚兮恍兮,其中有象;恍兮惚兮,其中有物。窈兮冥兮,其中有精;其精甚真,其中有信。"在老子看来,恍惚不定正是道的存在状态,这种状态离不开以万物为载体,但是,恍惚之道与具体之象不可混同。

概言之,道是万象之本,是无形之大象,它超越具体的象,更不是实体性的物。世间万象是用,是有限的存在,是大象的起用。这是老子对于道的基本规定。老子论道,在审美领域有深远的影响。张怀瓘将书法审美活动看做是澄怀味道的方式。书法之道与天地宇宙之道同构,与生命存在之道同流。张怀瓘追求书法之道,认为书法审美活动就是一种"无为而用"的体道活动,这是张怀瓘的审美境界与审美理想,他的书法美学显然受到老子道论的启发。

二、书法的审美功能

书法功能是书法之道的具体落实。书法功能是指书法作为一种重要的文化现象在社会、文化、审美、教育等诸多领域所起的作用。张怀瓘区分了"文""字""书",并简述了三者的相互关系及其文化功能。他对这些问题的思考,也同样提升到书法本体的层次。张怀瓘说,"文字"是总称,如果稍作分层,则"文"是母体,"字"为"文"化生之物。"察其物形,得其文理",谓之"文"。"母子相生,孳乳寖多",谓之"字"。以竹帛等载体书写的文字,谓之"书"。"文"法象天地,其道焕然,分天文、地文、人文。"字"与"书"都是因"文"为用,相依而成,名为二,理实一。它们命名天地万物,涉及面广,渗透性强,纵贯幽远,"事简而应博",表意功能极强。"字"与"书"还能"范围宇宙,分别阴阳",具有记载山川、地理、风物、风俗的功能。张怀瓘还指出,"书"还有强烈的政治意识形态功能,可以"纲纪人伦,显明政体"。"书"有利于维护社会人伦领域的礼仪、秩序、法度等,可以阐述经典或政策,借助"书"这种载体,能使社会稳定,政治和谐,国家兴盛。在这个意义上,"其后能者,加之以玄妙,故有翰墨之道光焉。

世之贤达，莫不珍贵"①。这是说，在实用的书写观念之外，书法应该重视个人的创造精神，使书法创造逐渐脱离实用书写的考虑，从而具备一定的审美内涵。这是对书法的实用价值与审美功能关系的区分。

文章之道，源远流长。张怀瓘说："文章之为用，必假乎书；书之为徵，期合乎道。故能发挥文者，莫近乎书。""若乃思贤哲于千载，览陈迹于缣简，谋猷在觌，作事粲然，言察深衷，使百代无隐，斯可尚也。"在中国古代，阐述经典，传播文化，传承文明，都离不开书法。"及夫身处一方，含情万里，标拔志气，黼藻精灵，披封睹迹，欣如会面，又可乐也。"②书法鉴赏有如知音会面，它是人与书法的情趣相投，心神交会，书法审美活动因而能给人性情的愉悦。

如果悬搁沉重的实用理性、道德负载，超越伦理教化、功利诉求等的束缚，审美意义上的书法主要是指书法家体验世界、人生、天地物象的生命活动，而不只是传播思想的交际工具，也不只是纯粹而无意义的线条展示。这是书法的主要功能。就像佛陀之教法、佛教之典籍是用来宣扬佛法而采用的权宜之计，书法说到底也只是性灵在刹那间捕捉的意象，既然不存在永恒不变的审美体验，与此相应的书法功能也就只能是一种方便法门。审美观照方式的转变，必然直接影响到艺术呈现方式的运用。将书法之道提升为书法家体验生命与存在的方式，看做是人观照世界与人生的法门，这样或许更能接近书法之道的深层意蕴，也有助于更好地领会书法的审美功能。单刀直入，直切心源。书道深奥，不离此意。在很大程度上，书法的道体与审美功能都属于书法本体的讨论范围，把握了书法道体与书法审美功能的内涵，也就领略了书法的本体意义。

三、师法造化

师法造化是中国美学的重要命题，这个命题在隋唐五代书法美学领

---

① ［唐］张怀瓘：《文字论》，《法书要录》卷四，《中国书画全书》第一册。
② ［唐］张怀瓘：《书断序》，《法书要录》卷七，《中国书画全书》第一册。

域也有集中的体现,且与书法家的审美心境相关。大致而言,师法造化主要包括两个层次。第一个层次是指书法创造要师法自然。第二个层次是指书法创造要师法造化。这个"造化"不是宽泛意义上的天地万物的代称,而是从时间的角度观照书法创造的审美意趣。

世界瞬息万变,造物神奇如斯,如浮云过眼,须臾变灭。造物之戏,瞬息生灭,永无停驻。对于艺术创造来说,师法造化是一种当下即是的审美活动。俄尔挥洒,千变万化,须臾之间,意象化生。书法凭兴而发,兴尽则止,笔墨变幻神速,感兴不可复得,它与神奇造化异曲同工。所以,不少书法美学家主张师法造化。张怀瓘描述的书法创造过程,就属于师法造化这个层次。张怀瓘说:"尔其初之微也,盖因象以瞳眬,眇不知其变化。范围无体,应会无方。考冲漠以立形,齐万殊而一贯。合冥契,吸至精。资运动于风神,颐浩然于润色。尔其终之彰也,流芳液于笔端,忽飞腾而光赫。"①很多时候,审美活动往往发生在瞬刻之间,它与书法家当下一念的审美体验相关。一念无去来,不迁为须臾。须臾即此念,不去亦不来。师法造化的审美体验是不可把捉的,所谓"因象以瞳眬,眇不知其变化。范围无体,应会无方",即是此意。书法创造为书法家感受生命、体验存在提供了契机,它指向优游自得、逍遥自在的审美心境。书法家在唯一的此刻,在亘古亘今的审美时空之中,超越世俗的桎梏,领略心境的绝对自由,体证生命的创造精神。

张怀瓘论书:"或烟收雾合,或电激星流,以风骨为体,以变化为用。有类云霞聚散,触遇成形;龙虎威神,飞动增势。"②所谓"触遇成形",是说书法迹象得之偶然,没有先天存在的法则,也没有永恒不变的形式。

张怀瓘说:

> 使夫观者玩迹探情,循由察变,运思无已,不知其然。瑰宝盈瞩,坐启东山之府;明珠曜掌,顿倾南海之资。虽彼迹已缄,而遗情

① [唐]张怀瓘:《书断序》,《法书要录》卷七,《中国书画全书》第一册。
② [唐]张怀瓘:《书断》,《佩文斋书画谱》卷九。

未尽。心存目想，欲罢不能。非夫妙之至者，何以及此？且其学者，察彼规模，采其玄妙，技由心付，暗以目成。或笔下始思困于钝滞；或不思而制败于脱略。心不能授之于手，手不能受之于心。虽自己而可求，终杳茫而无获，又可怪矣。及乎意与灵通，笔与冥运。神将化合，变出无方。①

在《书断》卷八里，张怀瓘以王羲之为例，说明这种道法自然的境界。他认为，王羲之草书、隶书、八分、飞白、章书、行书诸体备精，自成一家之法。"千变万化，得之神功。自非造化发灵，岂能登峰造极。"②灵感与直觉体验在书法创造过程中微妙莫测，"意与灵通，笔与冥运"，出神入化，灵气往来。

张怀瓘论书："且法既不定，事贵变通，然古法亦局而执，子敬才高识远，行草之外更开一门，非草非行，流便于草，开张于行。草又处其中间，无藉因循，宁拘制则，挺然秀出，务于简易情驰，神纵超逸，悠游临事，制宜从意适便。有若风行雨散，润色开花，笔法体势之中最为风流者也。"③风行水上，自然成文。不规规于绳尺之间，自有天地造化之势，这是中国书法的极高境界。书法创造要根据特定的审美情境而定，讲究权变化合，自成规模尺度。妙笔生花，宛如灵气恍惚。不思而至，悄然而去。有意即乖，无意则佳。中国艺术推重化境，化境就是这样一种审美境界：道法自然，物我两忘，法随意转，信手成章。

书法家审美心境与汉字意象偶然契合，触物成真，当下圆成。"触遇成形"，也就是书法创造的随物赋形。这种思想与佛教禅宗有关。依大乘佛教之见，语言文字虚幻不实，借助语言文字传情达意的书法（包括技法技巧）也就不可执为实有了。然而，书法终究离不开审美形式，没有笔墨迹象，也就无所谓书法。所以，书法必然要赋形，赋形却没有定形，这

---

① ［唐］张怀瓘：《书断序》，《法书要录》卷七，《中国书画全书》第一册。
② ［唐］张怀瓘：《书断》中，《法书要录》卷八，《中国书画全书》第一册。
③ 《佩文斋书画谱》卷九。

就要求破除审美者对书法形式的执念。恰如禅宗语录所载：

> 志座主问："禅师何故不许青青翠竹，尽是法身；郁郁黄华，无非般若？"
>
> 师曰："法身无象，应翠竹以成形；般若无知，对黄华而显相。非彼黄华翠竹而有般若法身。故经云：佛真法身犹若虚空，应物现形如水中月。黄华若是般若，般若即同无情。翠竹若是法身，翠竹还能应用。座主会么？"
>
> 曰："不了此意。"
>
> 师曰："若见性人，道是亦得，道不是亦得。随用而说，不滞是非。若不见性人，说翠竹著翠竹，说黄华著黄华，说法身滞法身，说般若不识般若，所以皆成争论。"①

"般若""法身"是体，佛理禅机体性虚空，本无形相可言。"翠竹""黄华"是佛理禅机的化身，起用方便，随机而有。禅门依据般若空观，主张体用不二，应物现形，随用说法。体用不二含有深刻的审美形式论价值。审美形式与禅门的"翠竹""黄华"之论，"应物现形"精神相通，它们都用"随用而说""触遇成形"的含义，不可执以为实。也就是说，审美活动中的"应物现形"是般若空观与缘起论在书法审美领域的落实。随心赋形，因缘而生，即"触遇成形"。书法家不拘成见，不守陈规，循自然之理，达造化之功。心境澄澈，映照万有。心境通透，笔下生辉。了此造化之玄机，心灵不滞于色相，就可以即笔墨线条以体验书法之道。

兵部员外王翰曾经向张怀瓘询问书法之道，张怀瓘回答说，文学需数言以成其意，书法则一字足见其心，可谓深得简易之道。然而，要领略书法的妙处，不能粗略过眼，需要用心品味。线条笔墨虽已成形，但书法鉴赏者可以通过心追目极，体味书法意象蕴含的审美情感，体验书法家的微妙心思。"然须考其发意所由，从心者为上，从眼者为下。先其草创

① ［宋］道原：《景德传灯录》卷第二十八，《大正藏》第五十一卷。

立体,后其因循著名。虽功用多而有声,终性情少而无象。同乎糟粕,其味可知。不由灵台,必乏神气。其形悴者,其心不长。"①这也是强调书法以心为师,出乎性情,发自灵台,方有神气。书法鉴赏也要冥心玄照,闭目深视。性灵豁畅,气概通疏,点画之间直达造化之源。

张怀瓘以心为书,即心即造化。这种看法与南宗禅法有一定的精神联系。马祖道一说:"一切法皆是心法,一切名皆是心名。万法皆从心生,心为万法之根本。"②马祖一系推崇"即心即佛",认为一切事物皆由心生,心灵就是造化之源、万物之体。佛理高妙,不离此心发明。万象森罗,出于明妙心中。众人心性圆成平等,如果能自悟本心,即能转动法华,如灵光独耀,迥脱根尘。大珠慧海也说:"文字等皆从智慧而生,大用现前,那得落空!"③大珠慧海所言"文字",当然不是特指书法,不过书法作为"文字"之一,同样是从般若心田流出。禅宗讲究自心之用,使人反求诸心,回光返照,不假外求,以自心为造化之源。苏轼评唐人书:"柳少师书,本出于颜,而能自出新意,一字百金,非虚语也。其言心正则笔正者,非独讽谏,理固然也。世之小人,书字虽工,而其神情终有睢盱侧媚之态,不知人情随想而见,如韩子所谓窃斧者乎,抑真尔也?然至使人见其书而犹憎之,则其人可知矣。"④苏轼这则书法批评表达的虽然是北宋文人的审美理想,但他批评柳公权书法时颇关注"心"与"笔"、人格与书风、书法家"人情"与书法神情等问题,这不仅大体符合唐代书法史的实际情况,而且也与张怀瓘师法造化的审美精神一脉相承。

四、书法批评鉴赏应重视审美体验

批评鉴赏是书法审美活动的重要环节。书法的批评鉴赏问题在隋唐五代也引起美学家的关注。书法之妙不在审美意象本身,而在笔墨线

---

① [唐]张怀瓘:《文字论》,《法书要录》卷四,《中国书画全书》第一册。
② [宋]道原:《景德传灯录》卷第二十八,《大正藏》第五十一卷。
③ [宋]普济:《大珠慧海禅师》,《五灯会元》卷第三。
④ [宋]苏轼:《书唐氏六家书后》,《苏轼文集》卷六九。

条之余、笔画畦径之外。隋唐五代书法美学家要求批评鉴赏者"听之以无声",是说在书法批评鉴赏时不落色相,不沾滞于眼前所见。重视书法批评鉴赏的审美体验是张怀瓘书法美学的重要内容。张怀瓘说:"文则数言乃成其意,书则一字已见其心,可谓得简易之道。欲知其妙,初观莫测,久视弥珍,虽书已缄藏,而心追目极,情犹眷眷者,是为妙矣。然须考其发意所由,从心者为上,从眼者为下。"因此,他得出"可以心契,非可言宣"①的结论。张怀瓘强调,书法批评鉴赏应当破除知识、名相、理性等消解或遏止审美体验活动的不利因素,开启直切心源的审美体验,于笔墨意象之外领略艺术的意蕴。呈现于批评鉴赏者面前的审美意象,只是一个引子、一点启示、一条线索,审美意象背后有着无限广阔的诗意空间,期待批评鉴赏者结合各自的审美体验去体悟,去填补,去生成。

就书法美的结构层次而言,书法呈现出来的意象形式都是有规定、受限制的,它展示出在场的一面,这方面可称为有、实、显。同时,隐藏在审美意象背后的书法之道则是更为本源的存在,它是无限的、无规定的,不受具体审美意象的限制,具有生成审美意境的可能,这方面则可称之为无、虚、隐。这不是书法批评鉴赏者凭借知识、理性可以完全进入的世界,书法批评鉴赏需要开启鉴赏者的审美体验,以妙悟之心领略书法的整体美。书法的整体美既包括书法意象之美,即笔墨线条之美,又包括审美意象/笔墨线条之外的意境美。所以说,书法美是有限与无限的统一,是在场与不在场的关联,是无与有、虚与实、显与隐的整体。

作为书法审美活动的批评鉴赏,既要观照书法显在的意象,也要体味书法潜隐的意蕴。只有这样,批评鉴赏才能真正领略书法美,并以书法批评的方式将鉴赏时获得的审美感受传达出来。所以,批评鉴赏应该能体味书法意象之外的深层意蕴。书法批评鉴赏不能局限于眼前之象的实或显,它还要体味与审美意象相连的虚或隐,玩味笔墨线条深处的

---

① [唐]张怀瓘:《文字论》,《法书要录》卷四,《中国书画全书》第一册。张怀瓘又说:"可以心契,不可以言宣。"(《书议》,《佩文斋书画谱》卷九)

微妙运思。书法批评鉴赏体验到的象外之象是介乎说与不说之间的妙意,是处乎言与无言之际的神韵。这是从有限引向无限,从存在走向超越的智慧。在张怀瓘看来,开启智慧最有效的方式就是"可以心契,不可以言宣"。因为在书法审美活动中,任何言说、道理、知识在审美体验面前,都显得苍白无力。

张怀瓘也很重视书法审美鉴赏活动中的知音问题。他说,王羲之书法笔迹遒润,独擅一家之美,天质自然,丰神绝代。可是,后来王羲之书道微落,常人难以仿效,天下少有知音,对于王羲之书法的深层意蕴,书法鉴赏者多难言其妙。抱着对知音的诉求,张怀瓘指责以往的书法批评与鉴赏"既无文词,则何以立说?何为取象其势,仿佛其形,似知其门,而未知其奥,是以言论不能辨明。夫于其道不通,出其言不断,加之词寡典要,理乏研精,不述贤哲之殊能,况有丘明之新意悠悠之说,不足动人"①。汉魏以来,论书者甚多,妍蚩杂糅,条目纠纷。不少书论重述旧章,彼此雷同。张怀瓘不满于此,认为这些书法批评鉴赏文字虽以新说标榜,却徒然无益,于事无补。这样的书法批评只会使繁者弥繁,阙者仍阙,对于书法理论建设毫无价值。有鉴于此,孙过庭试图一洗既往书法批评之弊,这是他撰写《书谱》的初衷。他期望"庶使一家后进,奉以规模;四海知音,或存观省"。很显然,张怀瓘和孙过庭都以书法的知音与书法家的知音自况。这是他们强化书法理论家身份的需要,同时也对书法批评鉴赏活动提出了专业素养方面的要求。

张怀瓘还指出,书法批评家应该具有深广识见,观照书法意象的神采,不见字形迹象,如果精意玄鉴,则物无遗照,理无不通。张怀瓘说:"夫丹素异好,爱恶罕同。若鉴不圆通,则各守封轨,是以世议纷糅,何不制其品格,豁彼疑心哉!且公子贵斯道也。感之乃为其估贵贱,既辨优劣,了然因取世人易解,遂以王羲之为标准。"②张怀瓘提出圆通性的批评

---

① [唐]张怀瓘:《书议》,《佩文斋书画谱》卷九。
② [唐]张怀瓘:《书估》,《佩文斋书画谱》本。

方法,以王羲之为批评标准,这只是从书法美学家的个人立场出发的,但其严肃谨慎的书法批评态度具有普遍的理论价值,值得很好地传扬。

第五节　书法的风格及法度

本节集中介绍隋唐五代关于书法风格与书法法度这两个问题的讨论。先看书法风格论。

一、书法风格论

隋唐书坛,群星灿烂。各种书风,竞相争奇。书法风格的形成是书法家审美情趣、审美理想、审美境界等多种因素的综合体现,也是确立书法家文化身份与评判书法艺术价值的重要标尺。一个时代的书法风格则形成一种总体的审美风尚,它能勾勒特定时代的文化风貌,也能反映特定社会环境之下的审美情趣与审美理想。隋唐书法美学家对筋骨通神、沉著痛快与雄秀之美这三种书法风格的理论内涵都有较为精要的介绍。

（一）筋骨通神

与唐代诗坛推重刚健有力的风格一致,唐代书法界追求筋骨通神的风格。筋骨通神这带有群体性审美要求的书法风格并非当时某个书法美学家的独创之见,它是从李世民、杜甫等的书法理论中概括出来的一种书法风格。

李世民论书主丈夫气,学书推重"骨力"。他说:"今吾临古人之书,殊不学其形势,惟在求其骨力,而形势自生耳。"①李世民最为推崇王羲之。中国书法史上记述李世民迷恋《兰亭序》,这个传闻可资参考。李世民高度肯定王羲之的书法成就,认为王羲之的书法骨力齐备,无人能敌。

颜真卿、柳公权是唐代书坛的佼佼者,他们用笔有道,追求骨力之

---

① ［唐］李世民:《论书》,《佩文斋书画谱》本。

美,有"颜筋柳骨"之称。苏轼多次称道颜真卿的书法风格。如:"颜公变法出新意,细筋入骨如秋鹰。"①苏轼还说:"尝评鲁公书与杜子美诗相似,一出之后,前人皆废。"②苏轼将颜真卿书与杜子美诗相提并论,主要基于两层考虑。其一,他们都有变法意识与创新精神,都是盛唐时代杰出的艺术大师。其二,他们在审美风格方面颇为接近,都讲究筋骨之美,独领一代审美风尚,成就盛唐审美精神。时人以"韩文""杜诗""颜书"作为盛唐文化的表征,有其充足的理据。

从李世民到苏轼,唐代书法推重"筋骨"之风已经成为他们的理论共识,而"通神"则是杜甫的独到发现。杜甫论书"尚骨",主"瘦硬",追求"瘦硬通神"之趣,其中也有以筋骨为美的取向。杜甫论书:"苍颉鸟迹既茫昧,字体变化如浮云。陈仓石鼓又已讹,大小二篆生八分。秦有李斯汉蔡邕,中间作者绝不闻。峄山之碑野火焚,枣木传刻肥失真。苦县光和尚骨立,书贵瘦硬方通神。"③所谓"书贵瘦硬方通神",是指书法线条劲瘦有力,风姿传神。"瘦硬"又是对书法筋骨之美的具体要求,它是书法达到"通神"境界的前提条件。杜甫这一书法审美观念,引起了苏轼的质疑:"杜陵评书贵瘦硬,此论未公吾不凭。短长肥瘦各有态,玉环飞燕谁敢憎?"④苏轼论书众体兼备,杜甫论书独抒己见,并无高下之分。影响他们书法审美观念差异的原因很多,其中,由于社会环境的变迁,盛唐与北宋的审美风尚发生了巨大变化,这是不容忽视的。当然,还应注意苏轼与杜甫审美趣味及审美理想的差异。

倡导书法瘦硬通神的审美风格并非始于杜甫,这种审美风格在魏晋时期就引起过书法理论界的注意。东晋卫夫人认为:"善笔力者多骨,不善笔力者多肉。多骨微肉者谓之筋书,多肉微骨者谓之墨猪。多力丰筋

---

① [宋]苏轼:《孙莘老求墨妙亭诗》,《苏轼诗集》卷八。
② [宋]苏轼:《记潘延之评予书》,《苏轼文集》卷六九。
③ [唐]杜甫著,[清]仇兆鳌注:《李潮八分小篆歌》,《杜诗详注》卷之十八。
④ [宋]苏轼:《孙莘老求墨妙亭诗》,《苏轼诗集》卷八。

者圣,无力无筋者病。"①初唐书法承续六朝遗风,讲究书法的筋骨和笔力。虞世南是初唐四大书法家之一,书法师从王羲之七世孙智永,可见其谱系源于二王一脉。从杜甫的家学渊源看,祖父杜审言也擅长书翰,为人自负,名望也不小。杜审言曾经对人说:"吾之文章,合得屈、宋衙官;吾之书迹,合得王羲之北面。"②杜甫生长在这样一个具有良好书法文化氛围的家庭里。杜甫不只是书法批评家,他幼年即能书,书法远师虞世南,推重王羲之、褚遂良诸家,其书法当有一定造诣,这为他的书法理论与批评活动积累了丰富的审美体验。至此,杜甫主张"书贵瘦硬方通神",也就不难理解了。

(二)沉著痛快

唐代书法还追求沉著痛快之美,沉著痛快之中有力透纸背的锋芒。褚遂良论书:"用笔当如印印泥,如锥画沙,使其藏锋,书乃沉著。当其用锋,常欲透过纸背。"③颜真卿曾经向张旭询问执笔之理,张旭也复述了褚遂良的用笔思想。对此,他感悟甚深:"予传授笔法得之于老舅彦远,曰:吾昔日学书,虽功深,奈何迹不至殊妙。后闻于褚河南,曰:'用笔当须如印印泥。'思而不悟,后于江岛,遇见沙平地静,令人意悦欲书。乃偶以利锋画而书之,其劲险之状,明利媚好。自兹乃悟用笔如锥画沙,使其藏锋,画乃沉著。当其用笔,常欲使其透过纸背,此功成之极矣。"④真草用笔,如锥画沙。直探底里,取其沉著之力;藏用自然,取其痛快之势。沉著痛快,便有力透纸背之美。

痛快淋漓,笔落象生,这是一种道法自然的审美风格。怀素论书:"吾观夏云多奇峰,辄常师之,其痛快处如飞鸟出林、惊蛇入草。又遇坼壁之路,一一自然。"⑤怀素从自然物象体悟书法之道,主要不是获益于物

---

① 《佩文斋书画谱》卷三。
② [后晋]刘昫:《旧唐书》卷一九○上。
③ 《佩文斋书画谱》卷五。
④ [唐]颜真卿:《述张长史笔法十二意》,《佩文斋书画谱》卷三。
⑤ [唐]陆羽:《释怀素与颜真卿论草书》,《历代书法论文选》,第283页,上海书画出版社,1979年。

象本身,而是从物象蕴含的自然而然的生命节律领略书法创造的痛快淋漓。杜甫之诗沉著痛快,杜甫论书也推重痛快淋漓的审美风格。杜甫论张旭书:"悲风生微绡,万里起古色。锵锵鸣玉动,落落群松直。连山蟠其间,溟涨与笔力。"仇兆鳌注:"此叙其书法之神妙。微绡之上,如风生万里,以笔有古意也。玉动状其疾徐,松直状其苍劲,连山状其起伏,溟涨状其浩瀚。"①"山"以状其沉著,"风"以写其痛快。山势起伏,旋律波动,自有风生万里之势。这就是沉著痛快之美。

（三）雄秀与壮美

此外,还有一种雄秀之美。雄秀不只是表明书法家的独创性,它是隋唐五代书法的审美风格之一。雄秀之美不同于筋骨通神,也不同于沉著痛快,它兼有雄健之筋骨与隐秀之风姿,而自成一种书法风格。颜真卿是经学大师颜师古的五世从孙,深受儒家文化熏染,其书骨铮铮有声,雄健豪迈,又不乏蕴藉之致。苏轼对他评价甚高:"颜鲁公书,雄秀独出,一变古法,如杜子美诗,格力天纵,奄有汉、魏、晋、宋以来风流,后之作者,殆难复措手。"②唐人书法的雄秀之风,虽为苏轼所拈出,却言之有据,足以指称以颜真卿为代表的书法风格。

壮美是一个重要的中国美学范畴,它与优美并举。壮美这个审美范畴的出现并不在隋唐五代,但是唐代书法美学家探讨过接近壮美的风格。欧阳询论书法八诀,其中就有五诀与壮美有关,分别是:[点]"如高峰之坠石";[横]"若千里之阵云";[斜钩]"劲松倒折,落挂石崖";[横折钩]"如万钧之弩发";[撇]"利剑截断犀象之角牙"③。以上五诀,虽然是谈五种笔画的诀窍,但这些诀窍之中流露出张扬书法阳刚之美的风格取向。这是清人姚鼐提出壮美范畴的较早渊源。

然而,这些审美风格之间并无高下之分,书法家依其性情、才情而各有所长,这并不妨碍它们共存于书坛。以上三种书法风格共同组成隋唐

---

① [唐]杜甫著,[清]仇兆鳌注:《殿中杨监见示张旭草书图》,《杜诗详注》卷之十五。
② [宋]苏轼:《书唐氏六家书后》,《苏轼文集》卷六九。
③ [唐]欧阳询:《八诀》,《佩文斋书画谱》卷三。

五代书坛的主流审美风尚,各种书法风格在具体情况下还能相互融合,取长补短。从中国书法史来看,融合南北,调和碑帖,这种貌似折中实则兼容的趋势正是隋唐五代书法的重要特征。所以,不能将这三种审美风格截然分开。梁启超曾经指出,文化交融及其差异与特定时代的审美情趣及审美风格直接相关。他以书法文化交融为例:"吾中国以书法为一美术,故千余年来,此学蔚为大国焉。书派之分,南北尤显。北以碑著,南以帖名。南帖为圆笔之宗,北碑为方笔之祖。"①唐代以前,南北文化界线分明,书法的南北派别之分也不言而喻。但是,自隋唐以来,书坛出现了一个不容忽视的发展趋势,就是"文学地理"随着"政治地理"逐渐发生转移的现象。

择取这三种书法风格加以介绍,主要是为了接近隋唐五代书法美学的历史现场。当然,任何历史阐释都不可能完全排除某些细节被遮蔽的可能,但是,如果能尊重当时特定的社会文化环境,把握书法美学史与书法史的主流,并在此前提下做出适度的阐释,应该是有效的。这并不是说,本节已经穷尽隋唐五代书法风格理论的所有材料,但至少上述审美风格的介绍,大体能反映隋唐五代书法美学的基本状况,以及它们与当时书法史的紧密联系。

二、书法法度论

书法法度论是指书法美学家对于书法法度的基本看法、观念与态度等的总称。法度不只是形式技巧问题,它取决于书法家的审美态度,同时又直接影响到审美境界的生成。探讨隋唐五代书法法度论,可以看做是对当时审美境界理论的辅证。隋唐五代书法法度论主要包括三种法度意识:一是尊崇法度,二是运法自然,三是以心为法。

（一）尊崇法度

长期以来,学界形成了一种共识,认为唐代艺术以法度取胜。宗白

---

① 梁启超:《中国地理大势论》,《饮冰室文集》之十,第 86 页。

华也认可"唐人尚法"的书法传统①。从中国书法理论史来看,宗白华的这个提法并不新奇。宋人董逌、明人董其昌多次提出类似的看法。北宋书法批评家董逌论薛稷之书:"书贵得法,然以点画论书者,皆蔽于书者也。求法者当在体用备处。一法不亡,浓淡健决,各得其意,然后结字不失。故应疏密合度而可以论法矣。薛稷于书,得欧、虞、褚、陆遗墨至备,故于法可据,然其师承血脉则于褚为近,至于用笔纤瘦,结字疏通,又自别为一家。"②薛稷(649—713),唐代画家、书法家。董逌从结字、得意等方面评价了薛稷书法重视法度的特征。隋唐五代书法家重视法度,何止薛稷一人。生活于中晚唐的柳公权以楷书名世,他更是将法度的严谨推向了极致。明人董其昌说:"晋宋人书,但以风流胜,不为无法,而妙处不在法。至唐人始专以法为蹊径,而尽态极妍矣。"③董氏又说:"晋人书取韵,唐人书取法,宋人书取意。"④宗白华"唐人尚法"的结论,一方面可能与他对唐代书论和书法史的把握有关,另一方面也有可能受过董逌、董其昌的影响。

从一定程度上讲,认为唐代书法崇尚法度是可以成立的,为了支持这个判断,可以找出很多材料加以论证。例如,智果《心成颂》谈书法的结体和章法,欧阳询的《三十六法》则将书法概括为三十六条法则,等等。张怀瓘说:"臣闻形见曰象,书者法象也。心不能妙探于物,墨不能曲尽于心,虑以图之,势以生之,气以和之,神以肃之,合而裁成,随变所适,法本无体,贵乎会通。"⑤所谓"会通",是指心与手的合一,古与今的贯通,气与象的交融,无论如何,这种会通毕竟是"法象"指引下的融会贯通。书法家韩方明生活于唐代贞元年间,生卒、事迹均不详,有书论《授笔要说》一篇,云:"夫执笔在乎便稳,用笔在乎轻健,故轻则须沉,便则须涩,谓藏

① 宗白华:《中国书法里的美学思想》,《宗白华全集》第 3 册,第 411 页。
② [宋]董逌:《广川书跋》,《中国书画全书》第一册。
③ [明]董其昌:《画禅室随笔》卷一,康熙十七年天都汪氏刻本。
④ [清]倪涛:《六艺之一录》卷二八〇,文渊阁四库全书本。
⑤ [唐]张怀瓘:《六体书论》,《佩文斋书画谱》本。

锋也。不涩则险劲之状无由而生也,太流则便成浮滑,浮滑则是为俗也。故每点画须依笔法,然始称书,乃同古人之迹,所为合于作者也。"①这种在古与今、人与我之间寻求妙合的做法,也是重视书法法度的体现。孙过庭也论及书法的法度问题:

> 粗可仿佛其状,纲纪其辞,冀酌希夷,取会佳境。阙而未逮,请俟将来。今撰执、使、转、用之由,以祛未悟。执,谓深浅长短之类是也;使,谓纵横牵掣之类是也;转,谓钩环盘纡之类是也;用,谓点画向背之类是也。方复会其数法,归于一途,编列众工,错综群妙,举前贤之未及,启后学于成规,穷其根源,析其枝派。②

孙过庭并非不知书不尽言、言不尽意的道理,书法的意义在于它能"粗可仿佛其状,纲纪其辞,冀酌希夷,取会佳境"。因此,书法不可无法,无法则不成其为书法。所以,孙过庭为学书者制定了"执""使""转""用"之法,帮助初学书法者渐入佳境。这表明,法度只是初入书法之门的阶梯,而不是书法所应抵达的最高境界。总之,"书者,法象也",是指书法应以效法天地,表写自然之象为尺度。无论书法如何变化会通,都必须遵循一定的法度,当然,这种法度不是机械的、永恒不变的标尺。

下面这则材料也可以辅证董逌、董其昌、宗白华的观点。唐代书法理论界很讲究书法传授谱系,如一篇题为《传授笔法人名》的书论详尽勾勒出汉魏至隋唐时期的书法传授谱系脉络。这篇书论写道:"蔡邕受于神人,传之崔瑗及女文姬。文姬传之钟繇,钟繇传之卫夫人。卫夫人传之外甥羊欣,羊欣传之王僧虔,王僧虔传之萧子云,萧子云传之僧智永,智永传之虞世南,世南传之授于欧阳询,询传之陆柬之,柬之传之侄彦远,彦远传之张旭,旭传之李阳冰,阳冰传徐浩,颜真卿邬彤韦玩崔邈凡二十有三人,文传终于此矣。"③这篇书论较早收录在张彦远的《法书要

---

① [唐]韩方明:《授笔要说》,《历代书法论文选》,第287页。
② [唐]孙过庭:《书谱》,《佩文斋书画谱》卷五。
③《佩文斋书画谱》卷三。

录》里,具体作者尚难确定,但断为唐人所作应当没有大的出入。且不说这篇书论记述的传授谱系本身是否准确无误,仅从作者看重书法谱系及其记述谱系的行为来说,就已经充分显示出注重法度和传统的意识。这篇书论对于梳理隋唐书法史的发展线索有一定的参考价值。由于它突出了书法名家的历史位置,对于书法的初学者无疑是很有助益的。然而,一切历史谱系的建构都离不开人为的努力,有建构者的权衡取舍、审美偏好在焉。同样地,这篇书论所记述的师资传授谱系,在建构出一种书法传统的同时,也禁锢了习书者的创新意识,这直接影响到后世书法史家的历史叙述。况且,有些优秀的书法家则因此遭受被忽视甚至被遮蔽的文化命运,不利于书法史的发展创新,也不利于书法美的多样化生成。

李嗣真(? —696),唐代书画家,官御史中丞、知大夫事,后被酷吏来俊臣所陷。李嗣真有书法论著《后书品》,将自秦至唐的书家八十一人,分为十等。李嗣真论书强调"师范"的重要性,也尊崇书法的法度和传统。他说:"太宗与汉王元昌、褚仆射遂良等皆授之于史陵,褚首师虞,后又学史,乃谓陵曰:'此法更不可教人。'是其妙处也。陆学士柬之受于虞秘监,虞秘监受于永禅师,皆有体法。今人都不闻师范,又自无鉴局,虽古迹昭然,永不觉悟,而执燕石以为宝,玩楚凤而称珍,不亦谬哉!"[1]李嗣真批评时人"不闻师范",这是强调书法传授谱系的合理性。

李煜是南唐书法家,也是一位书法美学家。李煜论书,以右军法度为最:"善法书者,各得右军之一体。若虞世南得其美韵而失其俊迈,欧阳询得其力而失其温秀,褚遂良得其意而失其变化,薛稷得其清而失于拘窘,颜真卿得其筋而失于粗鲁,柳公权得其骨而失于生犷,徐浩得其肉而失于俗,李邕得其气而失于体格,张旭得其法而失于狂,献之俱得而失于惊急无蕴藉态度。"[2]在尊崇书法法度方面,李煜与上述各家并无本质

---

① [唐]李嗣真:《后书品》,《法书要录》,《中国书画全书》第一册。
②《南唐后主李煜评书》,《佩文斋书画谱》卷一〇。

差异。只是他的法度论取法甚高,因而略显苛刻。他以王羲之书法为法度理想,这个标准的确立,固然有助于评判各家书法的优劣得失,但也预设了今不如古的守成意识。

在隋唐五代书法界,尊崇法度不只是一种孤立的、个别的文化现象,它背后有着深远的文化根源。这就需要从中国思想史的角度简要评述。先秦儒家尽管以恢复周代礼乐为己任,为建构理想有序的社会文化形态而求索,但是,他们在对待文化传统的态度上,并没有固步自封,而是以开放的心态顺时而变,这是儒家经典《周易》一以贯之的思想。《周易》之"易"以"变易"为"不易"之准则。如,"革"卦、"鼎"卦,都有宣扬变革而反对守旧的思想。《周易》尚变的思想落实到审美领域,就促成了生生不息的创新精神,转化为气韵生动的审美效果。同时,儒家也很注重艺术法度与审美传统,讲究艺术的秩序感。在儒家看来,诗者,艺也。凡艺必有规则,有规则必有禁忌,故《诗纬》以"持"释"诗"。"持其情志"是儒家法度意识的总纲法门,这个命题颇能显示出儒家的中庸之道。儒家尊崇法度,是想让艺术家们带着镣铐跳舞,在不自由时体验心灵创造的自由。

在中国思想史与中国艺术史上,"复古""祖宗之法不可变"的呼声总是不绝如缕,其影响远远超过变革创新的意识,颇有意味的是,这些复古思潮的参与者又多出自儒家文化阵营,或者是儒家文化的传承者。从某种意义上讲,中国思想史与中国艺术史可以简化为创新与复古思潮不断交叠的历史。中国文化的发展总是在传承的基础上不断创新,又总是在创新的过程中不断寻求传承的依据。所以,对于绝大多数中国文人而言,即使面对浩如烟海的文化传统,也似乎不会像西方人那样产生"影响的焦虑",乃至以极端的方式颠覆整个传统。更为普遍的情况是,中国人大多心甘情愿地以"接着讲"的方式来参与思想文化的传承工作,以及在传承的基础上不断丰富既有的传统,并试图寻求创新的可能。立足于既有的传统、法度与秩序,这是儒家关于法度的基本立场。隋唐五代尊崇书法法度,这正是儒家注重文化传承的审美传统在书法美学领域的反映。

董逌、董其昌、宗白华对唐代艺术崇尚法度的判断有其合理的一面，尤其是宗白华作为现代美学名家的深远影响，他的这个观点在各种论著中被竞相仿效或辗转沿袭，乃至成为当代书法史家建构隋唐五代书法史与书法美学史时反复出现的关键词之一，或者说是绕不过去的理论话题。研究表明，如果更为全面地考察当时书法思想界的书法法度理论，就会发现，这个判断并不准确，因为"唐人尚法"在指出唐代书法守护传统与法度的同时，又在某种意义上遮蔽了唐代书坛追求创新的呼声。事实上，主张破除法度，要求通变的书法观念更为普遍。下面讨论的运法自然与法度自用这两种法度意识，显然就在"唐人尚法"这个判断的阐释有效性之外。

（二）运法自然

大凡具有创新意识的书法家，常能于古人笔法最不同处，获益最多。这是因为，后学者与书法前辈性情相近，二者神情多有暗合，故能受益良多，绝不是仅仅通过模仿前辈书迹可以造就。从运法境界的角度讲，这就需要书法家能运法自然，表写心怀。以前人为师，也当不拘于旧，不泥于古，师其意而不师其迹，依据具体的审美情境拈出自家面目。这样，书法即使是从古人的笔意化出，也能传达个人的心得之妙。关于这种书法法度意识，主要以韩愈为例进行说明。

韩愈的《送高闲上人序》具有丰富的书法思想，迄今为止，书法理论界对此关注不够。韩愈在文中说：

> 苟可以寓其巧智，使机应于心，不挫于气，则神完而守固，虽外物至，不胶于心。尧舜禹汤治天下，养叔治射，庖丁治牛，师旷治音声，扁鹊治病，僚之于丸，秋之于弈，伯伦之于酒，乐之终身不厌，奚暇外慕？夫外慕徙业者，皆不造其堂，不晬其截者也。

> 往时张旭善草书，不治他伎，喜怒窘穷，忧悲愉佚，怨恨思慕，酣醉无聊不平，有动于心，必于草书焉发之。观于物，见山水崖谷，鸟兽虫鱼，草木之花实，日月列星，风雨水火，雷霆霹雳，歌舞战鬭，天

地事物之变，可喜可愕，一寓于书。故旭之书，变动犹鬼神，不可端倪。以此终其身，而名后世。今闲之于草书，有旭之心哉？不得其心，而逐其迹，未见其能旭也。为旭有道，利书必明，无遗锱铢，情炎于中，利欲鬭进，有得有丧，勃然不释，然后一决于书，而后旭可几也。今闲师浮屠氏，一死生，解外胶，是其为心，必泊然无所起；其于世，必淡然无所嗜：泊与淡相遭，颓堕委靡，溃败不可收拾，则其于书得无象之然乎？然吾闻浮屠人善幻多技能，闲如通其术，则吾不能知矣。①

盛唐时期，各门艺术都得到了高度的发展，书坛出现了张旭、怀素、颜真卿等大家，诗坛则有李白、杜甫、白居易、王维等名流。韩愈这里提到的书法家张旭，善草书，传世书作有《古诗四帖》《千字文》《郎官石柱记》等。就其书法成就而言，张旭开启了中唐的写意书风，代表着唐代书法全盛时期的风采。张旭草书的社会影响很大，如唐文宗李昂曾下诏，将李白诗歌、裴旻剑舞与张旭草书定为"三绝"②。看得出，张旭也是韩愈这篇序文里特别称道的书法家。

这篇序文里提到的"高闲上人"，本名高闲，唐朝僧人，圆寂于湖州开元寺，生卒不详。高闲上人好作真书和草书，传世书迹有草书《千字文》残卷，另有湖州石刻《千字文》《令狐楚诗》等。高闲上人在世时已有高名，颇为时人称道。如："座上辞安国，禅房恋沃州。道心黄叶老，诗思碧云秋。"③又如："檐卜花间客，轩辕席上珍。笔江秋菡萏，僧国瑞麒麟。内殿初招隐，曹溪得后尘。龙蛇惊粉署，花雨对金轮。"④这两首诗都以高闲上人为题，其一为时人对他的印象式评价，其二为友人赠作，也以性情才华方面的评价为主。这两首诗都赞许高闲上人超然世外的志趣，栖心禅道的高行，冲淡清旷的诗情。仅此而言，高闲上人具有审美的性情是可

① ［唐］韩愈撰，马其昶校注，马茂元整理：《韩昌黎文集校注》第四卷。
② 据《新唐书》卷二○二："文宗时，诏以白歌诗、裴旻剑舞、张旭草书为'三绝'。"
③ ［唐］张祜：《高闲上人》，《全唐诗》卷五一一。
④ ［宋］陈陶：《题赠高闲上人》，《全唐诗》卷七四六。

以肯定的,但这两首诗均未提及他的书法。

韩愈对高闲上人的评价遭到了后人的质问,如苏轼就对此表示不满。他说:"退之论草书,万事未尝屏。忧愁不平气,一寓笔所骋。颇怪浮屠人,视身如丘井。颓然寄淡泊,谁与发豪猛。"①苏轼所论,主要是针对这篇序文的最后一段而言。苏轼概括出的"颓然寄淡泊"与"发豪猛",实际上是两种不同的审美境界。从韩愈的审美趣味来说,他更偏向于张旭"发豪猛"式的审美境界。这里的"发豪猛"主要不是指书法的雄健刚劲,而是指书法创造既服从内心的律令,又因顺自然之道。韩愈认为,书者必有不平之心,这不平之心是书法创造的重要动力。不平之心郁积既久,一旦触发便不可收拾,勇决奔腾,势不可挡,如决堤之水,一泻千里,如浴血之军,所向披靡。这种心绪是自然喷发,不是刻意而为,不是造作之行,而是自然来往,不可端倪。

有人认为,韩愈批评高闲上人不留一点情面。他在分析高闲上人与世无争、不受世俗情感困扰的基础上,推断出高闲上人的书法"无象"可言,不可能达到高妙的境界。这种看法尚嫌粗疏,需要做些辨析。张旭与高闲上人属于不同的艺术家类型,对此,韩愈是很清楚的。这篇序文语气平和,并没有非此即彼之意。张旭"有动于心,必于草书焉发之""天地事物之变,可喜可愕,一寓于书",也就是苏轼说的"发豪猛"。禅僧高闲"泊然无所起""一死生,解外胶",心胸超然,也就是苏轼说的"颓然寄淡泊"。从思想渊源来看,张旭接近道家的文化理想,高闲上人则深受佛教文化的滋养。韩愈欣赏张旭道法自然的审美境界,但他对高闲上人以佛理禅意入草书则持保留态度,所以他做出了"无象之然""吾不能知"的揣测。尽管韩愈对高闲上人的书法持保留态度,然而他的语气并没有后人想象的那样决然排斥。

韩愈对高闲上人书法的揣测,其实并没有挤压禅意书法的审美空间。特别是"无象之然"一语,更没有完全否定高闲上人书法的意象美,

① [宋]苏轼:《送参廖师》,《苏轼诗集》卷一七。

这与大乘佛教的形相论密切相关。大乘佛教认为，人所见到的事物的形相都是虚幻不实的，事物的这种虚幻不实的特性，或被称为幻相。所以，人不能执著于感官所触的任何形相。《金刚经》谓"一切诸相，即是非相"，《坛经》也讲"于相而离相"，就是这个意思。在古代，"相"有时作"象"，上面提到的"无象"即可解释为"无相"。在唐代思想史上，韩愈虽然有排佛之举，但他更是博学之士，具有一定的佛教文化造诣，他是为了复兴儒学才采取排佛之举的。如果以上推断能够成立，那么，"无象"就并非是说没有意象美，"无象"是指书法不能执于"象"或"相"，高闲上人的书法就有一种基于佛教禅宗形相观念的形式美感，这不同于张旭书法的意象美。它源于书法家心灵的圆活自在，不沾不滞，因而高闲上人的书法同样富有美感，这是一种淡泊之美。

晚唐书法家释亚栖，洛阳人，生卒不详，曾书开元寺壁。《宣和书谱》评价他的书法有张颠笔意，"若飞鸟出林，惊蛇入草"。他论书推重通变："凡书通即变。王变白云体，欧变右军体，柳变欧阳体，永禅师、褚遂良、颜真卿、李邕、虞世南等，并得书中法，后皆自变其体，以传后世，俱得垂名。若执法不变，纵能入石三分，亦被号为书奴，终非自立之体。是书家之大要。"[1] 书法审美者应该体悟书法的创新之道，参究书法的通变之理，差可概括这段话的基本意思。

运法自然的境界源于道法自然的体道境界。道家质疑世俗传统与秩序的永久合法性，与此同时，又树立以自然无为为内核的法度意识。老子讲"无为而无不为"，既将先前的传统悬置起来，同时又确立起无为之道的最高法则。庄子质疑传统法则、经典秩序的永恒意义与普遍价值。《庄子·天运》："夫《六经》，先王之陈迹也，岂其所以迹哉！今子之所言，犹迹也。夫迹，履之所出，而迹岂履哉！""迹"的本义是指痕迹、踪迹，是人行走过后遗留下来的印迹。迹象乃"履之所出"，履异则迹异，无履则无迹。迹象是有待而现的，因而它是虚幻不实的，迹象没有永久不

---

[1] ［唐］亚栖：《授笔要说》，《历代书法论文选》，第297—298页。

变的存在理由。道家视"六经"为古人的思想糟粕,体现出超越世俗传统与经典秩序束缚的意向。在道家看来,古人既已远去,他们所制定的礼义秩序也当顺时而变。既然现实情境今非昔比,以往的法则传统与经典秩序也就不足弥珍了。刻意地制造规则或因循守成,都会使得事物失去天性。顺乎无为之道,合乎自然之理,才是最为理想的法则。《庄子·达生》讲了几则故事,反复论证这个道理。津人操舟若神,梓庆削木为鐻,佝偻丈人承蜩,吕梁丈夫善游,都是为了阐明"用志不分,乃凝于神"这种物我两忘的运法境界。

隋唐五代书法美学家也顺应自然无为之道,不拘泥于习见成法,以个人的真实体验为审美创造的法度。李嗣真指出,李斯(小篆)、张芝(章草)、钟繇(正书)、王羲之(三体及飞白)、王献之(草行书与半草行书)等书家神合契匠,冥运天矩,堪称旷代绝作。李嗣真对"自然"一品也有所认识,其《后书品》将欧阳询、褚遂良等的书法列为上品之下,认为褚氏临摹右军,可谓高足,其丰艳雕刻,颇为今所尚,但欠自然。古代书法有法,现今书法但任胸怀,"无自然之逸气,有师心之独任"①。李嗣真主张道法自然,也同样体现出对道家运法境界的响应。

运法自然,要破除成规成矩对心性的桎梏,在自由舒卷心性时能领略创造的真谛,开启生命的智慧,以洒脱之气质、通透之心灵,体验法度的当下即是,瞬时生成。只有放弃知识的运作方式,摆脱成心机心的阻隔,以齐物的方式量物,才能发现绝对无待的原初尺度,这个尺度就是《庄子·田子方》所说的"游心于物之初"。它是齐物论的发用流行,是超越知识理性、逻辑推理的生命体验。道家认为,"道"只能通过各人的性灵参与,深切地领会,真实地体验,就连父子之间、师徒之间也不可能实现法度的交接。不可言传之意不在纸上,不在只言片语,它依赖不断变化的审美情境。因此,道家提倡顺乎自然之势,以无为之心应世接物。

运法自然,是一种超目的性、超功利性的运法方式,它质疑知识理

① 〔唐〕李嗣真:《后书品》,《法书要录》,《中国书画全书》第一册。

性、传统法则的优先地位,因而带有一定的偶发性和随机性。或者说,道法自然是自发与自然的统一。《庄子·天地》讲"无为为之之谓天",无为为之与有意为之不同,它质疑人的行为、谋划、意图的合法性。道法自然,是道家法度论的基本观点。唐代道教学者谭峭说:"心不疑乎手,手不疑乎笔,忘手笔然后知书之道。"[1]这几句话也同样体现出运法自然的法度意识。

在隋唐五代绘画美学章,大致梳理过逸品的出场情况。其实,逸品在这个时期的书法美学领域也同样引起过关注。李嗣真说:"吾作《诗品》,犹希闻偶合,神交自然冥契者,是才难也。及其作《画评》而登逸品数者四人,故知艺之为末信也。虽然,若超吾逸品之才者,亦当夐绝于终古,无复继作也。"[2]钟、张、羲、献,超然逸品。怀素草书也是"纵横不群,迅疾骇人"[3],与逸品同流。与隋唐五代绘画美学相比,书法美学有关逸品的讨论并没有那么集中深入,况且二者在文化内涵与美学意蕴方面也多有重合,在此不再展开。

(三)以心为法

在以上两种书法法度意识之外,隋唐五代还有一种书法法度意识,即以心为法,法度自用。实际上,又可将它分为自心运法与当下运法这两个层次。

先说第一层,自心运法。

据说,书法家颜真卿曾经向张旭请教:如何才能达到齐于古人的书法境界?张旭对他说:"妙在执笔,令其圆畅,勿使拘挛。"[4]这是论书法用笔之道,然而,笔法即心法,这种自心运法的论调实际上是在张扬圆活自在的运法境界。在高明的书法家看来,执笔运墨,全是一心之用。想要意象圆润,了无痕迹,必先澡雪精神,涤荡俗念,使得心胸毫无滞碍,运笔

---

① [唐]谭峭:《化书》卷四,《道藏》第23册。
② [唐]李嗣真:《后书品》,《法书要录》,《中国书画全书》第一册。
③ [唐]颜真卿:《怀素上人草书歌序》,《颜鲁公集》卷一二。
④ [唐]颜真卿:《述张长史笔法十二意》,《佩文斋书画谱》卷三。

自然通透自在。

书法属于现代意义上的视觉造型艺术,主要是依靠笔墨线条的形式来展现审美意象。凡是执笔用墨,迹象必然不可避免,但是,中国书法深恶有形之弊,推崇无形之妙,甚至将无迹可求作为书法的极高境界。这是隋唐五代书法新的审美倾向。无迹可求不是要抹去笔墨迹象,或以淡墨为之,它旨在张扬书法家圆活的审美心境。郢人斤斫无痕迹,仙人衣裳弃刀尺。此境远非常人可寻可觅,可待可求。

北宋黄庭坚在评论张旭的书法时,也提及笔墨迹象的话题。黄庭坚说:"张长史《郎官厅壁记》,唐人正书无能出其右者,故草圣度越诸家,无辙迹可寻。"①在黄庭坚看来,张旭的草书之所以具有极高的地位,与其圆活的运法境界是分不开的。中国书法推重无迹之妙,无刀斧之痕迹,无针线之构思。圆融而无笔墨之迹,方称高手。笔无少滞,灵动飘逸,观者不能穷其来去之痕,读者莫可究其起止之迹。这种无迹可求、圆融无碍的书法境界,源于书法家圆活自在的审美心境。心识纵横自在,笔墨处处生活。迹象是书法家心体的显用,汉字书法总体现为一定的形相。心体周遍流行,毫无滞碍,不见端倪,无有一个定在,而又无所不在。如果将迹象比喻成方形,那么心体宛若圆形。圆无起止之迹,却蕴含一切形相。心体虚空无际,幻现无尽意象。张旭草书展现出来的无迹可求的境界,出于书法家的圆活心境,这是书法家向往的大道无滞的境界。

在儒家看来,书法的起源与上古圣人效法天地、模拟万物、观物取象的文化传统有关。书法是圣人仿效鸟迹而产生的,汉魏六朝书法理论界对此深信不疑。无论是卫恒的《字势》、蔡邕的《篆势》,还是崔瑗的《草势》②,都一致认为书法体态取象于鸟迹。注重书法的迹象是六朝书法形式论的重要特征之一,但是,到了隋唐五代,书法形式论在书法美学中的

① [宋]黄庭坚:《题绛本法帖·又》,《黄庭坚全集》正集卷第二十八。
② [唐]韦续纂:《晋卫恒等书势》第十六,《墨薮》,《丛书集成新编》第五二册。

地位有所下降,书法迹象的关注度也逐渐让位于书法家的审美心境。这与当时佛教禅宗的兴盛及其广泛传播有关。大乘佛教认为,迹象只是事物的存在状态,从体性上讲,一切迹象原本虚幻不实,无迹可求。《佛说如幻三昧经》:"当令通畅不可思议章句应器难解之迹。无所有迹无所著迹,无所弃迹不可得迹,无所说迹,深妙之迹真谛之迹,诚信之迹无罣碍迷。无所坏迹,空无之迹无想之迹,无所愿迹本无之迹,于一切法无所住迹。"①依大乘佛教的般若空观,固定之"迹"是不存在的,因为迹象迁迁不住,变幻不定。事物无迹可求是心识的外化,而五蕴本空,心识又念念不住,转瞬即逝。所以,任何审美形式都是虚幻不实的,无迹可求才是书法的本来面目。那么,又该如何理会书法形式与运法境界的关系?

既然书法的迹象是虚幻不实的,书法家就应该以圆活通透的心境创造意象,而鉴赏者也应妙悟自然,心无取舍。中国哲学常以圆象显示道体的微妙。儒家之圆神化莫测而中规中矩,道家之圆心体虚明而自然冲淡。禅宗也常以圆为至高境界,如南阳国忠禅师作圆相以示道妙,据说沩仰宗风有九十七种圆相。不过,圆相的禅宗文化内涵不同于儒道两家。禅宗之圆主要是用来喻示心体的圆活通透。中国艺术深好圆境,因为圆意味着圆满自足的生命感,以及无迹可求的形式感。对于书法家来说,圆境是一种很高深的人生境界。对于书法来说,圆又是一种高妙的审美境界。笔墨迹象出乎活泼玲珑之心,方有连绵不绝的生机,灵动洒脱的风韵,以及意味无穷的情趣。书法要洗尽刻画之迹,得之于神光离合之间,求之于有意无意之际,这就是书法的无迹可求。这是一种圆融无碍的审美境界,它离不开书法家圆活自在的心境。心境圆活自在,笔墨出乎自心,不沾不滞,疾迟有度,不做作,不拖沓,不背于自然之理,无逆于造化之功,自然意象生活,灵气弥漫。

唐代书法理论家韩方明说:"夫欲书先当想,看所书一纸之中是何词句,言语多少,及纸色目相称。以何等书,令与书体相合,或真或行或草,

---

① [西晋]竺法护译:《佛说如幻三昧经》卷上,《大正藏》第十二卷。

与纸相当。然意在笔前,笔居心后,皆须存用笔法,想有难书之字,预于心中布置,然后下笔,自然容与徘徊,意态雄逸,不得临时无法,任笔所成,则非谓能解也。"①书法家的心识在先,笔法在后。这是书法审美活动的常识。韩方明指出书法运法与审美心境有关,这个表述在总体思路上与六朝以来"意在笔先"的运法传统并无本质差异。

与韩方明相比,陆羽法度自用的论调更为明显。陆羽是唐代著名的茶道大师,同时又是一位颇有见地的书法理论家。陆羽论书:"徐吏部不授右军笔法,而体裁似右军;颜太保授右军笔法,而点画不似。何也? 有博识君子曰:盖以徐得右军笔皮肤眼鼻也,所以似之;颜得右军筋骨心肺也,所以不似。"②从书法美学的角度看,这段书法批评有三点值得注意。

其一,陆羽尽管确立王羲之书法为批评的参照标准,却并没有唯王羲之是从。这表明,他在对待传统的态度上不是盲目地厚古薄今,而是理性地加以评论。

其二,笔法贵如书法家的"筋骨心肺",而体裁、点画则如书法家的"皮肤眼鼻"。能得笔法,所以为似,陆羽是说书法家应不为王羲之笔法所缚,而以自家法度传达王羲之书法的精神。仅仅得其体裁、点画,终究不似,这是批评那种刻意模仿古人笔法,循规蹈矩,而不知权善变的书法家。

其三,陆羽的书法批评是从具体的书法现象出发的,他没有笼统而宽泛地讨论书法的法度问题。与陆羽的书法批评相比,前面提到的董其昌等关于"唐人尚法"的判断似乎略嫌粗疏,其可信感也就要大打折扣了。依据现有的书论材料,这只能算作是印象式的结论。这个结论的粗疏之处在于,它并没有充分考虑到,或者是有意遮蔽了那些法度自用的杰出书法家的大量存在。一般的习书者可能处处以师法为尚,而对于真正具有创造精神的书法家来说,他们显然不会为既有的法度传统所限。

---

① [唐]韩方明:《授笔要说》,《历代书法论文选》,第 287 页。
② 《唐陆羽评徐颜二家书》,《佩文斋书画谱》卷九。

颜真卿和柳公权是唐代著名书法家,他们都擅长楷书,又都具有鲜明的创新意识。颜鲁公书,刚劲铿锵,一洗六朝书风,于二王法外别具异趣,甚有盛唐气象。难怪苏轼这样评价:"书至于颜鲁公,画至于吴道子,而古今之变,天下之能事毕矣。"①苏轼又说:"颜鲁公书,雄秀独出,一变古法,如杜子美诗,格力天纵,奄有汉、魏、晋、宋以来风流,后之作者,殆难复措手。"②前面提到,柳公权是法度严谨的书法家,但还应该注意到,柳公权又是一位主张以心为法的书法家。据史书载:"穆宗政治僻,尝问公权笔何尽善,对曰:'用笔在心,心正则笔正。'"③柳公权(778—865),字诚悬,以楷书著称,骨力劲健。柳公权书《兰亭》,不落右军笔墨蹊径。颜真卿和柳公权都有推陈出新的本领,故能化合前人之法,并以其独特的书法风貌名垂书史。书法出乎灵心独运,妙在同异之间,生熟之际。同则熟,熟则无我;异则生,生则无法。既不熟,又不生,方为高妙。参究古法,要熟中有生,生中有熟。师法古人,当取其精神,会其性情,悉心玩味,以合己意。取其笔意为上,求之枝叶为下。不恨我不见古人,恨古人不见我者,即是此意。师古而出新,必须参之以个人的独特体验,更确切地说,这是一种以意运法的审美体验。

前代书法家的审美经验可资借鉴,但前代书法家的审美经验再好,也不能替代自家的本来面目。书法家不能执于既有的法度和传统,他必须书写个人的性灵,师古而善化,适时而知变。面对已往的书法传统,后人固然不可熟视无睹,甚至完全否弃,但也不可全盘接受,一味模仿,否则,就会丧失书法家的个人面目。若一味模拟不化,就会深陷泥古的圈套,只知有古而不知有今,只知依人而不知就己,纵然逼似某家,也不过是食取某家之残羹冷炙罢了。前人的审美经验可以为后来者提供借鉴参考,但是,如果后来者拘泥于前人之法而不知权变,就会局限于艺术法度传统的桎梏,极大地贬抑个人的创造力。坐井观天,难成大器。处处

① [宋]苏轼:《书吴道子画后》,《苏轼文集》卷七〇。
② [宋]苏轼:《书唐氏六家书后》,《苏轼文集》卷六九。
③ [后晋]刘昫:《旧唐书》卷一六五。

以是否合乎祖宗之法为准则,终不登艺术创造之堂奥。所以,凡是有所作为的书法家,必然知权善变,以心为法,闯开一条活路。

自心运法的思想源于大乘佛教。宽泛地说,凡具有质的规定性,并为人所认识的一切事物和现象,都可称之为"法"。佛教有大小乘派别差异,各派关于"法"的分类也不尽相同。一切存在的事物,不论大或小,有形或无形,都称为法,有形的称为色法,无形的称为心法。"法"的语义还有一个历时性的演变过程。佛陀以前,"法"主要是指规范和律法,佛陀赋予它超理性而形而上的创造力。所以,在佛经里,"法"是指佛陀看待世界和生命的方式。佛陀之教法,被称为佛法、教法或正法,它泛指佛门一切行为的规范和准则。真理是普遍不变的真如实理,也称之为"法"。阐述佛法真理者,即为佛之教说。中国美学讨论的"法",与佛教心法的内涵颇为接近,主要是指审美传统、艺术法度与传统技法等。在大多数场合,可统称为法度或法则。

佛法无边,却都是因时因地而采用的觉悟工具,不可执为永恒不变的真理,它只不过是佛陀为了教化大众而采取的权宜之策。人不应该以经典为金科玉律,固步自封,不敢越雷池半步。慧能有偈:"心迷《法华》转,心悟转《法华》。"①此偈是说,读经要亲自体验其中的微妙之处,不可被经典中的文句束缚。南宗禅并没有否定经典的启引作用,它提醒世人,应心无取舍地坦然面向经典,不泥经,不执古。似孤峰般独立无倚,如白云般逍遥自在,这是心转《法华》的境界。同样地,任何法度都是人为的规定或命名,是人对事物的理性限定与知识判分,法度本身没有普遍的价值。这是书法家面向审美传统与艺术法则时应有的态度。禅宗也主张从先验的封闭世界解放出来,回归充满感性经验的生活世界,禅师在传法、受法、运法的时候,都以个人体验为本,以无尽藏心为源,以妙悟之心为用。

印度佛教以心为造化之源,中国佛教各宗也强调心灵的创造力,这

---

① ［唐］慧能述,［元］宗宝编:《六祖大师法宝坛经》,《大正藏》第四十八卷。

都在强化中国美学师法造化的传统。据宗宝本《坛经》，当从神秀的弟子志诚问慧能以何法教诲人时，慧能与他有过一段对话，这段对话与师法造化的思想有关。[1] 宗宝本《坛经》的真实性在此不作讨论，无论如何，它作为禅宗文献，总体上代表的是南宗禅的思想倾向。

这段对话主要有两层意思。其一，没有脱离自性的事物，"一切万法，皆从自性起用"。自性人人具足，却又不可传授，只能开启心源，转识成智。自性的起用，关键在于各人的自觉自悟。其二，人能不离自性而觉悟，明了世间无造化可师，无佛可参，从而明心见性，不为法缚，我转《法华》，非《法华》转我，造化在我，非我之外别有造化可依。所以说，"无一法可得，方能建立万法"。

概言之，万物都是由心而生，即心即造化，却又不可执于造化，这是慧能说法的核心思想，也是南宗禅心师造化的创造精神的体现。隋唐五代书法美学主张自心运法，这种运法意识显然是直接从佛教禅宗获得思想支持的。前代书法体现出来的运法意识，或书法美学家通过书法批评流传下来的法度观念，都不能直接成为书法创造时的笔头灵气，它需要书法家具备转识成智的工夫，在承续传统的同时融入书法家独特的审美体验。张旭之书，"奋思狂逸，更无凝滞"[2]，这是书法家透脱心智的艺术呈现，也是一种极为高超的运法境界。

再说第二层次，当下运法。

据韩愈记述，张旭擅长草书，凡是喜怒哀乐之情，必于草书发之。其"观于物，见山水崖谷，鸟兽虫鱼，草木之花实，日月列星，风雨水火，雷霆霹雳，歌舞战鬬，天地事物之变，可喜可愕，一寓于书。故旭之书，变动犹鬼神，不可端倪。以此终其身，而名后世"。[3] 很多书法家都提到，观察自然物象，获得创造灵感，即可当下疾书。韩愈认为，师法自然是促成张旭草书出神入化境界的重要因素，而不只是凭借灵感触发可以成就。韩愈

---

① ［唐］慧能述，［元］宗宝编：《六祖大师法宝坛经》，《大正藏》第四十八卷。
② ［明］汪砢玉：《宋仲温手录书法》，《珊瑚网》卷二四下。
③ ［唐］韩愈撰，马其昶校注，马茂元整理：《送高闲上人序》，《韩昌黎文集校注》第四卷。

还强调，正是"天地事物之变"，直接影响到张旭草书"变动犹鬼神，不可端倪"境界的生成。张旭师法自然，就是以天地万物为师。

草书大师怀素同样如此。颜真卿问怀素，你的草书达到如此高的境界，其中是否有特别的经验？怀素告诉他："贫道观夏云多奇峰，辄常师之。夏云因风变化，乃无常势，又无壁折之路，一一自然。"①颜真卿听后大为赞叹，认为这是"闻所未闻之旨"。

这种依法自然、不可端倪的书法创造体验，其实都与当下运法的境界相关。书法应师法造化，书法审美活动是自在的性灵游戏。皎然描述过张旭草书的美感世界："须臾变态皆自我，象形类物无不可。阆风游云千万朵，惊龙蹴踏飞欲堕。更睹邓林花落朝，狂风乱搅何飘飘。"②可见，张旭的草书创造达到了很高的运法境界。在这样的书法创造活动中，万象从心，变态由己，造化在我。书即我心，我心即书。真不知何者为我，何者为书。美的意象世界就在刹那之间焕然纸上。

张旭之外，怀素的草书成就也极高，同样流露出当下运法的游戏精神。这是书法家以心为造化的审美境界，戴叔伦对此有传神的描述。戴叔伦论怀素草书，有"心手相师"，妙合无言之说。戴叔伦说："楚僧怀素工草书，古法尽能新有余。神清骨竦意真率，醉来为我挥健笔。始从破体变风姿，一一花开春景迟。忽为壮丽就枯涩，龙蛇腾盘兽屹立。驰毫骤墨剧奔驷，满坐失声看不及。心手相师势转奇，诡形怪状翻合宜。人人细问此中妙，怀素自言初不知。"③戴叔伦讲的"心手相师势转奇"，指向师法造化，妙契天机，不假思索，当下圆成的运法境界。唐代书法批评家任华说，王羲之父子虽有壮丽之骨，但缺狂逸之姿。唐代张旭，放荡不羁，以颠为名，倾荡一时。与张旭相比，怀素有过之而无不及。怀素之颠，乃是真颠。一般人只知道他从江南来，他简直就是从天上下凡来，

---

① [唐]陆羽：《僧怀素传》，《全唐文》卷四三三。
② [唐]皎然：《张伯高草书歌》，《全唐诗》卷八二一。
③ [唐]戴叔伦：《怀素上人草书歌》，《全唐诗》卷二七三。

是"逸才",是"狂僧"。怀素草书境界狂逸,与其任兴而书的运法态度有关:

> 骏马迎来坐堂中,金盆盛酒竹叶香。十杯五杯不解意,百杯已后始颠狂。一颠一狂多意气,大叫一声起攘臂。挥毫倏忽千万字,有时一字两字长丈二。翕若长鲸泼剌动海岛,欻若长蛇戎律透深草。回环缭绕相拘连,千变万化在眼前。飘风骤雨相击射,速禄飒拉动檐隙。掷华山巨石以为点,掣衡山阵云以为画。兴不尽,势转雄,恐天低而地窄,更有何处最可怜,裹裹枯藤万丈悬。万丈悬,拂秋水,映秋天;或如丝,或如发,风吹欲绝又不绝。①

戴叔伦和任华关于怀素草书的具体描述不尽相同,但他们都指出,书法家的洒脱性情与审美感兴在书法创造活动中具有特别的意义。

当下运法,是指对法度不作取舍之念,不抱分别之见。任何法度都是心识的产物,人借助认知理性命名事物,规定世界,其实认知理性并不可靠,法度也并不具有先天的合法性。审美活动是心灵创造活动,是生命体验活动,它要破除认知理性对精神的束缚,张扬生命个体的心灵自由。审美心境与艺术法度都是特定审美情境之下的产物,必然受到审美传统、个体经验与艺术规范等因素的制约。这些制约因素属于认知理性的范围,当心灵突破意识的围城,不以经验、知识、思想来运作,审美之心就会不加选择,不作迎拒,如实地与本真世界相遇,摆脱种种制约,让整个心灵活脱自在。在书法审美活动中,当心法双泯之时,艺术传统、审美经验等造成的运法境界与审美现场分离的境况已被完全克服,书法家与审美物象之间的心物界线也消失无踪,书法家的创造精神与审美体验在即刻之间融合为一。

依照南宗禅法,凡是有所拣择或取舍,都属于分别之见,不足以体认

---

① [唐]任华:《怀素上人草书歌》,《全唐诗》卷二六一。又如陆羽所载:"怀素疏放,不拘细行,万缘皆缪,心自得之。于是饮酒以养性,草书以畅志。时酒醋兴发,遇寺壁、里墙、衣裳、器皿,靡不书之。"(《僧怀素传》,《全唐文》卷四三三)

法度的真实体性。法度出乎自心，不可外求，求之即乖，离之即失。《坛经》："用智慧观照，于一切法不取不舍，即见性成佛道。"①不取一法，不舍一法，这是南宗禅法度意识的精神所在。善胜真悟禅师上堂："以法问法，不知法本非法。以心传心，不知心本无心。心本无心，知心如幻；了法非法，知法如梦。心法不实，莫谩追求；梦幻空花，何劳把捉？"②这种参悟心法空幻体性的话头，在禅门颇为常见。夹山和尚有四句偈，云："目前无法，意在目前。他不是目前法，非耳目之所到。"③此偈虽然不是针对法度而言，但对于理解隋唐五代书法的运法境界很有启发。心法不二，体用一如，法由心生，不可执著。书法家如何运法，关键是要开启审美之心，做到无取无舍，心法双泯，就能运法自如。在书法审美活动中，如果不能超越古今意识、心物隔阂等的限制，心田横亘而不生权变，意念拘执而不知化通，就难以抵达运法自如之境。于法度不取不舍，才能法自我立，无法不备。此时，泯灭了古/今、人/我、彼/此、心/法的差别对立，笔墨皆自般若心间流出，线条皆由微妙性灵滋润。无心于法，无法不备。无心立法，无法不立。自用之"法"，妙在定与不定之间。据禅宗文献：

> 世尊因外道问："昨日说何法？"曰："说定法。"外道曰："今日说何法？"曰："不定法。"外道曰：'昨日说定法，今日何说不定法？"世尊曰："昨日定，今日不定。"④

> 问："和尚见今说法，何得言无僧亦无法？"师云："汝若见有法可说，即是以音声求我。若见有我，即是处所。法亦无法，法即是心。所以祖师云：'付此心法时，法法何曾法？无法无本心，始解心心法。'实无一法可得，名坐道场。道场者，祇是不起诸见。悟法本空，唤作空如来藏。本来无一物，何处有尘埃！若得此中意，逍遥何

① [唐]慧能撰，杨曾文校写：《六祖坛经》，第31—32页。
② [宋]普济：《善胜真悟禅师》，《五灯会元》卷第一六。
③ [南唐]静、筠二禅师：《夹山和尚》，《祖堂集》卷第七。
④ [宋]普济：《释迦牟尼佛》，《五灯会元》卷第一。

所论！"①

"定法""有法"是指有法可循,有法可依,这种可以依循之法,就是佛法。对于初入禅门的修行者来说,佛经是必不可少的参悟工具,也是有效的进修路径。但是,任何佛经毕竟只是权宜之计,不是放诸四海而皆准的至理,佛理禅机再高深微妙,也始终难以替代禅师的亲身体证。考虑到佛经功用的有限性,因此,佛教以无法接利根之人,以有法为次立法。"不定法""无法"是说,修行不能拘泥于固定不变之法,应根据修习者的自身情况采用相应的参悟方式。法无真妄,全在一心。心是总持之妙本,众相之根源。心体既然虚空,心识法度也是虚空不实的,因其虚空,所以能运法自如,应物而现,毫无定法。黄檗希运说:"无法无本心,始解心心法。法即非法,非法即法,无法无非法,故是心心法。"②心法体性虚空,因此它不为实有;心法以假有的样态存在,因此它并非虚无。书法运法属于佛教所说的心法范围,心法虚幻,不碍起用,故能运法自在。"无法"不是说毫无章法,"无法"即不定法,即活法,它是指书法运法没有确定性,是要书法家不拘限于现成之法。"无法"蕴含一切法,成就一切法,此乃"心心法"。

法由心生,离不开艺术法度的当下生成。在审美活动中,任何法度传统与法则秩序都是在特定的审美情境中生成的,艺术法度不是抽象推理的产物,也不是经验模式的预备套用。法由心生,是让审美者能在特定的审美行为、审美关系与审美情境里体验精神创造的自由。倘若依赖古人,或者落入流俗,就会因循审美传统,复制他人经验,或以丧失甚至扭曲当下在场的运法境界为代价。所以说,艺术法度不能预先规划好,也不能挪移审美传统或转引他人经验,以为己有。成熟的书法家应尽量摆脱审美传统的桎梏,超越既有法度的束缚,拒绝对权威的顺从,从而张扬个人的精神面貌,建立出乎真实内心的艺术法度。

① [南宋]赜藏:《黄檗(希运)断际禅师宛陵录》,《古尊宿语录》卷第三。
② 同上。

事实上,任何法度一旦建立,同时也就意味着某种程度上的依赖或束缚。在法度已经成为创造阻力的地方结束法度,最为有效的途径就是强化心识的优先性,让心识依乎真实的生命体验。对此,唐代书法美学家深有感触:

> 圣人不凝滞于物,万法无定,殊途同归。神智无方而妙有,用得其法而不著,至于无法,可谓得矣。何必钟、王、张、索,而是规模。道本自然,谁其限约。亦犹大海,知者随性分而挹之。①

"道本自然",不拟造作。万法无定,何用执著?书道浩渺,如无边无际的大海,每滴海水既分享海的滋养,又具备各自的性分,书法创造亦如是。一笔一墨莫不是缘于书法家的性分而成。

书法创造离不开审美心境的刹那起用。书法若不得心法,终不能造微入妙。南宗禅法,单刀直入,独立无依,壁立千仞。它独标个性,破除人对法度传统、陈规秩序的依附心理。法度总是一定文化情境的产物,因此隋唐五代书法美学家呼吁超越法度传统,破除对陈规旧则的依赖迷恋。这并没有全然否定书法法度的合理性,而是要以自心运法,将自家的生命体验融化到笔墨线条之中。南宗禅纵横恣肆的门风,的确与草书圆活的运法境界相合。怀素擅长草书,如飞龙走蛇,流畅自在,无迹可寻,大异常矩。怀素自述其审美体验:"醉来得意两三行,醒后却书书不得。"又说:"人人来问此中妙,怀素自云初不知。"刘世昌题跋说,此"皆透彻向上一步语。所谓一拳打透虚空,不为律缚者也。禅与书念头逸发,故宜其然哉!"②在此,怀素复述其书法审美体验,强调心灵之于运法的优先地位,还突出了书法运法的即时性特征。

就隋唐五代书法美学来说,法由心生,是指以心为审美创造、情感冶炼之烘炉,旨在张扬书法家的创造精神;而当下运法,是指以无所取舍、不沾不滞之心运法,旨在开启书法家独特的审美体验。很多时候,这两

---

① [唐]张怀瓘:《评书药石论》,《全唐文》卷四三二。
② [明]郁逢庆:《续书画题跋记》卷二,《中国书画全书》第四册。

个层次又是紧密地联系在一起的。

江山代有才人出,各领风骚数百年。独领风骚者,必有自家面目,必以独特的美感形态存在。书法运法的当下即成,是书法家性灵的随机妙用,接近南宗禅超越知识名相、理性逻辑的局限而回归真实生命体验的做法。大珠慧海禅师说:"对面迷佛,常劫希求,全体法中,迷而外觅。是以解道者,行住坐卧,无非是道。悟法者,纵横自在,无非是法。"①正所谓,大用现前,不存规则。落实到书法审美领域,运法的随机性主要体现在书法创造时的单刀直入,不假推寻。心境虚空,故能纵横自在。心无成法,故能万法皆备。

任何书法法度都只是权宜之计或方便法门,它是书法家心性的刹那起用,不足以囊括宇宙造化的磅礴生机,不足以传达天地万物的无穷妙趣。然而,书法又不能彻底舍弃法度,全无规矩,无规矩则不能称为艺术。觉悟之人当不舍法度,而会其法外之意。视法度为虚幻,并不是说既有的法度毫无价值,而是强调法度体性的虚幻不实,因为法度只是以假有的状态存在,没有永恒不变的价值。这种看法,有助于破除对既有传统和法度的执念。法无定法,因其不定,故称活法。因其源于一心,故称心法。反对参死句,提倡运活法,这是南宗禅的觉悟法门,也是隋唐五代不少书法美学家的共同呼声。审美活动不可能存在永恒不变的固定法则,书法家只能依时依境,随机运法。心境澄澈,万象顿现。不可用陈规陋矩规约书法家创造力的发挥,也不能以先入之见横亘于心,而应以无意为己意,以无心为真心,以无法为万法,得之于笔墨线条之外。天机勃露,自有不期之妙。无古无今,唯活是从。法无定法,处处生活法,一法不立,一法不留,而万法备至。

---

① [宋]普济:《大珠慧海禅师》,《五灯会元》卷第三。

第七章　音乐美学

　　隋唐五代是中国音乐美学史上的第二个高峰时期。这个时期的音乐美学文献繁富,主要集中在以下四个方面:一是隋唐五代出现了《琴诀》《乐府古题要解》《乐府杂录》等专业性的音乐学著作,其中不乏关于音乐美学问题的思考;二是隋唐五代文人留下了特别丰富的乐论材料,这些乐论材料多以诗文歌赋的形态出现,丰富地记述着当时的音乐美感体验与审美理想;三是隋唐五代出现的一些历史著作,如《贞观政要》《隋书》《史通》以及政书《杜氏通典》等,也纷纷关注并试图阐释历史上的音乐审美现象;四是隋唐五代经学家通过注疏儒家经典来延续儒家的音乐美学传统,如孔颖达的《礼记正义》《春秋左传正义》等都不乏这方面的思考。

　　隋唐五代音乐美学文献众多,当时探讨音乐美学问题的广度与深度既不亚于前代,又无愧于后世。举凡音乐美学中的体用、功能、感应、美感等问题,隋唐五代无不涉及,谈无不详,论无不周。隋唐五代音乐美学领域还出现过一种特别的审美现象,就是借音乐审美活动来推崇审美化的人生境界。这是魏晋南北朝以来人的觉醒意识的延伸,也可以看做是隋唐五代文人意识崛起的重要标志。

　　考虑到隋唐五代对于音乐美学问题的讨论多散落在大量的乐论文

献之中,本章不专门介绍代表性的音乐美学家,而主要围绕当时一些关键性的音乐美学问题展开论述。

第一节　音乐的体用

体与用是中国哲学中的一组关系范畴。隋唐五代音乐美学有一个显著的特征,就是它的哲理性很强,思考也极为深入,不少音乐美学问题都富有形而上的意味。其中,关于音乐体用关系的探讨就能说明这一点。

一、以德为体　以艺为用

隋唐五代音乐美学家意识到,礼乐文化应该处理好体与用的关系,不能失其本,逐其末。礼乐文化在中国早期社会就已存在,它是先贤通过体察人情事理,进而制度化,并加以普遍推行的教化方式。制礼作乐的本意在于使得社会人伦纯正,家国安宁,民心纯朴,民风淳厚。推行礼乐制度要重其"情",而不能将它们当做形式化的装饰品。况且,礼本于体,乐本于声,文物名数是用来修饰事体的,而器度节奏则是用来纹饰声音的。依据圣贤之见,至礼无体,至乐无声。一旦达到圣贤境界,文饰也可完全遗弃。所以,制作礼乐应审其本末而有所取舍,明其体用而有所沿革。白居易论及礼乐沿革时说:"乐者,以易直子谅为心,以中和孝友为德,以律度铿锵为饰,以缀兆舒疾为文。饰与文可损益也,心与德不可斯须失也。夫然,则礼得其本,乐达其情;虽沿袭损益不同,同归于理矣。"[①]可见,礼乐文化都应归于圣人之"理"。音乐是礼乐文化的组成部分之一,音乐映现的心灵境界与人格内涵是音乐之体,而节律形式是音乐之用。它们虽然共同构成完整意义上的音乐美,但各自在音乐美结构层次中的地位却是不一样的。

---

① 〔唐〕白居易:《沿革礼乐》,《白居易集》卷第六五。

白居易对音乐美结构层次的分析,自觉继承了早期儒家的音乐美学传统。早期儒家将音乐结构分为本与末这两个层次。《乐记》:"乐者,非谓黄钟、大吕、弦歌、干扬也。乐之末节也,故童者舞之。铺筵席,陈尊俎,列笾豆,以升降为礼者,礼之末节也,故有司掌之。乐师辨乎声诗,故北面而弦。宗祝辨乎宗庙之礼,故后尸。商祝辨乎丧礼,故后主人。是故德成而上,艺成而下,行成而先,事成而后。"《乐记》描述"乐之末节",是为了建构"德成而上,艺成而下"的审美传统。对此,唐代经学家孔颖达颇为推重。他认为,这表明礼乐各有根本,本贵而末贱。能辨其本末,就可以有制于天下。黄钟、大吕、弦歌、干扬是音乐的末节,它们是播扬乐声的乐器,不是音乐之本,所以称"乐之末节"。音乐之本在于执政者的道德,"是故'德成而上'者,则人君及主人之属是也。以道德成就,故在上也。'艺成而下'者,言乐师商祝之等,以艺术成就而在下也。'行成而先'者,行成则德成矣,言德在内而行在外也。'事成而后'者,事成则艺成矣"①。同样地,孔颖达也在区分"乐之本"与"乐之末节"的基础上承传着儒家的音乐美学传统。

白居易还指出,音乐的意蕴美的地位高于形式美。因此,"学乐者以中和友孝为德,不专于节奏之变,缀兆之度也。夫然,则《诗》《书》无愚诬之失,礼、乐无盈减之差"②。他认为,音乐修习者最重要的是提升自己的品德修养,因为这是生成音乐意蕴美的关键所在,音乐节律形式之美的价值则远远低于意蕴美。不断充实与丰富音乐的意蕴美,音乐才可行温柔敦厚之教,使人心和畅,社会和谐。这是隋唐五代音乐美学家以德为体,以艺为用的理论内涵。

二、至乐本太一

一些音乐美学家则认为,音乐的本体之道或为"太一",或为"太空",

---

① [唐]孔颖达:《乐记正义》卷三八,《十三经注疏》本。
② [唐]白居易:《教学者之失》,《白居易集》卷第六十五。

也有称其为"寂寥"者。这些音乐美学家多受道家或道教文化的影响,吴筠就是代表之一。他听尹炼师弹琴,提出"至乐本太一"这个音乐美学命题。吴筠说:"至乐本太一,幽琴和乾坤。郑声久乱雅,此道稀能尊。"①"太一"之音幽渺清净,它是众音之源。韦应物咏声:"万物自生听,太空恒寂寥。还从静中起,却向静中消。"②韦应物是说,声音本自虚空生出,"寂寥"是声音的本源,是众声之本体。吴筠、韦应物注重体验音乐之道,又都强调音乐的道体与其意象的有无相生关系。

以"太一"论乐,并不始于吴筠,《吕氏春秋》就有如是之说。《吕氏春秋·大乐》:"道也者,至精也,不可为形,不可为名,强为之,谓之太一。"这里的"太一"是大道的别称。它既是万物的造物主,又是万物的发源地,因而也是音乐的本源。"乐之所由来者远矣,生于度量,本于太一。"由"太一"而化生万物,变为形体,由形体而有声音,而声音出于"和","和"又出于"适",先贤于是制作音乐。《吕氏春秋》还指出,"大乐"是众人欢欣愉悦之乐,因为平和微妙,"不见之见、不闻之闻,无状之状",体现出道体视而不见、听而不闻、不可名状的特征。在《吕氏春秋》里,"太一"之乐是众乐之本源,它是最高的音乐境界。吴筠的"至乐本太一"即源于此。

概言之,"至乐本太一"这个音乐美学命题具有两层意思。其一,音乐不是声音形式的简单组合,音乐是人体验天地宇宙之道的方式,"太一"是音乐的本源;其二,最高的音乐境界差可等同于"太一"之道,从本质上说,音乐审美活动是不可名状、希夷微妙的体验活动,乐道幽微,需要妙悟,难以言传。

三、无声乐

唐代音乐美学家重视对音乐之道的体证,也就是对音乐本体的思

---

① [唐]吴筠:《听尹炼师弹琴》,《全唐诗》卷八五三。
② [唐]韦应物:《咏声》,《全唐诗》卷一九三。

考。高郢主张"无声之乐",追求以"和"为境界的音乐之道。高郢(742—813),字楚公,为人禀性刚直,有乐论名篇《无声乐赋》名世。他说:

> 乐而无声,和之至;声而有象,乐之器。特饰乐以彰物,非克和之大义。故保和而遗饰,然后至乐之道备。乐不可以见,见之非乐也,是乐之形;乐不可以闻,闻之非乐也,是乐之声。天广其覆,地厚其生,四时和,万物成,细缊煦妪,何乐能名?岂非有之为粗,无为之精?鱼沫重泉,兽安茂草,鸟颃颉于云路,人逍遥于至道,咸自适于中情,亦何击而何考?厥初造化,众籁未吟,寂兮寥兮,有此至音。无听之以耳,将听之以心,漠然内虚,充以真素,处此道者,无日不闻于律度,倏尔中动,迁于内形,涉此流者,没身而不得一听。得意贵于忘言,得鱼贵于忘筌。尧人致歌于击壤,陶令取逸于无弦。音留情以待物,亦同礼于自然。此乐者,平而不偏,正而不回,贫且贱不以之去,富与贵不以之来,颜生得之陋巷而自然,殷纣失之北鄙而人哀。乐云乐云,钟鼓云乎哉![1]

高郢将无声之乐与有声有象之乐区分开来。无声之乐"和之至",它是音乐的本体,不可见闻,不假雕饰;有声有象之乐是"乐之器",它是音乐的"形""声""名"。无声之乐"寂兮寥兮",是无为之道,乃至精之音,需用心体验;音乐之象是有为之艺,可耳闻目见,可拟诸形容。高郢对音乐体用关系的区分颇有见地。

四、乐出虚

"乐出虚"是吕温提出的有关音乐本源的美学命题。吕温(772—811),字叔和,唐代贞元末年进士,元和初曾任户部员外郎、衡州刺史等职,其学问人品为柳宗元、刘禹锡所称道。吕温有乐论名篇《乐出虚赋》:

> 和而出者乐之情,虚而应者物之声。或洞尔以形受,乃泠然而

---

[1] [唐]高郢:《无声乐赋》,《文苑英华》卷七六。

韵生。去默归喧,始兆成文之象;从无入有,方为饰喜之名。其始也,因妙有而来,向无间而至,披洪纤清浊之响,满丝竹陶匏之器。根乎寂寂,故难辨于将萌;率尔熙熙,亦不知其所自。故圣人取象于物,观民以风,辟嗜欲之由塞,决形神之未通,欲使和气潜作,玄关暗空,与吹万而皆唱,起生三而尽同。自我及人,托物于未分之表;蟠天极地,开机于方寸之中。于是澹以无倪,留而不滞,有非象之象,生无际之际。是故实其想而道升,窒其空而声蔽。洞乎内而笙竽作,刳其中而琴瑟制。波腾悦豫,风行于有道之年;觚别商宫,雷动于无为之世。杳杳徐徐,周流六虚,信阒尔于始寂,乃哗然而戒初。[①]

这里谈到了音乐的道体及其起用。音乐的本体即虚无之道,音乐的起用即无中生有,应物成象。所谓"乐出虚",既规定了"乐"的出处在"虚",又指出由"虚"生成"乐"的可能性。吕温的"乐出虚"语出《庄子·齐物论》:"喜怒哀乐,虑叹变慹,姚佚启态;乐出虚,蒸成菌。日夜相代乎前,而莫知其所萌。"在庄子这里,"乐出虚"是指声音出于自然无为之道,而莫可名状。吕温则赋予"乐出虚"以形而上的音乐本体意味。这个命题认为,音乐的发生与世界上其他事物的生成一样,都是自然而然的过程。

"妙有"语出《道德经》第一章:"无名天地之始;有名万物之母。故常无,欲以观其妙;常有,欲以观其徼。此两者,同出而异名,同谓之玄。玄之又玄,众妙之门。"吕温所说的"妙有",即是老子之非常有、非常名,它是玄妙之道的起用。"无间"语出《道德经》第四十三章:"天下之至柔,驰骋天下之至坚。无有入无间,吾是以知无为之有益。"吕温所说的"无间",即老子之"无",即无为之道。在事物生成论层面,老子主张"无"中生"有",以"有"成全"无"。老子认为,道不属于任何一物,也不等于任何实体之象。吕温也指出,音乐之道体寂寥虚空,不属于任何具象形式。可见,道家的自然无为哲学是吕温音乐体用论的思想基础。

唐人张彦振也针对音乐创造与音乐形式问题发表过看法。他有《响

---

① [唐]吕温:《乐出虚赋》,《文苑英华》卷七五。

赋》一篇,同样探讨音乐的体用关系,该文具有较高的美学价值。他说,"响"微妙莫测,虚空无质,凭虚起象,不见方所。"依声以发,有待而生。触万穷而谐异,会五音而共成。随人心之哀乐,因感召而重轻。至于惊激万变,高卑千转,临牝谷而悲多,因归风而去远。感华钟于霜曙,思孤雁于秋晚。触物类以成态,托空虚以运形。"①这里所说的"响",不是指生活当中的声音,而是"依声而发""会五音而共成,随人心之哀乐"。因此,"响"实际上是指具有一定的音乐节律形式的声音,可以看做是宽泛意义上的音乐形态。"响"是一种音乐之象,它不是声音的道体,它"触物类以成态,托空虚以运形""课虚无以责有,叩寂寞而求音"(陆机《文赋》),因循音乐的道体而成象,依乎自然造化而生成。

与张彦远的表述有异曲同工之妙的,当推初唐时期的阎伯屿。他有《歌赋》,同样畅谈音乐的体用关系:"随转意合,难为形状。始趋曲以熙熙,终沿风以飔飔。缭绕容与,逶迤超畅。函五声之参差,极六律之清壮。原夫蹈性以纯密,宽乎率心于悠旷。或曲或止,如坠如抗;尽或可续,应而不匮,来无攸往,去有遗意。荆王感而增悲,楚妃叹而掩泪。察乎靡靡,似游丝以为绪;听乎累累,若贯珠之为坠。"②在阎伯屿看来,歌声道体难以形状,音律节奏与审美意象又变幻多端。那么,该如何理会音乐的体用关系? 这就需要审美者开启妙悟之心,超以象外,得其环中。这种难以形容的审美境界,也是出于对音乐道体的体证。

五、水乐

"水乐"是元结对音乐道体的集中概括,这是他在音乐美学体用论方面的贡献。元结(719—772),字次山,唐代文学家,有《元次山集》。据载,司乐氏听说元结会演奏"水乐",觉得闻所未闻,非常好奇,他找机会登门拜访,请元结为其表演。这时,元结让门人"以南磴及庭前悬水指

---

① [唐]张彦振:《响赋》,《文苑英华》卷九〇。
② [唐]阎伯屿:《歌赋》,《全唐文》卷三九五。

之"。司乐氏这才明白,原来这就是"水乐",于是心中甚为不快,感觉自己被愚弄了。临走时,他气愤地对元结的门人说,听不清楚的音乐不足为奇,可是谁听说过泉水就是音乐?门人将司乐氏的气话转告元结。出于礼节,元结只得向客人赔礼道歉,并解释"水乐"说的来由。他说,自己生病期间潜固无聊,于是顺着空山穷谷漫游,一天,偶然发现有悬水淙石,其声泠然,顿感耳灵心舒,甚为陶醉,于是戏称之为"水乐"。

司乐氏走后,季川对元结为何要向司乐氏道歉这件事十分不解。对此,元结作了如下解释:

> 然,吾为汝订之。汝岂不知彼为司乐之官,老矣。八音教其心,五声传其耳,不得异闻,则以为错乱纷惑,甚不可听。况悬水淙石,宫商不能合,律吕不能主,变之不可,会之无由,此全声也。司乐氏非全士,安得不甚谢之?嗟乎!司乐氏欲以金石之顺和,丝竹之流妙,宫商角羽,丰然迭生,以化全士之耳,犹以悬水淙石,激浅注深,清瀛泯溶,不变司乐氏之心。呜呼!天下谁为全士,能爱夫全声也。①

元结的"水乐"说是针对音乐的本体之道而言的。元结所说的"水乐","宫商不能合,律吕不能主,变之不可,会之无由",也绝非"金石顺和,丝竹流妙,宫商角羽丰然迭生"。这种非由人作、宛然天成的自然之音,超越了"八音""五声"等世俗音乐形式的限定,所以被元结称为"全声",即整全的音乐之道。因此,能欣赏"水乐"之人即是"全士",只有他们才能体味音乐之道。同时,"水乐"不同于金石、丝竹之乐,不是宫、商、角、徵、羽等五音之乐,它不囿于固定的音律节奏,却如风行水上,自然成文。在元结看来,每一次聆听水音就能获得全新的美感体验。元结提倡"水乐",超越单调乏味的人工音乐审美老路,突出了日常生活世界蕴含的音乐审美内涵。

元结的"水乐"说承传了《庄子·齐物论》天籁之音的审美理想。该

---

① [唐]元结撰,孙望编校:《订司乐氏》,《新校元次山集》卷第五。

篇讲述的是,南郭子綦隐机而坐,嗒然而忘其身,与子游言说"人籁""地籁""天籁"之道:

> 子綦曰:"夫大块噫气,其名为风,是唯无作,作则万窍怒呺,而独不闻之翏翏乎? 山林之畏佳,大木百围之窍穴,似鼻,似口,似耳,似枅,似圈,似臼,似洼者,似污者;激者,謞者,叱者,吸者,叫者,譹者,宎者,咬者,前者唱于而随者唱喁。泠风则小和,飘风则大和,厉风济则众窍为虚。而独不见之调调,之刁刁乎?"
>
> 子游曰:"地籁则众窍是已,人籁则比竹是已,敢问天籁。"
>
> 子綦曰:"夫吹万不同,而使其自己也,咸其自取,怒者其谁邪!"

"籁",原指中国古代的管乐器箫,此处泛指由空虚之地而生发的各种自然之音。庄子依据声音的出处不同,将声音分为"天籁""地籁"与"人籁"。庄子认为,有成则有亏,无成则无亏,地籁、人籁不离人工造作,这两种声音都是有待而在的,它们在"成"的同时,也就意味着"亏"。天籁既不同于地籁,也有别于人籁,天籁摆脱了外力的约束,不依赖外在的助力,它是指事物因顺自然而自己发声。天籁是天然而生,自然而成之音。所以,天籁被道家推为音乐的最高境界。这种天籁境界,也就是王弼所说的"大成之音"。道家推崇"天乐",所谓"与天和者,谓之天乐"(《庄子·天乐》),"天乐"是接近于"天籁"的音乐境界。庄子言说天籁,体现出道法自然的审美理想。

庄子以成亏为喻,阐明无言世界的意义。无言的世界不为具象所缚,或者说它能超越现存的被遮蔽的世界,从而进入本然的真实世界。元结的"水乐"也是道法自然之音。它无成无亏,是大全之声。元结在另一场合还提到:"尝闻古天子,朝会张新乐。金石无全声,宫商乱清浊。来惊且悲叹,节变何烦数。始知中国人,耽此亡纯朴。尔为外方客,何为独能觉? 其音若或在,蹈海吾将学。"[1]这是说,金石之乐属于"人籁",出

---

[1] [唐]元结撰,孙望编校:《系乐府十二首·颂东夷》,《新校元次山集》卷第二。

宫而遗商,用角则漏徵,有成则有亏,金石之乐难以显现整全的音乐之道,因此元结主张复归纯朴之道,即整全的音乐本体。元结的这个表述,可以看做是对"水乐"说的辅证。

元结的"水乐"说并非空谷足音,它曾经引发苏轼、元好问等的水乐之叹。[①] 他们都肯定"水乐"的审美价值。此后,中国音乐以天籁为本,以人籁、地籁为末的音乐审美价值标准更为巩固了。

六、善歌如贯珠

"善歌如贯珠"是元稹一篇赋的标题。这篇赋的标题同时隐含着一个重要的音乐美学命题。元稹如此描述善歌如贯珠的音乐境界:

> 珠以编次,歌有继声,美绵绵而不绝,状累累以相成。偏佳朗畅,屡此圆明。度雕梁而暗绕,误风缀之频惊。响象而然,非谓结之以绳约;气至则尔,故可贯之以精诚。原夫以节为珠,以声为纬。渐杳杳而无极,以多多而益贵。悠扬绿水,讶合浦之同归;缭绕青霄,环五星之一气。望明月而宛转,感潜鲛之歔欷,若非象照乘之珍,安能忘在齐之味? 其始也,长言逦迤,度曲缠绵,吟断章而离离若间,引妙啭而一一皆圆。小大虽抢,离朱视之而不见;唱和相续,师乙美之而谓连。当其拂树弥长,凌风乍直,意出弹者与高音而臻极;及夫属思渐繁,因声屡有,想无胫者随促节而奔走。[②]

从元稹的描述可知,这是一种以虚圆为妙,以寂寞为体的音乐美。"贯珠"是音乐取象的本源,也是他对音乐道体的生动概括。

---

① 如,苏轼《东阳水乐亭》:"君不学白公引泾东注渭,五斗黄泥一钟水,又不学哥舒横行西海头,归来羯鼓打凉州。但向空山石壁下,爱此有声无用之清流。流泉无弦石无窍,强名水乐人人笑。惯见山僧已厌听,多情海月空留照。洞庭不复来轩辕,至今鱼龙舞钧天。闻道磬襄东入海,遗声恐在海山间。锵然涧谷含宫徵,节奏未成君独喜。不须写入薰风弦,纵有此声无此耳。"(《苏轼诗集》卷第十,第487页)元好问论诗:"切响浮声发巧深,研摩虽苦果何心? 浪翁水乐无宫徵,自是云山《韶》《濩》音。"(元好问《论诗绝句三十首》之十七,《遗山先生文集》,《四部丛刊》本)
② [唐]元稹:《善歌如贯珠赋》,《元稹集》卷第二十七。

"善歌如贯珠"这个音乐美学命题也同样体现出道家的审美理想。《庄子·天地》:"黄帝游乎赤水之北,登乎昆仑之丘而南望,还归,遗其玄珠。使知索之而不得,使离朱索之而不得,使喫诟索之而不得也。乃使象罔,象罔得之。黄帝曰:'异哉!象罔乃可以得之乎?'"这段寓言的大致情节是,黄帝遗失了"玄珠",先后派"知""离朱""喫诟"去寻找,结果它们都没有找到。最后,黄帝派"象罔"去找,出乎意料的是,"象罔"却完成了寻找玄珠的使命。那么,"象罔"有何特别之处,能使玄珠失而复得?宋代吕惠卿的解释是:"象则非无,罔则非有,不皦不昧,此玄珠之所以得也。"①吕惠卿以不落有无的运思方式阐释"象罔",指出"象罔"在非实体性方面与"玄珠"是一致的,因而能够顺利地找到玄珠。或者说,它们都是对道体的描述或形容,是只可意会与体验的象外之象。元稹所说的"贯珠"近于道,而元稹提到的"离朱视之而不见",更是直接否定了以"离朱"寻找"玄珠"之法来进行音乐审美活动的可行性,这同时也喻示了音乐美感体验的重要意义。

元稹主张"善歌如贯珠",不只是指歌唱时的字正腔圆与音律宛转,当然也不能排除这一层。对于出色的歌唱家来说,字正腔圆与音律宛转不过是善歌者的基本功,"善歌如贯珠"显然不能就此却步。它是指歌唱家应该体验寂寞无形的希夷之道,超越具体的"珠之状",也就是超越具体音律形式的约束,传达音乐道体的微妙无穷。在元稹看来,歌声悠扬动听,有余音绕梁之感,音乐的整体意境浑然天成,不着痕迹,这才是音乐的圆融境界。这种浑然天成的审美境界,正是音乐道体整全性的显现。

音乐意象是心体的显用,而心体周遍流行,毫无滞碍。无有一个定在,却又无处不在。纵横自在,处处圆活。圆无起止之迹,却蕴藏一切意象。中国音乐追求圆活之境,乃是基于对大道无滞的向往。在中国哲学中,大道充周而遍在,虚空而无迹。凡有迹象,就会有方所,一有方所,就

① [宋]吕惠卿撰,汤君集校:《庄子义集校》,第234页,北京:中华书局,2009年。

不能充周，不能遍为万象。神妙莫测，无迹可求，这就是元稹所说的"取象于圆明"。

这些音乐体用论命题富有形而上的美学意蕴。上述音乐美学家都强调音乐道体的崇高地位，这是生成音乐美的本源，也是音乐意象的本体。这些音乐体用论命题根源于老庄道家。老子以整全之道为美。老子常以混沌性、恍惚性形容道的存在。《道德经》第二十一章："孔德之容，惟道是从。道之为物，惟恍惟惚。惚兮恍兮，其中有象；恍兮惚兮，其中有物。窈兮冥兮，其中有精；其精甚真，其中有信。"王弼注："孔，空也。惟以空为德，然后乃能动作从道。恍惚，无形不系之叹。以无形始物，不系成物，万物以始以成，而不知其所以然。故曰'恍兮惚兮，其中有物；惚兮恍兮，其中有象'也。窈冥，深远之叹。深远不可得而见，然而万物由之。其不可得见，以定其真。故曰'窈兮冥兮，其中有精'也。"[1]在老子看来，道的存在没有固定的方所，也没有永恒的形象或形状，故称其为"恍惚"。道的这种存在状态，保证了它的整全无缺。一旦成形或定形，便不足以喻示大道，而只能降格为事物或具象了。所以，老子以"大"称道。《道德经》第二十五章："有物混成，先天地生。寂兮寥兮，独立不改，周行而不殆，可以为天下母。吾不知其名，强字之曰道，强为之名曰大。"老子所说的道体，不与任何物象相似，它是整全的一，是万物之体，是万象之源。可见，老子之"道"注重的是整全性，道以超越具体之象的方式存在。

道家认为，人通过见闻所感知的，只是有限的个别事物，而不是道体本身。同时，事物的存在又必须借助一定的形式，道"形形"却又"不形"，"不当名"，因为大道原本无形。整全之道"微妙无形，寂寞反听"，难以眼见，不可声闻。它是超越形色、声音之象，归于"大象无形，大音希声"的世界。道体无限而物象有限，要领会事物的道体，就得以有限言说无限。返璞归真，这是道家体用论的运思路向，也是隋唐五代音乐体用论的思想根源。

---

[1] ［魏］王弼撰，楼宇烈校释：《老子道德经注》，《王弼集校释》，，第52—53页。

七、以音声为假名

在隋唐五代佛教思想界,有一种普遍的教理传播方式,就是借助艺术使人觉悟,获得心灵的解脱。在这种思想背景之下,音乐也常被用来开启生命的智慧。隋唐五代佛教对待音乐,并没有像有些学者说的那样,完全持否定的态度。其实,佛教批判的是沉溺于世俗音乐的现象,也就是想破除人的执迷之心,而并非否认音乐本身。中国佛教寺院以梵音洗尘,就是一种借助声音以开悟的方式。声本乎乐而应在音,非乐不能传其声,非声不能振其音,非音不能显其乐。声音之道微妙难言,入耳而不知所自,无象而深感人心。善于领略音乐的人,既不可舍其声,又不可舍其乐。妙悟音乐之理,既不可取其声,又不可取其乐。这就是佛教禅宗常讲的不取不舍,任运自然。觉悟既可闻音乐以入道,又可借乐、声、音之理分别喻示法教、修行、佛性,使其妙合无痕,贯通不二。大乘佛教以般若空观体认事物的真实状态。要领悟佛道真谛,既不能住于有,又不能落入空,了达事物真幻不二,就能体证到,真如之理全在有无之间,涅槃境界不离真妄众相。这是隋唐五代关于音乐体用关系的一种看法。

以情感体验为体,借声音以鸣之,这是韩愈音乐体用论的出发点。在中国文学思想史上,韩愈的"不平则鸣"说影响很大。这个学说同样也含有一定的音乐美学意蕴。韩愈认为,"大凡物不得其平则鸣",并举例说,草木无声,而风挠之;水之无声,而风荡之。人的情绪积压既久,心里就会产生不平之感,"有不得已者而后言",故借话语而鸣之。金石无声,击之而鸣,音乐之道,出乎一心:"乐也者,郁于中而泄于外也;择其善鸣者而假之鸣:金石丝竹匏土革木八者,物之善鸣者也。"①韩愈是说,人虽心有不平,却不能自鸣,必须通过"善鸣者"而鸣。所谓"善鸣者",是指表情达意的方式或媒介。在韩愈这里,人的内心世界的"不平"情绪是"鸣"

---

① [唐]韩愈撰,马其昶校注,马茂元整理:《韩昌黎文集校注》第四卷。孟东野即唐代诗人孟郊(751—814),李汉注以为该文作于贞元十九年(803),时孟郊将赴任溧阳县尉。

的直接动因,举凡言语、文章、诗词、音乐等,都属于"鸣"的方式或媒介,也就是"善鸣者"。韩愈对音乐体用关系的论述不同于佛教视音乐为假名的理路,然而,韩愈将音乐作为表情达意的方式或媒介,这种论调又流露出佛教义理的印迹。这个现象颇有意味,令人深思。

第二节　音乐的功能

隋唐五代音乐美学对音乐功能的思考主要存在两大派别:一派意识到音乐在调理性情方面的重要作用,另一派则仍然将音乐作为礼乐教化的工具。

一、调理性情

"以平其心,以畅其志",这个说法是唐代史学家杜佑提出来的。杜佑(735—812),字君卿,他集 30 年之功撰写《通典》,成就中国古代第一部系统记述典章制度的通史。在《通典》里,他针对音乐的功能发表了看法。杜佑说:"乐也者,圣人之所乐,可以善人心焉。所以古者天子、诸侯、卿大夫无故不彻乐,士无故不去琴瑟,以平其心,以畅其志,则和气不散,邪气不干。此古先哲后立乐之方也。"[1]在杜佑这里,音乐可以调理性情,使人的不平之气消散,平和之气内充,神志舒畅,心性和谐。

"乐理心"是唐人吕温提出的音乐功能论命题。吕温(771—811),字和叔,唐代诗人,与柳宗元、元稹有交谊,又乐道参玄,与道禅人士友善往来。在《乐理心赋》里,吕温提出了以音乐调理性情的说法。吕温认为,情感积压于心,可以借助音乐的方式宣泄出来,音乐率其性,养其情。人的心性由音乐调理,这接近儒家所说的"自明而诚"。上古圣人观象作乐,化成天下,使民风淳朴,万物各顺其性,乐于阳唱阴和,云行雨施。无荒而乐,有节而宣。音乐能调理人心,使其天性归于自然,使国家、社会、

---

[1] [唐]杜佑:《乐序》,《杜氏通典》卷第一四一,嘉靖十八年西樵方献夫刊本。

家庭处于和谐状态。吕温说："且夫乐之作也,一动一息;心之理也,惟清惟直。然后在听而必聪,无入而弗克。节有序,观贯珠而匪珠;声成文,见五色而无色。其或惟邪是念,惟慝是瘦。"①吕温阐发音乐调理性情的功能,指出实现这一功能的关键在于"立乐之方",也就是音乐的标准,而不在琴瑟或管弦本身。只有确立基本的音乐价值标准,才有望树淳风,致和气。审美之心与音乐相互交感,能获得审美愉悦,实现音乐的调理之功。音乐其明,可以赞天地之化育;音乐其幽,可以索鬼神之情状。或会节而极象之则,或应变无方,不可端倪。

这些审美体验是在认可音乐功能的基础之上生成的。白居易思考过以音乐调和心性的问题。白居易记其听琴体验:"闻君古渌水,使我心和平。欲识慢流意,为听疏泛声。西窗竹阴下,竟日有余清。"②音乐贵以平心,只不是娱人耳目而已。中正平和之乐能使欣赏者内心和谐,而不是纵情于声乐之娱。白居易说:"乐可理心应不谬,酒能陶性信无疑。"③音乐与诗酒相似,经常是文人安顿性灵的妙具。音乐安顿性灵,不是采用说教或推理的方式,而是心灵与艺术之间的直接沟通。歌唱者(或弹奏者)借五音传其情,达其意,欣赏者则借乐音平其心,静其气,涤荡尘埃,陶冶心性。音乐调理人的性情,其目的在于净化心灵,提升境界。

儒家认为,音乐的最高理想在于与天地同和。《礼记·乐记》:"大乐与天地同和,大礼与天地同节。和故百物不失,节故祀天祭地,明则有礼乐,幽则有鬼神。如此,则四海之内合敬同爱矣。"礼的目的在于"合敬",乐的作用在于"同爱"。儒家治国,主张礼乐并用,这既有助于个体心灵的和谐,也有利于整个社会的和谐。这实际上也是音乐调理性情论的审美理想所在。

同样是主张以音乐调理性情,有些欣赏者则突出音乐舒卷心性的作

---

① 〔唐〕吕温:《乐理心赋》,《文苑英华》卷七五。
② 〔唐〕白居易:《听弹〈古渌水〉》,《白居易集》卷第五。
③ 〔唐〕白居易:《卧听法曲霓裳》,《白居易集》卷第二十六。

用。李白听琴有感:"为我一挥手,如听万壑松。客心洗流水,余响入霜钟。"①又如,殷尧藩听琴:"高堂流月明,万籁不到耳。一听清心魂,飞絮春纷起。"②他们将音乐作为抚慰生命、愉悦性情的方式,这是隋唐五代文人意识崛起的一个标志。严格地说,以音乐舒卷心性与调理性情并无本质差异,只是舒卷心性的审美内涵更为丰富,它除了包含调理性情这层含义之外,还指审美活动能舒卷人的心性,不受世俗礼教的束缚。符合这个标准的音乐可以是雅乐,也不妨为俗乐,因为雅乐和俗乐都能舒卷心性。舒卷心性不像调理性情那样导向中和虚静的心境,与调理性情契合的显然是指雅乐,而很难说是俗乐。

二、助益教化

早期儒家非常重视礼乐的教化功能,《礼记·经解》就指出过《诗》教、《书》教、《乐》教的内涵。其中,《乐》教以"广博易良"为内涵,《乐》以和通为体,无所不用,使人感化,也就是使人受到教化。早期儒家看重礼乐教育,其目的在于改善世道人心,音乐作为重要的礼乐教化方式,它的首要功能就是通过艺术改善世道人心。

在隋唐五代音乐美学界,音乐的教化功能仍然占有很大的比重。唐代音乐美学家薛易简说:"琴之为乐,可以观风教,可以摄心魄,可以辨喜怒,可以悦情思,可以静神虑,可以壮胆勇,可以绝尘俗,可以格鬼神。此琴之善者也。"③薛易简的这个定义,提及琴乐在风俗教化、情思愉悦、感动人心、颐养性情等方面的功能,这就拓宽了音乐的功能内涵。琴乐是心有所感而发,或怡情以自适,或讽谏以写心,或书愤以言志。尽管薛易简对琴乐功能的规定最为齐全,但他始终以"观风教"为其首要功能。

---

① [唐]李白:《听蜀僧濬弹琴》,《李太白全集》卷之二十四。
② [唐]殷尧藩:《席上听琴》,《全唐诗》卷四九二。
③ [唐]薛易简:《琴诀》,《琴书大全》卷十五,天津图书馆藏明万历十八年刻本。《琴书大全》于"琴之为乐"一段前,有其作者简介:"薛易简以琴待诏翰林,盖在天宝中也。尝《琴诀》七篇,辞虽近俚,义有可采。"《全唐文》辑录《琴诀》:"易简,僖宗时人,高待诏,衡州耒阳尉。"作者具体生平待考。

　　隋唐五代以音乐为教化之具,也体现在关于寺院金钟、法鼓这些器乐功能的看法方面。寺院以钟鼓为法器,这种法器演奏出来的音乐成为开悟心性的方式。李白、独孤及都有这方面的表述。李白说:"噫! 天以震雷鼓群动,佛以鸿钟惊大梦。而能发挥沉潜,开觉茫蠢,则钟之取象,其义博哉! 夫扬音大千,所以清真心,惊俗虑;协响广乐,所以达元气,彰天声;铭勋皇宫,所以旌丰功,昭茂德。"①李白指出,聆听寺院钟声,能让人醍醐灌顶,顿然觉悟。

　　中国人认为,参变化,孕律吕,通神人,再也没有比声音更为快捷的途径了。金为八音之长,钟为金音之首。金钟创制,本乎无象。其体神妙,应用无方。因此,国家借金钟以和乐,寺院以金钟来助道。独孤及因此作铭:"灵钟上空仪法天,体道内虚含至圆。雄威蓄毓时乃宣,震击铿鍠流大千。十万调御及圣贤,应我真声开梵筵。一切苦轮悲炽然,闻我真声咸息肩。虚空有尽福无边,神用广大莫与先。"②为了振法音,护善根,寺院作万钧之钟,建法鼓之制。道无形相,心离文字。言语、声音莫非假名,体性虚空,并非实有。然而,佛法须借言语以导引,假声音以传播。众人根器有别,觉悟程度不一。于是,佛祖运慈悲之智,遍及世界,泽被有情,以振聋发聩之音,令人当下顿悟,清除心垢,证入法性。"设字根本,假文以筌意也。足声齿舌,因音以见法也。以十四音,摄一切智,虽入无漏,而不舍有为,即色以证空也。"③在独孤及看来,佛教寺院里的一切法器道具,莫不是传法之手段,莫不是即假悟真、即色明空的方式。

　　同样是主张以音乐助益教化,儒家与佛教的教化内涵及教化方式并不相同。儒家主要是通过礼乐文化来教化民心,而佛教则通过宣扬世俗音乐的虚幻性而使人觉悟。然而,儒家与佛教都重视采用音乐这种教化方式,视音乐为教化的手段则是其音乐功能论的共同之处。

---

① [唐]李白:《化城寺大钟铭并序》,《李太白全集》卷之二十九。
② [唐]独孤及:《鹿泉本愿寺铜钟铭》,《全唐文》卷三八九。
③ [唐]独孤及:《佛顶尊胜陀罗尼幢赞并序》,《全唐文》卷三八九。

第三节　音乐与审美感应

中国美学形成了较为系统的审美感应论传统，这在隋唐五代音乐美学领域也有突出的反映。隋唐五代音乐感应论主要包括三个层次：一是音乐与时代的感应，二是音乐创造活动中的心物感应，三是音乐欣赏活动中的同类感应。

一、音乐与时代的感应

音乐与时代相互感应，这是中国美学感应论的传统话题。唐代史书也常有这方面的记录。吴兢（670—749），唐代史学家，著书直言不讳，有著述《贞观政要》《乐府古题要解》等。"贞观"是唐太宗李世民年号，《贞观政要》是吴兢整理编辑的一部记录。该记录主要收集了李世民与魏征（即魏徵，下同）、房玄龄等大臣之间的问答，以及臣僚们的争议和某些政治措施，其中涉及他们的音乐观念：

> 太常少卿祖孝孙奏所定新乐。太宗曰："礼乐之作，是圣人缘物设教，以为撙节，治政善恶，岂此之由？"御史大夫杜淹对曰："前代兴亡，实由于乐。陈将亡也为《玉树后庭花》，齐将亡也而为《伴侣曲》，行路闻之，莫不悲泣，所谓亡国之音。以是观之，实由于乐。"太宗曰："不然，夫音声岂能感人？欢者闻之则悦，哀者闻之则悲，悲悦在于人心，非由乐也。将亡之政，其人心苦，然苦心相感，故闻之则悲耳。何乐声哀怨，能使悦者悲乎？今《玉树》、《伴侣》之曲，其声俱存，朕能为公奏之，知公必不悲耳。"尚书右丞魏征进曰："古人称'礼云，礼云，玉帛云乎哉？乐云，乐云，钟鼓云乎哉'，乐在人和，不由音调。"太宗然之。①

由这则李世民与杜淹、魏征等的对话可知，当时统治阶层内部对音

---

① ［唐］吴兢：《贞观政要》，第 233 页，上海古籍出版社，1978 年。

乐的看法大致可分两派：一派以杜淹为代表，他坚持天下兴亡"实由于乐"，另一派以李世民、魏征为代表。李世民说"悲悦非由乐"，魏征讲"乐在人和，不由音调"，表述虽有差异，但他们的看法颇为接近，主要包括：批判音乐美与社会政治现实的必然联系，否定"淫乐亡国论"，强调音乐美感的生成性，认为没有纯粹客观的音乐美，等等。李世民指出，社会政治的善恶状况并不由音乐决定，这在一定程度上受到嵇康《声无哀乐论》的影响。初唐国势日益强盛，文化走向繁荣，这时李世民主张"悲悦非由乐"，体现出唐代执政者的乐观精神与文化自信。

不过，在隋唐五代，杜淹一派的音乐观念毕竟处于主流地位。唐代史学家在编撰前代史书时也多将政治兴亡与音乐感应联系起来。据《隋书》，当时有伶人万宝常，天生具备识别音律的才能，他预言："乐声淫厉而哀，天下不久相杀将尽。"当时隋朝正处于兴盛阶段，他的预言并未引起注意。到了大业末年，他的预言果然得到了验证。万宝常擅于制定音律，以"雅正之音"为标准，因"其声雅淡，不为时人所好"，甚至遭到宫廷乐工的排斥与诋毁。他采用高尚淡雅的乐律，不易勾起哀怨情绪，就是力图与社会政治现状保持和谐。隋代乐官王令言也精通音律，大业末年，隋炀帝将临江都，王令言听到儿子在门外弹奏琵琶翻调《安公子曲》，也预言隋炀帝将无法返回，这个预言也同样得到了历史的验证。①

《隋书》的编撰出于唐代史学家的笔录，带有较为明确的叙述意图，虽然材料的真实性难以一一落实，但基于正史书写的严肃性与编撰年代的接近，这些材料大体有据。值得注意的是，《隋书》的编撰也在贞观年间，这与《贞观政要》收集材料的时间大致相当。也就是说，唐代正统的史学家仍然坚持音乐与社会政治兴亡的联系，而李世民的音乐观念却体现出一定的独立性，这与《贞观政要》的编辑更重直言其事、开明直书的叙述原则也有一定关系。这个现象表明，唐代音乐思想呈现出多元化发

---

① 详见万宝常、王令言传记，《隋书》卷七八；王令言的故事又见段安节《乐府杂录》。

展的趋势,同时也意味着此后中国音乐的审美风尚即将发生较大转变,而李世民正是这个转变的先行者。《隋书》的编撰者们坚持儒家正统的音乐观念,其中包含对已逝王朝政治得失与音乐关系的想象,以及在新的时代实现政治强盛的理想,维护儒家的礼乐教化传统,从而更好地为现有的政治意识形态建设服务。

"乐与时政通",这是白居易针对音乐的社会政治内涵而提出来的。白居易说:"始知乐与时政通,岂听铿锵而已矣?"①这里的"乐"或"音声之道"是指音乐,"时政"不是抽象的政治理念,而是具体时代的社会政治内涵。这一音乐思想是白居易在元和八年(813)为应制举而提出的对策。当时有人认为,音乐会随着乐器和乐曲的改变而变化,因而主张废弃今器而用古器,舍弃今曲而奏古曲,认为这样可以复兴"正始之音"。白居易对此提出异议:"乐者本于声,声者发于情,情者系于政。盖政和则情和,情和则声和;而安乐之音,由是作焉。政失则情失,情失则声失;而哀淫之音,由是作焉。斯所谓音声之道,与政通矣。"②在白居易看来,乐声的邪正与否并不是由乐器决定的。

《周易·系辞上》:"形而上者谓之道,形而下者谓之器。"同理,乐器只是发声的媒介,乐曲只是音乐的名称,音乐的哀乐情感不由乐器决定,也不取决于乐曲形式。音乐情感最终取决于它的社会政治内涵。假如君主政骄荒疏,民众心生怨恨,虽舍今器而用古器,而哀淫之声也不会因此而消散。相反,假如君主推行美政,民众心平气和,即使演奏今曲而废弃古曲,而安乐之音同样可以流行。音乐由人的情感而定,而人的情感则由特定时代的社会政治状况而定。所以,要消解"郑卫之声",恢复"正始之音",关键在于"善其政、和其情,不在乎改其器、易其曲也"。如果国家太平,社会稳定,人心安乐,即使援黄桴,击野壤,闻乐者也同样会感到其乐融融。反之,倘若国家政骄荒疏,民不聊生,人心困怨,虽撞大钟,伐

---

① [唐]白居易:《华原磬》,《白居易集》卷第三。
② [唐]白居易:《复乐古器古曲》,《白居易集》卷第六十五。

鸣鼓,闻乐者也难免戚苦。要实现"谐神人、和风俗"音乐教化效果,必须"善其政、欢其心",从根本处着手,对症下药,而不在于极尽声音变化之道,因为后者只不过是枝节而已。

强调音乐创造与特定时代社会政治内涵的联系,这是儒家的感应论美学传统。《礼记·乐记》:"凡音者,生人心者也。情动于中,故形于声。声成文,谓之音。是故治世之音,安以乐,其政和。乱世之音,怨以怒,其政乖。亡国之音,哀以思,其民困。声音之道,与政通矣。"可见,早期儒家已较为系统地规定了音乐的社会政治内涵。

在隋唐五代,探讨音乐创造与社会政治感应关系的论者还有很多,经学家孔颖达就是其一。孔颖达在注疏这段引文时说:"上文云音从人心生乃成为乐,此一节明君上之乐随人情而动。若人情欢乐,乐音亦欢乐;若人情哀怨,乐音亦哀怨。'凡音者,生人心者也'者,言君上乐音,生于下民心也。'情动于中,故形于声'者,言在下人心,情感君政教善恶,动于心中,则上文'感于物'而后动是也。既感物动,故形见于口。口出其声,则上文云'故形于声'者是也。"[①]孔颖达的论据同样出于《乐记》:"郑卫之音,乱世之音也,比于慢矣。桑间濮上之音,亡国之音也,其政散,其民流,诬上行私而不可止也。"郑音淫滥,卫乐烦速,都是乱世征兆。乱世无道,音失平和,政教荒散,民众流亡。

早期儒家的音乐感应论是指音乐创造与特定的社会政治状况相互感应,特定的社会政治内涵总是与特定的音乐美感形态相对应。对此,孔颖达有详细的阐发。结合前面的引文来看,李世民、魏征等也同样持音乐感应论。李世民认为,"将亡之政,其人心苦,然苦心相感,故闻之则悲耳"。但是,李世民突出了音乐欣赏者的审美心境在音乐感应活动中的作用,也就是音乐审美体验的个体性被强化了,这是早期儒家的音乐美学所缺乏的。或者说,这是隋唐五代音乐美学的时代特征之一。

---

① ［唐］孔颖达:《乐记》第十九,《礼记正义》卷三七,《十三经注疏》本。

二、音乐创造活动中的心物感应

审美创造活动中的心物感应是感应论美学的层次之一，也是早期儒家探讨音乐发生这一问题时的重要关注点。《礼记·乐记》："音之起，由人心生也。人心之动，物使之然也。感于物而动，故形于声。"《乐记》认为，音乐的发生源于审美心境与事物的交互感应。音乐以声音为本，声音因人心而生。这里讨论了声音起于人心的过程，所以称为"乐本"。隋唐年间的经学家沿袭了这个说法。孔颖达注疏："感于物而动，故形于声'者，人心既感外物而动，口以宣心，其心形见于声。心若感死丧之物，而兴动于口，则形见于悲戚之声。心若感福庆，而兴动于口，则形见于欢乐之声也。"①孔颖达注意到了音乐的发生与审美心境的感应关系。

唐代史学家杜佑也是音乐感应论者。他说："夫音生于心，心惨则音哀，心舒则音和。然人心复因之哀和，亦感而舒惨，则韩娥曼声哀哭，一里愁悲；曼声长歌，众皆喜忭，斯之谓矣。是故哀、乐、喜、怒、敬、爱六者，随物感动，播于形气，叶律吕，谐五声。舞也者，咏歌不足，故手舞之，足蹈之，动其容，象其事，而谓之为乐。"②杜佑所说的"随物感动"，是对早期儒家音乐感应论的自觉承传。

音乐创造活动中的心物感应，并不限于儒家已有的规定，隋唐五代音乐思想界也试图提出具有突破性的见解。据《乐府古题要解》：

> 伯牙学琴于成连先生，三年而成。至于精神寂寞，情志专一，尚未能也。成连云："吾师子春今在海中，能移人情。"乃与伯牙延望，无人。至蓬莱山，留伯牙曰："吾将迎吾师。"刺船而去，旬时不返，但闻海上水汨汲湸澌之声。山林窅冥，群鸟悲号，怆然叹曰："先生将移我情！"乃援琴而歌之。曲终，成连刺船而还。伯牙遂为天下

---

① ［唐］孔颖达：《乐记》第十九，《礼记正义》卷三七，《十三经注疏》本。
② ［唐］杜佑：《乐序》，《杜氏通典》卷第一百四十一，嘉靖十八年西樵方献夫刊本。

妙手。①

在这里,方子春是个虚设的人物,促成伯牙琴艺大进的关键原因在于"水汩汲潎潎之声。山林宫冥,群鸟悲号",而不是成连先生的教诲,也不是方子春的启悟。也就是说,要真正学好琴艺,必须以天地万物为师,在大自然的水声鸟鸣之中领略琴道的奥妙。这是中国古代"移情"说的经典表述,它突出天地万物在音乐创造活动中的重要地位。人契合天地万物,从而通向本体之道。心与境谐,情与景合,这是中国古代移情说的基本观点。可见,中国古代移情说与西方现代美学家立普斯等提出的移情说差异较大。但是,两者都强调审美活动中的情景交融。② 这或许是学界常将它们相提并论的原因之一。

音乐意象的生成,应该师法天地,因顺造化。唐代有一部撰者不详的《啸旨》,其中就谈到这个问题:"流云,古之善啸者,听韩娥之声而写之也。淫润流转,妙中宫声。沉浮起伏,若龙游戏春泉,直上万仞,声遏流云,故曰流云。此当林塘春照,晚日和风,特宜为之。始于内激,次散,自含越小沉,成于叱咄且吾少则流云之旨备矣。其音有定,所之若龙若虎,若蝉若鬼,一发之后,更无难挠,亦由易之有可适,亦谓云:凡十二啸之变态极矣。夫琴象南风,笙象凤啸,笛象龙吟,凡音之发皆有象。故虎啸龙吟之类,亦音声之流。"③这是说,音乐的节律形式、审美意象都取法于自然界中的事物,撰者列举的音乐意象有深溪虎、高柳蝉、空林夜鬼、巫峡猿、下鸿鹄、古木鸢、龙吟、动地等。所谓音乐师法自然物象,也就是强调音乐美的生成离不开声音与天地造化的相互感应。这也表明,没有一种纯粹主观的音乐美,即使以情感表达为重要特征的音乐也是如此。

音乐师法天地造化,这种取象方式自觉发扬了儒家观物取象的传

---

① [唐]吴兢:《乐府古题要解》卷下,《历代诗话续编》本。
② 宗白华在研究中国古代的音乐寓言与音乐思想时也引用过这一段话,他的解释是:"'移情'就是移动情感,改造精神,在整个人格的改造基础上才能完成艺术的造就,全凭技巧的学习还是不成的。"(《宗白华全集》第3册,第441页)
③ [唐]撰人不详:《啸旨》,《丛书集成新编》第五四册。

统。《周易・系辞上》："圣人有以见天下之赜,而拟诸其形容,象其物宜,是故谓之象。"在儒家看来,器物制度、语言文字、八卦符号等,都是上古圣人俯仰天地,观物取象而形成的文化形态。因此,有人称《周易》以"象"为本,而"象也者,像也"。在《周易》里,与审美感应论关系更为密切的是"咸"卦,该卦下为艮,上为兑,阴柔往上,阳刚往下,二气交感,互应成象。《周易・咸・彖辞》:"咸,感也;柔上而刚下,二气感应以相与。止而说,男下女,是以亨,利贞,取女吉也。天地感而万物化生,圣人感人心而天下和平;观其所感,而天地万物之情可见矣!"咸卦象征交感,类似的说法还有"通感""感应",等等。咸卦从男女交感,推衍到圣人君子以其德行感化民众。隋唐五代对音乐创造活动中心物感应关系的探讨也体现出儒家观物取象的思维取向。

三、音乐欣赏活动中的同类感应

琴声感动人心,声欲正先令心正。这是音乐欣赏活动中审美感应的前提。对于鼓琴之士来说,其志静气正,则有助于欣赏者体味琴乐意境。如果鼓琴者心乱神浊,那么欣赏者也就难辨其中味了。音乐欣赏者见到鼓琴者用指轻利,取声温润,音韵不绝,句度流美,便大加赞赏,殊不知鼓琴者的每一弹奏,都不是随意为之,其声韵必有所主。琴音出于鼓琴者的虚静之心,这有助于欣赏者以审美体验与之感应,产生精神层面的共鸣。

儒家认为,同类性质的事物能够相互感应。《乐记》:"从奸声感人,而逆气应之,逆气成象,而淫乐兴焉,正声感人,而顺气应之,顺气成象,而和乐兴焉。倡和有应,回邪曲直,各归其分,而万物之理,各以类相动也。"因此,君子应当反其情以和其志,比类以成行。杜绝奸声乱色,远离淫乐邪礼,情慢邪辟之志不生于心,耳目鼻口心智各各顺正。依据《乐记》同类相感的原理,乐声有淫正之分,君子当去其淫声,取其正声。

唐人张德升有《声赋》:"夫礼乐相成,人之有生。物归乎理,感在乎声。声之所起,其应多矣。既闻郑以戒荒,亦称《韶》于尽美,至若诗陈钟鼓,礼奏笙篁,音怀律吕,韵合宫商,或婵娟而如绝,或窈窕而复扬。将曲尽而逾妙,遇风吹而更长。潜鳞竞跃,仪凤来翔。"[1]人的性情、心境及其所处的生活情境有别,声音所蕴含的情感内涵也就各有千秋。思妇伤离,纤素寒早,其声可悲,令空闺浩叹;金徽远戍,玉律穷秋,其声可怨,使征客含愁。遁世无闷,闲居栖托,坐啸竹林,忘形苔阁,怜幽鸟喧薮,爱飞泉喷壑,其声独特,幽人以为乐。

以上三种声音的情感内涵不一,这是彼此美感差异的前提。欣赏者生活在众声喧哗的世界里,不可能与所有的声音发生感应,最能引起他感应的,莫过于与其性情、体验及情感接近的声音,其他声音对他来说可能并不重要,甚至被看做是毫无意义的噪音。这表明,音乐欣赏活动中的感应现象也具有很强的选择性和对应性。所谓"顺之则喜,逆之则哀,是以文君听琴而悦矣,子期闻笛而悲哉。何悲叹之易感,使众人之难裁"[2]。张德升指出,"声之所起,其应多矣",是说声乐能感发众多的欣赏者,而每个欣赏者的审美体验又具有一定的个体性和独特性。声乐能使得欣赏者"浩叹",或"含愁",或"为乐",这些审美体验是声乐意象的情感内涵与欣赏者审美心境相互感应的产物。或者说,声乐欣赏是欣赏者与声乐"同声相应,同气相求"的对话过程,这也是一种审美感应。

不只是欣赏者能与音乐发生感应,就连现实生活中的事物也能与音乐相互感应。隋唐五代对此也有记述。段安节,生卒不详,父亲段成式是唐代志怪小说家。段安节自幼受父亲影响,喜好音乐,撰有音乐文献《乐府杂录》。据他记载:

> 贞元中有王芬、曹保保,其子善才,其孙曹纲皆袭所艺。次有裴兴奴,与纲同时。曹纲善运拨,若风雨而不事扣弦,兴奴长于拢捻,不拨稍软。时人谓:"曹纲有右手,兴奴有左手。"武宗初,朱崖李太尉有乐吏廉郊者,师于曹纲,尽纲之能。纲尝谓侪流曰:"教授人亦

---

① [唐]张德升:《声赋》,《文苑英华》卷九〇。
② 同上。

多矣,未曾有此性灵弟子也。"郊尝宿平泉别墅,值风清月朗,携琵琶于池上,弹蕤宾调,忽闻芰荷间有物跳跃之声,必谓是鱼;及弹别调,即无所闻;复弹旧调,依旧有声。遂加意朗弹,忽有一物锵然跃出池岸之上。视之,乃一片方响,盖蕤宾铁也。以指拨精妙,律吕相应也。①

这则材料表明,现实生活中的事物一旦与音乐的节律合拍,就会发生相互感应的奇异现象。段安节记载这种奇异的感应现象,主要是为了描述琵琶演奏出神入化的艺术境界。但是,这种奇异现象的记载并非完全出于段安节的想象,也不全是空穴来风,早在先秦文献里已有多处提及。例如,《荀子·劝学篇》就有"昔者瓠巴鼓瑟而流鱼出听,伯牙鼓琴而六马仰秣"的记载。

到了汉代,随着儒学的经学化,音乐的感应问题也受到经学家的高度重视,最有代表性的是董仲舒。《春秋繁露·同类相动》:"今平地注水,去燥就湿,均薪施火,去湿就燥。百物去其所与异,而从其所与同,故气同则会,声比则应,其验皦然也。试调琴瑟而错之,鼓其宫则他宫应之,鼓其商则他商应之,五音比而自鸣。非有神,其数然也。"董仲舒认为,同类性质的事物存在某种相互感应的关系。大至国家兴亡时期出现的难以解释的征兆,小至琴瑟声调之间的和谐效应,都是"物固以类相召""人不见其动之形",其实,这些同类之间的相互感应并不是纯粹的自然现象,"有使之然者"。尽管如此,他的观点也不像现代学者那样简单地归为神秘论或唯心主义。

董仲舒的感应说杂糅了阴阳黄老学说,这种感应说在汉代颇有影响。《汉书·礼乐志》:"《书》云:'击石拊石,百兽率舞。'鸟兽犹且感应,而况于人乎? 况于鬼神乎? 故乐者,圣人之所以感天地,通神明,安万民,成性类者也。"除了儒家之外,杂家也持音乐的感应说。《淮南子·览冥训》同样重视音乐欣赏活动中的感应现象:"昔者,师旷奏《白雪》之音,

① [唐]段安节:《乐府杂录》,《丛书集成新编》第五三册。

而神物为之下降,风雨暴至,平公癃病,晋国赤地。"同类事物之间相互感应的现象非常普遍。就音乐而言,弦调是"音之君",调弦的时候,叩宫宫应,弹角角动,这就是"同声相和"。这种"太和""大通"的音乐境界,反映出事物之间相互感应之理,深微玄妙,知不能论,辩不能解。

汉代以来的音乐感应论,虽然多以具体的音乐欣赏活动为立论基础,且注重同类事物之间的紧密联系,但是也存在一些理论方面的不足。例如,音乐感应论者主张同类事物之间的应和关系,却忽视了异类事物之间相互感应的可能性。再说,即使在同类事物之间也不一定就会发生感应现象。这在具体的审美活动中有大量的事实足以证明。严格地说,这种音乐欣赏活动中的同类感应还只能算做是一种群体性的审美活动,它忽视了审美活动作为情感体验活动的创造性和个体性。

隋唐五代音乐美学受到汉代儒家感应论的影响,但是当时的音乐欣赏者并没有机械地理解音乐欣赏活动中的感应现象,而是特别重视音乐审美体验的特殊性。如:"弹琴人似膝上琴,听琴人似匣中弦。二物各一处,音韵何由传。无风质气两相感,万般悲意方缠绵。"①又如:"悬匏曲沃上,孤筱汶阳隈。形写歌鸾翼,声随舞凤哀。欢娱分北里,纯孝即南陔。今日虞音奏,跄跄鸟兽来。"②这些音乐感应现象不同于前面提到的感应论内涵,它是指生活世界的事物受到音乐节律的触动,自发性地感通应和,而不是指审美者感应天地万物。同时,也应看到,尽管这些审美感应现象的形态有别,它们却都反映出音乐与其他事物的普遍联系。音乐感应论旨在导向生命之间的广大和谐,这是上述审美感应现象的普遍特征。

第四节　音乐的美感形态及特征

隋唐五代乐论的大部分内容都与音乐的审美体验有关,这部分内容可以称为音乐美感论。隋唐五代音乐美感论主要包括音乐的美感形态

---

① [唐]卢仝:《听萧君姬人弹琴》,《全唐诗》卷三八九。
② [唐]李峤:《笙》,《全唐诗》卷五九。

以及音乐美与美感的特征。

一、音乐的美感形态

这里说的音乐美感主要是指欣赏音乐时生成的美感体验。隋唐五代音乐理论界探讨音乐欣赏时的美感体验,大致可分两种形态:一是虚静,二是哀怨。

先说虚静体验。如,方干听段处士弹琴:"几年调弄七条丝,元化分功十指知。泉进幽音离石底,松含细韵在霜枝。窗中顾兔初圆夜,竹上寒蝉尽散时。唯有此时心更静,声声可作后人师。"①又如,白居易听《幽兰》:"琴中古曲是《幽兰》,为我殷勤更弄看。欲得身心俱静好,自弹不及听人弹。"②由此可见,音乐欣赏过程中的虚静体验来自两个方面:一是乐曲节律的舒缓悠扬,这为虚静体验的生成提供了审美形式基础;二是欣赏者心境的虚静明净。幽泉细语,松风轻舞,明月当空,这些音乐意境常能触发欣赏者的虚静体验。此情此境,音乐欣赏者就会感到心境冲淡,性灵闲适,心不住音,音运我运,心灵与音乐交融为一。

再谈哀怨体验。如,张九龄听筝:"端居正无绪,那复发秦筝。纤指传新意,繁弦起怨情。"③又如,刘长卿听笛歌:"横笛能令孤客愁,渌波淡淡如不流。商声寥亮羽声苦,江天寂历江枫秋。静听关山闻一叫,三湘月色悲猿啸。又吹杨柳激繁音,千里春色伤人心。"④他们认为,秦筝、横笛容易触发欣赏者的哀怨情绪,这一方面是由于乐曲本身的哀怨音调(如"商"调凄凉感人),另一方面也与音乐欣赏者的心境有关(如秋天孤客的落寞心境)。一般说来,秋草凋零,离愁别绪,游子思乡,迁客怀旧等,这些音乐意境多触发欣赏者的哀怨体验。这时候,音乐欣赏者就会不自然地产生悲伤、无奈等心绪。

---

① [唐]方干:《听段处士弹琴》,《全唐诗》卷六五一。
② [唐]白居易:《听幽兰》,《白居易集》卷第二十六。
③ [唐]张九龄:《听筝》,《全唐诗》卷四八。
④ [唐]刘长卿:《听笛歌留别郑协律》,《全唐诗》卷一五一。

悲情体验在音乐欣赏活动中普遍存在,很多时候,这种悲情体验与哀怨的心绪有关。隋唐五代乐论对此有细致入微的描述:

> 玉柱泠泠对寒雪,清商怨徵声何切。谁怜楚客向隅时,一片愁心与弦绝。①

> 何处金笳月里悲,悠悠边客梦先知。单于城下关山曲,今日中原总解吹。②

> 抽弦促柱听秦筝,无限秦人悲怨声。似逐春风知柳态,如随啼鸟识花情。③

> 立马莲塘吹横笛,微风动柳生水波。北人听罢泪将落,南朝曲中怨更多。④

由上引材料看来,这种以“悲”情为核心的审美体验,包括悲伤、悲怨、悲愁、愁怨等,多以清商、怨徵之音出之。这种美感体验多与人的命运之思、家园之恋相联系,欣赏者心惆怅,肠欲断,神迷离,魂若失。这种失魂落魄式的审美体验,是对音乐欣赏活动时忘我境界的概括。在这样的审美境界里,欣赏者暂时忘却了自身的在场,审美情感不自然地战胜了日常理性,心中茫然若失,内心惆怅满怀。这种伴有惆怅等多种情绪的美感体验,是音乐欣赏时生发的人生感、社会感、历史感,不是故作姿态,无病呻吟,它具有形而上的审美意味。

音乐欣赏活动中的悲情体验,并不局限于悲伤之类,它也包含悲壮等审美体验。如:

> 辽东九月芦叶断,辽东小儿采芦管。可怜新管清且悲,一曲风飘海头满。海树萧索天雨霜,管声寥亮月苍苍。白狼河北堪愁恨,玄兔城南皆断肠。辽东将军长安宅,美人芦管会佳客。弄调啾飕胜

---

① ［唐］杨巨源:《雪中听筝》,《全唐诗》卷三三三。
② ［唐］武元衡:《汴河闻笛》,《全唐诗》卷三一七。
③ ［唐］柳中庸:《听筝》,《全唐诗》卷二五七。
④ ［唐］韦应物:《野次听元昌奏横吹》,《全唐诗》卷一九三。

洞箫,发声窈窕欺横笛。夜半高堂客未回,只将芦管送君杯。巧能
陌上惊杨柳,复向园中误落梅。诸客爱之听未足,高卷珠帘列红烛。
将军醉舞不肯休,更使美人吹一曲。①

哀筝慢指董家本,姜宣得之妙思忖。泛徵胡雁咽萧萧,绕指辘
轳圆衮衮。吞恨含情乍轻激,故国关山心历历。潺湲疑是舞鹔鹴,
耇甃如闻发鸣镝。流宫变徵渐幽咽,别鹤欲飞猿欲绝。秋霜满树叶
辞风,寒雏坠地乌啼血。哀弦已罢春恨长,恨长何如怀我乡。我乡
安在长城窟,闻君肤奏心飘忽。②

隋唐五代对不同器乐所具有的美感形态做过大致的归类。据《乐府
杂录》:"觱篥者,本龟兹国乐也,亦曰'悲栗',有类于笳。"③这表明,觱篥
是一种带有"悲"感体验的器乐。来自胡地的其他器乐,如芦管、胡笳等,
也都善于传达悲情体验。这种悲情体验虽有离别之忧,更多故国之思,
满怀边关之慨。它是保家卫国男儿之心声,不再囿于儿女情长,浅吟低
唱,不再是醉眼迷离,暗自神伤,它多了份豪放与坚强,少了些徘徊与忧
伤。上引第一则材料出自唐代边塞诗人岑参之手,其声铿锵,其调嘹亮,
其情沉郁,其音悲壮。

这种带有悲壮意味的美感体验在隋唐五代虽然没有占据主流地位,
但是它丰富着中国音乐的美感经验,能为现代美学意义上的悲壮等审美
范畴的建构提供一些有价值的参考。

隋唐五代音乐美学认为,不存在一种纯粹客观的音乐美,音乐美与
音乐美感具有同一性,音乐美感的生成与欣赏者个人的情感体验密切相
关。对于青年欣赏者来说,管急弦繁可能让他感受到音乐节奏的明快,
心情也随之畅快;对于老病缠身或愁苦不堪的欣赏者而言,则可能难以
让他体验这种音乐的愉悦性,甚至还有可能使他的心情更加忧郁苦闷,

①［唐］岑参:《裴将军宅芦管歌》,《全唐诗》卷一九九。
②［唐］无名氏:《姜宣弹小胡笳引歌》,《全唐诗》卷七八六。
③［唐］段安节:《乐府杂录》,《丛书集成新编》第五三册。

愁怨满怀。作为音乐美感体验，哀怨与虚静并无高下之分，它们有时甚至会在同一音乐欣赏过程中交互存在，生成复合形态的美感体验。

二、音乐美与美感的特征

隋唐五代音乐美学认为，音乐美与美感的特征主要包括有社会性、创造性、丰富性与情感性。其中，社会性是音乐美与美感的首要特征。

（一）音乐美与美感的社会性

隋唐五代音乐理论界探讨音乐美与美感的社会性，主要是围绕地域性与民间性这两个层次而展开的。

先看隋唐五代关于音乐美与美感地域性的探讨。

初唐诗人刘允济咏琴："昔在龙门侧，谁想凤鸣时。雕琢今为器，宫商不自持。巴人缓疏节，楚客弄繁丝。欲作高张引，翻成下调悲。"[1]尽管刘允济意在指斥高雅音乐不再的现实，但他对"巴人""楚客"之乐的概括却颇为精要，并非一味排斥。在文人眼里，音乐的地域性境界偏低，比不上"凤鸣"式的高雅之乐，不及雍容中和的庙堂之乐，但这种地域色彩鲜明、民间意味浓郁的音乐也同样感人，它们能触发欣赏者的悲情体验。与当时一般文人只重高雅音乐而排斥通俗音乐的做法不同，这则乐论在一定程度上似乎预示着唐代音乐繁荣开放局面的到来。

孔颖达注疏《左传》时，也谈到音乐美与美感的地域性。《左传·襄公二十九年》："使工为之歌《周南》《召南》。"杜预认为，《周南》《召南》是依据地方歌乐所采用的声曲。孔颖达疏："诗人观时政善恶，而发愤作诗。其所作文辞，皆准其乐音，令宫商相和，使成歌曲。乐人采其诗辞，以为乐章，述其诗之本音，以为乐之定声。其声既定，其法可传，虽多历年世而其音不改。今此为季札歌者，各依其本国歌所常用声曲也。由其各有声曲，故季札听而识之。言'本国'者，变风诸国之音各异也。"[2]从杜

---

① ［唐］刘允济：《咏琴》，《全唐诗》卷六三。
② ［唐］孔颖达：《春秋左传正义》卷三九，《十三经注疏》本。

预、孔颖达的表述看,唐代儒家对于音乐美与美感的地域性颇为重视。诗歌与音乐同为政治教化的手段,都与当时的社会政治文化内涵相关,诗歌与音乐的主要差异在于艺术媒介。这对于推动唐代地方音乐的发展,肯定音乐的地域特征很有启发。

隋唐五代,箜篌、筝、琵琶等器乐虽然受到文人雅士的批判,然而,这些器乐在社会各界的实际影响却不容忽视。由这些乐器演奏出来的乐音可以归为大众音乐的范围。在当时大多数文人眼里,大众音乐缺乏高雅的审美理想,也难以生发中和的美感体验。事实上,这种音乐传播面广,渗透性强,在当时社会各阶层特别是民众之间传播很广,深受民间社会的喜爱。隋唐五代是中国音乐发展的繁荣阶段,音乐门类齐全,水平极高。隋唐五代音乐之所以出现繁荣兴盛的局面,原因是多方面的,绝非简单的经济政治决定论可以概括。其实,更为直接的原因在于,它与当时大众音乐的广泛传播与高度普及密切相关。

大众音乐不只为民间所好,不少文人雅士也通过欣赏箜篌、筝、琵琶等乐器演奏获得审美愉悦。杨巨源听李凭弹箜篌:"听奏繁弦玉殿清,风传曲度禁林明。君王听乐梨园暖,翻到云门第几声。花咽娇莺玉漱泉,名高半在御筵前。汉王欲助人间乐,从遣新声坠九天。"①又如,吴融听李周弹筝:"一字雁行斜御筵,锵金戛羽凌非烟。始似五更残月里,凄凄切切清露蝉。又如石罅堆叶下,泠泠沥沥苍崖泉。鸿门玉斗初向地,织女金梭飞上天。有时上苑繁花发,有时太液秋波阔。当头独坐搅一声,满座好风生拂拂。"②且不细说这些审美体验如何让欣赏者陶醉忘怀,单是这些描述音乐美与美感丰富性及多样性的意象就让人流连忘返,玩味无穷。

中唐时期,刘禹锡、白居易都肯定了音乐风格的共通性。刘禹锡认为:"四方之歌,异音而同乐。"③这是从不同地域的音乐寻找彼此共通的

①[唐]杨巨源:《听李凭弹箜篌二首》,《全唐诗》卷三三三。
②[唐]吴融:《李周弹筝歌》,《全唐诗》卷六八七。
③[唐]刘禹锡:《竹枝词九首并引》,《刘禹锡集》卷第二十七。

美感体验。白居易欣赏芦管时就有如此体验："幽咽新芦管,凄凉古竹枝。似临猿峡唱,疑在雁门吹。调为高多切,声缘小乍迟。粗豪嫌觱篥,细妙胜参差。云水巴南客,风沙陇上儿。屈原收泪夜,苏武断肠时。仰秣胡驹听,惊栖越鸟知。何言胡越异?闻此一同悲。"①可见,音乐美具有较为明显的风格形态特征,同一形态的音乐美感较少受到地域因素与传播媒介的影响。刘禹锡、白居易的看法表明,合理扶持地方音乐的发展,既能发挥音乐的地域特色,又能丰富欣赏者的审美体验,还能促进不同地域、不同民族之间的音乐交流。

因此,白居易一方面主张高雅音乐,另一方面又与刘禹锡一起关注"洛下新声"。《杨柳枝》是唐代洛下新声,当时有擅长歌唱者,新翻《杨柳枝》词章,语句感人,音韵动听。于是,白居易、刘禹锡作《杨柳枝词》以纪念这种音乐现象。白居易有诗:"六么水调家家唱,白雪梅花处处吹。古歌旧曲君休听,听取新翻杨柳枝。"②刘禹锡有句:"塞北《梅花》羌笛吹,淮南桂树小山词。请君莫奏前朝曲,听唱新翻《杨柳枝》。"③这也表明,白居易、刘禹锡的音乐观念具有很强的开放性和兼容性,他们不是音乐教化传统的墨守者,而是特别重视音乐美与美感的地域性。

皎然以乐论诗,有助于领略诗歌的体制与风格等问题,也有助于表述音乐之理。诗学与乐理相互参照,相互体证,二者在皎然这里是圆融无碍的关系。皎然指出:"苏、李之制,意深体闲,词多怨思。音韵激切,其象瑟也。曹、王之制,思逸义婉,词多顿挫,音韵低昂,其象鼓也。嗣宗、孟阳、太冲之制,兴殊增丽,风骨雅淡,音韵闲畅,其象簧也。宋、齐、吴、楚之制,务精尚巧,气质华美,音韵铿锵,其象筝也。唯古诗之制,丽而不华,直而不野。如讽刺之作,雅得和平之资,深远精密,音律和缓,其象琴也。"④皎然肯定诗歌风格与音乐风格的共通性,并介绍了瑟、鼓、簧、

---

① 〔唐〕白居易:《听芦管》,《白居易集》外集卷上。
② 〔唐〕白居易:《杨柳枝词八首》之一,《白居易集》卷第三十一。
③ 〔唐〕刘禹锡:《杨柳枝词九首》其一,《刘禹锡集》卷第二十七。
④ 〔唐〕皎然著,李壮鹰校注:《诗式校注》附录四。

筝、琴等器乐的审美风格。皎然还指出,音乐风格可以超越地域的限制,不必拘于"宋、齐、吴、楚之制"。最后,皎然坚持琴为众乐之王的器乐审美理想。他认为,琴乐之美以"和"取胜,如古诗之"制"。这段话虽然是以器乐论诗,但从音乐美学的角度看,也包含肯定器乐美感形态与审美风格多样性的意思。

除了音乐美的地域性之外,音乐美与美感的社会性也引起了隋唐五代音乐理论家的广泛关注。

基于对现实人生的深情,白居易特别讲究诗歌美的社会人生内涵。白居易论乐,也同样主张音乐美与美感的社会性。白居易说:"秦中岁云暮,大雪满皇州。雪中退朝者,朱紫尽公侯。贵有风雪兴,富无饥寒忧。所营唯第宅,所务在追游。朱轮车马客,红烛歌舞楼。欢酣促密坐,醉暖脱重裘。秋官为主人,廷尉居上头。日中为一乐,夜半不能休。岂知阌乡狱,中有冻死囚。"①白居易指出,音乐美具有社会性,没有纯粹客观的音乐审美活动,也没有纯粹客观的审美价值,音乐审美活动必然会不同程度地受到审美者性情、志趣、品味、学养、阅历等多种因素的制约。审美体验因而也就具备了特定的社会人生内涵。这是音乐美与美感的社会性。歌舞再曼妙多情,对于那些连基本的生存需求都难以满足的民众来说,只不过是一种奢侈的幻想而已。对于衣食无忧的公侯贵族而言,闲适欢畅的心境却为他们寻求欢乐(其中也包含审美活动)提供了基本的条件。白居易的说法具有一定的音乐社会学内涵,这在中国音乐思想史上产生过深远的影响。

音乐美与美感的社会性也体现为它的时代性。中唐史学家杜佑指出:"圣唐贞观初作破阵乐舞,有发扬蹈厉之容(象其威武也)。歌有粗和啴发之音(粗谓初用干戈平戎,戎既平,乃爱百姓,有和乐之心。啴谓乐心,发谓喜,言天下既安,功成而喜乐也)。"②音乐美与美感的时代性是杜

---

① [唐]白居易:《秦中吟十首·歌舞》,《白居易集》卷第二。
② [唐]杜佑:《乐序》,《杜氏通典》卷第一四一,嘉靖十八年西樵方献夫刊本。

佑分析贞观乐舞社会政治内涵的标准,他没有简单地比附音乐与政治的关系,而是公允地道出了贞观年间音乐的时代精神。

(二)音乐美与美感的创造性

音乐审美活动是一种创造性的精神活动,创造性也是音乐美与美感的特征之一。对此,白居易、李颀都有生动的描述。

白居易说,与器乐相比,声乐更容易感动听众。"非琴非瑟亦非筝,拨柱推弦调未成。欲散白头千万恨,只销红袖两三声。"①白居易之所以推重声乐,与他对声乐特性的体认有关。与器乐表演相比,声乐表演的程序更为简单,其表情达意的方式也更为直切,更重要的是,声乐能直接见出人在音乐审美活动中的创造性,因而声乐更能触发人的审美体验。

李颀提出"世人解听不解赏"这个命题,也表明音乐美与美感的生成需要创造力。善于音乐欣赏的人,不只是用心体味音乐的美妙,还要能将审美活动中生成的审美体验传达出来。李颀如此描述他听吹觱篥时的体验:"南山截竹为觱篥,此乐本自龟兹出。流传汉地曲转奇,凉州胡人为我吹。傍邻闻者多叹息,远客思乡皆泪垂。世人解听不解赏,长飙风中自来往。枯桑老柏寒飕飀,九雏鸣凤乱啾啾。龙吟虎啸一时发,万籁百泉相与秋。忽然更作渔阳掺,黄云萧条白日暗。变调如闻杨柳春,上林繁花照眼新。"②李颀认为,"傍邻闻者""远客"欣赏音乐,停留于一般听众的欣赏层次,真正的知音要"解听",在音乐欣赏时契入自家的真实体验,生成可触可感的意象世界,又要精于鉴赏,善于批评,能将音乐意象与审美体验真实地传达出来。因此,"傍邻闻者多叹息,远客思乡皆泪",还不能算是"解赏",这里所说的"解赏",主要是指审美鉴赏的层次。可见,这个命题指出了音乐鉴赏不同于一般意义上的音乐欣赏的特殊性。

如果说,音乐表演是一次审美创造活动,那么,"解赏"则要求在"解

① [唐]白居易:《云和》,《白居易集》卷第二十三。
② [唐]李颀:《听安万善吹觱篥歌》,《全唐诗》卷一三三。

听"(也就是心领神会)的基础上将音乐意象与审美体验等创造出来。在很大程度上,审美鉴赏是整个审美活动的再度创造。白居易就是一位"解赏"的音乐鉴赏家,也是善于进行再度创造的音乐批评家。白居易生动传神地描述了琵琶欣赏过程中生成的意象世界:"轻拢慢撚抹复挑,初为霓裳后绿腰。大弦嘈嘈如急雨,小弦切切如私语。嘈嘈切切错杂弹,大珠小珠落玉盘。间关莺语花底滑,幽咽泉流水下难。冰泉冷涩弦凝绝,疑绝不通声暂歇。别有幽愁暗恨生,此时无声胜有声。银瓶乍破水浆迸,铁骑突出刀枪鸣。曲终收拨当心画,四弦一声如裂帛。东舟西舫悄无言,唯见江心秋月白。"①琵琶女或为虚设,琵琶是世俗音乐的指称。琵琶乐在唐人眼里不如琴乐高古,它不是"太古"之音,而是民众生活世界经常可以耳闻目睹的民间音乐。琵琶乐虽然是世俗性的音乐形态,但它更便于表达民众的情感,反映民间的疾苦,更容易激发音乐欣赏者感同身受的生命体验。白居易主张音乐美与美感的创造性,而且还将音乐理论落实到具体的音乐审美活动当中,并以充满创造力的音乐意象传达欣赏琵琶所获得的审美体验。

(三)音乐美与美感的丰富性

丰富性也是音乐美与美感的基本特征之一。这个特征体现在两个方面。一方面,音乐的审美意象、节律形式含有丰富的美感因素;另一方面,在具体的音乐欣赏过程中也会生成丰富的美感体验。在音乐空前繁荣的唐代,这已成为音乐批评家的普遍共识。试举三例:

> 起坐可怜能抱撮,大指调弦中指拨。腕头花落舞制裂,手下鸟惊飞拨刺。珊瑚席,一声一声鸣锡锡;罗绮屏,一弦一弦如撼铃。急弹好,迟亦好;宜远听,宜近听。左手低,右手举,易调移音天赐与。大弦似秋雁,联联度陇关;小弦似春燕,喃喃向人语。手头疾,腕头软,来来去去如风卷。声清泠泠鸣索索,垂珠碎玉空中落。美女争窥玳瑁帘,圣人卷上真珠箔。大弦长,小弦短,小弦紧快大弦缓。初

---

① [唐]白居易:《琵琶引》,《白居易集》卷第十二。

调锵锵似鸳鸯水上弄新声,入深似太清仙鹤游秘馆。[1]

朱弦宛转盘凤足,骤击数声风雨回。哀筝慢指董家本,姜生得之妙思忖。泛徽胡雁咽萧萧,绕指辘轳圆衮衮。吞恨缄情乍轻激,故国关山心历历。潺湲疑是雁鷤鹆,春骄如闻发鸣镝。流宫变徵渐幽咽,别鹤欲飞猿欲绝。秋霜满树叶辞风,寒雏坠地乌啼血。哀弦已罢春恨长,恨长何恨怀我乡。我乡安在长城窟,闻君虏奏心飘忽。[2]

昵昵儿女语,恩怨相尔汝。划然变轩昂,勇士赴敌场。浮云柳絮无根蒂,天地阔远随飞扬。喧啾百鸟群,忽见孤凤凰。跻攀分寸不可上,失势一落千丈强。[3]

李凭善弹箜篌,时人为之惊叹,似有石破天惊之感,隐现老鱼跳波之姿。顾况将他欣赏李凭弹箜篌的审美体验传神地描绘出来。上揽星月,下落黄泉。空山百鸟散还合,万里浮云阴复晴。幽音变调忽飘洒,长风吹林雨堕瓦。这些描述音乐体验的诗句都在暗示,音乐调式变化不定,而音乐调式直接影响到美感体验的丰富性。这些乐论材料呈现的,都是丰富多彩、情趣盎然的美感世界。这些意象纷呈的美感体验既要求音乐欣赏者具备一定的审美心境,又离不开乐律节奏形式本身的美。它是二者相互感应而生成的美的世界。音乐美感的丰富性不能脱离音乐意象、节律形式等因素而孤立存在。也就是说,音乐美与美感的丰富性是同一的。

上述音乐欣赏者通过描绘音调的翻转变化来体证音乐美感的丰富性。音乐通过转调,调换节律形式,造成时动时静、忽急忽缓的效果,让欣赏者领略到抑扬顿挫的音乐美感,使其心境悲喜交替。这些纷沓而至的审美意象与审美体验,丰富着中国音乐的美感世界。

---

[1] [唐]顾况:《李供奉弹箜篌歌》,《全唐诗》卷二六五。
[2] [唐]元稹:《小胡笳引》,《元稹集》卷第二十六。
[3] [唐]韩愈著,钱仲联集释:《听颖师弹琴》,《韩昌黎诗系年集释》卷九。

（四）音乐美与美感的情感性

任何审美活动都离不开情感体验,作为抒情艺术而存在的音乐审美活动尤其如此。所谓美感,简单地说就是关于美的感受与体验。在音乐审美活动中,美感是审美者情感体验的产物。音乐审美活动离不开审美情感的参与,情感性于是成为音乐美与美感的又一特征。隋唐五代乐论对此也有深切的体认:

> 古人唱歌兼唱情,今人唱歌唯唱声。欲说向君君不会,试将此语问杨琼。①
>
> 秦僧吹竹闭秋城,早在梨园称主情。今夕襄阳山太守,座中流泪听商声。②
>
> 香筵酒散思朝散,偶向梧桐暗处闻。大底曲中皆有恨,满楼人自不知君。③
>
> 金屑檀槽玉腕明,子弦轻撚为多情。只愁拍尽凉州破,画出风雷是拨声。④

上述各家都主张,情感在音乐审美活动中具有重要的作用。音乐要以情感人,以情动人,情感是音乐审美活动必不可少的因素,也是音乐美与美感的普遍特征。音乐节律或有间歇,审美情感却不能中断,而且还要求韵味无穷。移愁来手底,送恨入弦中。弦凝指咽声停处,别有深情一万重。美妙的音乐总能让人品鉴其味外之味,把玩其弦外之音,感受其声外之情。

审美情感贯穿于音乐审美活动的整个过程。音乐创造需要审美情感的触发,音乐欣赏也同样离不开审美情感的参与。卢纶听琴有感:"庐山道士夜携琴,映月相逢辨语音。引坐霜中弹一弄,满船商客有归心。"⑤

---

① 〔唐〕白居易:《问杨琼》,《白居易集》卷第二十一。
② 〔唐〕严维:《相里使君宅听澄上人吹小管》,《全唐诗》卷二六三。
③ 〔唐〕罗隐:《听琵琶》,《全唐诗》卷六六二。
④ 〔唐〕张祜:《王家琵琶》,《全唐诗》卷五一一。
⑤ 〔唐〕卢纶:《河口逢江州朱道士因听琴》,《全唐诗》卷二七六。

冷霜映月,秋夜赏乐,最能引发游子思乡归家的情感共鸣,这是羁旅天涯的游子的普遍心绪。丝丝清韵,淡淡幽弦,安顿着他们疲惫的灵魂,抹去他们心头的忧伤。游子的家园意识通过音乐欣赏而被激发出来,它是琴声的情感内涵与游子思乡体验相互契合而生成的美感体验,同时,欣赏琴乐的游子又借助诗文将这种美感体验传达出来。

在把握审美情感基本特征的基础上,白居易等还注意辨析"声""情""意"这三个要素在音乐审美活动中的关系:

> 腕软拨头轻,新教略略成。四弦千遍语,一曲万重情。法向师边得,能从意上生。莫欺江外手,别是一家声。①
>
> 儿郎漫说转喉轻,须待情来意自生。只是眼前丝竹和,大家声里唱新声。②
>
> 七条丝上寄深意,涧水松风生十指。自乃知音犹尚稀,欲教更入何人耳。③

在白居易、张祜、隐峦看来,音乐应该以"声"传"情",由"情"达"意"。乐音是基本的音乐审美形式,意象或意境是音乐的深层意蕴,情感处于二者之间,它是传载乐音形式与传达音乐意象或意境的载体。任何完整意义上的音乐审美活动都是由"声""情""意"等要素组合而成的。这也可看做是音乐美的三层结构,它在功能上类似中国美学对"言""象""意"的三层划分。《乐记·乐象》:"声者,乐之象也。"这是对音乐之"象"的基本规定。音乐以"声"传"情",由"情"达"意",这三个要素彼此交融,难以截然分层,或分开处理。但是,它们在层级上的递进关系不容忽视。对此,白居易概括得很好:"转轴拨弦三两声,未成曲调先有情。弦弦掩抑声声思,似诉平生不得意。"④作为杰出的音乐美学家,白居易充分考虑到

---

① [唐]白居易:《听琵琶妓弹〈略略〉》,《白居易集》卷第二十四。
② [唐]张祜:《听歌二首》其一,《全唐诗》卷五一一。
③ [唐]隐峦:《琴》,《全唐诗》卷八二五。
④ [唐]白居易:《琵琶引》,《白居易集》卷第十二。

这三个要素之间的联系，又较为圆融地将它们统一起来，期待着音乐审美活动能生成声情并茂、情意绵延的美的世界。

第五节　音乐的审美境界

境界是隋唐五代美学的重要概念，也是隋唐五代审美活动中的重大问题。尽管隋唐五代乐论没有明确提出审美境界这个概念，但大量乐论表明，音乐的审美境界引起过时人的高度重视，其中既有对清境、古境的推重，也有对审美化、艺术化的人生境界的崇尚。

一、清境

在中国美学里，"清"是一个具有多层意蕴的美学概念。它既可指清高而不甘流俗的审美人格，又可指清逸出尘的审美境界。在汉魏六朝，这个概念常用来品评人物，作为评判人物美的重要尺度。清与浊对举，显出它的纯净透明，心性无染。清境也是隋唐五代非常推重的审美境界。唐人赏乐，总爱品玩那涤荡心魂的清妙之音：

缑岭独能征妙曲，嬴台相共吹清音。好将宫徵陪歌扇，莫遣新声郑卫侵。[1]

代公存绿绮，谁更寄清音。此迹应无改，寥寥毕古今。[2]

清籁远愔愔，秦楼夜思深。碧空人已去，沧海凤难寻。[3]

江上调玉琴，一弦清一心。泠泠七弦遍，万木澄幽阴。[4]

"清"还可以与其他词语结合，组成新的审美范畴，从而指向新的审美内涵。清与淡合，形成清淡无求的审美境界。清与洁合，开启虚静明净的审美心襟。清与亮合，放出超然物表的啸傲之音。清音是清净无染

---

① ［唐］罗邺：《题笙》，《全唐诗》卷六五四。
② ［唐］许棠：《题闻琴馆》，《全唐诗》卷六〇四。
③ ［唐］张祜：《箫》，《全唐诗》卷五一〇。
④ ［唐］常建：《江上琴兴》，《全唐诗》卷一四四。

的心音,是一种极高的审美境界。清音入耳,可以荡尘,可以净心,可以化俗,可以提神。夜阑万物悄无息,正是挥弦畅弹时。湘水泻秋碧,古风吹太清。挥弦启齿,万物谐和,宇宙气清,天地朗然。"清"之境,澄明无波,映现万有,照见天地之心。同和之乐可以感人,合雅之音便能移俗,清淡之调足以洗心。清音缭绕,余味曲包。清弦独鸣,妙造自然。这是隋唐五代音乐推重的审美境界之一。

二、古境

隋唐五代音乐还推重古境,如古调、太古、古雅等。从审美内涵来讲,"古"有多重含义。首先要说的是,古调与世俗之乐对举。如,王玄听琴:"拂尘开按匣,何事独颦眉。古调俗不乐,正声君自知。"[1]这是以"古调"为正声,以世俗之乐为旁门。于武陵咏匣中之琴:"世人无正心,虫网匣中琴。何以经时废,非为娱耳音。独令高韵在,谁感隙尘深。应是南风曲,声声不合今。"[2]隋唐五代音乐界主张"复古调",并非如某些学者指出的那样,指对上古音乐审美传统与正始之音的模仿或再现,它主要指向高远的艺术境界。"复古调"不是按上古五音调配音乐节律,而是指琴乐应当具有"高韵","非为娱耳音",这就需要音乐审美者具备超凡脱俗的审美眼光。潘纬咏琴:"客来鸣素琴,惆怅对遗音。一曲起于古,几人听到今。尽含风霭远,自泛月烟深。风续水山操,坐生方外心。"[3]耳闻上古遗音,心生今不如古之念。古音寂寥而全真,今音喧哗而不实。音乐欣赏者心出方外,神游千古,味其神,会其真,便领古境之趣。

隋唐五代又以太古之音为最高的音乐境界。太古之音平淡天真,冲淡自然,同样超越了音乐的娱人耳目之功。太古之音是人与天地相互契合的和谐之境。齐己听李尊师弹琴:"仙子弄瑶琴,仙山松月深。此声含

① [唐]王玄:《听琴》,《全唐诗》卷七七八。
② [唐]于武陵:《匣中琴》,《全唐诗》卷五九五。
③ [唐]潘纬:《琴》,《全唐诗》卷六〇〇。

太古,谁听到无心。"①李中听郑羽人弹琴:"仙乡景已清,仙子启琴声。秋月空山寂,淳风一夜生。莎间虫罢响,松顶鹤初惊。因感浮华世,谁怜太古情。"②从齐己、李中的描述来看,太古之音出自仙乡胜地,断非世俗凡夫所能闻见,唯有贤达之士方可与之契会。白居易、刘长卿也有与此接近的表述。如,白居易咏废琴:"丝桐合为琴,中有太古声。古声淡无味,不称今人情。玉徽光彩灭,朱弦尘土生。废弃来已久,遗音尚泠泠。"③又如,刘长卿咏幽琴:"月色满轩白,琴声宜夜阑。飀飀青丝上,静听松风寒。古调虽自爱,今人多不弹。向君投此曲,所贵知音难。"④白居易、刘长卿分别将幽琴、废琴作为太古之音的本源,这是在古今审美情趣的对比中坚持高雅的审美理想,同时也流露出对太古之音不再的无可奈何。

五弦琵琶这种弹拨乐器在唐代非常流行。《乐府杂录·五弦》:"贞元中有赵璧者,妙于此伎也。"⑤白居易以恢复清越的正始之音为己任,他抑今扬古,崇雅轻俗,视五弦琵琶为世俗之乐。"五弦弹"为白居易《新乐府》五十首之一,他在序言里提到,这首新乐府缘于"恶郑之夺雅也"。五弦琵琶索索泠泠,凄凄切切,铮铮有声,颇能感人。然而,白居易并没有因此而忘怀恢复雅乐的使命。他不无感慨地说:"清歌且罢唱,红袂亦停舞。赵叟抱五弦,宛转当胸抚。大声粗若散,飒飒风和雨。小声细欲绝,切切鬼神语。又如鹊报喜,转作猿啼苦。十指无定音,颠倒宫徵羽。坐客闻此声,形神若无主。行客闻此声,驻足不能举。嗟嗟俗人耳,好今不好古;所以绿窗琴,日日生尘土。"⑥白居易以古琴为清音,以五弦为浊音。五弦琵琶固然也能感人,但是它常使欣赏者心境变化不定,喜怒无常,甚至完全沉迷其中,任情所往而六神无主,忽视了自身的存在。

古雅之乐(正始之音)则不是这样。它以"清""和"为美,节奏富有规

---

① [唐]齐己:《听李尊师弹琴》,《全唐诗》卷八四三。
② [唐]李中:《听郑羽人弹琴》,《全唐诗》卷七四七。
③ [唐]白居易:《废琴》,《白居易集》卷第一。
④ [唐]刘长卿:《杂咏八首上礼部李侍郎·幽琴》,《全唐诗》卷一四八。
⑤ [唐]段安节:《乐府杂录》,《丛书集成新编》第五三册。
⑥ [唐]白居易:《秦中吟十首·五弦》,《白居易集》卷第二。

律。虽然文人鄙视五弦之乐，五弦琵琶在民间社会的影响却非常大。它音调多变，美感丰富，深受民众喜爱，欣赏者更容易受其感染。曲终声尽，四坐无言，触音感怀，暗自神伤。一弹一唱再三叹，曲淡节稀声不多。对此，白居易是持批判态度的。白居易以相反的态度看待雅乐与俗乐，体现出当时文人阶层与民众阶层在审美理想和趣味层面的差异。从今天的眼光来看，当时的世俗之乐也已经成为中国古代音乐的组成部分，究竟孰高孰低，难以截然评断。

晚唐赵抟，"有爽迈之度，工歌诗"①，终生不遇，尝作《琴歌》寄寓不遇之慨。赵抟说：

> 绿琴制自桐孙枝，十年窗下无人知。清声不与众乐杂，所以屈受尘埃欺。七弦脆断虫丝朽，辨别不曾逢好手。琴声若似琵琶声，卖与时人应已久。玉徽冷落无光彩，堪恨钟期不相待。凤喈吟幽鹤舞时，撚弄铮摐声亦在。向曾守贫贫不彻，贱价与人人不别。前回忍泪却收来，泣向秋风两条血。乃知凡俗难可名，轻者却重重者轻。真龙不圣土龙圣，凤凰哑舌鸱枭鸣。何殊此琴哀怨苦，寂寞沈埋在幽户。万重山水不肯听，俗耳乐闻人打鼓。②

赵抟这首《琴歌》体现出高雅之乐与世俗之乐、审美化的人生境界与世俗化的生存状态的对立。隋唐五代音乐界的"清乐"与"众乐"之争，虽然是文人张扬审美化、艺术化的人生境界的重要途径，但它对世俗音乐的轻视或贬低也体现出忽视民间文化与民众审美需求的意向。这种推崇古雅之乐而贬抑世俗之乐的做法，一方面强化着隋唐五代文人对自我身份优越性的体认，另一方面也折射出唐代文人超越世俗生存状态的精神诉求。

刘禹锡在中国美学意境理论建设方面取得了较大的成就。他不仅探讨诗歌的意境问题，而且也提出了"曲尽有余意"这个音乐美学命题。

---

① ［元］辛文房撰，傅璇琮主编：《唐才子传校笺》卷一〇。
② ［唐］赵抟：《琴歌》，《全唐诗》卷七七一。

这个命题代表着当时部分音乐美学家对于音乐意境的思考。刘禹锡说："朗朗鹍鸡弦，华堂夜多思。帘外雪已深，座中人半醉。翠蛾发清响，曲尽有余意。酌我莫忧狂，老来无逸气。"①"余意"即余味，即音乐的弦外之音，这种弦外之音不是指音乐意象形式本身，而是指具有形而上意味的音乐意境。

晚唐诗人司马扎听人弹琴："瑶琴夜久弦秋清，楚客一奏湘烟生。曲中声尽意不尽，月照竹轩红叶明。"②可见，音乐意境一般由两个层次构成：第一个层次是指欣赏者听觉感触到的音乐的节律形式与审美意象，第二个层次是指音乐节律形式与审美意象背后的深层意蕴。这两个层次，也就是音乐的"曲中声"与曲外意。音乐意境是由这两个层次组成的整体。戴叔伦听霜钟："渺渺飞霜夜，寥寥远岫钟。出云疑断续，入户乍春容。度枕频惊梦，随风几韵松。悠扬来不已，杳霭去何从。仿佛烟岚隔，依稀岩峤重。此时聊一听，余响绕千峰。"③秋叶飘落时节，钟含霜而动，金应律而鸣。钟声悠扬回荡，流播广远，欣赏者自然会感受到绵延无尽的余意。霜钟即钟或钟声，它只是一种很普通的声响，并不属于现代意义上的音乐形态，但是它具有生成音乐意境的余味或余意，所谓"声尽意不尽"，有"余响"，都是对音乐意境内涵及特征的描述。音乐意境是指审美者从当下的音乐审美活动中生发超越时空的情感体验，突破有限的音乐节律形式与审美意象的局限，领略音乐节律形式与审美意象背后蕴含的人生、历史与宇宙的无穷意味。

三、走向审美化的人生境界

在善于感受美、体验美的唐代文人眼里，风琴、松声、幽泉、鸟啼，无一不是天籁，无处不成妙乐。触物即是道，无处不菩提。这种审美态度

---

① [唐]刘禹锡：《冬夜宴河中李相公中堂命筝歌送酒》，《刘禹锡集》卷第二十三。
② [唐]司马扎：《夜听李山人弹琴》，《全唐诗》卷五九六。
③ [唐]戴叔伦：《听霜钟》，《全唐诗》卷二七三。

在乐于享受人生的唐代诗文中随处可见：

> 至境心为造化功,一枝青竹四弦风。寥寥双耳更深后,如在缑山明月中。①

> 挪吴丝,雕楚竹,高托天风拂为曲。——宫商在素空,鸾鸣凤语翘梧桐。夜深天碧松风多,孤窗寒梦惊流波。②

> 庭际微风动,高松韵自生。听时无物乱,尽日觉神清。强与幽泉并,翻嫌细雨并。拂空增鹤唳,过牖合琴声。况复当秋暮,偏宜在月明。不知深涧底,萧瑟有谁听。③

> 月好好独坐,双松在前轩。西南微风来,潜入枝叶间。萧寥发为声,半夜明月前;寒山飒飒雨,秋琴泠泠弦。一闻涤炎暑,再听破昏烦。竟夕遂不寐,心体俱脩然。南陌车马动,西邻歌吹繁;谁知兹簟下,满耳不为喧?④

> 淅淅梦初惊,幽窗枕簟清。更无人共听,只有月空明。急想穿岩曲,低应过石平。欲将琴强写,不是自然声。⑤

假如以现代音乐作为评判的标准,这些乐论诗文所记录的审美体验似乎难以称之为真正意义上的音乐。但在隋唐五代,多情善感的文人总是将天地宇宙之间、生活世界当中的物象与音乐审美活动联系起来,并细致入神地把玩品味。这已不是个别的审美现象,这种审美现象在当时极为普遍。松涛阵阵,清流泠泠,滩声入耳,风琴入怀,自有清音雅韵,胜似玉管朱弦。那么,为何会出现这种审美现象? 从根本上说,主要是因为这些自然之音合乎自然之道,能契合审美者澄怀味道的心境,而不是说自然事物本身就是音乐。

具有审美情调的唐代文人坐吟林泉,啸傲江湖,开怀咏叹,舒卷性

---

① [唐]贯休:《风琴》,《全唐诗》卷八三六。
② [唐]齐己:《风琴引》,《全唐诗》卷八四七。
③ [唐]刘得仁:《赋得听松声》,《全唐诗》卷五四五。
④ [唐]白居易:《松声》,《白居易集》卷第五。
⑤ [唐]李咸用:《闻泉》,《全唐诗》卷六四五。

情,并抒发与他们当下存在密切相关的生命体验。文人们澄心净性,与天地自然相悠游,同时又常发出知音稀少的慨叹。这是他们的真实心音,流露出向往林泉生活的高致,传达出不甘流俗的审美态度,还映现出超越世俗功利生存的人生理想。与其说他们是在欣赏音乐,不如说是将日常生活审美化,并赋予自然物象和普通事物以音乐同等甚至是更高的地位,从而张扬审美化、艺术化的人生境界。

这种审美化、艺术化的人生境界,契合着天地万物的生命节奏,应和着世间万有的自然律动,因而,世界在他们的心境之中莫不和谐美妙,万物在他们的观照之下莫不充满诗意。在多样分化的世界里,万物的存在及其样态各各不同,却又如天籁一般和谐有序。《庄子·齐物论》:"夫吹万不同,而使其自己也,咸其自取,怒者其谁邪!"风声具有差异性和多样性,但没有外在的推动者,也没有先验的主宰者。事物之间尽管参差不齐,但参差的世界却有内在的秩序。这种内在的秩序不是有目的、有意识的人工安排,它顺应着自然的秩序。因此,在参差各别的事物之间,共存着一种自然的旋律,分有着生命的节奏,风琴、松涛、幽泉,共享着自然的旋律与生命的闲适,洋溢着音乐的精神与审美的情调。

在白居易笔下,醉吟先生宦游三十余载,后来退居洛下,过着知足适意的生活:

> 性嗜酒,耽琴,淫诗。凡酒徒、琴侣、诗客,多与之游。游之外,栖心释氏,通学小中大乘法。与嵩山僧如满为空门友,平泉客韦楚为山水友,彭城刘梦得为诗友,安定皇甫朗之为酒友。每一相见,欣然忘归。洛城内外六七十里间,凡观寺、丘墅,有泉石花竹者,靡不游;人家有美酒、鸣琴者,靡不过;有图书、歌舞者靡不观。自居守洛川洎布衣家,以宴游召者,亦时时往。每良辰美景,或雪朝月夕,好事者相过,必为之先拂酒罍,次开诗箧。酒既酣,乃自援琴,操宫声,弄《秋思》一遍。若兴发,命家僮调法部丝竹,合奏《霓裳羽衣》一曲。若欢甚,又命小妓歌《杨柳枝》新词十数章。放情自娱,酩酊而后已。

往往乘兴，履及邻，杖于乡，骑游都邑，肩舁适野。舁中置一琴、一枕，陶、谢诗数卷。舁竿左右，悬双酒壶。寻水望山，率情便去；抱琴引酌，兴尽而返。如此者凡十年……因自吟《咏怀》诗云："抱琴荣启乐，纵酒刘伶达。放眼看青山，任头生白发。不知天地内，更得几年活？从此到终身，尽为闲日月。"①

在白居易描绘的醉吟先生的生活世界，琴和酒是直接构成其逍遥人生的两大要素。如果说，刘伶式的沉醉狂态使醉吟先生变得放达恣肆，那么，琴乐的助兴则为他的人生增添了几份高雅脱俗的色彩。鼓琴以自娱的生活超越了世俗功利的生活状态，这是一种任"兴"而行，"率情"而为的生活态度，也是一种审美化的人生境界。它不乞乞于功名利禄，并以此作为人生的奋斗目标，也不将生活中的是非得失作为生存的理由。它追求的是一种艺术化的人生或人生的艺术化，或者说是审美化、艺术化的人生境界。醉吟先生或是白居易自况，或是作为一种人生理想而为白居易所崇尚。

在隋唐五代，文人常以琴来指称高洁特立的品行情操，又常以琴乐展现个人杰出的才华抱负。与琴为友，是中国文人不甘流俗的生存方式，也是一种艺术化、审美化的人生境界。这已成为具有隐逸情怀的文人们的普遍的生命归依。他们以文会友，以琴传心，寻觅知音，安顿生命：

> 我有一端绮，花彩鸾凤群。佳人金错刀，何以裁此文。我有白云琴，朴斫天地精。俚耳不使闻，虑同众乐听。②

> 碧山本岑寂，素琴何清幽。弹为风入松，崖谷飒已秋。庭鹤舞白雪，泉鱼跃洪流。予欲娱世人，明月难暗投。感叹未终曲，泪下不可收。呜呼钟子期，零落归荒丘。死而若有知，魂兮从我游。③

① ［唐］白居易：《醉吟先生传》，《白居易集》卷第七十。
② ［唐］贯休：《上裴大夫二首》其一，《全唐诗》卷八二七。
③ ［唐］刘戬：《夏弹琴》，《全唐诗》卷七六九。

闲夜坐明月,幽人弹素琴。忽闻《悲风》调,宛若《寒松》吟。《白雪》乱纤手,《绿水》清虚心。钟期久已没,世上无知音。[1]

情知此事少知音,自是先生枉用心。世上几时曾好古,人前何必更沾襟。致身不似笙竽巧,悦耳宁如郑卫淫。三尺焦桐七条线,子期师旷两沉沉。[2]

这也从一个侧面表明,琴乐在隋唐五代文人精神世界的地位极高。

这些心怀隐逸之志的文人们是孤高的,又是孤独的,他们将不甘流俗的志趣寄托在曲高和寡的琴乐之中。子期不再,流水依然。琴道沦丧,高山惟危。古琴调雅时在耳,心似太古长自期。司马逸客的《雅琴篇》更是将琴乐高雅脱俗的特征描述得具体入微:

亭亭峄阳树,落落千万寻。独抱出云节,孤生不作林。影摇绿波水,彩绚丹霞岑。直干思有托,雅志期所任。匠者果留盼,雕斫为雅琴。文以楚山玉,错以昆吾金。虬凤吐奇状,商徵含清音。清音雅调感君子,一抚一弄怀知己。不知钟期百年余,还忆朝朝几千里。马卿台上应芜没,阮籍帷前空已矣。山情水意君不知,拂匣调弦为谁理。调弦拂匣倍含情,况复空山秋月明。陇水悲风已呜咽,离鸾别鹤更凄清。将军塞外多奇操,中散林间有正声。正声谐风雅,欲竟此曲谁知者。自言幽隐乏先容,不道人物知音寡。谁能一奏和天地,谁能再抚欢朝野。朝野欢娱乐未央,车马骈阗盛彩章。岁岁汾川事箫鼓,朝朝伊水听笙簧。窈窕楼台临上路,妖娆歌舞出平阳。弹弦本自称仁祖,吹管由来许季长。犹怜雅歌淡无味,渌水白云谁相贵。还将逸词赏幽心,不觉繁声论远意。传闻帝乐奏钧天,傥冀微躬备五弦。愿持东武宫商韵,长奉南熏亿万年。[3]

司马逸客以琴为主题,简要介绍了琴的制作以及琴乐的调弦、演奏

---

① [唐]李白:《月夜听卢子顺弹琴》,《李太白全集》卷之二十三。
② [唐]李山甫:《赠弹琴李处士》,《全唐诗》卷六四三。
③ [唐]司马逸客:《雅琴篇》,《全唐诗》卷一〇〇。

与鉴赏细节，带出众多与琴艺相关的人文典故、人格风范、清音雅韵、神话传说等，丰富了琴乐深厚的历史文化底蕴。这是唐代文人追求审美化人生境界的突出反映。

中国古代文人多有一份素琴情结，这份情结在隋唐五代同样盛行。如，李白有琴曲歌辞："拂彼白石，弹吾素琴。"①置琴于曲机之上，慵坐闲放，含情相向。无须挥弄，风弦自具妙音。任兴对坐，仿佛若有素声。白居易记其清夜琴兴："月出鸟栖尽，寂然坐空林。是时心境闲，可以弹素琴。"②素琴不以五音为贵，但以恬淡之心应和宇宙之道，印证天地之心。

隋唐五代文人的素琴情结融合了此前中国音乐美学史上的三个典故，从而形成了一种新的审美传统。

一是庄子的古琴成亏说。《庄子·齐物论》认为，上古圣人任智虚妙，以"无知"为智，忘天地，遗万物，内外无累，委顺大化。这是最高的体道境界。其次，虽不能全忘，但能忘彼此。再次，虽不能忘彼此，但能忘是非。庄子认为，是非得以彰显，便意味着道亏不盈。一旦道有所亏，必生偏私是非之心。所以，成与亏相待而存，"有成与亏，故昭氏之鼓琴也；无成与亏，故昭氏之不鼓琴也。昭文之鼓琴也，师旷之枝策也，惠子之据梧也，三子之知几乎，皆其盛者也，故载之末年！"圣人去是非，无彼此，玄同彼我，道妙理全。郭象注："夫声不可胜举也。故吹管操弦，虽有繁手，遗音多矣。而执籥鸣弦者，欲以彰声也，彰声而声遗。不彰声而声全。故欲成而亏之者，昭文之鼓琴也；不成而无亏者，昭文之不鼓琴也。"又，成玄英疏："夫昭氏鼓琴，虽云巧妙，而鼓商则丧角，挥宫则失徵，未若置而不鼓，则五音自全。"③依照庄子之见，参考郭象、成玄英的注疏，音声之道也是有成有亏的，昭文鼓琴虽巧，却难以体味整全之道，昭文不鼓琴，则无成无亏，这样就能体味整全的大道。

二是陶渊明的无弦琴情怀。关于陶渊明无弦琴的最早记载见于沈

① ［唐］李白：《幽涧泉》，《李太白全集》卷之四。
② ［唐］白居易：《清夜琴兴》，《白居易集》卷第五。
③ 参见［清］郭庆藩撰，王孝鱼点校：《齐物论第二》，《庄子集释》卷一下。

约《宋书·隐逸传》:"潜不解音声,而畜素琴一张,无弦。每有酒适,辄抚弄以寄其意。"①《晋书·隐逸传》也提到,陶渊明"性不解音,而畜素琴一张,弦徽不具。每朋酒之会,则抚而和之,曰:'但识琴中趣,何劳弦上声!'"②陶渊明的诗文及其他资料表明,陶渊明并非不解音律,他以抚弄无弦琴寄意,主要流露出自然率真、不假造作的性情。这种闲适自得的生命情趣是审美化人生的写照,其中也渗入了中国文人对隐逸人格的景仰之情。从上述歌咏琴乐的诗文可见,后人不仅推崇陶渊明的高洁人格,而且还赞许其不甘流俗的孤独精神。后人以陶渊明的无弦琴指称高洁、率真而自然的人格理想,这逐渐成为中国人引为知己的人生境界,它同时也是一种高雅脱俗的审美人格。

三是伯牙与钟子期的知音诉求。知音诉求出自春秋名士伯牙鼓琴而幸遇钟子期的典故。这则典故最早见于《吕氏春秋·本味》:

> 伯牙鼓琴,钟子期听之。方鼓琴而志在太山,钟子期曰:"善哉乎鼓琴,巍巍乎若太山。"少选之间,而志在流水,钟子期又曰:"善哉乎鼓琴,汤汤乎若流水。"钟子期死,伯牙破琴绝弦,终身不复鼓琴,以为世无足复为鼓琴者。

又据《列子·汤问篇》:

> 伯牙善鼓琴,钟子期善听。伯牙鼓琴,志在登高山。钟子期曰:"善哉!峨峨兮若泰山!"志在流水。钟子期曰:"善哉!洋洋兮若江河!"伯牙所念,钟子期必得之。伯牙游于泰山之阴,卒逢暴雨,止于岩下;心悲,乃援琴而鼓之。初为霖雨之操,更造崩山之音。曲每奏,钟子期辄穷其趣。伯牙乃舍琴而叹曰:"善哉,善哉,子之听夫志。想象犹吾心也。吾于何逃声哉?"

这两则材料都以欣赏的态度记述伯牙与钟子期的知音相遇。伯牙

---

① [梁]沈约:《宋书》卷九三。
② [唐]房玄龄:《晋书》卷九四。

善琴固然值得称道,但是倘若没有钟子期这个善听的知音,他的琴声即使再美妙动听,其意义也就难以最为完满地彰显。在音乐审美活动中,有时在旁人听来可能是残缺不全的声音,或者即使动听而欣赏者始终无法进入乐音的深层世界,这样也难以生成圆满具足的美感体验。相应地,钟子期即使善听,若无伯牙之善琴,他也不可能有对最美的音乐的真切体验,因为缺乏音乐美感生成的基本条件,最善听的耳朵也不可能发挥它本来具有的功能。假如伯牙不遇钟子期,他们都不可能完全开启各自丰富而独特的审美体验,也不可能生成一个意义丰满的音乐美的世界。

由于这则乐坛佳话与中国文人的精神世界息息相通,后世文人常在怀才不遇的时候抒发知音难求的慨叹。到了隋唐五代,以上三个音乐典故融合为一,在新的审美情境里延续着千古文人的素琴情结,承传着百年不遇的知音话题。李德裕有诗:"流水音长在,青霞意不传。独悲形解后,谁听广陵弦。"[1]"广陵弦"原不属于知音诉求的范围,由于后人敬仰嵇康刚正的人格,同情广陵音绝的悲剧,于是嵇康也逐渐被纳入这个审美传统。李德裕借广陵弦断显示他对先贤风流的无限追慕,其中也流露出不为时人所知的孤独情绪。

也正是由于以上三个音乐典故的融合,知音诉求就不再仅仅停留在音乐的审美形式层次,也不只局限在音乐意象或意境的领会层面,它实际上已经渗入隋唐五代以来文人的精神深处。这些文人常胸怀奇才而时命不际,不甘流俗而无可奈何,知音诉求于是成为他们保持高洁情操与渴望人生价值实现的复合型的生命理想。在这种生命理想中,包含着超凡脱俗的审美人格与审美化的人生境界。

总之,音乐美学是隋唐五代美学的重要领域,它探讨的美学问题不仅具有独特的理论深度与人文精神,而且富有特定的时代特征与人生内涵。隋唐五代时期,儒释道三教鼎立,又相互融合。文人们身居俗世而

---

[1] [唐]李德裕:《房公旧竹亭闻琴缅慕风流神期如在因重题此作》,《全唐诗》卷四七五。

心态超然,时局变荡而心境自如。这些时代的、社会的、个人的生存处境与生命体验都较为明显地体现在当时的音乐美学领域。隋唐五代乐论的繁荣局面与当时音乐艺术的兴盛彼此交融,相互促进,美学理论的建设与审美活动的开展并行不碍,共同推动着隋唐五代美学向前发展。

第八章 园林美学

隋唐五代时期,由于经济的繁荣、社会的发展以及造园经验的长期积累等多种因素的共同作用,园林艺术得到了很大的发展。按照园林的地理位置分类,隋唐五代园林可以分为三类,即山居别墅、城郊园林与城市园林。按照园主的身份分类,隋唐五代园林也可分为三类,即私家园林、皇家园林与宗教园林。在当时,私家园林最为文人所重,如王维的辋川别业、白居易的庐山草堂等。皇家园林如隋文帝在长安建造的大兴苑,隋炀帝在洛阳修建的西苑、会通苑等。此外,还有数量更多的宗教园林,主要是指佛教寺院与道教宫观,如杭州灵隐寺、长安香积寺等。这类园林的自然景观、宗教气息不同于私家园林与皇家园林。宗教园林不只是出家人的住处,也是民众朝往之地,世人出入之所,因而具有公共园林的性质。从游览者的角度来说,当时闻名的曲江芙蓉苑也属于公共园林的代表。隋唐五代园林之盛况曾被当时的画家描绘入画,如唐代韩滉的《文苑图》就描绘了文士在园林中的活动,五代孙位的《高逸图》也在一定程度上反映出唐代的造园水平。

与造园艺术发展同步,隋唐五代园林美学也得以高度发展。特别是在中唐时期,出现了白居易、刘禹锡、柳宗元等杰出的园林美学家,他们不断总结各自的造园经验,善于归纳富有理论价值的园林思想,逐步形成了比较系统的造园理论,其中也包括很多深刻的园林审美观念。同时,还有大量的诗文记述了隋唐五代文人们的园林审美体验以及与园林文化相关的其他话题。隋唐五代园林美学至今仍有较高的理论价值,需要后人深入地研究,并有选择地吸收到当代园林文化建设中来。

在论述思路方面,本章同样采用围绕园林美学重要问题的方式展开,具体包括造园的审美原则、园林美的构成层次、园林的审美趣味,以及中隐哲学与园林的自适理想等内容。

第一节　造园的审美原则

隋唐五代园林美学针对园林建造过程中的现实问题,提出了一些具体的造园原则。这些造园原则主要是指取法自然与崇尚简朴的审美原则。

一、取法自然

隋唐五代造园有很多具体的审美原则,首要的一条就是取法自然。在园林建造方面,要依乎山形水势,取法自然之道,合理利用地形地势等地理条件。宋之问说:"考室先依地,为农且用天。"①所谓"考室先依地",是说造园要依据地形的特定优势作出选择,不可完全依照人的意愿行事。黄滔描绘友人新居:"树势想高日,地形夸得时。自然成避俗,休与白云期。"②这同样也是强调地形之于造园的重要性。"地形夸得时",是指选地造园要顺乎天时地利等有利条件。遵循这样的原则,园林才会别具情趣。

假山是隋唐五代园林的必备景物,假山的叠置也同样要求取法自然。自然天成,宛若神功,这是假山叠置的最高原则。这样的假山必然

---

① [唐]宋之问:《蓝田山庄》,《全唐诗》卷五二。
② [唐]黄滔:《陈侍御新居》,《全唐诗》卷七○四。

引人会心欣赏。这一造园原则讲究的是造园者的创造力。齐己咏假山：
"信手成重叠，随心作蔽亏。根盘惊院窄，顶耸讶檐卑。镇地那言重，当
轩未厌危。巨灵何忍擘，秦政肯轻移。晚觉莎烟触，寒闻竹籁吹。蓝灰
澄古色，泥水合凝滋。"①齐己在序言里介绍，这首诗是因为怀念匡庐而作
的。齐己多年未见匡庐，有一天忽然梦见匡庐山水，于是图画于壁，并请
人造为假山。从此诗看，齐己也主张自然累山之法，并描绘假山的逼真
姿态，千岩万壑，宛若真山。权德舆咏假山："忽向庭中摹峻极，如从洞里
见昭回。小松已负干霄状，片石皆疑缩地来。"②这种视假山为真山的做
法，实际上已经成为隋唐五代较为普遍的审美诉求，而从造园理论来说，
这种审美诉求与取法自然的造园原则是分不开的。

除了假山，怪石也是生成园林美的重要因素。张碧咏园林怪石，也
体现出取法自然的审美取向。张碧说："寒姿数片奇突兀，曾作秋江秋水
骨。先生应是厌风云，著向江边塞龙窟。我来池上倾酒尊，半酣书破青
烟痕。参差翠缕摆不落，笔头惊怪黏秋云。我闻吴中项容水墨有高价，
邀得将来倚松下。铺却双缣直道难，掉首空归不成画。"③在这里，张碧提
出了一个很有意思的话题，即绘画与假山的审美价值及艺术地位孰高孰
低？此前的中国艺术理论一般认为，绘画在艺术大家族里的地位较高，
而怪石叠置属于园林造型艺术，一般是由工匠完成的，它在艺术性方面
不如绘画，因而园林艺术的地位也就较低。但是，张碧显然不再苟同这
种看法。他认为，园林怪石自有其独特的美，这种独特的美的妙处是绘
画难以描绘出来的。可见，园林建造以自然为尚，在取法自然之道的同
时又能领会天地造化的精神，所以园林与绘画各有千秋，园林的审美价
值与艺术地位至少不应低于绘画，甚至它还应该比后者更为崇高。

"择恶而取美"是柳宗元提出的园林美学命题，实质上也是主张取法
自然的造园原则。柳宗元说：

---

① ［唐］齐己：《假山》，《全唐诗》卷八四三。
② ［唐］权德舆：《奉和太府韦卿阁老左藏库中假山之作》，《全唐诗》卷三二一。
③ ［唐］张碧：《题祖山人池上怪石》，《全唐诗》卷四六九。

将为穷谷嵌岩渊池于郊邑之中，则必辇山石，沟涧壑，陵绝险阻，疲极人力，乃可以有为也。然而求天作地生之状，咸无得焉。逸其人，因其地，全其天，昔之所难，今于是乎在。

永州实惟九疑之麓，其始度土者，环山为城。有石焉，翳于奥草；有泉焉，伏于土涂。蛇虺之所蟠，狸鼠之所游，茂树恶木，嘉葩毒卉，乱杂而争植，号为秽墟。韦公之来既逾月，理甚无事。望其地，且异之。始命芟其芜，行其涂，积之丘如，蠲之浏如。既焚既酾，奇势迭出。清浊辨质，美恶异位。视其植，则清秀敷舒；视其蓄，则溶漾纡余。怪石森然，周于四隅，或列或跪，或立或仆，窍穴逶邃，堆阜突怒。乃作栋宇，以为观游。凡其物类，无不合形辅势，效伎于堂庑之下。外之连山高原，林麓之崖，间厕隐显。迩延野绿，远混天碧，咸会于谯门之外。

已乃延客入观，继以宴娱。或赞且贺，曰："见公之作，知公之志。公之因土而得胜，岂不欲因俗以成化？公之择恶而取美，岂不欲除残而佑仁？公之蠲浊而流清，岂不欲废贪而立廉？公之居高以望远，岂不欲家抚而户晓？夫然，则是堂也，岂独草木土石水泉之适欤？山原林麓之观欤？将使继公之理者，视其细，知其大也。"①

柳宗元在这里所说的"恶"，不是一种伦理道德判断，而是指当时永州地理位置偏僻，地势山川险峻，很少有人来往，因而永州的风物之美处于被遮蔽的状态。柳宗元的高明之处在于，他没有像一般人那样嫌弃永州山水之"恶"，而是肯定了"恶"中隐含的审美因素，并试图通过园林建造去"恶"取"美"。依照柳宗元的造园原则，园林建造既要顺乎特定的地形山势，又要考虑园主的性情志趣，对特定的地形山势稍加修整，使园林合于自然之道，也使地形山势之美彰显出来。造园活动正是从"恶"中取"美"，使"清浊辨质，美恶异位"，消解遮蔽审美的因素，将美从潜在的状态发掘出来，显现出来。

---

① ［唐］柳宗元：《永州韦使君新堂记》，《柳宗元集》卷二七。

柳宗元的"择恶而取美"这个园林美学命题体现出庄子美丑齐一的审美态度。在庄子那里,美丑齐一不是混淆或抹杀美与丑的界限,也不是以人的知识理性为尺度来判断事物的美/丑,而是主张以自然无为之道作为评判事物美/丑的最高标准。柳宗元认为,造园应以自然为尚,以自然为美。反之,不顺乎自然原则就是"恶",就是丑。尽管造园活动离不开人工的修整,但人工的修整首先必须服从取法自然的审美原则。

二、简朴为尚

取法自然,是隋唐五代园林(特别是文人私家园林)的首要造园原则。除此之外,崇尚简朴也是一个重要的造园原则。杜甫、白居易、刘禹锡等都是这个原则的提倡者及践行者。

上元元年(760),杜甫在成都城西建造浣花溪草堂。草堂畔溪而建,因而得名。简朴是浣花溪草堂建造的重要原则,这也是杜甫称其为"草堂"或"茅屋"(因《茅屋为秋风所破歌》而得名)的主要原因。

另一位造园家白居易也有过建造草堂之举。与杜甫浣花溪草堂不同的是,白居易的草堂不在喧闹的城市,而是建立在风景秀丽的庐山。白居易说,天下名山甚众,独以庐山为奇。在庐山香炉峰和遗爱寺之间,风景尤为绝胜,可谓庐山之最。元和十一年(816)秋天,白居易过庐山而深爱之,迷恋此地,不忍归去。于是面峰腋寺,依此修建草堂。这就是白居易的庐山草堂。庐山草堂以简朴为其特征。且看白居易自述:

> 明年春,草堂成。三间两柱,二室四牖,广袤丰杀,一称心力。洞北户,来阴风,防徂暑也。敞南甍,纳阳日,虞祁寒也。木斫而已,不加丹;墙圬而已,不加白。砌阶用石,幂窗用纸,竹帘纻帷,率称是焉。堂中设木榻四,素屏二,漆琴一张,儒、道、佛书各三两卷。①

----

① [唐]白居易:《草堂记》,《白居易集》卷第四十三。

庐山草堂布置简朴,摆设合宜,然而草堂主人的志趣不俗。这是庐山草堂美之所在,体现出白居易返璞归真的审美理想。

白居易的好友,同样是园林美学家的刘禹锡,也崇尚简朴的造园原则。刘禹锡的"陋室"更是流传广远,妇孺皆知:

> 山不在高,有仙则名。水不在深,有龙则灵。斯是陋室,惟吾德馨。苔痕上阶绿,草色入帘青。谈笑有鸿儒,往来无白丁。可以调素琴,阅《金经》。无丝竹之乱耳,无案牍之劳形。南阳诸葛庐,西蜀子云亭。孔子云:何陋之有。[①]

可见,刘禹锡也同样崇尚简朴的造园原则。这种简朴的原则体现在陋室的建造方面:不以名贵器物为摆设,不以丝竹案牍为装饰,却与苔痕、草色、素琴为伴。刘禹锡不以陋室为羞,而以德馨自豪。简朴的园林风貌正是园主高尚的德行情操的写照。如果说,园林因其"陋"而被人轻视,这肯定不是指园林物质条件的简陋,也不是指器物摆设的简单,而是指某些园主孤陋寡闻,或是其性情浅陋不堪。所以说,简朴不等于物质层面的简陋,简陋不是园主性情之陋,也不是园林精神之陋。陋室的简朴体现出刘禹锡清心寡欲、返璞归真的品行,同时,通过映现刘禹锡的高尚情操而张扬陋室尚简贵朴的审美原则。

第二节　园林美的构成层次

隋唐五代园林美的构成主要包括两个方面,即园林的自然景物之美与园林审美者的心境美。二者不可或缺,交互而在。自然景物为园林美的生成提供了审美物象,自然景物是触发园林审美体验的必要条件。园林审美者则使自然景物的深层意蕴与潜在价值彰显出来。也就是说,园林的自然景物美需要通过人的审美活动来发现,来照亮。

---

① [唐]刘禹锡:《陋室铭》,《刘禹锡集》诗文补遗。

一、自然景物之美

自然景物之美是生成园林美的重要前提,也是园林美构成的基本层次。可以说,没有自然景物之美,也就没有园林美。郑损咏泛香亭:"流杯处处称佳致,何似斯亭出自然。山溜穿云来几里,石盘和藓凿何年。声交鸣玉歌沈板,色幌寒金酒满船。莫怪坐中难得醉,醒人心骨有潺湲。"[①]这种声色交错的园林世界,正是自然景物之美的集中展现。

从具体的造园经验来说,隋唐五代园林也很重视自然景物之美。王维《辋川集》提到的自然景观很多,有孟城坳、华子冈、文杏馆、斤竹岭、鹿柴、木兰柴、茱萸沜、宫槐陌、临湖亭、南垞、欹湖、栾家濑、金屑泉、白石滩、北垞、竹里馆、辛夷坞、漆园、椒园等 20 余处。李德裕(787—849),中晚唐名相,因长期卷入与牛僧孺等的朋党之争,多次遭到排斥贬谪。李德裕其实是一位很讲究生活情趣的文人、园林艺术家,有著名园林平泉山庄。平泉山庄种植过多种花草树木,其《春暮思平泉杂咏二十首》提到的动植物以及自然景观颇为丰富,其中植物有金松、月桂、山桂、柏、芳荪、海石楠、红桂树、紫藤等,景点则有瀑泉亭、流杯亭、竹径、东谿、西岭等,平泉山庄还有一些珍奇鸟类,如鸂鶒、翠禽等。李德裕还在《忆平泉杂咏》里提到很多园林景物,如辛夷、寒梅、药栏、茗芽、野花、新藤等植物。辋川别业、平泉山庄的自然景物之美为园林审美活动的展开提供了必要的审美物象,也为园主的栖居提供了诗意的氛围。

柳宗元对于园林的倒影之美体验甚深。柳宗元贬谪永州期间,常与山水为伍,四处探寻美的景观。据柳宗元记述,潭州戴氏"堂成而胜益奇,望之若连舻縻舰,与波上下。就之颠倒万物,辽廓眇忽。树之松柏杉槠,被之菱芡芙蕖,郁然而阴,粲然而荣。凡观望浮游之美,专于戴氏矣"[②]。他在诗文中还提到,零陵城南有南池,其上多枫楠竹箭、哀鸟鸣

---

① [唐]郑损:《泛香亭》,《全唐诗》卷六六七。
② [唐]柳宗元:《潭州杨中丞作东池戴氏堂记》,《柳宗元集》卷二七。

禽,其下多茨芰蒲藻、腾波之鱼。该地风景别致,所谓"韬涵太虚,澹滟间里",是游观的极佳去处。"于暮之春,征贤合姻,登舟于兹水之津。连山倒垂,万象在下,浮空泛景,荡若无外。横碧落以中贯,陵太虚而径度。"①园林景物的倒影能给游园者以幽深别致的美感体验。青山、秀水、虚舟幽人、芳草嘉木,共在一方天地,合成一幅悠然自在的诗情画卷,在倒影斑驳的画卷中,动与静、虚与实、真与幻等因素妙契为一,了无痕迹。南池的倒影,映射出园林自然景物的无限生趣。

二、山水景物的经营

自然景物的经营是造园的基本工夫,其中也含有审美方面的考虑。在自然景物的经营方面,隋唐五代园林美学家也有独到的见解。在他们看来,自然景物之美并不意味着复现自然环境,而应该对此加以创造性的处理。那么,自然景物之美是如何生成的? 从自然景物经营的角度看,首先落实为园林山、石、水、植物等要素的经营。

先说山。假山垒叠是园林建造不可或缺的景观要素。中国文人多有漫游四方的凤愿,但是由于现实生活的种种限制,漫游的心愿大多难以实现。想蓬瀛兮靡觏,望昆阆兮难期。于是,园林艺术家纷纷将这些难以实现的心愿转化为心灵的遨游,甚至在自家园林之中建构一方魂牵梦绕的山水世界。这样,既能满足园主平生难以实现的凤愿,又能时时面向重峦叠嶂,苍翠清微,冲淡寂寞,安顿灵魂。白居易在《草堂记》里讲,他长年"覆篑土为台,聚拳石为山,环斗水为池",为了满足这种以园林山水为性情寄托的癖好,首先需要借助假山垒叠之功。杜甫也谈到园林的假山垒叠:"天宝初,南曹小司寇舅于我太夫人堂下垒土为山,一匮盈尺,以代彼朽木,承诸焚香瓷瓯,瓯甚安矣。旁植慈竹,盖兹数峰,钦岑婵娟,宛有尘外致。"②杜甫说的"宛有尘外致",是指假山垒叠达到的幽野

---

① [唐]柳宗元:《陪永州崔使君游宴南池序》,《柳宗元集》卷二四。
② [唐]杜甫著,[清]仇兆鳌注:《假山》,《杜诗详注》卷之一。

逼真的境界。

假山虽假，却别有洞天，耐人玩味，自成真趣。韩愈咏假山："公乎真爱山，看山旦连夕。犹嫌山在眼，不得著脚历。枉语山中人，勾我涧侧石。有来应公须，归必载金帛。当轩乍骈罗，随势忽开坼。有洞若神剜，有岩类天划。终朝岩洞间，歌鼓燕宾戚。孰谓衡霍期，近在王侯宅？傅氏筑已卑，磻溪钓何激？逍遥功德下，不与事相摭。乐我盛明朝，于焉傲今昔。"①韩愈认为，庭中之山，固然为假，它不像真山那样巍峨耸峙，也不如真山那样林木葱翠，然而，庭中假山也有可人之处。它有洞，有泉，有涧，可以悦性情，净心魂，免去跋山涉水之劳。在树木掩映之中，山峰或秀丽，或险要，或生风雨之状，给园林审美者以惊奇之感，使人不离阶砌，却能体味到高远出尘之趣。

次言水。园林无山不静，无水不活。为了传达活泼泼的园林意趣，造园家们纷纷在水的经营方面做文章。引水穿池等举措早在初唐就引起过重视，后来柳宗元提出"以泉池为宅居"，主要是为了增添园林的活意。柳宗元说："戴氏以泉池为宅居，以云物为朋徒，摅幽发粹，日与之娱，则行宜益高，文宜益峻，道宜益懋，交相赞者也。"②戴氏以泉池为居所，泉池之设，无不与水的因素相关，可见水的开发在文人园林中极为重要。柳宗元谪居潇湘期间，还依据愚溪的性情，将他的居所定为"愚溪"，其大智若愚的用意非常明显。柳宗元说，愚溪"虽莫利于世，而善鉴万类，清莹秀澈，锵鸣金石，能使愚者喜笑眷慕，乐而不能去也"③。依山畔水而居，成为隋唐五代造园家的生活理想。在此，水不只为园林带来流动的活意，它还可以"漱涤万物，牢笼百态"，丰富园林美的层次和意蕴。微曲清泉，便有沧浪濯缨之功。流水潺湲，消解着尘世的喧嚣，涤除着俗身的尘埃。清泉幽池，澄鲜滢澈，可成就园主的林泉之志，也可展现游园者的潇洒风神。

---

① [唐]韩愈著，钱仲联集释：《和裴仆射相公假山十一韵》，《韩昌黎诗系年集释》卷一二。
② [唐]柳宗元：《潭州杨中丞作东池戴氏堂记》，《柳宗元集》卷二七。
③ [唐]柳宗元：《愚溪诗序》，《柳宗元集》卷二四。

再谈石。奇石同样是园林建造不可缺少的景物。隋唐五代造园,主要是通过叠石的方式来实现用石的妙处。奇石不仅为一般的文人雅士所赏玩,它也成为中晚唐以来增添园林情趣的重要手段。中唐诗僧无可,贾岛从弟,少年出家,后云游越州、湖湘、庐山等地。无可喜交游,与贾岛、姚合过从甚密,相互酬唱。无可有句:"更买太湖千片石,叠成云顶绿参峨。"①中晚唐以来,私家园林特别喜好选用奇石来丰富园林的情趣,太湖石经常成为时人的首选。李德裕很看重奇石在园林中的使用,其《重忆山居六首》提到的奇石就有泰山石、巫山石、罗浮山、漏潭石、钓石等。李德裕的平泉山庄对叠石有很高的要求:"潺湲桂水湍,漱石多奇状。鳞次冠烟霞,蝉联叠波浪。"②李德裕讲究石之"奇",不只是指石的形状体态奇怪,有时也指石头的气质不凡,它吸纳天地之精气,具有极强的生命精魂。李德裕称赞漏潭石:"大哉天地气,呼吸有盈虚。美石劳相赠,琼瑰自不如。"③漏潭石的最大特点就在于"漏","漏"与"塞"对,"塞"则灵气不通,此石滞塞不活,了无生趣;有"漏"则有神气,有生命,有精神。生气流通,是漏潭石的奇绝之处。除了灵气充盈之外,布石满山庭还可让人感受到园林的清洁气氛。奇桂独立,怪石当庭,近与草木观望,远与扶桑默对,玩味其苍古之性,体证其不羁之势,活泼而又坚贞,清洁而又通透。

最后看植物。园林有山,有水,有石,又不可无植物。园林若无植物,同样缺乏生趣。白居易认为,园林应该"水竹以为质",一语道破园林景物经营之天机。白居易记述其园林审美体验:"竹森翠琅玕,水深洞琉璃。水竹以为质,质立而文随。文之者何人?公来亲指麾。疏凿出人意,结构得地宜;灵襟一搜索,胜概无遁遗。因下张沼沚,依高筑阶基。嵩峰见数片,伊水分一枝。"④白居易认为,影响园林建造的因素很多,其

---

① [唐]无可:《题崔驸马林亭》,《全唐诗》卷八一四。

② [唐]李德裕:《思平泉树石杂咏一十首·叠石》,《全唐诗》卷四七五。

③ [唐]李德裕:《重忆山居六首·漏潭石》,《全唐诗》卷四七五。

④ [唐]白居易:《裴侍中晋公以集贤林亭即事诗三十六韵见赠,猥蒙徵和。才拙词系,辄广为五百言,以伸酬献》,《白居易集》卷第二十九。

中水与竹是园林之"质",即园林的精神所在,其他因素则是园林之"文",也就是园林的具体规划形式。疏凿、结构、沼沚、阶基等,莫不依据水与竹互依的理想而造设。就具体的美感体验来说,园林之中水与竹合理配置,能产生动静相宜的审美效果,尤其是竹影婆娑,倒映水中,游园者心性为之舒卷,此际风韵独具。水性淡泊,可为吾友,竹节心虚,即是我师。竹林、池塘交相辉映,能成就园林的林泉高致,映现园林的勃勃生机。窗竹多好风,檐松有嘉色。在这样优雅的氛围中,园主心襟开合,舒卷自如,俗尘顿息,天机流露。世人都道草木无情,但在多情的园林审美者眼里,草木竹石之性即人性,二者本无间隔,交互共通,万物一体,正所谓"乃知性相近,不必动与植"①。

对于园林审美活动来说,假如自然景物的经营布局过于单调,缺乏层次变化,就会使园林沉闷而无生趣,这显然与中国人热爱生命的审美精神极不相符。因此,隋唐五代园林很讲究为幽静的景观增添动感的因素。当轩倚石,度牖飞泉,清风徐来,凉意彻骨。上有飞泉流瀑,下有清光映竹,时闻松声细韵,忽见花落院墙,轻踏疏影曲径,细品戏文茶香。岩泉当空挂,直欲荡心尘。隋唐五代园林讲究动静不二的情趣。飞泉、落花是动的因素,但又不止于动,它还能衬托园林的清静,展现园主超越世俗的闲情逸致。

王维的辋川别业、白居易的庐山草堂以及李德裕的平泉山庄,这些著名的山居园林皆以自然山色为主。在借景方面,山居别墅比城市园林及城郊园林都有优势,更加富于自然之趣,因而也就更便于生成如诗如画的诗意空间,不过这种园林的数量较为稀少。

三、借景

借景也是生成园林景物之美的工夫之一,考虑到借景在隋唐五代园林美学中的重要意义,单列出来介绍。

---

① [唐]白居易:《玩松竹二首》其二,《白居易集》卷第十一。

前面提到,白居易的庐山草堂以简朴取胜,但是,庐山草堂并非空无所有,一览无余。白居易很重视园林借景,讲究自然景物之间的虚实搭配,使庐山草堂简朴之中显生意,虚实之间见情趣。白居易说:

> 乐天既来为主,仰观山,俯听泉,傍睨竹树云石,自辰及酉,应接不暇。俄而物诱气随,外适内和,一宿体宁,再宿心恬,三宿后颓然嗒然,不知其然而然。自问其故。答曰:是居也,前有平地,轮广十丈;中有平台,半平地;台南有方池,倍平台。环池多山竹野卉,池中生白莲、白鱼。又南抵石涧,夹涧有古松、老杉,大仅十人围,高不知几百尺。修柯戛云,低枝拂潭,如幢竖,如盖张,如龙蛇走。松下多灌丛,萝茑叶蔓,骈织承翳,日月光不到地,盛夏风气如八九月时。下铺白石,为出入道。堂北五步,据层崖积石,嵌空垤𡎺,杂木异草,盖覆其上。绿阴蒙蒙,朱实离离,不识其名,四时一色。又有飞泉植茗,就以烹燀。好事者见,可以销永日。堂东有瀑布,水悬三尺,泻阶隅,落石渠,昏晓如练色,夜中如环佩琴筑声。堂西倚北崖右趾,以剖竹架空,引崖上泉,脉分线悬,自檐注砌,累累如贯珠,霏微如雨露,滴沥飘洒,随风远去。其四傍耳目杖履可及者,春有锦绣谷花,夏有石门涧云,秋有虎溪月,冬有炉峰雪。阴晴显晦,昏旦含吐,千变万状,不可殚纪,覼缕而言,故云甲庐山者。噫!凡人丰一屋,华一箦,而起居其间,尚不免有骄稳之态,今我为是物主,物至致知,各以类至,又安得不外适内和,体宁心恬哉!①

可见,庐山草堂虽然简朴,不事奢华铺排,不求雍容华贵,却让园主感受到"外适内和,体宁心恬"。一个很重要的原因在于,庐山草堂禀天地造化之妙意,得四时风物之陶冶。庐山草堂简朴无华,却能巧妙地运用各种借景手段,将庐山之胜景、天地之生意吸纳进来,以"我为是物主,物至致知",声色物态,尽收眼底。园林胜景并非客观而在,它需要通过

---

① [唐]白居易:《草堂记》,《白居易集》卷第四十三。

借景,将有形之景、无形之意沟通起来,妙然一幅图画,诗情盎然,画意悠远。这种高超的借景工夫,是中国园林的优良审美传统。白居易的庐山草堂也是如此。园林借景,可以突破现有时空的限制,让人既立足于现实,又能超越有限以探究无穷,由此在的时空领略心灵向往的风景,从而丰富与提升园林的审美意蕴。

在唐诗中,描述园林借景的诗句非常多。如,杜甫名句:"两个黄鹂鸣翠柳,一行白鹭上青天。窗含西岭千秋雪,门泊东吴万里船。"①因为借景,人能突破眼前之景而心怀千秋,胸罗万里。又如,齐己题明公房:"寺北闻湘浪,窗南见岳云。"②因为借景,窗、门、寺院突破了现有时空的界限,将远处的外景纳入当下的视野之中,又将眼前的景观推移到更为广阔的天地之间。这种一收一放的工夫,吐纳自然,开合自如,游园者与天地宇宙往来如答。王维题辋川别业:"柳条拂地不须折,松树梢云从更长。藤花欲暗藏猱子,柏叶初齐养麝香。"③诗中提到的这些自然景物并非园林所独有,却又能为园林所用,有合理借景的深意。

亭子由于构造方面的限制,本身可供欣赏之处毕竟有限,但是,如果游园者放眼四周,借景入怀,则心襟舒卷之间,洞开一方鲜活的世界。微风,细雨,野径,纤草,藤蔓,枯木,飞鸟,牧童,远山,静河……纷沓而至,构成一幅意境幽淡的水墨山水。方干咏友人西湖新居:"潋滟清辉吞半郭,萦纡别派入遥村。砂泉绕石通山脉,岸木黏萍是浪痕。"④与其说方干是在咏叹园林景物,倒不如说他是在体味园林借景之妙,正是由于借景,园林周边的山水风景、自然风光得到了最为充分的利用,这些风景和风光为人的栖居增添了无穷的诗意,也让游园者感受到园林与周边世界的一体相连,体验到人与其他事物的和谐共在。在这种和谐的共在关系之中,人成为其自身,景物的意义也得以照亮,园林因而变得灵动而富有

---

① [唐]杜甫著,[清]仇兆鳌注:《绝句四首》其三,《杜诗详注》卷之十三。
② [唐]齐己:《题明公房》,《全唐诗》卷八四二。
③ [唐]王维撰,[清]赵殿成笺注:《戏题辋川别业》,《王右丞集笺注》卷之十四。
④ [唐]方干:《侯郎中新置西湖》,《全唐诗》卷六五三。

情趣。

四、园林审美者的心境美

园林景物的设置,园林景物之美的生成,都是园主审美心境的反映。一片山水园林,映现一种胸怀,敞开一份心境。孟郊题陆羽居所:"惊彼武陵状,移归此岩边。开亭拟贮云,凿石先得泉。啸竹引清吹,吟花成新篇。乃知高洁情,摆落区中缘。"[①]又如,施肩吾题友人山舍:"乱叠千峰掩翠微,高人爱此自忘机。春风若扫阶前地,便是山花带锦飞。"[②]孟郊、施肩吾都是站在游园者的立场,赏玩他人的园林处所,他们都不约而同地认为,园林的景物风光流露出独特的审美情趣,这种审美情趣是园主性情的投影。

刘禹锡将园林的造型与园主的生活性情,甚至是更为广阔的社会人生联系起来,从而使得园林有情化、生命化:

> 室成于私,古有发焉。矧成于公,庸敢无词?观乎棼楣有严,丹
> 藦相宣,象公之文律晔然而光也。望之宏深,即之坦夷,象公之酒德
> 温然而达也。庭芳万本,跗萼交映,如公之家肥炽而昌也。门辟户
> 阖,连机弛张,似公之政经便而通也。因高而基,因下而池;跻其高
> 可以广吾视,泳其清可以濯吾缨。俯于逵,惟行旅讴吟是采。瞰于
> 野,惟稼穑艰难是知。云山多状,昏旦异候。百壶先韦之饯迎,退食
> 私辰之宴嬉。观民风于啸咏之际,展宸恋于天云之末。动合于谊,
> 匪唯写忧。[③]

刘禹锡的这种比拟运思方式,受到了《周易》以来观物取象思维的影响。《周易》的观物取象方式在中国美学领域(诗歌美学、书法美学、绘画美学等)已经产生过很大影响,但在园林美学领域,这种比拟运思方式还

---

① [唐]孟郊:《题陆鸿渐上饶新开山舍》,《全唐诗》卷三七六。
② [唐]施肩吾:《春日题罗处士山舍》,《全唐诗》卷四九四。
③ [唐]刘禹锡:《武陵北亭记》,《刘禹锡集》卷第九。

较为少见。因此,刘禹锡将园林的造型与园主的生命活动进行比拟,难免有简单化的倾向,然而他指出了园主的人格、性情、志趣等因素与园林的审美情趣存在某种对应关系。

隋唐五代园林还常以怪石、异禽等不为世俗社会所好的物象来衬托园主性情的卓尔不群,"时不合己,故隐是境"。皮日休详细记述了他游览富阳山隐士居所时"目爽神王,怳怳然迨若入于异境"等审美体验。皮日休说:"且乐其得也。木秀于芝,泉甘于饴。霁峰倚空,如碧毫扫粉障,色正鲜温。鸣溪淙淙,源内橐龠辐出琉璃液。石有怪者,骁然闯然,若将为人者。禽有异者,嘤嘤然若将天驯耶。每空斋寥寥,寒月方午,松竹交韵,其正声雅音,笙师之吹竽,邠人之鼓龠,不能过也。况延白云为升堂之侣,结清风为入室之宾,其为趣则生而未睹矣。"①从皮日休的赞美之辞可见,高人逸士总是身居方外,闲步于秀木甘泉之所,与怪石异禽为友,听松竹清韵,享天地真趣。

园林审美者的心境美主要体现在园主或游园者的人格、志趣、性情等方面。前面谈到,李德裕造园很重视自然景物之美,而他对自然景物的经营又总是与其审美理想保持着平衡。他尤其赏爱芳草嘉木,以此作为一己性情之寄托。李德裕咏红桂树:"欲求尘外物,此树是瑶林。后素合余绚,如丹见本心。妍姿无点辱,芳意托幽深。愿以鲜葩色,凌霜照碧浔。"②红桂树是高洁出尘之物,日伴红桂,可运超然遗世之思。李德裕思念往日平泉山庄的芳荪:"楚客重兰荪,遗芳今未歇。叶抽清浅水,花照暄妍节。紫艳映渠鲜,轻香含露洁。离居若有赠,暂与幽人折。"③除了芳草嘉木,李德裕还赏爱那奇峰千仞而不与众山相连的石笋。如果说,芳草嘉木的培育可以寄托园主高洁出尘的人格志趣,那么,"亭亭孤且直"的石笋又何尝不是李德裕孤高性情的写照?

① [唐]皮日休:《通元子楼宾亭记》,《全唐文》卷七九七上。
② [唐]李德裕:《春暮思平泉杂咏二十首·红桂树》,《全唐诗》卷四七五。
③ [唐]李德裕:《春暮思平泉杂咏二十首·芳荪》,《全唐诗》卷四七五。

五、境心相遇

这方面的表述可以白居易、柳宗元为代表。他们提出的园林美学命题很有理论价值,是对中国园林美学的重要贡献。

"境心相遇"这个美学命题是白居易提出来的。白居易说:"大凡地有胜境,得人而后发;人有心匠,得物而后开:境心相遇,因有时耶?"[①]"境心相遇",是指园林审美活动离不开审美心境与自然景物的交融,园林审美活动是心物不二、物我无间的生命体验。就园林审美活动的个体性而言,园林美是自然景物之美与园林审美者心境的契合,这样才有园林美的生成,才能见出园林的生意和精神。缺少其中的任何条件,都难有园林美的生成。

园林审美活动既要展现出园林的自然景物之美,又依赖于园林审美者的特定心境。园林审美活动是审美心境与自然景物的沟通,情景交融,物我为一,所谓景与兴会,触物即真,其意在此。这种园林审美体验在唐诗中也不乏其例。例如,张说咏亭:"人务南亭少,风烟北院多。山花迷径路,池水拂藤萝。萍散鱼时跃,林幽鸟任歌。悠然白云意,乘兴抱琴过。"[②]这是说,清幽可人的园林景物之美,需要心境冲淡的高人雅士来发现,来照亮。门迎青山,汀牵绿草。听垂杨依依,观鸿雁阵阵。湖畔见鸥鹭忘机,院前有醉渔唱晚。清思满怀,顿慕萧然高士。心淡如月,妙赏无边秋色。这样幽雅的园林景物之美,正是文人生活世界的缩影。园林审美活动不只是纯粹地欣赏自然风景,它与园林审美者的精神境界、人格品位、性情涵养有着密切的联系。

同一景物,不同的游园者常因审美心境的差异而生成不同的审美体验。刘禹锡记洗心亭胜景:"槃高孕虚,万景坌来。词人处之,思出常格;禅子处之,遇境而寂;忧人处之,百虑冰息。鸟思猿情,绕梁历槺。月来

---

① [唐]白居易:《白蘋洲五亭记》,《白居易集》卷第七十一。
② [唐]张说:《湘州北亭》,《全唐诗》卷八七。

松间,彫镂轩墀。"①洗心亭依山取材,环视无所不适,"始适乎目而方寸为清",该亭因此而得名。面向同一洗心亭,词人、禅子、忧人因为各自的学养、性情、境界存在差异,从而生成不同形态及内涵的审美体验。这也反映出审美心境在园林审美活动中的重要作用。

从园林审美活动的社会性与群体性来看,它也同样离不开自然景物之美与园林审美者心境美的契合。孟浩然记述他与友人雅集时的所见所感:"闲居枕清洛,左右接大野。门庭无杂宾,车辙多长者。是时方盛夏,风物自潇洒。五日休沐归,相携竹林下。开襟成欢趣,对酒不能罢。烟暝栖鸟迷,余将归白社。"②园林是文人雅集的重要场所,园林雅集为文人雅兴的触发提供了机缘,而园林的自然景物则为文人雅兴的触发提供了必要的氛围。当这种自然景物与雅集者的心境和谐一致时,雅集活动的审美性质得以确立,园林美也在情景交融的氛围中生成。

"夫美不自美,因人而彰",这是柳宗元提出的园林美学命题。为了更为完整地把握这个命题的出场背景,先引其全文如下:

> 冬十月,作新亭于马退山之阳。因高丘之阻以面势,无欂栌节梲之华。不斫椽,不剪茨,不列墙,以白云为藩篱,碧山为屏风,昭其俭也。

> 是山崒然起于莽苍之中,驰奔云矗,亘数十百里,尾蟠荒陬,首注大溪,诸山来朝,势若星拱,苍翠诡状,绮绾绣错。盖天钟秀于是,不限于遐裔也。然以壤接荒服,俗参夷徼,周王之马迹不至,谢公之屐齿不及,岩径萧条,登探者以为叹。

> 岁在辛卯,我仲兄以方牧之命,试于是邦。夫其德及故信孚,信孚故人和,人和故政多暇。由是尝徘徊此山,以寄胜概。乃墅乃涂,作我攸宇,于是不崇朝而木工告成。每风止雨收,烟霞澄鲜,辄角巾鹿裘,率昆弟友生冠者五六人,步山椒而登焉。于是手挥丝桐,目送

---

① [唐]刘禹锡:《洗心亭记》,《刘禹锡集》卷第九。
② [唐]孟浩然:《宴包二融宅》,《全唐诗》卷一五九。

还云,西山爽气,在我襟袖,八极万类,揽不盈掌。

夫美不自美,因人而彰。兰亭也,不遭右军,则清湍修竹,芜没于空山矣。是亭也,僻介闽岭,佳境罕到,不书所作,使盛迹郁埋,是贻林间之愧。故志之。①

关于柳宗元提出的这个中国美学史上的著名命题,学界已有一些精要的阐释与概括。但是,现有的研究不太关注该命题出场的特定背景。从园林美学的角度略加阐释,或许有助于发掘其深层的美学意蕴。这个命题主要含有以下三层意思:

其一,自然景物之美在园林审美活动之前处于潜隐的状态,它并非不存在,也并非自然而成,园林之美(包括自然景物之美)需要在审美心境与自然景物相互契合的园林审美活动中得以发现,亲身体验,才能生成。柳宗元的这个园林美学命题,实际上是参照独孤及的一个类似说法而提出来的。基于话题的相关性,这里不妨引出。独孤及说:"濯其源,饮其泉,能使贪者让,躁者静,静者勤道,道者坚固,境净故也。夫物不自美,因人美之。泉出于山,发于自然,非夫人疏之凿之之功,则水之时用不广。"②独孤及首先描述慧山新泉给人的美感体验,然后针对慧山新泉的开发提出了"夫物不自美,因人美之"这个命题。新泉开发不只是导引利用,也包括游园者以审美的眼光发现它的美。刘禹锡也指出,造园时应"撤故材以移用,相便地而居要。去凡木以显珍茂,汰污池以通沧涟。自天而胜者列于骋望,由我而美者生于颐指"③。这两位园林美学家都肯定人在园林审美发现活动中的作用。

---

① [唐]柳宗元:《邕州柳中丞作马退山茅亭记》,《柳宗元集》卷二七。
② [唐]独孤及:《慧山寺新泉记》,《全唐文》卷三八九。关于这一命题的发现权问题,学界较少关注。稍微对照一下柳宗元(773—819)与独孤及(725—777)的表述,二人的表述以及命题的内涵都很接近。尽管柳宗元这一命题在后代影响更大,但这一园林美学命题的最初提出者并不是他,而是生活年代远早于他的独孤及。笔者推测,他们都是散文家,这两个命题的出处又都在游记散文里,大致是柳宗元学习仿效过独孤及的游记散文,并在认同独孤及说法的基础上稍作修改而提出来的。
③ [唐]刘禹锡:《武陵北亭记》,《刘禹锡集》卷第九。

其二,园林审美活动具有一定的创造性和个体差异性,这既体现在园林审美体验的创造性方面,又体现在审美心境的个体差异性方面。面向同一园林的同一景物,不同的审美者可能生成园林美,也可能遮蔽或消解园林美;即使从生成园林美的情况来看,园林审美者性情、学养、阅历以及审美经验等因素各有差异,这都会制约他在园林审美活动时的审美心境,而特定的审美心境直接影响着园林美的生成状况。柳宗元说,只有王羲之发现了兰亭之美,这是一个很好的例证。参与兰亭雅集的人很多,才华横溢之士也不在少数,可是唯独王羲之能与兰亭毫无间隔地照面,发现兰亭之美。这就充分表明,园林审美活动也是园林审美者的精神创造活动,它必然具有审美心境的个体差异性。

其三,柳宗元彰显的是一种无言之大美,而不是人工造作之美。前面说到,柳宗元重视人在园林审美活动中的地位和作用,但并不表示他以人工造作之美取代园林美的最高境界。他认为,世俗社会见闻到的只是低级别、浅层次的美,是被人的知识理性等遮蔽的美的现象,而不是最高境界的美,即无言之大美。

关于这层意思,学界多有忽视。这就需要将柳宗元的园林美学看作是一个整体,并参照他的另一处表述作为辅证。柳宗元说:"有美不自蔽,安能守孤根! 盈盈湘西岸,秋至风露繁。丽影别寒水,秾芳委前轩。芰荷谅难杂,反此生高原。"①柳宗元是说,那种自我宣扬、铺排奢华的美,只是世俗社会的美,而不是美的最高理想,也不是美的本真境界。在他看来,马退山茅亭有一种不事张扬的美,这种美与世俗社会的美绝缘,而与本真的审美境界会通,这就是无言之大美,也就是园林美的最高理想。当然,这种无言之大美也同样离不开园林审美者的发现、创造与体验之功。只是在园林审美活动的时候,要顺乎造化,道法自然而已。

---

① [唐]柳宗元:《湘岸移木芙蓉植龙兴精舍》,《柳宗元集》卷四三。

第三节　园林的审美趣味

自然景物之美与审美心境相互契合,心物交融,这是园林美的生成法则。园林的审美趣味与园林美的生成密切相关,本节对此展开讨论。

一、江湖之趣

江湖之趣深契隋唐五代园林之精神。白居易规划其年老休养时的理想居所:"门前有流水,墙上多高树。竹迳绕荷池,萦回百余步。波闲戏鱼鳖,风静下鸥鹭。寂无城市喧,渺有江湖趣。吾庐在其上,偃卧朝复暮。洛下安一居,山中亦慵去。时逢过客爱,问是谁家住? 此是白家翁,闭门终老处。"①这种充满江湖之趣的园林颇能反映白居易晚年的生活理想。

宋人李格非有《洛阳名园记》,这部园林著作以洛阳为"天下治乱之候",通过记述唐代洛阳园林之兴废,以观天下治乱之得失,是其最初的用意。他从洛阳独特的地理位置出发,并对初盛唐时期公卿贵戚开馆于东都,大兴园林的举动进行批判性的反思,认为"公卿士大夫方进于朝,放乎以一己之私,自为而忘天下之治忽。欲退享此乐,得乎? 唐之末路是矣"②。据李格非记载,唐代贞观、开元年间,公卿官员在东都洛阳开馆列第共千余家,建私家山景园林,盛极一时。

唐代名相裴度(765—839)的园林绿野堂、午桥庄就建造在洛阳集贤里。据史书记载:"度以年及悬舆,王纲版荡,不复出处为意。东都立第于集贤里,筑山穿池,竹林丛萃,有风亭水榭,梯桥架阁,岛屿回环,极都城之胜概。又于午桥创别墅,花木万株,中起凉台暑馆,名曰绿野堂。引甘水贯其中,酾引脉分,映带左右。"③裴度一有空闲,就与白居易、刘禹锡

---

① [唐]白居易撰,顾学颉校点:《闲居自题》,《白居易集》卷第三十。
② [宋]李廌:《洛阳名园记》,《丛书集成初编》第1508册。
③ [后晋]刘昫:《旧唐书》卷一七〇。

等在此酣宴永日,放言高歌,以诗酒琴书自乐,一时名士莫不与之畅游。平泉山庄曾是李德裕的栖居之所,同样追求江湖之趣。卉木台榭,造若仙府。虚槛前引,绿水萦回,淡远世味,极具野趣。在李德裕看来,园林应该是政事之余休养心性之地,是超脱世俗干扰的忘机之所。李德裕感叹:"余心怜白鹭,潭上日相依。拂石疑星落,凌风似雪飞。碧沙常独立,清景自忘归。所乐惟烟水,徘徊恋钓矶。"①在园林中,园主庭前可栽佳木,庭院可赏花开。巢鸟放歌,野人来往。远离烦心的政事纠葛,常与青山绿水相照面。这就是隋唐五代园林追求的江湖之趣。

二、幽趣

隋唐五代文人还推重园林的幽趣。幽林、幽泉、幽岩、幽庭、幽人、幽居等,都属于生成幽趣的意象群落:

> 山公自是林园主,叹惜前贤造作时。岩洞幽深门尽锁,不因丞相几人知?②

> 井邑藏岩穴,幽栖趣若何。春篁抽笋密,夏鸟杂雏多。坐有清风至,林无暑气过。③

> 竹翠苔花绕槛浓,此亭幽致讵曾逢。水分林下清泠派,山峙云间峭峻峰。④

> 空山不见人,但闻人语响。返景入深林,复照青苔上。⑤

隋唐五代园林常建造在环境幽雅之地,与喧嚣的城市生活保持了一定的距离。在私家园林与宗教园林世界,花香满林,清虚入怀,成为生活休闲的极佳去处。心空忘外物,清幽荡尘缘。这种清净的体验常使园林审美者心旷神怡,陶然自得。白居易说:"嵌巉嵩石峭,皎洁伊流清;立为

---

① [唐]李德裕:《思平泉树石杂咏一十首·白鹭鹚》,《全唐诗》卷四七五。
② [唐]韩愈著,钱仲联集释:《奉和李相公题萧家林亭》,《韩昌黎诗系年集释》卷一二。
③ [唐]李频:《苑中题友人林亭》,《全唐诗》卷五八九。
④ [唐]伍乔:《题西林寺水阁》,《全唐诗》卷七四四。
⑤ [唐]王维撰,[清]赵殿成笺注:《辋川集·鹿柴》,《王右丞集笺注》卷之十三。

远峰势,激作寒玉声。夹岸罗密树,面滩开小亭。忽疑严子濑,流入洛阳城。是时群动息,风静微月明。高枕夜悄悄,满耳秋泠泠。终日临大道,何人知此情。此情苟自惬,亦不要人听。"①白居易这里描述的"幽趣"是指丘园安乐,自有山风水月之趣。水桥袅袅,林路微微。身闲独步,幽雅惬意。幽境不在杳无人烟处,就在怡然自得的心间。青草蔓延,绿阴低密,皆可触物成趣。

隋唐五代园林的幽趣主要包括两层含义。

其一,幽与静相连,指向幽静之境。贾岛题李凝幽居:"闲居少邻并,草径入荒园。鸟宿池边树,僧敲月下门。过桥分野色,移石动云根。暂去还来此,幽期不负言。"②李凝的居所颇具幽趣,月下的敲门声更加衬托出居所的幽静。隋唐五代不少文人都将居所建造在城外的林野之地,以避免城市生活的嘈杂。在这样的环境中,可以垂钓北涧,读书南轩。幽静园林的地理位置可能较为偏僻,但也远离了车水马龙,吆喝喧嚣,迎来碧网红树,清泉绿苔。这是从自然景物方面谈园林的幽静。要通过园林审美活动体验到幽静的意境,还必须具备另一个因素,那就是幽静的审美心境。地偏香界远,心净水亭开。心净如水,得意忘言,即能当下妙悟,处处清幽。在中国古代,幽人多指隐居之人,或高旷幽隐之士。《周易·履卦》九二爻辞:"履道坦坦,幽人贞洁。"隋唐五代园林的幽静之境,是上古隐逸精神之流脉,是以虚怀若谷的幽独心境聆听宇宙之大音。

其二,幽与曲连,指向含蓄委曲之境。水无定形,遇物成形。古人常将"曲"作为水的特性之一。李世民有《小池赋》,是为许敬宗家小池而作,从中可见当时园林的情况。李世民说:"若夫素秋开律,碧沼凝光。引泾渭之余润,萦咫尺之方塘。竹分丛而合响,草异色而同芳。徘徊踯躅,淹留自足。叠风纹兮连复连,折回流兮曲复曲。映垂兰而转翠,翻轻

---

① [唐]白居易:《亭西墙下伊渠水中,置石激流,潺湲成韵,颇有幽趣,以诗记之》,《白居易集》卷第三十六。
② [唐]贾岛:《题李凝幽居》,《全唐诗》卷五七二。

苔而动绿,牵狭镜兮数寻,泛芥舟而已沉。"①这种委曲的意趣也出现在司空图的《诗品》中。他论"委曲"一品:"登彼太行,翠绕羊肠。杳霭流玉,悠悠花香。力之于时,声之于羌。似往已回,如幽匪藏。水理漩洑,鹏风翔翔。道不自器,与之圆方。"这同样也在强调水的回旋往复之理,委曲转折之势。

隋唐五代常以"曲"来概括事物的自然美特征,又以"曲"来传达委曲转折的审美境界。柳宗元登楼有感:"岭树重遮千里目,江流曲似九回肠。"②仰观重岭密林,遮蔽千里之目;俯看江流曲折,宛若九回之肠。柳宗元以"曲"字概括自然事物的特征,又通过描绘自然事物来折射山水之"曲"与人的愁苦、含蓄、哀怨等情绪的感通。通过对山水意境的寄寓或领悟,宣泄个人的情绪体验,从而使心境复归平静。李德裕说:"激水自山椒,析波分浅濑。回环疑古篆,诘曲如萦带。"③这是园林审美体验到的流水之"曲"。常建有名句:"清晨入古寺,初日照高林。竹径通幽处,禅房花木深。山光悦鸟性,潭影空人心。万籁此都寂,但余钟磬音。"④"竹径"亦作"曲径",这样就将"曲"与"幽"联系起来,指向禅院清寂而幽深的意境。园林的幽曲之境,纵深莫测,回环委曲,清幽中有禅意,委曲里藏深致。

三、闲适之趣

在隋唐五代园林审美领域,闲适这种审美趣味最为私家园林所推重。韦应物说:"闲门荫堤柳,秋渠含夕清。微风送荷气,坐客散尘缨。守默共无吝,抱冲俱寡营。良时颇高会,琴酌共开情。"⑤这种悠闲冲淡的园林生活在当时其他园林审美者那里也可见到。他们称园林为山居,将

① 〔唐〕唐太宗:《小池赋》,《全唐文》卷四。
② 〔唐〕柳宗元:《登柳州城楼寄漳汀封连四州》,《柳宗元集》卷四二。
③ 〔唐〕李德裕:《春暮思平泉杂咏二十首·流杯亭》,《全唐诗》卷四七五。
④ 〔唐〕常建:《题破山寺后禅院》,《全唐诗》卷一四四。
⑤ 〔唐〕韦应物:《与韩库部会土祠曹宅作》,《全唐诗》卷一八六。

园林作为生命的栖息之所,柳林间,涧水旁,青山为门庭,素琴托高致。有时醉卧闲吟,有时垂钓度日。世人哪识闲中趣,逍遥乐天桃花源。做一个闲散客,尽一回诗家兴,听细流潺潺,观彩蝶轻舞,对琴棋而成趣,问花草而无言。这是隋唐五代的园林之乐。

这种园林审美趣味在中晚唐以来更为常见。有些退隐的文人雅士,晚年生活在青苔院落之中,享受暖日和风的滋润,品味幽兰松香的雅致。虽然年月已老,岁月蹉跎,但他们并不感到孤独,而是尽情释放平生未了的田园之乐。如此闲适的心境,如许平淡的情怀,他们真切地感受到世界原来并不冷酷,人间自有真情在,栖息之地不大,却具无限妙意,风轻云淡,月落乌啼,一切尽在不言中。他们将园林居所作为护养闲适生命情调的道场。刘威游园有感:"偶向东湖更向东,数声鸡犬翠微中。遥知杨柳是门处,似隔芙蓉无路通。樵客出来山带雨,渔舟过去水生风。物情多与闲相称,所恨求安计不同。"[1]这首诗流露出园林审美的悠闲心境。闲适是隋唐五代园林极为普遍的审美趣味,也是园林审美活动颇受推重的艺术境界。在闲适的审美趣味中,人的心性得以舒卷,自然景物的存在也各张其天,各尽其性。心境闲适,人就能从繁忙的世俗生存中突围出来。我作为时间的主人,我转二十四时,而不是二十四时转我。私家园林正为人的时间突围提供了极佳的场所和氛围。私家园林是文人雅士诗意的居所,处处充满着和谐的氛围,天光云影,飞潜动植,无不洋溢着生命的情调,无不愉悦着悠闲的心境。

四、萧散之趣

作为一种园林审美趣味,萧散与闲适接近,而又内涵有别。闲适是对世俗时间价值的消解,它突出人对时间的自主把握,进而领悟人生的意义与存在的价值;萧散则是对规矩秩序的反叛,它指向人的洒脱性情与自由精神,这断然不是束带请谒、正襟危坐之士所可成就。隋唐五代

---

[1] [唐]刘威:《游东湖黄处士园林》,《全唐诗》卷五六二。

园林也推重萧散之致。张九龄咏林亭："苔益山文古,池添竹气清。从兹果萧散,无事亦无营。"①萧散之士便是人间散仙。他们吟风弄月,把酒当歌,笑傲王公,粪土诸侯。萧散之士多少都有点疏野狂放的味道,园林的萧散趣味是指不刻意修整自然景物,让其自然成趣,宛然成章,这与园主洒脱的性情、不拘秩序的个性交相辉映。王维有辋川诗:"寒山转苍翠,秋水日潺湲。倚杖柴门外,临风听暮蝉。渡头余落日,墟里上孤烟。复值接舆醉,狂歌五柳前。"②同属园林审美趣味,萧散有时可能会与闲适结合在一起,但萧散并不等于闲适。萧散之致有山林气,闲适情调重人情味。萧散任其天放,不顾纪律,不守秩序;闲适笑看风云,舒卷自在,怡然自乐。这是它们在审美内涵方面的主要差异。

五、生意

隋唐五代园林注重园主的超越性情,但是终究没有走上与世隔绝之路,而是在平常的生活世界里构筑一方自在的精神栖息之所。隋唐五代园林的现世情怀极为明显,花前月下,池畔溪边,处处充满着生活的气息,弥漫着人间的情味。这种活泼泼的园林生意,或者称为园林的生趣。请看这几首唐诗:

> 初岁开韶月,田家喜载阳。晚晴摇水态,迟景荡山光。浦净渔舟远,花飞樵路香。自然成野趣,都使俗情忘。③

> 阮氏清风竹巷深,满溪松竹似山阴。门当谷路多樵客,地带河声足水禽。闲伴尔曹虽适意,静思吾道好沾襟。邻翁莫问伤时事,一曲高歌夕照沈。④

> 依依西山下,别业桑林边。庭鸭喜多雨,邻鸡知暮天。野人种

---

① [唐]张九龄:《林亭咏》,《全唐诗》卷四八。
② [唐]王维撰,[清]赵殿成笺注:《辋川闲居赠裴秀才迪》,《王右丞集笺注》卷之七。
③ [唐]韦述:《春日山庄》,《全唐诗》卷一〇八。
④ [唐]韦庄:《河内别村业闲题》,《全唐诗》卷六九六。

秋菜,古老开原田。且向世情远,吾今聊自然。①

这三首唐诗,体现出丰富的园林审美趣味,它们都与园林的生意有关。园林的生意也是隋唐五代园林的审美趣味之一。不过,它是一种总体上的园林审美趣味,因为任何园林都追求生意。韦述说"自然成野趣",韦庄主张"适意",高适讲"聊自然",都是指园林有飞潜动植相伴,有渔樵野客出入,生活的气息、人间的情味扑面而来,这是隋唐五代园林追求生意的明证。

隋唐五代园林审美者发现,日常生活世界处处充满着诗情画意,而园林正是生成这种诗情画意美的重要场所。皎然题湖上草堂:"山居不买剡中山,湖上千峰处处闲。芳草白云留我住,世人何事得相关。"②王维描述其田园之乐:"桃红复含宿雨,柳绿更带春烟。花落家僮未扫,莺啼山客犹眠。"③这些诗句都流露出任运自然的乐生情怀,这种乐生情怀是与他们对其栖居之所的审美体验分不开的。

隋唐五代造园讲究活泼泼的生意。苍苔挂绿,野草成茵,幽鸟时鸣,竹影婆娑。这是园林的生命精神所在。杜甫咏庭院之草:"楚草经寒碧,逢春入眼浓。旧低收叶举,新掩卷牙重。步履宜轻过,开筵得屡供。看花随节序,不敢强为容。"④杜甫观赏春草,感受到庭院的生意。李德裕的平泉山庄也充满生意,因为它与周围的世界息息相通。在这里,可以赏芳草,品梨花,观新苔,玩落照,望夕亭,戏游禽,生命是何其自在而充盈。

隋唐五代园林追求活泼泼的生意,造园家多将园林建造成充满诗情画意的居所。飞潜动植,无处不在传达园林的生意。池水绿,清荷开。蛙声阵阵,蝉声丝丝。黄昏更兼细雨,微风迎来凉意。身处这样的园林情境,你会感受到生意充盈,体验到生命充满。更有源头活水,让山得到滋润,园林尤添生趣。兰汀橘岛映亭台,白云随雨寒月来。满目亭台嘉木

---

① [唐]高适:《淇上别业》,《全唐诗》卷二一四。
② [唐]皎然:《题湖上草堂》,《全唐诗》卷八一五。
③ [唐]王维撰,[清]赵殿成笺注:《田园乐七首》其六,《王右丞集笺注》卷之十四。
④ [唐]杜甫著,[清]仇兆鳌注:《庭草》,《杜诗详注》卷之十八。

繁,燕蝉浅吟不为喧。清水芙蓉,其姿美,其味香,也能充实园林的生趣。孟浩然说:"水亭凉气多,闲棹晚来过。涧影见松竹,潭香闻芰荷。野童扶醉舞,山鸟助酣歌。幽赏未云遍,烟光奈夕何。"①同样是飞潜动植,一派生机,一脉生意。王维晚年得宋之问蓝田别墅,与道友裴迪啸吟唱和,过着清净而充满诗意的生活。王维生活的这处园林别具生意:"轻舸迎上客,悠悠湖上来。当轩对樽酒,四面芙蓉开。"②这是王维为追忆辋川胜景所作。以"开"字作结,语有尽而意无穷,划破了湖面的宁静,园主临湖亭,赏芙蓉,生趣盎然,生动备至。

总体而言,隋唐五代园林追求超然物外的生意。宋之问记陆浑山庄:"归来物外情,负杖阅岩耕。源水看花入,幽林采药行。野人相问姓,山鸟自呼名。去去独吾乐,无然愧此生。"③这种超然物外的审美意趣既包括园林的自然景物之美,也指向园林的审美趣味。在宋之问这里,多种园林审美趣味已经融为一体,化为一炉。江湖趣、幽趣、闲适之趣、萧散之趣,似乎都或显或隐地存在,很难做出非此即彼的区分。这表明,各种园林审美趣味可以并行不碍,和谐共存,共同丰富着美妙的园林世界。

第四节　中隐哲学与园林的自适理想

中唐以来,文人园林多以自适为其审美理想。白居易、刘禹锡提出"中隐""吏隐"等人生哲学,这对中唐以来文人的处世态度、审美理想都产生过深远的影响。可以说,中隐哲学是文人园林追求自适的审美理想的重要思想根源。

一、白居易、刘禹锡的中隐哲学

中唐以来,文人园林普遍出现了以自适为审美理想的倾向。这种审

①［唐］孟浩然:《夏日浮舟过陈大水亭》,《全唐诗》卷一六〇。
②［唐］王维撰,［清］赵殿成笺注:《辋川集·临湖亭》,《王右丞集笺注》卷之十三。
③［唐］宋之问:《陆浑山庄》,《全唐诗》卷五二。

美理想的出场是以白居易、刘禹锡等推行"中隐""吏隐"的人生哲学为标志的。白居易、刘禹锡如是说：

> 大隐住朝市，小隐入丘樊；丘樊太冷落，朝市太嚣喧。不如作中隐，隐在留司官。似出复似处，非忙亦非闲。不劳心与力，又免饥与寒。终岁无公事，随月有俸钱。君若好登临，城南有秋山。君若爱游荡，城东有春园。君若欲一醉，时出赴宾筵。洛中多君子，可以恣欢言。君若欲高卧，但自深掩关。亦无车马客，造次到门前。人生处一世，其道难两全：贱即苦冻馁，贵则多忧患。唯此中隐士，致身吉且安；穷通与丰约，正在四者间。①

> 常爱西亭面北林，公私尘事不能侵。共闲作伴无如鹤，与老相宜只有琴。莫遣是非分作界，须教吏隐合为心。可怜此道人皆见，但要修行功用深。②

> 散诞人间乐，逍遥地上仙。诗家登逸品，释氏悟真筌。制诰留台阁，歌词入管弦。处身于木雁，任世变桑田。吏隐情兼遂，儒玄道两全。八关斋适罢，三雅兴尤偏。文墨中年旧，松筠晚岁坚。鱼书曾替代，香火有因缘。欲向醉乡去，犹为色界牵。好吹杨柳曲，为我舞金钿。③

白居易所说的"中隐"，既不同于"大隐"，也不等于"小隐"，它介于二者之间，或兼得二者之长，而避免二者之短。白居易、刘禹锡提出"中隐""吏隐"，这是"儒玄道两全"的生存方式。作为中唐以来出现的新的人生哲学，"中隐""吏隐"集中体现出居士式的生活理想。白居易、刘禹锡以"闲散物"自谓，既不放弃世俗生活，同时又想保持心境的旷达，追求精神的洒脱。这对中唐以来文人生活理想的形成有着极大的导引作用。

---

① [唐]白居易：《中隐》，《白居易集》卷第二十二。
② [唐]白居易：《郡西亭偶咏》，《白居易集》卷第二十四。
③ [唐]刘禹锡：《酬乐天醉后狂吟十韵》，《刘禹锡集》卷第三十四。

"中隐""吏隐"首先是作为一种官吏的处世哲学而出场的。既然身为官吏,必然有一定的社会责任需要承担,也有较杂的政务事务需要处理,所以不可能避世,更不可能逃世。但是,在白居易、刘禹锡看来,文人虽然身为官吏,难以摆脱世俗社会的约束和限制,但政务事务的处理不能成为官吏生活的全部内容,这种实用的、世俗的生活状态不能在人的整个生命活动中占据过大的比重。因此,白居易主张官吏应该具有洒脱的性情,从政不能趋炎附势,不能盲从流俗,不可疲于仕途升迁,失却本真天性。这样,"中隐""吏隐"似乎成为最理想的处世方式与人生理想。政事之余,可以游览,可以痛饮,可以吟诗,或独处,或会友,或享乐,政务料理与性情愉悦两不相碍。

如果按照白居易的规定,"中隐""吏隐"之士应该不计贵贱穷达,过着悠游逍遥的生活,在出世与入世之间自在回旋。这是一种诗意化的处世态度,也是一种理想的人生哲学。白居易的难得之处在于,他将"中隐""吏隐"的处世态度落实到园林审美领域,经营他的"官舍""小园"世界:

> 高树换新叶,阴阴覆地隅。何言太守宅,有似幽人居。太守卧其下,闲慵两有余。起尝一瓯茗,行读一卷书。早梅结青实,残樱落红珠。稚女弄庭果,嬉戏牵人裾。是日晚弥静,巢禽下相呼;喷喷护儿鹊,哑哑母子乌。岂唯云鸟尔,吾亦引吾雏。①

> 佐邑意不适,闭门秋草生。何以娱野性?种竹百余茎。见此溪上色,忆得山中情。有时公事暇,尽日绕栏行。勿言根未固,勿言阴未成。已觉庭宇内,稍稍有余清。最爱近窗卧,秋风枝有声。②

依照白居易的设想,官舍可以办理政事,也可以恣情休憩,世俗性的公务活动与休闲性的审美化生存并行不碍。于是,官舍成为白居易等舒卷性情的理想场所,成为既有社会担当又作超越之想的文人寄寓隐逸情

---

① ［唐］白居易:《官舍》,《白居易集》卷第八。
② ［唐］白居易:《新栽竹》,《白居易集》卷第九。

趣的诗意空间。在隐逸的精神内涵方面,"吏隐"与"中隐"颇为接近。

刘禹锡也将"吏隐"的处世态度落实到园林审美活动当中。刘禹锡贬谪连州期间,修整了唐肃宗时元结开凿的海阳湖,添置了亭台水榭十景。元结始作海阳湖,后来他又在此建立亭榭,但没有为亭榭取名。元和十年(815),刘禹锡再牧于连州,他对境怀人,并逐一把玩现有景致,揣其意而为之名,作"吏隐亭"于海阳湖壖。此地风景翠丽,苍苍凝霭,淙流瀑布,山势险绝,风景多变,颇具方外之趣:

> 天下山水,非无美好。地偏人远,空乐鱼鸟。谢公开山,涉月忘还。岂曰无娱,伊险且艰。溪山尤物,城池为伍。却倚佛寺,左联仙府。势拱台殿,光含厢庑。窈如壶中,别见天宇。石坚不老,水流不腐。不知何人,为今为古? 坚焉终泐,流焉终竭。不知何时,再融再结?[①]

这就是刘禹锡的"吏隐亭"。小小一亭,连结着方内与方外、历史与当下、有限与无限。游览者在亭中可以欣赏风景,也可以体味人生与世界的微妙关联。刘禹锡在诗文里不止一次提到"吏隐亭",可见其赏爱之深。刘禹锡还为之赋诗:"结构得奇势,朱门交碧浔。外来始一望,写尽平生心。日轩漾波影,月砌镂松阴。几度欲归去,回眸情更深。"[②]在此,"吏隐"不只是一处园林景观的名称,它寄寓着刘禹锡的处世态度,也传达着他的园林审美理想。

二、中隐哲学与园林的自适理想

在白居易、刘禹锡"中隐""吏隐"人生哲学与处世态度的影响下,中晚唐文人的精神世界发生了微妙而深层的变荡。这种变荡绝不是"安史之乱"这个历史事件所能解释清楚的。这里仅以中晚唐以来文人园林审美理想的变迁做些说明。

---

① [唐]刘禹锡:《吏隐亭述》,《刘禹锡集》卷第三十九。
② [唐]刘禹锡:《海阳十咏》,《刘禹锡集》卷第三十八。

作为物质形态存在的空间,不管园林的实际占地面积有多大,都毕竟只是有限的存在;作为精神形态存在的空间,园林可以说是无限的,它能满足人超越有限空间的精神需求。从性质来说,园林空间既有一定的公共性,又有一定的私密性,隋唐五代并没有出现公共空间与私密空间截然对立的现象。至少在白居易等园林美学家这里,园林空间的公共性与私密性是可以兼容的,而不是相互排斥或彼此取代的关系。白居易、刘禹锡提出"中隐""吏隐"的处世态度与隐逸理想,不是非此即彼的二元对立思维的产物,也没有重蹈儒家的中庸之辙。与这种隐逸理想更为契合的,是大乘佛教的般若空观。般若空观不落有无、不住两边的运思方式,在白居易、刘禹锡这里得到了落实,并被转化为出世即入世、存在即超越的生存智慧与处世态度,这是理解"中隐""吏隐"的精神实质以及园林自适理想的重要关节。

中晚唐以来文人园林的自适理想,是以适性为旨归,首先体现出对园林大小之见的破除。白居易自题小园:"不斗门馆华,不斗林园大;但斗为主人,一坐十余载。回看甲乙第,列在都城内;素垣夹朱门,蔼蔼遥相对。主人安在哉? 富贵去不回。池乃为鱼凿,林乃为禽栽。何如小园主? 拄杖闲即来。亲宾有时会,琴酒连夜开。以此聊自足,不羡大池台。"①园林地理空间的大小、物质条件的优劣,都没有成为白居易造园理想的关注点,他看重的是园林是否与园主的性情相通,园林能否生成审美意境,园林能否带来审美情趣。也就是说,园林的精神价值内涵远比它的审美形式显得重要。这都体现出自足自乐的审美情趣。② 白居易

①［唐］白居易:《自题小园》,《白居易集》卷第三十六。
② 美国学者宇文所安曾指出"拥有意识"(idea of possession, ownerness)在中唐诗人形成"独自认同"(singular identity)过程中的意义,在此基础上,杨晓山以此诗为例讨论中唐文人意识中的"法权拥有"(legalownership)、"经验拥有"(empiricaloenership)与"审美鉴赏"(aesthetic appreciation)。美国汉学界的这种解读为重新考察中唐以来思想文化史提供了新的方法与思路,但是他们在解读时现代西方文化意识太重,经常脱离中国思想文化史的历史现场,这就难以把握问题的实质。萧驰也认为,杨晓山等人以"法权意识"难以解释白居易何以得意于"小"园的心理(参见萧驰:《佛法与诗境》,第 194 页,北京:中华书局,2005 年)。这表明,美国学者们的相关讨论,其论证的方法论意义大于结论本身的学术价值。

说:"蠢蠕形虽小,逍遥性即均。不知鹏与鷃,相去几微尘?"①园林是文人颐养心性的极好场所,园林的妙意不在大小,而在于适性,在于能体验到逍遥的生活情趣。白居易的小园理想映现出大乘佛教破除大小分别之见的空观慧见。

园林如果"有意",能适合审美者的性情,就会触发自适的生命体验。白居易咏小池:"茅覆环堵亭,泉添方丈沼。红芳照水荷,白颈观鱼鸟。拳石苔苍翠,尺波烟杳渺。但问有意无,勿论池大小。门前车马路,奔走无昏晓;名利驱人心,贤愚同扰扰。善哉骆处士! 安置身心了。何乃独多君? 丘园居者少。"②白居易认为,园林"有意无,勿论池大小",关键不在园林面积的大小,也不在园林形式是否精美,它主要取决于园林精神的丰富程度以及审美境界的高低,取决于园林能否触发人的审美体验。

中晚唐以来园林自适的审美理想,还体现在质疑园林景观的远近之见等方面。隋唐五代园林美学认为,园林可以实现人游观世界的夙愿,从有限的空间获得无限的体验。柳宗元谪居永州期间,"以法华寺浮图之西临陂池丘陵,大江连山,其高可以上,其远可以望,遂伐木为亭,以临风雨,观物初,而游乎颢气之始"③。这表明,亭台的设置应以激发审美者的兴致为目的。柳宗元之所以陶醉于法华寺西亭,是因为这个亭台能让他观万物之生化,游宇宙之元气,获得极高极远的超越体验。文人建造亭台,既是为了休憩,又是为了从亭台这个特定的视角观望世界。所谓"以临风雨,观物初,而游乎颢气之始",就是这个意思。

园林的妙处,在于它能契合人的超越体验。《世说新语·言语》:"简文入华林园,顾谓左右曰:'会心处不必在远,翳然林水,便有濠、濮间想也,觉鸟兽禽鱼自来亲人。'"这种园林欣赏的会心意识在隋唐五代也不乏知音,独孤及论竹亭之趣就体现出相似的态度。他说:"夫物不感则性不动,故景对而心驰也。欲不足则患不至,故意惬而神完也。耳目之用

①［唐］白居易:《闲园独赏》,《白居易集》卷第三十二。
②［唐］白居易:《过骆山人野居小池》,《白居易集》卷第八。
③［唐］柳宗元:《法华寺西亭夜饮赋诗序》,《柳宗元集》卷二十四。

系于物,得丧之源牵于事,哀乐之柄成乎心。心和于内,事物应于外,则登临殊途,其适一也。何必嬉东山,禊兰亭,爽志荡目,然后称赏?"①独孤及认为,园林有大小之分,道机有广狭之别,如果能寓目放神,顺乎性情之适而忘筌蹄,则可足不出户庭而适意自得。园林境界追求的是山水的性情,其精神并非现实生活里的真实山水可以替代。趋近而舍远,同样是突破此在的制约,在有限中体验无限,这也是中晚唐以来园林自适理想的重要内涵。

从有限的园林空间体验无限的宇宙之道,在心性的闲适之上做超越的工夫。这种现象在中晚唐以来的园林审美领域极为普遍:

> 高馆临澄陂,旷然荡心目。澹荡动云天,玲珑映墟曲。鹊巢结空林,雊雉响幽谷。迎接无闲暇,徘徊已踯躅。②

> 静得亭上境,远谐尘外踪。凭轩东好望,鸟灭山重重。竹露冷烦襟,杉风清病容。旷然宜真趣,道与心相逢。即此可遗世,何必蓬壶峰。③

> 惠施徒自学多方,谩说观鱼理未长。不得庄生濠上旨,江湖何以见相忘。④

> 水竹色相洗,碧花动轩楹。自然逍遥风,荡涤浮竞情。霜落叶声燥,景寒人语清。我来招隐亭,衣上尘暂轻。⑤

这都表明,隋唐五代园林的审美理想已经不在物理空间的广阔,也不太讲究景观设置的奢华,而看重园林审美者的陶然心性与超然精神。高情浪海岳,浮生寄天地。这种超越世俗生存理想而体味园林之道的理路,显示出由追求无限空间逐渐转向对有限空间的把玩,从对无限境界

---

① [唐]独孤及:《卢郎中浔阳竹亭记》,《全唐文》卷三八九。
② [唐]王维撰,[清]赵殿成笺注:《晦日游大理韦卿城南别业四首》其四,《王右丞集笺注》卷之四。
③ [唐]白居易:《题扬颖士西亭》,《白居易集》卷第五。
④ [唐]陆希声:《阳羡杂咏十九首·观鱼亭》,《全唐诗》卷六八九。
⑤ [唐]孟郊:《旅次洛城东水亭》,《全唐诗》卷三七六。

的追求逐渐转向对有限存在的眷恋。这是中晚唐以来文人园林突出的审美特征。那么,导致这种园林审美理想转变与审美特征出现的原因何在?

"安史之乱"以后,政治环境紊乱,经济发展受阻,社会动荡不安,这都是导致园林审美理想转变与审美特征出现的原因。此外,中唐以来哲学、思想与文化等方面的原因也不容忽视,其中道教文化与佛教禅宗、华严宗教理的广泛传播就对文人园林审美理想的形成有过直接的影响。唐代道教文化兴盛,佛教禅宗、华严宗崛起,特别是六祖慧能之后,南宗禅法遍及天下,对于文人的价值取向、生命信念、审美理想等产生过多方面的影响。中晚唐以来的道教文化与佛教禅宗、华严宗都出现了向内转的心性超越路向,既以大乘佛教不住有无、不落两边的般若空观运思,又反复宣扬道不外求,即心即佛,这都为中国人在有限的存在中体验无限的意趣提供了思想支持。

这种向内转的心性超越路向在中晚唐以来的园林美学界有直接的体现。下面主要以白居易、李德裕、司空图的园林美学加以说明:

> 十亩之宅,五亩之园:有水一池,有竹千竿。勿谓土狭,勿谓地偏;足以容膝,足以息肩。有堂有庭,有桥有船;有书有酒,有歌有弦。有叟在中,白须飘然;识分知足,外无求焉。如鸟择木,姑务巢安;如龟居坎,不知海宽。灵鹤怪石,紫菱白莲:皆吾所好,尽在我前。时饮一盃,或吟一篇。妻孥熙熙,鸡犬闲闲。优哉游哉!吾将终老乎其间。①
>
> 五岳径虽深,遍游心已荡。苟能知止足,所遇皆清旷。②
>
> 构不盈丈,然遽更其名者,非以为奇。盖量其材,一宜休也。③

中晚唐以来,文人园林的审美理想已经发生了较大的转变,即不太

---

① [唐]白居易:《池上篇》,《白居易集》卷第六十九。
② [唐]李德裕:《春暮思平泉杂咏二十首·自叙》,《全唐诗》卷四七五。
③ [唐]司空图:《休休亭记》,《全唐文》卷八〇七。

计较园林建筑面积的大小,也不太注重园林自然景物的经营,而更多地将园林作为人的精神寄寓之所。文人园林有如一叶扁舟,载着园林审美者在浩渺无涯的幻海中遨游,又使人感受到生命的踏实、心灵的沉静与存在的快乐。在白居易、李德裕、司空图等园林美学家看来,园林虽小,却具五湖之趣,足资吟风弄月,且无跋涉沧海之险。

无论是白居易之池、李德裕的平泉山庄,还是司空图的休休亭,都流露出知足无求、各尽其性的生活理想。这种生活理想在园林审美领域被转化为知足自乐的审美理想。这种审美理想在中晚唐园林思想界得到了呼应。如,徐铉自题山亭:"簪组非无累,园林未是归。世喧长不到,何必故山薇。小舫行乘月,高斋卧看山。退公聊自足,争敢望长闲。"①皎然咏苕溪草堂:"道人知止足,盥漱聊自适。"②徐铉看重"自足",皎然主张"自适",与白居易、李德裕、司空图等园林美学家知足自乐的审美理想是一致的。这种自适的园林审美理想是中晚唐文人审美情趣的反映,随着时代的发展,自适的园林审美理想逐渐发展成为中国文人园林的主流审美情调。

---

① [唐]徐铉:《自题山亭三首》,《全唐诗》卷七五五。
② [唐]皎然:《苕溪草堂自大历三年夏新营泊秋及春……四十三韵》,《全唐诗》卷八一六。

第九章 休闲文化与审美

隋唐五代宗教兴盛，艺术繁荣，这个时期的休闲文化也极为发达。隋唐五代人在休闲活动中融入了诗意，使之具有了审美的意味。闲适的审美情调在休闲文化领域得到了集中的展现。

隋唐五代休闲文化继承了魏晋南北朝以来个体生命觉醒的传统，又发展了此前儒道两家的休闲理论，并针对具体的休闲活动进行审美层面的观照，同时又以超功利的心境参与休闲活动，因而形成了较为发达而系统的休闲文化。

陆羽《茶经》是唐代休闲文化的突出代表。陆羽茶学的贡献在于，它为品茶休闲活动提供了一个意蕴丰富的审美领域，使中国人的品茶行为具有更为深厚的人文底蕴，具备更多品味历史与感悟人生的形而上意味，这对中晚唐以来中国人审美情调的形成有着不可忽视的作用。

中晚唐赏玩界普遍出现的审丑/审怪之风是一种新的审美风尚，这种审美风尚拓宽了中国人的审美经验，使得中国人的美感结构更为全面、合理。这是它的一个比较突出的成就。

隋唐五代休闲文化更大的成就在于，它将平凡人生诗意化，将日常生活审美化，将休闲娱乐活动转化为审美活动，这些审美活动不只是指审美鉴赏活动，它还包括审美创造活动。同时，隋唐五代休闲文化也能为当代休闲文化建设提供富有美学价值的思想资源。

第一节　生活休闲

生活休闲是指日常生活领域的休闲活动。在隋唐五代，生活休闲的范围广泛，类型众多，文人雅集、对酒当歌、品茶、观棋等，难以胜数。隋唐五代文人在观照田园生活时，也流露出审美休闲的意趣。

一、文人雅集

文人雅集是中国文人之间社交活动的简称，又称宴集或燕集。这是古人以宴集或聚会等方式进行的集体性休闲活动，文人雅士借助诗酒助兴，交游酬唱，彼此娱乐，在轻松和谐的气氛中交流思想，增进友谊。文人雅集在隋唐五代颇为盛行，很多诗文都记述过当时的雅集盛况：

> 暮春嘉月，上巳芳辰。群公禊饮，于洛之滨。奕奕车骑，粲粲都人。连帷竞野，袨服缛津。青郊树密，翠渚萍新。今我不乐，含意未申。[①]

> 高贤侍天陛，迹显心独幽。朱轩鹜关右，池馆在东周。缭绕接都城，氤氲望嵩丘。群公尽词客，方驾永日游。朝旦气候佳，逍遥写烦忧。绿林蔼已布，华沼澹不流。没露摘幽草，涉烟玩轻舟。圆荷既出水，广厦可淹留。放神遗所拘，觥罚屡见酬。乐燕良未极，安知有沉浮。醉罢各云散，何当复相求。[②]

> 春泉鸣大壑，皓月吐层岑。岑壑景色佳，慰我远游心。暗芳足幽气，惊栖多众音。高兴南山曲，长谣横素琴。[③]

> 棠棣闻馀兴，乌衣有旧游。门前杜城陌，池上曲江流。暇日尝

[①] ［唐］陈子昂：《三月三日宴王明府山亭》，《陈子昂集》补遗。
[②] ［唐］韦应物：《贾常侍林亭燕集》，《全唐诗》卷一八六。
[③] ［唐］宋之问：《夜饮东亭》，《全唐诗》卷五一。

繁会,清风咏阻修。始知西峙岳,同气此相求。①

这种文人雅士之间的交游活动,处处洋溢着社会美的氛围,宴集因而成为生活休闲的重要方式。有美景可赏,有秀色可餐,有美味可品,有蔬果可尝,有美酒可饮,有名篇可颂。烦疴消散,嘉宾满堂。逍遥赏池阁,清风涤烦想。衔花鸟赴群,忘形欢终夕。神情欢悦,便有凌风翱翔之想。群彦盛会,始作促膝交心之谈。

文人雅集作为一种社会性的群体交谊活动,可以分为很多类型,并不是所有的雅集活动都具有休闲性质,文人雅集要成为审美休闲活动,或者说,要想在雅集活动中营造美的氛围,生成美的体验,必须具备以下三个条件。

首先,文人宴集多讲究环境的清幽或风景的秀美,因为这样的交游环境有助于文人审美兴致的触发。

其次,参加雅集的文人应具一份闲情,也就是应有闲适的心境或生活的情趣,具备超越功利生存状态,不为世俗礼教所缚的审美态度。

再次,参加雅集的文人最好是彼此熟悉的知心好友,或者是性情相近、志趣相投的新交,这样彼此能够找到共同关心的话题,有大致接近的价值观念与生活情调,有乐意与他人交流的心理诉求。

具备了这三个条件,文人雅集才会成为人们的精神交流活动,才有休闲的氛围可言,才有审美体验的生成。

文人雅集,最为人称道的是朋友之间的清兴,而不是歌舞升平或纸醉金迷的豪奢宴饮。元结有宴会诗:"我从苍梧来,将耕旧山田。踟蹰为故人,且复停归船。日夕得相从,转觉和乐全。愚爱凉风来,明月正满天。河汉望不见,几星犹粲然。中夜兴欲酣,改坐临清川。未醉恐天旦,更歌促繁弦。欢娱不可逢,请君莫言旋。"②隋唐五代文人的月夜清宴,不同于世俗集会时的休闲活动,这种文人雅士之间的清兴,不像达官贵人

---

① [唐]张九龄:《和韦尚书答梓州兄南亭宴集》,《全唐诗》卷四八。
② [唐]元结撰,孙望编校:《刘侍御月夜宴会并序》,《新校元次山集》卷第三。

宴会那样奢靡铺排，它看重的是心灵之间的真诚交流，这是文人雅士淡泊心襟、通达性情以及知音诉求的体现。

二、对酒当歌

酒与中国人的生活有着不解之缘。酒也是文人雅集必不可少的助兴之物。对酒当歌，及时行乐，有一种纵浪大化的生命情调。李白放声高歌：

> 君不见黄河之水天上来，奔流到海不复回。君不见高堂明镜悲白发，朝如青丝暮成雪。人生得意须尽欢，莫使金樽空对月。天生我材必有用，千金散尽还复来。烹羊宰牛且为乐，会须一饮三百杯。岑夫子，丹丘生，进酒君莫停。与君歌一曲，请君为我侧耳听。钟鼓馔玉不足贵，但愿长醉不用醒。古来圣贤皆寂寞，惟有饮者留其名。陈王昔时宴平乐，斗酒十千恣欢谑。主人何为言少钱，径须沽取对君酌。五花马，千金裘，呼儿将出换美酒，与尔同销万古愁。①

李白有"酒中仙"之雅号，他是深解生命意义的达悟之人。他珍惜春光，珍惜兄弟之亲、朋友之情，珍惜美好的人生，因而主张与友人及时行乐，感受当下的现世生活。及时行乐往往被现代人理解为纵欲、颓废、玩世不恭，并被归为负面的、消极的人生态度。其实，这种评价并不完全适合中国古人，难以领会文人雅集的真意，至少难以排除某种程度的误解。及时行乐不是醉生梦死，纸醉金迷，它是中国人面向幻化人生的深情回应，是一种张扬生命活力的休闲心境，是指人在富于包孕性的片刻拥有无限的精神自由。及时行乐是适时而行的自我放松，是适可而止的心灵解脱，并非时时纵乐，也非处处作乐。开怀畅饮，常是中国人及时行乐的催化剂，李白的兄弟之欢即是如此。借一杯忘情酒，浇一番心头意。在瞬刻的放松与解脱当中，使精神复归自由与逍遥，从而品味人生的妙趣，

---

① ［唐］李白：《将进酒》，《李太白全集》卷之三。

聆听心灵深处最为真实的呼唤。

对酒当歌可以行乐，还足以全真。皮日休嗜酒，虽行止穷泰，非酒不能自适。他居住在襄阳鹿门山，山税之余，倾心酝酿，终年荒醉，自戏为"醉士"，并作《酒箴》以自娱："酒之所乐，乐其全真。宁能我醉，不醉于人。"①连壶千杯饮，涤荡万古愁。这是酒之德，也是酒之功。魏晋风流常以酒来成全，隋唐五代文人也多借酒全真。全真是指从尘世的生存状态解脱出来，显现人的本源真性。

文人雅集是以文会友的重要方式。文人雅集总是与文人雅士们的审美活动联系在一起的。独孤及谈到："每舞雩咏归，或金谷文会，曲水修禊，南浦怆别，新声秀句，辄加于常时一等，才钟于情故也。"②这篇序言提到的"文会""修禊"，都是隋唐五代很有代表性的文人雅集活动。

先说"修禊"。修禊本来是中国上古时期流传下来的传统风俗。殷周以降，巫觋遗风犹存，禊即其一。修禊一般由女巫主持，于三月上巳日在江边沐浴，除灾以祈福。《周礼·春官》："女巫掌岁时，衅浴除衅俗。"汉代应劭《风俗通义》将禊列为祀典，并将"禊"规定为"洁也"。依照这种风俗，春天万物复苏，人最容易生病，于是古人通过修禊的方式洗濯预防，或借此治疗疾病，修禊活动因而具有除灾祈福的仪式性。后来，修禊除灾祈福的性质逐渐淡化，它逐渐演变成为文人学士、社会名流之间的集体性社交活动。修禊活动在中国文化史上留下过很多佳话，特别是书坛风流"兰亭修禊"。东晋永和九年三月三日，王羲之和谢安、孙绰等四十余人在浙江山阴的兰亭举行修禊盛会。据文献记载，当时他们在兰亭聚会，大家分坐于曲水之旁，一边尽性痛饮，一边即兴赋诗。王羲之兴致尤高，即兴创作了《兰亭集序》这"天下第一行书"。此后，文人雅士们举行或参与修禊活动，多少都会受到书圣遗风的熏陶。到了隋唐五代，文人雅集有时就是通过修禊这种古老而又常新的社交活动展开的。

---

① 〔唐〕皮日休：《酒箴》，《全唐文》卷七九七。
② 〔唐〕独孤及：《唐故左补阙安定皇甫公集序》，《全唐文》卷三八八。

再说"文会"。文会与修禊相似,也是隋唐五代流行的集体性社交休闲活动。由于它不受具体季节或时间的影响,这种活动的普遍性更为明显。文会成为人们交流情感,开展审美活动,进而生成美感体验的休闲方式。这种"士君子以文会友,缘情放言"①的休闲方式,更为接近审美活动的性质,因而受到权德舆等的推重:

> 暮春三月,时物具举。先师达贤,或风于舞雩,或禊于兰亭。所以畅性灵,涤劳苦,使神王道胜,冥夫天倪。吾徒束支体于府署,以簿书为莘栀有日矣,故因休沐之暇,考近郊之胜。郭北五里有古龙沙,龙沙北下有州人秀才熊氏清风亭。盖故容州牧戴幼公、前仓部郎萧元植贤熊氏之业文,尚兹境之幽旷,合资以构之,创名以识之,五年矣。初入环堵,中有琴书,披筵踯石,忽至兹地。鄱、章二江,分派于趾下;匡庐群峰,极目于枕上。或澄波净绿,相与无际;或孤烟归云,明灭变化。耳目所及,异乎人寰。志士得之为道机,诗人得之为佳句,而主人生于是,习于是,其修身学文,固加于人一等矣。②

在权德舆看来,文会是一种高雅的休闲活动,它具有丰富的审美意蕴。以文会友,有优美风景可赏,有佳肴美味助兴。人从单调乏味的世俗生活中超脱出来,极目望远,放心开怀,借助文会以"畅性灵,涤劳苦",通过雅集以洗烦襟,净心尘。假如参加文会的朋友兴致很高,交游甚欢,就很有可能体验到审美创造的愉悦。名篇佳句,信手偶得,美文丽藻,出口成章。花鸟自来亲人,百虑顿然俱忘。这都是文人雅集常见的审美体验。

三、品茶

作为一种休闲活动,品茶也同样不能缺乏闲适的心境。晚唐高士陆龟蒙,别号天随子、江湖散人,对此深有体会。他说:"闲临静案修茶品,

---

① [唐]权德舆:《唐使君盛山唱和集序》,《全唐文》卷四九〇。
② [唐]权德舆:《暮春陪诸公游龙沙熊氏清风亭诗序》,《全唐文》卷四九〇。

独旁深溪记药科。从此逍遥知有地,更乘清月伴君过。"①心境闲适,心襟淡泊,才能领略茶道的妙意。唐人嗜好品茶,也善于对品茶活动进行理论思考,这些理论思考蕴含着丰富的休闲文化内涵。

文人雅集不必都是饮酒作乐,也有以清雅为重者,不妨称之为"清赏"。吕温对茶宴的记述就属于这种情况:"三月三日,上巳祓饮之日也。诸子议以茶酌而代焉。乃拨花砌,憩庭阴,清风遂人,日色留兴。卧指青霭,坐攀香枝,闲莺近席而未飞,红蕊拂衣而不散。乃命酌香沫,浮素杯,殷凝琥珀之色,不令人醉,微觉清思。虽五云仙浆,无复加也。"②如果将这种茶宴与那些开怀畅饮的雅集活动稍作比较,就会发现这两种雅集方式在社交氛围、审美情趣等方面差异很大。茶宴以素淡为尚,是一种清思流溢的"尘外之赏",别有一番文雅风韵。

白居易常以茶会友。幽淡清茶,远离奢华,能敞开生命之间的彼此关联。元和十二年(817),白居易时任九江司马,清明节刚过,好友李宣寄来新茶,白居易甚为欣喜,于是作茶答谢:"坐酌泠泠水,看煎瑟瑟尘;无由持一碗,寄与爱茶人。"③白居易以"爱茶人"自居,表明他对清赏的心许。皎然夜间与友人集会,一起品茶,并将品茶休闲的意义照亮。他说:"晦夜不生月,琴轩犹为开。墙东隐者在,淇上逸僧来。茗爱传花饮,诗看卷素裁。风流高此会,晓景屡裴回。"④以茶会友,是指文人雅士之间以茶相赠或一起品茗的雅集活动。以茶会友同样需要超越单调乏味的世俗生活,以全新的心境与人进行深层次的精神交流。

隋唐五代是中国茶文化发展史上的重要阶段。这个阶段品茶之风盛行,留下了很多品茶咏茶的诗文名句,同时也涌现出陆羽、卢仝等著名的茶学专家。隋唐五代的品茶休闲活动丰富了中国人的美感经验,也触及到诸如茶艺的功能、品茶的精神体验以及与茶道茶艺相关的休闲理

---

① [唐]陆龟蒙:《和袭美冬晓章上人院》,《全唐诗》卷六二六。
② [唐]吕温:《三月三日茶宴序》,《全唐文》卷六二八。
③ [唐]白居易撰,顾学颉校点:《山泉煎茶有怀》,《白居易集》卷第二十。
④ [唐]皎然:《晦夜李侍御萼宅集招潘述、汤衡、海上人饮茶赋》,《全唐诗》卷八一七。

论。下面将逐一简要介绍。

品茶之功。与探讨诗文、琴棋书画等的功能相似，品茶的功用也引起过历代茶学专家的重视。茶与酒都是中国文人的休闲之助，但它们的功用完全不同。唐人施肩吾讲得很精妙："茶为涤烦子，酒为忘忧君。"①可谓一语道破饮酒与茶道之天机。陆羽《茶经》曾引《神农·食经》："茶茗久服，令人有力，悦志。"这则引文指出品茶有畅人心志之功。陆羽虽是引用，也可见出他对这种说法的认同态度。

在苏州时，皮日休与陆龟蒙引为知己，二人相互唱和，世有"皮陆"之称。他们都很关注茶文化，有品茶之雅赏。陆龟蒙作有《奉和袭美茶具十咏》，皮日休则有《茶中杂咏》，这些诗句很能传达他们的高情逸致。陆龟蒙有诗："闲来松间坐，看煮松上雪。时于浪花里，并下蓝英末。倾余精爽健，忽似氛埃灭。不合别观书，但宜窥玉札。"②陆龟蒙描绘了一种清雅脱俗的品茶氛围，这种氛围往往是实现品茶之功的必要条件。晚唐诗人李群玉也说："滩声起鱼眼，满鼎漂清霞。凝澄坐晓灯，病眼如蒙纱。一瓯拂昏寐，襟鬲开烦拏。"③晚唐诗僧多嗜茶，皎然、齐己等都有品茶佳作。"茶僧"皎然有句："赏君此茶祛我疾，使人胸中荡忧栗。"④由陆龟蒙、李群玉、皎然的品茶体验可知，他们都强调品茶能清心洗尘，去烦忘忧。这是中晚唐文人对品茶之功的基本看法。

从休闲文化与审美活动的关系讲，品茶活动能让人获得多层次的愉悦体验。品茶休闲生成的愉悦体验主要包括五个层次。

一是茶色之美。这里说的茶色之美是指茶叶绿意可人，同时，唐人品茶又常将茶色美与茶叶漂浮不定的形态美联系起来。钱起说："玄谈兼藻思，绿茗代榴花。岸帻看云卷，含毫任景斜。"⑤张文规咏新茶："凤辇

---

① ［唐］施肩吾：《句》，《全唐诗》卷四九四。
② ［唐］陆龟蒙：《奉和袭美茶具十咏·煮茶》，《全唐诗》卷六二〇。
③ ［唐］李群玉：《龙山人惠石廪方及团茶》，《全唐诗》卷五六八。
④ ［唐］皎然：《饮茶歌送郑容》，《全唐诗》卷八二一。
⑤ ［唐］钱起：《过长孙宅与朗上人茶会》，《全唐诗》卷二三七。

寻春半醉回,仙娥进水御帘开。牡丹花笑金钿动,传奏吴兴紫笋来。"①文人常以舒卷不定的云朵,或身姿婀娜的仙娥,或艳丽可人的牡丹,或碧粉散作绿花,或香嫩可口的紫笋等意象来描绘茶叶的形态之美。茶色之美是品茶的第一层愉悦体验。

二是茶气之香。品茶能观茶色之美,也能闻茶气之香。一瓯香茗,清气弥漫,飘诸天外,品茶者的心思也如轻烟浮云,顺风而上,品茗之间,顿感劳累尽消,尘网渐远,机心自灭。李德裕咏茶:"碧流霞脚碎,香泛乳花轻。六腑睡神去,数朝诗思清。"②善于品茶者还将香灵的嫩芽称为草中英华,经过精心的制作,围坐寒炉,对雪而茗。在有清兴的文人看来,品茶比饮酒更能体现志趣的超然,绿花片片,化作香云阵阵。这是正式品茶之前的心理期待,也是品茶的第二层愉悦体验。

三是茶味之珍。中国古代有着丰富的味觉审美体验,这种体验在隋唐五代品茶休闲活动中也普遍存在。施肩吾说:"越碗初盛蜀茗新,薄烟轻处搅来匀。山僧问我将何比,欲道琼浆却畏嗔。"③唐人品茶诗文常以"琼浆""甘露""乳汁"等味觉愉悦体验形容茶味之珍。新茶洁水,如法烹制,其味鲜美,荡人心魂。人的美感结构是多层次的,味觉愉悦不等于精神愉悦,但味觉愉悦是审美愉悦的重要层次。这是品茶的第三层愉悦体验。

四是茶性之洁。在善于品茶的隋唐五代人眼里,茶性的洁净与心性的高洁相通。韦应物说:"洁性不可污,为饮涤尘烦。此物信灵味,本自出山原。"④茶之所以洁,因其出身山野,长在咫尺丹崖之间。茶受清露滋润,凝为精华,远离尘染,带有一份仙气。采茶者常在清晨出发,采掇灵芽。茶的形态圆方奇丽,宛如无瑕之璧。品茶还能涤虑发真照,还源荡昏邪。可见,茶从生长、采摘、烹制,直到品茗玩味,整个过程都离不开其

①〔唐〕张文规:《湖州贡焙新茶》,《全唐诗》卷三六六。
②〔唐〕李德裕:《故人寄茶》,《全唐诗》卷四七五。
③〔唐〕施肩吾:《蜀茗词》,《全唐诗》卷四九四。
④〔唐〕韦应物:《喜园中茶生》,《全唐诗》卷一九三。

洁净的天性。在这些文人雅士看来,好酪不如好茗,品茗以素淡之性与人的味觉相连。这是品茶的第四层愉悦体验。

五是茶德之俭。细心品茗,还能由以上四层愉悦体验感受到茶德之俭。茶德以俭为主,这是一种节制的美德,见出品茶者心境的虚寂无为,其品格接近道禅精神。依照陆羽的说法,茶是南方之嘉木,以野生者为上,园植者次之,"茶之为用,味至寒,为饮最宜精行俭德之人"[①]。品茶可以解渴,去闷,清脑,明目,调节四肢,舒畅身心,品四五啜,可与醍醐、甘露比美。呵护生命,是茶之大道,也是品茶之大用。顾况说:"滋饭蔬之精素,攻肉食之膻腻,发当暑之清吟,涤通宵之昏寐。"[②]志性高洁之士独好茶果燕饮,绝去盛馔珍馐,这既是节俭的品行,又是对生命真性的护持。节俭的茶道传承着澹然质朴的美德,也流露出不为世俗物欲沾滞的空明之心。所以说,唐人推重的茶道茶境,是一种生命的清供。这是品茶的第五层愉悦体验。

茶之德还体现在,品茶总是与隐逸的人格理想相关。陆羽,字鸿渐,号桑苎翁、竟陵子,幼年托身佛寺,生卒不详。他学问渊博,善诗文,淡泊功名。"安史之乱"期间,陆羽隐居浙江苕溪。陆羽嗜茶,有《茶经》三卷,这是中国茶文化史上的经典之作。陆羽志趣高洁,不甘流俗,特立独行,常扁舟往来于山寺之间,与名僧高士谈宴永日。他熟读佛经,善吟古诗,杖击林木,手弄流水,往往兴尽而归,楚地故人谓之"今之接舆"[③]。接舆是上古名士,陆羽有接舆之称,足见其性情之疏放。后人尊陆羽为"茶神""茶仙",这些尊称肯定了陆羽《茶经》对于推广茶文化的历史贡献,又与后人尊崇他疏野狂放、不拘流俗的性情有关。在某种意义上,茶多少带有隐逸的文化内涵。品茶清赏,也就成为对隐逸闲放人格的认同。

当然,在有些品茶者那里,品茶时生成的愉悦体验可能是复合型的,而不是单一性的。很多诗人都善于描述其品茶体验,常常展现出色、香、

---

① ［唐］陆羽:《茶经》,《一之源》,左氏《百川学海》第二十八册壬集中。
② ［唐］顾况:《茶赋》,《全唐文》卷五二八。
③ ［唐］陆羽:《陆文学自传》,《全唐文》卷四三三。

味、性、德俱全的美感世界。如,刘禹锡品茶有歌:

> 山僧后檐茶数丛,春来映竹抽新茸。宛然为客振衣起,自傍芳丛摘鹰嘴。斯须炒成满室香,便酌砌下金沙水。骤雨松声入鼎来,白云满盌花徘徊。悠扬喷鼻宿醒散,清峭彻骨烦襟开。阳崖阴岭各殊气,未若竹下莓苔地。炎帝虽尝未解煎,桐君有箓那知味?新芽连拳半未舒,自摘至煎俄顷余。木兰坠露香微似,瑶草临波色不如。僧言灵味宜幽寂,采采翘英为嘉客。不辞缄封寄郡斋,砖井铜炉损标格。何况蒙山、顾渚春,白泥赤印走风尘。欲知花乳清泠味,须是眠云跂石人。①

刘禹锡的这首茶歌蕴含着多重品茶体验。这种色、香、味俱全,意蕴丰富的品茶体验,在隋唐五代诗文中还有不少。元稹有首茶诗很有意思:

茶

香叶　　嫩芽

慕诗客　　爱僧家

碾雕白玉　　罗织红纱

铫煎黄蕊色　　碗转麹尘花

夜后邀陪明月　　晨前命对朝霞

洗尽古今人不倦　　将知醉后岂堪夸②

从诗歌体式而言,这是一首宝塔诗。这首宝塔诗的形式美感与诗歌传达的品茶体验达到了高度的统一。流华净肌骨,疏瀹涤心源。品茶休闲营造的香洁氛围令人心静神定,而这首宝塔诗则将品茶后心灵的超越飞升体验微妙地呈现出来了。

唐人嗜茶好饮,认为茶禀天地之灵气,得造化之精华,斗室静几,开

---

① [唐]刘禹锡:《西山兰若试茶歌》,《刘禹锡集》卷第二十五。
② [唐]元稹:《一字至七字诗·茶》,《全唐诗》卷四二三。

卷品茗,滋润身心,怡情养性。温庭筠有茶歌:"乳窦溅溅通石脉,绿尘愁草春江色。涧花入井水味香,山月当人松影直。仙翁白扇霜鸟翎,拂坛夜读黄庭经。疏香皓齿有余味,更觉鹤心通杳冥。"[①]煮茶宛若炼丹,品茗恰似修禅,同样是滋养心性的妙具。李白嗜酒,这是众所周知的事实,李白也好茶,这一点却少有人提起。李白咏茶:"常闻玉泉山,山洞多乳窟。仙鼠如白鸦,倒悬清溪月。茗生此中石,玉泉流不歇。根柯洒芳津,采服润肌骨。丛老卷绿叶,枝枝相接连。曝成仙人掌,似拍洪崖肩。"[②]对于李白等深受道教文化滋养的文人雅士来说,茶同样是仙丹灵药,品茶则成为他们修道成真的重要法门。

通过品茶休闲活动,隋唐五代人切实体验到了生活的情趣。他们还注意总结品茶经验,并对品茶休闲活动进行理性的思考,这都丰富了品茶休闲的理论内涵。卢仝、皎然、陆羽等的品茶境界理论尤为重要。

"七碗茶"是卢仝提出来的品茶境界理论。卢仝(约795—835),号玉川子,一生嗜茶成癖。卢仝在隋唐五代茶文化史上的地位仅次于陆羽,他有一段关于品茶境界的描述,这就是精彩的"七碗茶"之说:

> 摘鲜焙芳旋封裹,至精至好且不奢。至尊之余合王公,何事便到山人家。柴门反关无俗客,纱帽笼头自煎吃。碧云引风吹不断,白花浮光凝碗面。一碗喉吻润,两碗破孤闷。三碗搜枯肠,唯有文字五千卷。四碗发轻汗,平生不平事,尽向毛孔散。五碗肌骨清,六碗通仙灵。七碗吃不得也,唯觉两腋习习清风生。蓬莱山,在何处。玉川子,乘此清风欲归去。山上群仙司下土,地位清高隔风雨。安得知百万亿苍生命,堕在巅崖受辛苦。便为谏议问苍生,到头还得苏息否。[③]

卢仝描述的"七碗茶"的工夫,实际上是指品茶的七重愉悦体验,也

---

① [唐]温庭筠:《西陵道士茶歌》,《全唐诗》卷五七七。
② [唐]李白:《答族侄僧中孚赠玉泉仙人掌茶》,《李太白全集》卷之十九。
③ [唐]卢仝:《走笔谢孟谏议寄新茶》,《全唐诗》卷三八八。

可看做是品茶的七种境界。饮第一碗茶,能使身体舒服,获得生理愉悦。饮第二碗茶,能排解心中郁结,使得心神舒畅。饮到第三碗,人的审美感兴被激发出来,下笔如有神助。饮到第四碗,则能涤荡心中不平之事。五碗清人魂,六碗通神灵,七碗则道遥自在,飘然欲仙。随着品茶火候的加深,心灵体验变得越来越丰富,品茶境界则越来越微妙,七碗下来,不觉有宛若升仙之感。在日常品茶活动中,由于品茶者兴趣、性情、心境等的差异,同一茶会,各自获得的愉悦体验或者说品茶境界可能差异很大。有人虽然品茶,但因性不嗜茶,或品茶时心境不佳,就只可能浅尝辄止,难以体味茶道的情趣。倘若与茶素有夙缘,或天机甚高,则有可能体验到茶道的更高境界。崔道融说:"瑟瑟香尘瑟瑟泉,惊风骤雨起炉烟。一瓯解却山中醉,便觉身轻欲上天。"[1]这种飘然欲仙的体验,就是卢仝描述的第七碗茶的境界。它被推为最高的品茶境界。

"三饮"说则是皎然品茶理论的发现。皎然有品茶歌:"越人遗我剡溪茗,采得金牙爨金鼎。素瓷雪色缥沫香,何似诸仙琼蕊浆。一饮涤昏寐,情来朗爽满天地。再饮清我神,忽如飞雨洒轻尘。三饮便得道,何须苦心破烦恼。此物清高世莫知,世人饮酒多自欺。愁看毕卓瓮间夜,笑向陶潜篱下时。崔侯啜之意不已,狂歌一曲惊人耳。孰知茶道全尔真,唯有丹丘得如此。"[2]皎然提出的"三饮"说也是一种品茶境界理论。在精神内涵方面,它接近卢仝"七碗茶"的工夫。他借茶悟道,以此作为最高的品茶境界。皎然还将"茶道即尔真"作为丹丘生的修道成真法门。

品茶可以助兴。审美活动的开展离不开感兴的助力,以灵感为内驱力的诗歌创造尤其如此。品茶有医疗之功,也有助兴之力。茶爽添诗句,天清莹道心。茶兴与诗兴总是被唐人相提并论。薛能说:"茶兴复诗心,一瓯还一吟。"[3]这表明,茶兴不离诗兴,品茶休闲与审美活动关系密

---

[1] 〔唐〕崔道融:《谢朱常侍寄贶蜀茶、剡纸二首》其一,《全唐诗》卷七一四。
[2] 〔唐〕皎然:《饮茶歌诮崔石使君》,《全唐诗》卷八二一。
[3] 〔唐〕薛能:《留题》,《全唐诗》卷五六〇。

切。曹邺咏茶:"碧沈霞脚碎,香泛乳花轻。六腑睡神去,数朝诗思清。"①
茶为百草之灵,闻之清心,品之爽口。茶之为物,功莫大焉,诗人饮之,以
为诗兴之助,禅师品之,以为禅修之功。唐人在品茶休闲活动中融入了
诗意,使之具有了审美的意味。

　　隋唐五代品茶理论拓展了品茶文化的内涵,将普通的品茶活动置于
意蕴丰富的日常生活审美领域,提升了品茶休闲文化的人文境界。陆羽
说:"饮啄以活,饮之时义远矣哉! 至若救渴,饮之以浆;蠲忧忿,饮之以
酒;荡昏寐,饮之以茶。"②陆羽的《茶经》虽然不是一部专门的美学著作,
他也没有提出系统的休闲理论,但是,陆羽引述了很多与茶文化相关的
历史掌故、神仙传说、诗文吟唱、奇闻逸事。③ 陆羽大量列举与品茶活动
有关的人物,并试图勾勒出他们的精神谱系,提升品茶休闲活动的历史
文化底蕴。陆羽引述的这些传说、典故、诗文内涵丰富,涉及品茶的解闷
清神功能、茶的尚朴品德,品茶的余味,很值得玩味,如引用华佗《食论》
"苦茶久食益意思"一语,就拓宽了品茶活动的意境。陆羽《茶经》最大的
贡献在于,他为中国人的品茶活动提供了一个意蕴丰富的审美领域,使
得品茶休闲具备了深厚的文化根基。《茶经》对于中晚唐以来中国人审
美情调的形成也产生过不可忽视的影响,它拓宽了中唐以来审美活动的
领域,使中国人的品茶休闲活动更多地具有品味历史与感悟人生的形而
上意味。

① [唐]曹邺:《故人寄茶》,《全唐诗》卷五九二。
② [唐]陆羽:《茶经》,左氏《百川学海》第二十八册壬集中。
③《茶经》列举的与茶文化有关的人物有:炎帝、神农氏、周公旦、晏婴、丹丘子、司马相如、扬雄、
　 韦曜、晋惠帝、刘琨、刘演、张孟阳、傅咸、江充、孙楚、左思、陆纳、陆俶、谢安、郭璞、桓温、杜
　 毓、释法瑶、夏侯恺、虞洪、弘君举、安任育、秦精、单道开、陈务妻、广陵老姥、山谦之、王
　 肃、王子鸾、王子尚、鲍令晖、沙门谭济、齐武帝、刘廷尉、陶弘景、徐勣。《茶经》提到的文献典
　 籍及诗文有:《神农·食经》、《尔雅》、《广雅》、《方言》、《晏子春秋》、司马相如《凡将篇》、《吴
　 志》、《晋中兴书》、《晋书》、《搜神记》、刘琨《与兄子南兖州刺史演书》、傅咸《司隶教》、左思《娇
　 女诗》、《传巽七诲》、华佗《食论》、壶居士《食忌》、郭璞《尔雅注》、《世说新语》、《续搜神记》、
　 《异苑》、《广陵耆老传》、《艺术传》、《续名僧传》、《宋江氏家传》、《宋录》、王微《杂诗》、鲍令晖
　 《香茗赋》、《后魏录》、《桐君录》、《坤元录》等。

四、观棋

在隋唐五代,文人阶层深谙琴、棋、书、画等休闲活动,围棋更是流行,擅长棋艺者大有人在。[1] 与琴艺以及书画相比,围棋的普及性更为广泛,参与围棋休闲的阶层更为广泛,举凡文人雅士、高僧仙侣、宫女樵夫,莫不以此为乐。他们借助围棋活动享受生活,陶冶性情,彼此棋艺境界虽然有别,但娱乐性情的目的并无差异。相传五代画家周文矩作有《李后主观棋图》,这幅画大致反映出当时棋艺活动的盛况。唐人吴融竟然称:"万事悠然只有棋。"[2]诗文为吴融所称道的李洞也这样描述对弈场景:"小槛明高雪,幽人斗智棋。日斜抛作劫,月午蹙成迟。倚杖湘僧算,翘松野鹤窥。侧楸敲醒睡,片石夹吟诗。雨点奁中渍,灯花局上吹。秋涛寒竹寺,此兴谢公知。"[3]对于隋唐五代人来说,下棋固然是一大乐事,观棋也未尝不妙。这首诗或许是诗人自家的对弈体验,或因观赏下棋而作,似乎较难断定。唐代有很多描述观棋体验的诗文,传达出观棋者对围棋休闲活动的真切体验。

作为一种休闲活动,围棋追求人在自由的游戏活动中的忘我境界。这种忘我境界实质上是人的时间体验。它是指围棋休闲的参与者超然于世俗功利、实用理性的日常时间体验,在围棋休闲的高峰时刻进入"忘"时间或"无"时间的状态,这就是心物两忘的自由境界。唐诗常从观棋的角度描述围棋休闲活动,以展现其中的休闲意蕴。

中国古代民间有个传说,讲的是烂柯山下一个叫王樵的樵夫,某年春季上山砍柴,奇遇两位仙人,于是停下来看他们下棋,不知不觉中,入了迷。等到那两位仙人下完棋,王樵才意识到自己因为观棋而耽误了正事,一看身边的扁担,已经腐朽得不成样了,再去拾那把砍柴用的斧头,

---

[1] 如,高测"率皆精巧"(《北梦琐言》卷五);张南史"工弈棋,神算无敌"(《唐才子传》卷三)。
[2] 〔唐〕吴融:《山居即事四首》,《全唐诗》卷六八四。
[3] 〔唐〕李洞:《对棋》,《全唐诗》卷七二二。

斧头也已经烂掉了。王樵好不容易回到村里,陌生的村民们告诉他说,自从他上山砍柴之后,世界发生了很大的变化,时间已经过去了八百年。

关于王樵观棋的民间传说,见于《述异记》及《水经注》等文献。这个传说表明,围棋休闲具有超越世俗时间的审美意蕴。此后,中国人谈到棋艺,就会自然地联想到烂柯山,提起烂柯山,就会不由自主地想起王樵观棋的传说。唐代诗人薛戎说:"二仙行自适,日月徒迁徙。不语寄手谈,无心引樵子。"①刘禹锡有诗:"因君临局看斗智,不觉迟景沉西墙。自从仙人遇樵子,直到开元王长史。前身后身付余习,百变千化无穷已。"②薛戎、刘禹锡对棋艺活动的时间体验极为深切。一方面,观棋意味着遗忘时间,另一方面,它又体现出放任时间的态度。这两个方面都含有观棋者超越世俗时间的审美休闲意味。当观棋者进入忘我之境的时候,他完全忘怀一切,心无牵系,世界似乎不再周转,任凭落花飘满地,且看一局到斜晖。这种陶醉不知归路的体验背后,是人对世俗时间的遗忘。人在消解世俗时间价值的同时,开启了另一层时间体验,即自我做主的时间意识。在这种时间意识下,人已淡忘身外世界的变化,他只是真切地感受心境的悠闲自在。或者说,观棋休闲活动是人在短暂时间与永恒时间的双向体验中做着舒卷性情的游戏。

围棋休闲不只是传达个人的时间体验,它还指向棋手与棋手、观棋者与围棋、观棋者与棋手、观棋者自身以及观棋者之间的精神交流活动。可见,观棋休闲活动具有多重功能,它既可以作为观棋者自我省思的极妙工具,又可看做是人与人之间的精神交往方式,或者说,观棋休闲具有社会美的性质。刘禹锡说:"商山夏木阴寂寂,好处徘徊驻飞锡。忽思争道画平沙,独笑无言心有适。"③这里说的"心有适"是指对棋局的默契神会。子兰观棋:"拂局尽消时,能因长路迟。点头初得计,格手待无疑。

---

① 〔唐〕薛戎:《游烂柯山》,《全唐诗》卷三一二。
② 〔唐〕刘禹锡:《观棋歌送俣师西游》,《刘禹锡集》卷第二十九。
③ 同上。

寂默亲遗景,凝神入过思。共藏多少意,不语两相知。"①观棋休闲作为人与人之间的情感交流活动与精神交往活动,并不一定需要言语来传达,观棋者似乎早已意识到言语在表情达意方面的局限性,于是常常通过默默无语的静心观照来体味对弈者的微妙心思,在变幻莫测的局势中作心与手的直切交流。

观棋活动并不只是冷静地旁观,棋局的惊险不定有时也会使得观棋者进入另一种忘我状态,即忘记自身的旁观者角色,进入下棋者的情境,亲身参与到棋艺活动当中。这时候,下棋就成为人与人智慧交锋的方式,观棋者显然无法袖手旁观地保持平和冷静的心境,于是全身心地投入棋局,一边观棋,一边参与,这样,观棋活动也就转化为观棋者排解烦恼、宣泄心绪的重要方式了。杜荀鹤观棋有感:"对面不相见,用心同用兵。算人常欲杀,顾己自贪生。得势侵吞远,乘危打劫赢。有时逢敌手,当局到深更。"②当然,在隋唐五代观棋休闲活动中,这种投入式的观棋体验并不占据主流地位,更多的观棋休闲活动主要是以愉悦身心为目的。

五、田园生活的休闲观照及其他

在唐代田园诗文里,平凡的日常生活之美被照亮,平淡的农家生活有了光彩,普通的田园风光充满着诗情画意。人们爱好唐诗,唐诗处处充满着人情味,激发着读者的愉悦体验,唐诗有着中国式的田园牧歌,唐诗藏着中国人的生活理想。唐诗通过休闲与审美的眼光观照田园生活,营造出一种诗国盛唐的氛围,这也是唐诗广为流传的重要原因。试看这几首耳熟能详的唐诗:

> 桑柘悠悠水蘸堤,晚风晴景不妨犁。高机犹织卧蚕子,下坂饥逢饷馌妻。杏色满林羊酪熟,麦凉浮垄雉媒低。生时乐死皆由命,

---

① 〔唐〕子兰:《观棋》,《全唐诗》卷八二四。
② 〔唐〕杜荀鹤:《观棋》,《全唐诗》卷六九一。

事在皇天志不迷。①

　　故人具鸡黍，邀我至田家。绿树村边合，青山郭外斜。开筵面场圃，把酒话桑麻。待到重阳日，还来就菊花。②

　　采菱渡头风急，策杖林西日斜。杏树坛边渔父，桃花源里人家。③

　　二月村园暖，桑间戴胜飞。农夫春旧谷，蚕妾祷新衣。牛马因风远，鸡豚过社稀。黄昏林下路，鼓笛赛神归。④

　　储光羲唠叨田家琐事，孟浩然乐道故人真情，王维咏叹田园之乐。白居易则寄托日常生活中的希望，话语中充满着善意的祝福，没有幽淡的感伤，没有无谓的颓唐。这些诗人表情达意的方式不一，却都将平凡的田园生活之美和盘托出，处处充满着闲适的情味。这些唐诗，今天仍能让人感受到田园生活的美好。从一定意义上说，日常的审美感兴成就了唐诗，唐诗中的感兴不是一味的情绪宣泄，而是平淡中蕴含着至深的哲理。唐代诗人以休闲与审美的眼光观照平常的生活，使之显现出不平常的意蕴。

　　除了上述休闲活动之外，隋唐五代生活休闲类型还有纳凉避暑、垂钓、抛球、观灯、观龙舟竞渡等，难以胜数。这些休闲活动都带有游戏娱乐的意味，因而也都具有审美活动的性质。但是，由于各种休闲活动方式不一，其审美意蕴也就各有千秋。下面择取几种简要介绍。

　　先看纳凉避暑。这是隋唐五代重要的生活休闲类型之一。纳凉避暑的场所很多，有时在私家园林，有时在深山幽林，倘若是酷暑难当的盛夏季节，寺院则成为时人纳凉的理想之处。杨巨源说："因投竹林寺，一问青莲客。心空得清凉，理证等喧寂。开襟天籁回，步履雨花积。微风

---

① ［唐］储光羲：《田家即事》，《全唐诗》卷一三九。
② ［唐］孟浩然：《过故人庄》，《全唐诗》卷一六〇。
③ ［唐］王维撰，［清］赵殿成笺注：《田园乐七首》其三，《王右丞集笺注》卷之十四。
④ ［唐］白居易：《春村》，《白居易集》卷第十三。

动珠帘,惠气入瑶席。境闲性方谧,尘远趣皆适。淹驾殊未还,朱栏敞虚碧。"①韩偓记述其避暑体验:"行乐江郊外,追凉山寺中。静阴生晚绿,寂虑延清风。运塞地维窄,气苏天宇空。何人识幽抱,目送冥冥鸿。"②这两首诗都强调,避暑纳凉需要闲静的心境。在幽静的寺院里,人的心境容易进入清净状态。纳凉不只是享受寺院的幽静环境,同时也是为了护持清净的心境。寺院多依山傍水,白云在目,岩泉长流,修竹掩映,古松凌空。避暑者对轩而卧,栖风而眠,完全是一派悠闲自在的林下风度。

又如垂钓。文人垂钓追求的是适意,也就是注重垂钓活动触发人的休闲乐趣。郎士元说:"或掉轻舟或杖藜,寻常适意钓前溪。草堂竹径在何处,落日孤烟寒渚西。"③柳宗元有句:"千山鸟飞绝,万迳人踪灭。孤舟蓑笠翁,独钓寒江雪。"④在这里,钓翁之意不在鱼,在于天地之间的独自逍遥,在于孤独人格的默然坚持。钓鱼活动成为人与天地相交通的体道方式。蓑笠翁也化为烟雾江边荒寒画卷里的一个意象,成为广渺宇宙苍茫天地间的一个墨点。江雪垂钓,独品荒寒,有一种无言之大美。

再说观灯。观灯也是隋唐五代盛行的一种休闲活动。正月十五元宵节,灯光闪烁通夜明,大街小巷人攒动,正是游人乐怀时。张萧远有诗:"十万人家火烛光,门门开处见红妆。歌钟喧夜更漏暗,罗绮满街尘土香。"⑤苏味道元宵有感:"火树银花合,星桥铁锁开。暗尘随马去,明月逐人来。游伎皆秾李,行歌尽落梅。金吾不禁夜,玉漏莫相催。"⑥元宵佳节是游人结伴戏玩的好时节,闪烁不定的灯光将世界打扮成别样的风景。鼓声震天,划破了日夜的界线。观灯既是赏灯,又是感受热闹的节日氛围。元宵观灯欢乐无穷,歌舞声中不觉已是天明。观灯活动主要是体验人来人往的社会生活气氛,这种美感体验,既来自老百姓的日常生

---

① 〔唐〕杨巨源:《夏日苦热,同长孙主簿过仁寿寺纳凉》,《全唐诗》卷三三三。
② 〔唐〕韩偓:《山院避暑》,《全唐诗》卷六八一。
③ 〔唐〕郎士元:《赠强山人》,《全唐诗》卷二四八。
④ 〔唐〕柳宗元:《江雪》,《柳宗元集》卷四十三。
⑤ 〔唐〕张萧远:《观灯》,《全唐诗》卷四九一。
⑥ 〔唐〕苏味道:《正月十五夜》,《全唐诗》卷六五。

活,又有别于单调乏味的世俗生活。在观灯活动中,人与人之间不受身份、地位、贫富等的限制,可以平等地享受天伦之乐,体验存在之欢。观灯休闲通常生成的是愉悦体验。

最后谈谈观赏龙舟竞渡。龙舟竞渡是动的组合,也是力的较量。龙舟竞渡是隋唐五代端午节的重要节目,当时很多诗文对此有细微描绘。刘禹锡曾贬谪湖湘一带,他有机会亲睹楚地端午节举行龙舟竞渡的盛况:

> 沅江五月平隄流,邑人相将浮彩舟。灵均何年歌已矣,哀谣振楫从此起。杨枹击节雷阗阗,乱流齐进声轰然。蛟龙得雨鬐鬣动,蟂蛛饮河形影联。刺史临流褰翠帏,揭竿命爵分雄雌。先鸣余勇争鼓舞,未至衔枚颜色沮。百胜本自有前期,一飞由来无定所。风俗如狂重此时,纵观云委江之湄。彩旗夹岸照鲛室,罗袜凌波呈水嬉。曲终人散空愁暮,招屈亭前水东注。①

龙舟竞渡是一种竞争性的活动,运动节奏感强,场面热闹非凡。作为休闲活动,观赏龙舟竞渡与元宵观灯性质相同,都属于社会美的范围。对于一般的社会民众而言,观赏龙舟竞渡主要是感受热闹的社会氛围与节日气氛。然而,对于有一定文化学养的观众来说,在观赏龙舟竞渡的过程中除了感受热闹的社会氛围与节日气氛之外,还能生发出对先贤的悼念敬仰之情,眼望江水去悠悠,常有逝者如斯的慨叹。可见,观赏龙舟竞渡是一种生活休闲活动,它能生成多重层次的美感体验。

第二节　赏玩休闲

宽泛地说,赏玩休闲也属于生活休闲。不过,隋唐五代赏玩休闲有其独特的审美内涵与美学价值。因此,单列一节讨论赏花、玩石等赏玩休闲活动,并着重评述中晚唐以来赏玩界的审丑/审怪之风。

---

① [唐]刘禹锡:《竞渡曲》,《刘禹锡集》卷第二十六。

一、赏花

赏花是隋唐五代普遍盛行的休闲活动。赏花是一种复合型的美感体验活动,不只是生成愉悦体验。赏花包括两大层次:一是观赏花开灿烂的盛景,二是欣赏残花落红。

唐代人爱花,牡丹尤盛,殷文圭言牡丹"雅称花中为首冠"[①],李咸用也说"牡丹独逞花中英"[②]。长安三月气象新,正是牡丹盛开时。牡丹之艳,全城为之倾狂。因其艳丽无比,备受赏爱,有万花之中"第一流""真国色"之美誉。中唐人李肇甚至说:"京师贵游尚牡丹,三十余年矣。每春暮,车马若狂,以不耽玩为耻。"[③]有唐一代,来往于长安城的游客众多,在这些不计其数的游客之中,不少人并不是为了求取功名而来,他们更为迫切的心愿就是一睹长安牡丹的风姿。中唐令狐楚奔赴东都的时候,心中恋恋不舍的就是长安城的牡丹,因而作诗《赴东都别牡丹》。赏花能触发诗人的审美感兴,赏花的过程总是伴随着审美体验的生成。唐人赏爱牡丹,是以休闲的方式展开的审美活动。

唐人赏爱牡丹,已成一时风尚,影响遍及社会各个阶层,在文人雅士之间尤为普及。白居易、元稹赏爱牡丹,刘禹锡也同样如此。刘禹锡说:"庭前芍药妖无格,池上芙蕖净少情。唯有牡丹真国色,花开时节动京城。"[④]众色芬芳,争奇斗艳,刘禹锡却对牡丹情有独钟。他对比牡丹与名花芍药、芙蕖的差异,认为牡丹之美在于它有"格"、有"色"、有"情",三者俱全,可谓天姿国色,这是牡丹的特别之处。在刘禹锡眼里,牡丹之所以可爱,之所以值得赏玩,是因为牡丹花开寄寓着自然的生意,从其艳丽的风姿中领略出繁富的生命情调。刘禹锡的这种赏玩态度,实质上是一种审美的态度。

---

① [唐]殷文圭:《赵侍郎看红白牡丹因寄杨状头赞图》,《全唐诗》卷七〇七。
② [唐]李咸用:《远公亭牡丹》,《全唐诗》卷六四四。
③ [唐]李肇:《唐国史补》卷中《京师尚牡丹》,《学津讨原》本。
④ [唐]刘禹锡:《赏牡丹》,《刘禹锡集》卷第二十五。

　　唐人赏花，并不限于牡丹，白李、黄菊，幽雅淡韵，也常为人所青睐。吕温观李花有感："夜疑关山月，晓似沙场雪。曾使西域来，幽情望超越。将念浩无际，欲言忘所说。岂是花感人，自怜抱孤节。"[①]时光如流，青春不再，当年岁凋零，眼望园中百草荒疏，兴废无度，这是何等的落寞。这时候，不经意地发现，墙角边、篱笆旁有一朵微花尽情绽放，有一株小草发出嫩绿，也许刹那间，它们就会触动你早已衰弱的神经。让你从荒芜的心境走出，将坎坷的岁月漫过，抚平命运的沧桑，冲淡感伤的记忆。微花寸草中饱含着生命的信息，从卑微的花草里可以觉察生命的希望，原来平淡的人生也有如花的美丽，也有默然的期许。

　　在多情的唐人眼里，赏花总是伴随着微妙的生命感动。赏花不必在最灿烂的花开时光，关键是要能引发赏花者的心灵共鸣。白居易说得好："每看阙下丹青树，不忘天边锦绣林。西掖垣中今日眼，南宾楼上去年心。花含春意无分别，物感人情有浅深。"[②]赏花休闲是人与花的相互感应，是心与花的生命谐振。

　　作为一种审美休闲活动，赏花的第一层意蕴在于欣赏花的色泽美、形态美。徐凝咏牡丹："何人不爱牡丹花，占断城中好物华。疑是洛川神女作，千娇万态破朝霞。"[③]好风轻引香烟入，甘露才和粉艳凝。一般观众欣赏牡丹，多重其色泽之艳丽、形态之多姿。此花幽香并蕙莲，艳丽俏佳人，幽雅中含醉意，绮霞里散春光。王建赏牡丹有感："此花名价别，开艳益皇都。香遍苓菱死，红烧踯躅枯。软光笼细脉，妖色暖鲜肤。满蕊攒黄粉，含棱缕绛苏。好和薰御服，堪画入宫图。晚态愁新妇，残妆望病夫。教人知个数，留客赏斯须。一夜轻风起，千金买亦无。"[④]王建极力描绘牡丹的香、色、体态之美，牡丹的花季实在太短暂，赏花者没有理由不万分珍惜这段尘世之缘，也没有理由不倍加珍爱这倾国倾城的如许

---

① [唐]吕温：《道州城北楼观李花》，《全唐诗》卷三七一。
② [唐]白居易：《西省对花，忆忠州东坡新花树，因寄题东楼》，《白居易集》卷第十九。
③ [唐]徐凝：《牡丹》，《全唐诗》卷四七四。
④ [唐]王建：《赏牡丹》，《全唐诗》卷二九九。

佳色。

除了观赏花开的灿烂之外,落花也常触动赏花者敏感的神经。暮春三月春风拂,香花飘落十余里,最是游客伤心季。杜宇声声,唤起闲愁几许。黄昏人散东风起,落英缤纷,多情谁家院。红炉煮茗,醉里挑灯,眼前事茫茫,心上人苍苍,都付与一朝春梦了无痕。纵有柔情歌扇,温润明月,谁能解,韶华尽退莫名哀? 花下痛饮,疏帘听雨,总勾起悠悠往事,淡淡人物,不如倚窗沉眠,无端念起,溪水边,幽谷间,曾有清幽淡雅的烂漫。这是唐人观赏落花时的普遍心绪。总体而言,唐人观赏落花,常触发以下四层体验。

一是感伤。这是最为普遍的观赏落花的情感体验。落花之葬,黯然神伤,中国人常常借助赏花活动来体验生命,感受存在,思考人生。多情的唐人经常伤怀于飞花落叶的情景。齐己论诗有四十门,其中有"伤心"一门,代表诗句为:"六国空流血,孤祠掩落花。"①这是一种国破家不在,落花人独立的感伤之境。可见,落花似乎与伤心存在着某种生命的关联。花开是春回大地的信号,花落是草长莺飞的标志。天地之间,一气流行,生机流布,草木繁荣,阴阳互感,万物顺化,飘红入土,复归于朴。这是天地造化的安排,也是最自然不过的生命历程,而在敏感的文人眼里,花开花落的刹那之间,却隐含着太多的关乎生命盛衰的信息。

赏花者呼吸着春天新鲜的气息,领悟着造化的季节性安排,同时也会情不自禁地联想到人生的短暂与生命的无奈。江南之春,诗人杜甫与乐师李龟年偶然相逢,彼此心中感慨万千,杜甫因此赋诗:"岐王宅里寻常见,崔九堂前几度闻。正是江南好风景,落花时节又逢君。"②杜甫将他与李龟年相逢的"落花时节"称为"江南好风景"。诗人既惊喜,又感伤,甚至还有莫名的惆怅若失的落寞之情。高蟾有句:"一叶落时空下泪,三春归尽复何情。无人共得东风语,半日尊前计不成。"③似水流年,纤秾不

---

① [唐]齐己:《风骚旨格》,《历代诗话续编》本。
② [唐]杜甫著,[清]仇兆鳌注:《江南逢李龟年》,《杜诗详注》卷之二十三。
③ [唐]高蟾:《落花》,《全唐诗》卷六六八。

再。飘红堕白,我心堪忧。赏花者常由花的次第开落联想到人世的荣枯盛衰。落花辞高树,最是愁人处。繁艳归何处,空山啼杜鹃。化作点点泥,更兼风和雨。残红遍地,无可逃逸,不如沙上之蓬,根断可随长风去,飘然来往了无迹,物运我运何叹息,无情任他东与西。翁宏感慨如斯:"又是春残也,如何出翠帏。落花人独立,微雨燕双飞。寓目魂将断,经年梦亦非。那堪向愁夕,萧飒暮蝉辉。"①残春更赏残花,目之所触,尽是无边的残意,心之所寄,不离感伤的思绪。

二是怜惜。赏花是对自身生命的赏爱和怜惜,这是赏花的第二层体验。微花轻飘的弧线触动观赏者的怜惜之情,这是唐人有情遍于一切事物的体现。刘禹锡说:"更将何面上春台,百事无成老又催。唯有落花无俗态,不嫌憔悴满头来。"②刘禹锡借花自怜,由灿烂不再的落花想起蹉跎的岁月。视残红为知己,向无情道有情。赏花的怜惜体验,有时是指自怜,即对自我人格品行的坚守。白居易观桃花有感:"人间四月芳菲尽,山寺桃花始盛开。长恨春归无觅处,不知转入此中来。"③这是说观赏桃花能给人带来惊喜体验,感受桃花活泼泼的生意。

这种赏花的怜惜之情,总是流露出对生命的眷恋,对时光的流连。夜来风雨骤急,花林不复如昨。枝上飘摇三分落,园中已有二寸深。春光冉冉归何处,更向花前把一杯。在这样的情境里,文人墨客总是对花痛饮,多情自怜。杜牧惜春:"共惜流年留不得,且环流水醉流杯。无情红艳年年盛,不恨凋零却恨开。"④杜牧似乎已经透悟花自飘零水自流的人生宿命,他以花之无情衬托赏花人之有情。落花无意,赏花有情。花开花落总是平常事,敏感的文人却对此情不自禁,或怨春风之无情,或叹青春之不再,或恨红艳不可留,或将香蕊种心田。即使我肠断,纵然我泪干,残红依然飘零,芳菲迷离梦中。百般怜惜,千重惆怅,万分无奈,只有

① [唐]翁宏:《春残》,《全唐诗》卷七六二。
② [唐]刘禹锡:《陪崔大尚书及诸阁老宴杏园》,《刘禹锡集》卷第三十八。
③ [唐]白居易:《大林寺桃花》,《白居易集》卷第十六。
④ [唐]杜牧:《和严恽秀才落花》,《全唐诗》卷五二四。

默默期待明年的花季,或许会有更多的惊喜,或许再有夺魂的灿烂。从中晚唐到五代,这种怜惜落花的声音更为普遍。这种赏花的怜惜之情,常与怀古之心、末代之感联系在一起。元稹赏红芍药:"艳艳锦不如,夭夭桃未可。晴霞畏欲散,晚日愁将堕。结植本为谁?赏心期在我。"①桃之夭夭,灿烂其华。夭夭桃花不是长久客,绰约芍药岂是无情种?寥落衰红新雨后,香瓣空林化作泥。这是自然生命的最终归宿,而多情的唐人总是痴痴地期待着那份永恒的灿烂。

唐人如此深爱赏花,是他们热爱生命,尽情享受自然美的精神留影。白居易说:"村南无限桃花发,唯我多情独自来。日暮风吹红满地,无人解惜为谁开。"②终日问花花不语,为谁零落为谁开。唐人与香花芳草展开心灵的对话,又在对自然美的体验中传载着丰富的社会美、人性美内涵,表达出赏花者珍爱生命的人间情味。他们常在微花寸草、片石幽泉的吟味中融入对自然的无限深情。残红零落无人赏,雨打风摧花不全。这样的情境不能让人感受到生命的圆满,不能使人欣赏到人生的灿烂,却能让人从并不圆满的当下玩味此在的珍贵,让赏花者更加珍惜有限的存在。白居易惜花:"寂寞萎红低向雨,离披破艳散随风。晴明落地犹惆怅,何况飘零泥土中?"③牡丹寂寞低回,白居易惆怅若失,即景即情,交融为一。白居易是在怜花,又何尝不是自怜,何必不会怜人?这是唐人的深意,也是唐人的痴情,唐人的深意和痴情全都发自生命的底里。所以说,唐人观赏残花,同样有一种文雅风流。

三是达观。笑对落花,一任春风,是一种任运自然的生活态度。感伤源于花开花落,天地之间无常的生命盛衰无时不在触动着文人的心弦,达观不同于感伤,它含有及时行乐的生命感悟。这种达观的生命境界,在唐人的落花之叹中时有表露。张蠙一语道破天机:"举世只将华胜

---

① 〔唐〕元稹:《红芍药》,《元稹集》卷第六。
② 〔唐〕白居易:《下邽庄南桃花》,《白居易集》卷第十三。
③ 〔唐〕白居易:《惜牡丹花二首》其二,《白居易集》卷第十四。

实,真禅元喻色为空。"①张瑛将观赏江南牡丹看做即色即空的法门,因此,面向牡丹千般姿态不以为喜,观望其万叶飘零而不见其忧,色空不二的义理为张瑛的落花之叹提供了思想支持。

孟浩然有诗:"春眠不觉晓,处处闻啼鸟。夜来风雨声,花落知多少。"②同样是写落花,孟浩然这里也丝毫不见感伤气息,却洋溢着达观的态度,淡然的心怀。野水之滨,楚天云开。玩舟于清景之间,垂钓于绿蒲之际。落花飘旅衣,归流澹清风。世界自在运转,我心独自悠闲。齐己咏落花:"朝开暮亦衰,雨打复风吹。古屋无人处,残阳满地时。静依青藓片,闲缀绿莎枝。繁艳根枝在,明年向此期。"③这同样体现出闲淡不惊的态度。落红不是无情物,化作春泥更护花。达观的唐人认为,不须惆怅怨芳菲,道是狂风无情花扫落,更添盎然绿意满枝头。唐人能从残红飘零的瞬间感悟生命的永恒,在喧嚣不息的风雨声中体验宇宙至静的深意。

四是行乐。春天是青春的季节,天地生机一片,给人以无限的希望,无尽的期许,同时也给人以莫名的惆怅。初盛唐文人的春行之作,总能在绿波荡漾、黄鸟幽鸣、落花无言的情境里体味春光的美好,引发及时行乐的感喟。岑参咏葵花:"昨日一花开,今日一花开。今日花正好,昨日花已老。始知人老不如花,可惜落花君莫扫。人生不得长少年,莫惜床头沽酒钱。请君有钱向酒家,君不见,蜀葵花。"④在岑参看来,葵花一开一落,宛如生命之旅,命运坎坷不定,往事已然徒劳,到头枉费心机。生命总在成住灭空中度过,亦如花开花落悄无言,灿烂的时光总是那么短暂,凋零的时刻却又如此匆匆。从人与葵花生命结构的相似性,岑参发出不管得失荣衰,且持手中之杯的感叹。陆龟蒙说:"竹外麦烟愁漠漠,短翅啼禽飞魄魄。此时忆著千里人,独坐支颐看花落。江南酒熟清明

①〔唐〕张蟠:《观江南牡丹》,《全唐诗》卷七〇二。
②〔唐〕孟浩然:《春晓》,《全唐诗》卷一六〇。
③〔唐〕齐己:《落花》,《全唐诗》卷八三九。
④〔唐〕岑参:《蜀葵花歌》,《全唐诗》卷一九九。

天,高高绿筛当风悬。谁家无事少年子,满面落花犹醉眠。"①陆龟蒙流露的,也是及时行乐的生活态度、超然方外的生命情趣。

唐人在赏花休闲的同时,也提出过一些意蕴丰富的审美命题,皮日休的"妍媸决于心"便是其一。皮日休(约834—?),字袭美,尝居鹿门山,自号鹿门子,又号闲气布衣、醉吟先生。他与陆龟蒙齐名,世称"皮陆"。皮日休称赞桃花是艳外之艳、花中之花,为众花所不及。观赏桃花具有一定的审美意蕴。其色如素练轻茜,玉颜半酡。春和景明,姿态万千。密如不干,繁若无枝。娅娅婉婉,夭夭怡怡。或俯首遐思,或闲逸若痴。向者若步,倚者如疲。或翘首瞻望,或凝然若思。或奕傒而作态,或窈窕而骋姿。若神女,若韩娥,若飞燕,若文姬,千种风情,万般姿态,真是应有尽有。因此,皮日休歌赞:

> 花品之中,此花最异。以众为繁,以多见鄙。自是物情,非关春意。若氏族之斥素流,品秩之卑寒士。他目则目,他耳则耳。或以昵而称珍,或以疏而见贵。或有实而华乖,或有花而实悖。其花可以畅君之心目,其实可以充君之口腹。匪乎兹花,他则碌碌。我将修花品,以此花为第一。惧俗情之横议。我曰:"不然,为之则已。我目吾目,我耳吾耳,妍媸决于心,取舍断于志。岂草木之品独然?"②

皮日休赏玩桃花,其用情之真流于言表。他对桃花的物态、风姿、神采、品第都做了细致的品鉴。皮日休在赏玩桃花时,提出"妍媸决于心"这个命题。"媸"与"媸"通假。妍,即美;媸,即丑。妍媸,即指美与丑,这就是人赏玩桃花所获得的美感体验。这表明,赏花休闲时并没有一种纯粹客观的自然美存在。桃花灿烂,它只会向有审美心境的赏玩者开放,赏花体验如何,在很大程度上取决于观赏者的审美心境。

---

① [唐]陆龟蒙:《春思二首》,《全唐诗》卷六二九。
② [唐]皮日休:《桃花赋》,《全唐文》卷七九六。

二、玩石

魏晋南北朝时期,文人阶层已经逐渐兴起漱石枕流之风。孙楚(221—294),西晋诗人,字子荆,才藻卓绝,爽迈不群,少有隐居之志。孙楚曾经对王济说:"吾欲漱石,枕流。"王济笑着争辩:"流非可枕,石非可漱。"孙楚解释说:"枕流欲洗其耳,漱石欲历其齿。"王济(约 246—291)是孙楚的朋友,也是才华横溢、风姿英爽之士,文学武功超绝时人。孙楚、王济都是当时名士,他们都有超越流俗的人格高致,却又风姿不一。孙楚《石人铭》:"大象无形,元气为母。杳兮冥兮,陶冶众有。"①漱石枕流之风并非只为孙楚所独好,这种审美风尚是魏晋风流的体现,这也是中国文人生命意识不断觉醒,审美情调逐渐走向私人化的重要标志。

到了隋唐五代,玩石之风更为盛行,它已成为文人展现高逸情怀的休闲方式。如果说,李白黄山对石,饮酒赋诗,属于游仙之举,黄山之石主要是作为诗人飘逸不群的人格理想而存在的,那么,在中唐以来的很多文人笔下,石头已经具有更为普遍的赏玩意味。晚唐诗人李咸用说:"高人好自然,移得他山碧。不磨如版平,大巧非因力。古藓小青钱,尘中看野色。冷倚砌花春,静伴疏篁直。山僧若转头,如逢旧相识。"②这首诗咏叹的是将平直的石版移植入庭的现象,这里的石版类似后来的石壁或石屏。晚唐女诗人鱼玄机说:"丛篁堪作伴,片石好为俦。"③所谓"片石好为俦",就是说要以石为友,这与李咸用讲"如逢旧相识",都是将奇石的生命照亮,使之与人的存在发生关联。

"适意"是隋唐五代赏玩界普遍追求的审美理想。刘禹锡好玩镜子,但不是光灿夺目的明镜,而是一面昏镜。昏镜就是昏暗的铜镜,它有何可玩之处?刘禹锡的解释是:"昏镜非美金,漠然丧其晶。陋容多自欺,

---

① [清]严可均辑,王玉等审定:《全晋文》卷六〇。
② [唐]李咸用:《石版》,《全唐诗》卷六四四
③ [唐]鱼玄机:《遣怀》,《全唐诗》卷八〇四。

谓若他镜明。瑕疵既不见,妍态随意生。一日四五照,自言美倾城。饰带以纹绣,装匣以琼瑛。秦宫岂不重?非适乃为轻。"①在一般人眼里,昏镜不如黄金贵重,不如玉石可人,而刘禹锡却"自言美倾城",这是因为昏镜虽不具备世俗之美,却能适合他的性情和爱好,这就是适意。赏玩休闲领域的适意理想表明,生活中不存在普遍的、客观的美。美与赏玩者独特的审美体验有关。适意是自适其适,或者说是自美自其。它强调美感体验的个体差异性,体现出当时赏玩界对审美体验特殊性的尊重。

"适意"也是当时文人赏爱奇石的休闲动机。白居易晚年在洛阳生活,政务清闲,与石为友。当时,告老休养的牛僧孺(779—847)也定居洛阳,他们经常一起赏石、咏石,交谊深厚。为纪念彼此的友谊,白居易于会昌三年(843)撰有《太湖石记》。

白居易说,古之达人,皆有所嗜。皇甫谧嗜书,嵇康嗜琴,陶渊明嗜酒,今人牛僧孺嗜石。书以文胜,琴以声胜,酒以味胜,而石无文无声,无臭无味,与书、琴、酒都有所不同。牛僧孺嗜石,人多为之不解,白居易却视为知音,引为同调。在白居易看来,事物并无绝对的有用无用之分,其性分各别,而事理不二,只不过悦其志,适其意而已。牛僧孺正是这样一位深明事理的达人。他交友慎重,不苟时俗,家无珍产,身无长物,唯一的嗜好就是添置第墅,精葺宫宇,"与石为伍","惟石是好"。牛僧孺还依照太湖石的体重大小,依次分为甲、乙、丙、丁四品,每品再分上、中、下三等。这种将品第观念引入赏玩休闲领域的审美现象,延续了魏晋以来的审美品第论传统。唐人赏玩奇石,并将玩石休闲作为审美活动来看待,或者说,中晚唐以来,文人之间的赏玩之风已经渗入中国人的生活世界。

牛僧孺嗜石,与上古先贤所嗜各有不同,但同为雅兴则无二致。与牛僧孺的兴致相似,白居易也多次自述其嗜石之好。他赏玩名石的水平很高,以太湖石为甲等,罗浮石、天竺石次之。白居易还这样描述太湖石的形态之美:

---

① [唐]刘禹锡:《昏镜词》,《刘禹锡集》卷第二十一。

厥状非一,有盘拗秀出、如灵丘鲜云者,有端俨挺立、如真官神人者,有缜润削成如珪瓒者,有廉稜锐刿如剑戟者。又有如虬如凤,若跧若动,将翔将踊,如鬼如兽,若行若骤,将攫将斗者。风烈雨晦之夕,洞穴开嗃,若欲云歕雷,嶷嶷然有可望而畏之者。烟霏景丽之旦,岩墀霭,若拂岚扑黛,霭霭然有可狎而玩之者。昏旦之交,名状不可。撮要而言,则三山五岳,百洞千壑,覼缕簇缩,尽在其中。百仞一拳,千里一瞬,坐而得之。此其所以为公适意之用也。尝与公迫视熟察,相顾而言,岂造物者有意于其间乎? 将胚浑凝结,偶然而成功乎? 然而自一成不变以来,不知几千万年,或委海隅,或沦湖底,高者仅数仞,重者殆千钧,一旦不鞭而来,无胫而至,争奇骋怪,为公眼中之物,公又待之如宾友,视之如贤哲,重之如宝玉,爱之如儿孙,不知精意有所召耶? 将尤物有所归耶? 孰不为而来耶? 必有以也。①

从美学的角度说,白居易在此主要讲了三层意思。

其一,太湖石千姿百态,形状丰富,体势不一,优雅有致,静中藏动,寂中带活。嶷然屹立,开合自如,玲珑精致而藏巍峨之势,给人以多样化的美感体验。

其二,太湖石深得牛僧孺赏爱,主要是它以精致、圆融见长,"百仞一拳,千里一瞬,坐而得之","适意"而已。

其三,太湖石不是无情之物,它能通过与赏玩者的心灵对话敞开自身。片石虽然卑微,也可以与人感通,相遇相知,惺惺相惜。太湖石之美不是人的本质力量对象化的结果,而是人与太湖石生命关联的开启。这种赏玩活动是"造物者有意于其间",因此,赏玩奇石,也就是师法造化的休闲活动,是在万物的敞开中体证真实的存在。

赏玩奇石,把玩幽情,在中晚唐以来的休闲文化领域更是蔚然成风。张蠙说:"床头怪石神仙画,箧里华笺将相书。更欲栖踪近彭泽,香炉峰

---

① [唐]白居易:《太湖石记》,《白居易集》外集卷下。

下结茅庐。"①这首诗含有称许玩石之风的意味。赏玩奇石,同样需要有闲适的心境。齐己说:"万卷功何用,徒称处士休。闲欹太湖石,醉听洞庭秋。道在谁开口,诗成自点头。"②这种超越功利、实用目的的赏玩态度,是时人休闲生活的写照,其实质是把玩的雅兴、审美的情调。

唐代文人赏玩奇石,有爱其古色清空者。如,李德裕咏奇石:"蕴玉抱清辉,闲庭日潇洒。块然天地间,自是孤生者。"③古色淡雅涵空出,玉辉滑润苔花密。古色苍苍,能激发赏玩者远离尘俗之念。孤峰片石,默然现前,对之如见老友,似续一段前世因缘。孔窍间有氤氲灵气,苍翠中现醉人秋色。刘长卿咏石:"迥出群峰当殿前,雪山灵鹫惭贞坚。一片孤云长不去,莓苔古色空苍然。"④奇石不只是古色苍苍,它还以坚贞之质而为赏玩者所重。刘商也说:"苍藓千年粉绘传,坚贞一片色犹全。那知忽遇非常用,不把分铢补上天。"⑤堂前庭间,片石独立,势似孤峰,信手天成。这种奇石多是体质孤峭,操守贞坚,不逞艳斗丽,出落风波之外,不受岁月侵凌。

在众多名石之中,太湖石最具风情,让嗜石如白居易者痴玩不已。白居易说:"苍然两片石,厥状怪且丑。俗用无所堪,时人嫌不取。结从胚浑始,得自洞庭口。万古遗水滨,一朝入吾手。担舁来郡内,洗刷去泥垢。孔黑烟痕深,罅青苔色厚。老蛟蟠作足,古剑插为首。忽疑天上落,不似人间有。"⑥白居易所赏之石,不是蓝田美玉,没有脉脉温情,更不为世俗所珍,其石"怪且丑",不合世俗之用,如散木落于荒山,似畸人浪迹天涯。石虽不能言说,白居易却引为知己,结为挚友。白居易的这种玩石态度,颇能代表中唐以来文人审美情趣发展的方向。

中晚唐文人与石为友,石沉默无语,离言去知,其性情近乎道;石孤

---

① 〔唐〕张蠙:《赠江都郑明府》,《全唐诗》卷七〇二。
② 〔唐〕齐己:《寄松江陆龟蒙处士》,《全唐诗》卷八四三。
③ 〔唐〕李德裕:《题奇石》,《全唐诗》卷四七五。
④ 〔唐〕刘长卿:《题曲阿三昧王佛殿前孤石》,《全唐诗》卷一五一。
⑤ 〔唐〕刘商:《画石》,《全唐诗》卷三〇四。
⑥ 〔唐〕白居易:《双石》,《白居易集》卷第二十一。

峰屹立，天姿独异，其品味趋于禅。石似乎天生就是不为时用之物。它磨刀不如砺，捣帛不如砧。那么，为何文人重之如万金，视之若生命？简言之，中晚唐文人雅好玩石，是以这种休闲方式为性灵的寄托、生命的安顿——"岂伊造物者，独能知我心"①。片石置于庭中，可以抚慰孤独。玩石足以助兴，它能触发人的审美感兴："小斋庐皋石，寄自沃洲僧。山客劳携笈，幽人自得朋。瘦云低作段，野浪冻成云。便可同清话，何须有物凭。"②与片石展开心灵的对话，是因顺造化的赏玩休闲活动，这也敞开了无情世界与有情世界的关联。

作为审美休闲活动，玩石首要的美感体验在于欣赏奇石的色泽美、形态美与气质美。以太湖石为例。太湖石纹理、色泽、形状、神态，都尽显风流，让人赏爱不已。白居易咏太湖石："烟翠三秋色，波涛万古痕。削成青玉片，截断碧云根。风气通岩穴，苔文护洞门。三峰具体小，应是华山孙。"③太湖石的纹理错落有致，磷状隐起，胚络凝成。其体态崔嵬多姿，苍翠如玉。峰骈似仙掌劈出，罅坼若剑门洞开。精神胜于竹树，气色压倒亭台。棱角毕露，利如锋刃，清越之音，如扣琼瑰。其神态生动灵活，潜鬼怪，蓄云雷，沾新雨，点古苔，仿佛有感通神灵之功。其形质冠绝今古，气色连通阴晴。远望之宛若嵯峨之姿，近观之尽显嵚崟之态。太湖石品性高洁，不染尘埃，它是世间之尤物，逸品之资材。

生活于中晚唐年间的诗人姚合也有赏石之好。他曾这样描绘太湖石："背面淙注痕，孔隙若琢磨。水称至柔物，湖乃生壮波。或云此天生，嵌空亦非他。气质偶不合，如地生江河。置之书房前，晓雾常纷罗。碧光入四邻，墙壁难蔽遮。客来谓我宅，忽若岩之阿。"④这里提到太湖石的"嵯峨""珍怪""空"等特征，都属于太湖石形态美的范围。

①　[唐]白居易：《太湖石》，《白居易集》卷二二。
②　[唐]唐彦谦：《片石》，《全唐诗》卷八八五。
③　[唐]白居易：《太湖石》，《白居易集》卷第二十五。
④　[唐]姚合：《买太湖石》，《全唐诗》卷四九九。

牛僧孺有嗜石之好,他不仅赏玩奇石,而且还善于总结赏玩奇石的经验,其中也包括他对赏玩休闲的理论思考。牛僧孺指出,太湖石"通""透""丑""深",这正是太湖石的美感所在,也是太湖石的可人之处。牛僧孺对赏玩奇石这种休闲活动的审美意蕴有过深入的思考:

> 胚浑何时结,嵌空此日成。掀蹲龙虎斗,挟怪鬼神惊。带雨新水静,轻敲碎玉鸣。挽叉锋刃簇,缕络钓丝萦。近水摇奇冷,依松助澹清。通身鳞甲隐,透穴洞天明。丑凸隆胡准,深凹刻兕觥。雷风疑欲变,阴黑讶将行。嗫瘁微寒早,轮囷数片横。地祇愁垫压,鳌足困支撑。珍重姑苏守,相怜懒慢情。为探湖里物,不怕浪中鲸。利涉余千里,山河仅百程。池塘初展见,金玉自凡轻。侧眩魂犹悚,周观意渐平。似逢三益友,如对十年兄。旺兴添魔力,消烦破宿酲。媿人当绮皓,视秩即公卿。念此园林宝,还须别识精。诗仙有刘白,为汝数逢迎。①

石为何称"怪"? 它是指太湖石形态多端,品第超众,不同凡俗。在牛僧孺看来,太湖石应是洞天天造,匡庐地设。叠置时超凡俗,风浪中见个性。片石虽微,其中含藏着宇宙的奥秘。它"通身鳞甲隐,透穴洞天明。丑凸隆胡准,深凹刻兕觥"。因其"通",故能空,能八面玲珑;因其"透",故不窒,有纵深之致。"丑"与"怪"连,"深"与"透"合。牛僧孺概括太湖石的这些形态特征,很能代表当时赏玩界的审美情趣与审美理想。

中晚唐赏玩界崇尚自然之风,皮日休对太湖石与太湖砚的赏玩就明显受到这种审美风尚的影响:

> 兹山有石岸,抵浪如受屠。雪阵千万战,藓岩高下刳。乃是天诡怪,信非人功夫。白丁一云取,难甚网珊瑚。厥状复若何,鬼工不可图。或拳若虺蜴,或蹲如虎貙。连络若钩锁,重叠如葺跗。或若

---

① [唐]牛僧孺:《李苏州遗太湖石奇状绝伦,因题二十韵奉呈梦得、乐天》,《全唐诗》卷四六六。

巨人骼，或如太帝符。胮肛筼筜笋，格磔琅玕株。断处露海眼，移来和沙须。求之烦耄倪，载之劳舳舻。通侯一以眄，贵却骊龙珠。厚赐以睬睬，远去穷京都。五侯土山下，要尔添岩龉。赏玩若称意，爵禄行斯须。苟有王佐士，崛起于太湖。试问欲西笑，得如兹石无。①

太湖石虽“怪”，但“怪”得自然，“乃是天诡怪，信非人功夫”，不假人力造作，宛若鬼斧神工。在这里，皮日休还提出了一个有关赏玩休闲的理论，这就是“赏玩若称意，爵禄行斯须”。简言之，赏玩休闲不同于实用理性的世俗活动，它是一种超功利的生命体验活动，赏玩休闲的顺利开展需要具备很多条件，但是，赏玩休闲又与实用理性的世俗生活存在较大的距离。皮日休赏玩太湖砚，也对其“怪”的特征津津乐道：“求于花石间，怪状乃天然。中莹五寸剑，外差千叠莲。月融还似洗，云湿便堪研。寄与先生后，应添内外篇。”②太湖砚之所以“怪”，在于它不假造作，天造地设，天然而成，断非人工所为。

中晚唐文人普遍赏爱太湖石，主要是因为它能丰富人的休闲文化生活。太湖石不以工巧闻名，不因雕琢为美。它貌似冰冷无情，观之怪状嶙峋，实则与赏玩者的心灵相通。晚唐诗人王贞白说：“片石陶真性，非为麹蘖昏。争如累月醉，不笑独醒人。积叠莓苔色，交加薜荔根。至今重九日，犹待白衣魂。”③这首诗指出，赏石休闲与赏玩者的性情存在契合关系。片石如挚友，只为知己生。

三、中晚唐审丑/审怪之风

中唐以来，文人的生活态度不同于立志于建功立业的盛唐之士，审美情趣也逐渐向闲适冲淡的方向发展。这些文人多具隐逸情怀，普遍标榜个性，崇尚自由，寄情山水，吟风弄月，赏玩生活。中晚唐赏玩界出现

---

① [唐]皮日休：《太湖石》，《全唐诗》卷六一〇。
② [唐]皮日休：《五贶诗·太湖砚》，《全唐诗》卷六一二。
③ [唐]王贞白：《书陶潜醉石》，《全唐诗》卷八八五。

了一种新的审美风尚,就是不少赏玩者开始专注于丑/怪事物。姚合赏爱古砚,几乎到了发痴如醉的地步。据他交代:"僻性爱古物,终岁求不获。昨朝得古砚,黄河滩之侧。念此黄河中,应有昔人宅。宅亦作流水,斯砚未变易。波澜所激触,背面生罅隙。质状朴且丑,今人作不得。捧持且惊叹,不敢施笔墨。或恐先圣人,尝用修六籍。置之洁净室,一日三磨拭。"①在常人看来,古砚并无特别之处,而在姚合眼里,古砚形状虽然奇丑,但因它饱经风沙雨露,历尽时光磨炼,天然天成,质朴无华,成就如许精魂。因此,古砚极为姚合所赏爱。

赏玩古砚是因为它富有历史感,山川草木的赏玩则别具意趣。且看林滋笔下的九华山:

> 兹山突出何怪奇,上有万状无凡姿。大者嶙峋若奔兕,小者晶崾如婴儿。玉柱金茎相拄枝,干空逾碧势参差。虚中始讶巨灵擘,陡处乍惊愚叟移。萝烟石月相蔽亏,天风袅袅猿咿咿。龙潭万古喷飞溜,虎穴几人能得窥?吁予比年爱灵境,到此始觉魂神驰。如何独得百丈索,直上高峰抛俗羁。②

九华山的怪奇,主要在于它山势险要,形状奇特,风貌突出。皮日休则赏爱那丑怪不堪的古杉:

> 种日应逢晋,枯来必自隋。鳄狂将立处,螭斗未开时。卓荦掷枪干,叉牙束戟枝。初惊蟉篆活,复讶猗狂痴。劲质如尧瘦,贞容学舜霉。势能擒土伯,丑可骇山祇。虎爪拏岩稳,虬身脱浪敧。槎头秃似刷,栙嵅利于锥。突兀方相胫,鳞皴夏氏肵。根应藏鬼血,柯欲漏龙膋。拗似神荼怒,呀如狻猊饥。朽痏难可吮,枯瘅不堪治。一炷玄云拔,三寻黑槊奇。狼头勃窣竖,虿尾掘挛垂。目燥那逢燧,心开岂中铍。任苔为疥癣,从蠹作疮痍。品格齐辽鹤,年龄等宝龟。

---

① [唐]姚合:《拾得古砚》,《全唐诗》卷五〇二。
② [唐]林滋:《望九华山》,《全唐诗》卷五五二。

将怀宿地力,欲负拔山姿。未倒防风骨,初僵负贰尸。漆书明古本,
铁室抗全师。碾磲还无极,伶俜又莫持。坚应敌骏骨,文定写虺皮。
蟠屈愁凌刹,腾骧恐攫池。抢烟寒巇崿,披荛静襟袿。威仰诚难识,
句芒恐不知。好烧胡律看,堪共达多期。寡色诸芳笑,无声众籁疑。
终添八柱位,未要一绳维。尽日来唯我,当春玩更谁。他年如入用,
直构太平基。①

皮日休为了描绘古杉的丑怪,极尽夸张想象之能事,他用词怪异生
僻,将古杉意象的丑怪特征描画得淋漓尽致。皮日休彰显古杉丑怪而不
为时用的特征,不是指古杉永世不为所用,也不是刻意地逃避为世所用。
可见,皮日休赏玩古杉,不在于获得精神的愉悦,也不在于赏玩其丑怪形
态,赏玩古杉其实是在表露自己的生命态度,张扬一种不同流俗的精神
人格。中晚唐赏玩界对丑怪事物的赏玩,体现出事物之间平等不二的价
值理想,破除以知识理性为标准对事物进行美/丑、常/怪等的判分,主张
道法自然,美丑齐一,向往真朴无伪的审美境界,这背后其实就是一种与
之对应的人生境界。这种怪异的赏玩之风盛行,折射出对个人审美情趣
的尊重。注重赏玩休闲的情趣韵味,轻视事物的自然形态,是这种审丑/
审怪风尚的基本内涵。

中晚唐以来的审丑/审怪之风,与庄子哲学的启引有关。在《庄子·
逍遥游》里,惠子与庄子有这样一则对话:

> 惠子谓庄子曰:"吾有大树,人谓之樗。其大本臃肿而不中绳
> 墨,其小枝卷曲而不中规矩。立之涂,匠者不顾。今子之言,大而无
> 用,众所同去也。"

> 庄子曰:"子独不见狸狌乎?卑身而伏,以候敖者;东西跳梁,不
> 避高下;中于机辟,死于罔罟。今夫斄牛,其大若垂天之云。此能为
> 大矣,而不能执鼠。今子有大树,患其无用,何不树之于无何有之

---

① [唐]皮日休:《虎丘寺殿前有古杉一本,形状丑怪,图之不尽……遂赋三百言以见志》,《全唐
诗》卷六一二。

乡,广莫之野,彷徨乎无为其侧,逍遥乎寝卧其下。不夭斤斧,物无害者,无所可用,安所困苦哉!"

惠子与庄子这则对话的理论主题在于,人生在世到底应该有"用",还是"无用"? 庄子主张,人不应拙于用。他建议惠子,将五石之瓠制成大樽,借此浮游于江湖,这就是无用之大用。所谓"无用",是指不为世俗社会所用;所谓"大用",是指成全生命的逍遥天性。皮日休赏玩的古杉类似不为时世所用的无用之木,它是逍遥自在的人生理想的写照。皮日休同样期待大用理想的实现,他的大用理想终归于儒家"达则兼济天下"之志,这就与庄子的逍遥境界区别开来。事实上,皮日休的大用理想终究成为无法实现的梦想,这也是绝大多数中晚唐文人的悲哀和无奈。从这个角度讲,他们远没有庄子那么逍遥洒脱。

如何看待中晚唐赏玩界的审丑/审怪之风? 这需要历史地对待,并给予合理的评价,既不可盲目地排斥,又不能一味地称许。

其一,中晚唐赏玩界普遍存在的审丑/审怪之风是一种新的审美风尚,不可抹杀或贬低这种审美风尚的理论价值。这是因为,广义的审美包括审丑/审怪,事物不论丑怪,还是优美,它们都可以成为美学研究的范围,二者没有等级优劣之分。所以,中晚唐赏玩界的审丑/审怪风尚,丰富了中国人的审美经验,拓宽了中国美学的研究领域,完善着中国人的美感结构。这是它的比较突出的理论贡献。

其二,中晚唐赏玩界的审丑/审怪之风,其审美物象是指自然美领域的丑怪,特别是物理形态或外在形相之丑,而不是社会美、艺术美领域之丑,更不是丑的道德品性。从具体的审美活动来看,赏玩界常常通过审丑/审怪的方式,将外形之"丑"转化为艺术之"美"。

其三,中晚唐赏玩界的审丑/审怪之风对宋元以来审美风尚的形成以及审美情趣的变迁都产生过深远的影响。特别是它为宋元以来文人审美趣味的形成提供了独特的美感经验。人们不难从苏轼、八大山人、郑燮等艺术家的审美活动中发现中晚唐审丑/审怪之风的印迹。这也是中晚唐审丑/审怪之风的又一理论贡献。

与此同时，也应注意到，中晚唐赏玩界的审丑/审怪之风在张扬审美个性，引领文人审美风尚的同时中也出现过一些问题。这些问题主要有：审丑/审怪之风缺乏广阔的社会生活内涵的根基，赏玩休闲者有时过分满足于个人陶醉，沉溺于狭小的审美天地而难以自拔，况且他们的赏玩休闲活动还缺乏普遍认可的审美标准。这些问题都导致了审丑/审怪之风的格局偏狭，风格偏枯，气度拘促。更令人惋惜的是，那种豪迈壮阔、博大雄浑的盛唐气象已经一去不复返了。这既是时代与历史的局限，也是中唐以来美学发展的一大缺憾。

第三节　旅游休闲

旅游休闲是中国古代主要的休闲活动之一。魏晋南北朝时期，文学中就出现过"旅游"这个词。① 旅游一词在唐诗中也时有露面。如："过岭万余里，旅游经此稀。相逢去家远，共说几时归。"② 又如："江海漂漂共旅游，一樽相劝散穷愁。夜深醒后愁还在，雨滴梧桐山馆秋。"③这些诗句中的"旅游"都是指带有休闲意味的外出活动或行为，它与现代意义上的旅游内涵基本接近。

一、旅游休闲的审美功能

旅游休闲能给人带来怎样的审美体验？旅游休闲在人的整个生活

---

① 南朝宋沈约《悲哉行》："旅游媚年春，年春媚游人。徐光旦垂彩，和露晓凝津。时嘤起稚叶，蕙气初动频。一朝阻旧国，万里隔良辰。"从这首诗看，"旅游"一词在当时已含有外出游览之意。到唐代，"旅游"一词开始被大量运用，韦应物《送姚孙还河中》："上国旅游罢，故园生事微。风尘满路起，行人何处归。留思芳树饮，惜别暮春晖。几日投关郡，河山对掩扉。"（《全唐诗》卷一八九）可见，这一时期的旅游都是远离故土家园之游，感伤的情绪颇为明显，这与盛唐时代文人漫游的欢快愉悦心情差别甚大。然而，这两则材料也表明，旅游不一定生成愉悦的体验。关于这一点，后面还将具体论证。
② ［唐］张籍：《岭表逢故人》，《全唐诗》卷三八四。
③ ［唐］白居易：《宿桐庐馆，同崔存度醉后作》，《白居易集》卷第十三。

结构中应该具有怎样的地位？这些问题与旅游休闲的功能有关。柳宗元对此有深入的思考。

"游之适"是柳宗元提出的旅游休闲理论，它突出了旅游作为休闲活动的审美功能问题。柳宗元说：

> 游之适，大率有二：旷如也，奥如也，如斯而已。其地之陵阻峭，出幽郁，寥廓悠长，则于旷宜；抵丘垤，伏灌莽，迫遽回合，则于奥宜。因其旷，虽增以崇台延阁，回环日星，临瞰风雨，不可病其敞也；因其奥，虽增以茂树蘖石，穹若洞谷，蓊若林麓，不可病其邃也。
>
> 今所谓东丘者，奥之宜者也。其始兔之外弃地，余得而合焉，以属于堂之北陲。凡坳洼坻岸之状，无废其故。屏以密竹，联以曲梁。桂桧松杉櫼楠之植，几三百本，嘉卉美石，又经纬之。俛入绿缛，幽荫荟蔚。步武错迕，不知所出。温风不烁，清气自至。水亭陋室，曲有奥趣。然而至焉者，往往以邃为病。
>
> 噫！龙兴，永之佳寺也。登高殿可以望南极，辟大门可以瞰湘流，若是其旷也。而于是小丘，又将披而攘之。则吾所谓游有二者，无乃阙焉而丧其地之宜乎？丘之幽幽，可以处休。丘之窅窅，可以观妙。潺暑遁去，兹丘之下。大和不迁，兹丘之巅。奥乎兹丘，孰从我游？[1]

柳宗元认为，旅游能使人获得接近于审美愉悦的适意体验。这是他对旅游休闲功能的基本看法。具体而言，他将"游之适"分为两种类型，即"旷如"与"奥如"。所谓"游之适"，包含两层意思：一是指最适合旅游的景地，这是从旅游景观方面来说的；二是指旅游休闲能使身心舒适，精神愉悦，这种适意体验是游览者与自然景物相互沟通的产物，它是立足于美感体验而言的。这两层意思都与旅游休闲的境界有关。

假如将"旷如"与"奥如"看做两种不同类型的旅游景地，就会生成两

---

① [唐]柳宗元：《永州龙兴寺东丘记》，《柳宗元集》卷二十八。

种相应的审美趣味,即"旷趣"与"奥趣"。"旷如"之地寥廓宽敞,了无边际,令游览者心胸开阔,空旷自在。"奥如"之地呈幽深回环之态,委曲含蓄,令游者流连忘返,兴趣无穷。永州龙兴寺东丘有"奥如"之趣,又兼"旷如"之乐,它不"以邃为病"。也就是说,它既是最适合旅游之地,又能让旅游者获得舒适体验,因而无疑是极佳的游览之所。"游之适",就是旅游者广袤无垠的心灵视野与幽深委曲的生命体验的合一。这是柳宗元关于旅游休闲审美功能的体认。

柳宗元又从一个理政者的立场,思考"观游"与理政的关系,以此作为旅游休闲审美功能的辅证。柳宗元在游记里谈到:

> 邑之有观游,或者以为非政,是大不然。夫气烦则虑乱,视壅则志滞。君子必有游息之物,高明之具,使之清宁平夷,恒若有余,然后理达而事成。

> 零陵县东有山麓,泉出石中,沮洳污涂,群畜食焉,墙藩以蔽之,为县者积数十人,莫知发视。河东薛存义,以吏能闻荆、楚间,潭部举之,假湘源令。会零陵政厖赋扰,民讼于牧,推能济弊,来莅兹邑。遁逃复还,愁痛笑歌,逋租匿役,期月辨理。宿蠹藏奸,披露首服。民既卒税,相与欢归道途,迎贺里间。门不施胥吏之席,耳不闻鼙鼓之召。鸡豚糗醑,得及宗族。州牧尚焉,旁邑仿焉。然而未尝以剧自挠,山水鸟鱼之乐,淡然自若也。乃发墙藩,驱群畜,决疏沮洳,搜剔山麓,万石如林,积拗为池。爰有嘉木美卉,垂水蒙峰,珑玲萧条,清风自生,翠烟自留,不植而遂。鱼乐广闲,鸟慕静深,别孕巢穴,沉浮啸萃,不蓄而富。伐木坠江,流于邑门。陶土以埴,亦在署侧。人无劳力,工得以利。乃作三亭,陟降晦明,高者冠山巅,下者俯清池。更衣膳饔,列置备具,宾以燕好,旅以馆舍。高明游息之道,具于是邑,由薛为首。

> 在昔裨谌谋野而获,宓子弹琴而理。乱虑滞志,无所容入。则夫观游者,果为政之具欤?薛之志,其果出于是欤?及其弊也,则以

玩替政,以荒去理。使继是者咸有薛之志,则邑民之福,其可既乎?①

柳宗元所说的"三亭",是指读书亭、湘秀亭与俯清亭。这三个亭子建于唐宪宗元和年间,据说是薛存义开发山麓胜景时修建而成的。在这篇游记里,柳宗元思考了旅游的功能、社会美以及社会美育等问题。通过旅游休闲欣赏到的,既有自然风景之美,也有社会风俗之美,还有世态人情之美。所以说,旅游休闲可以生成多重审美体验。

柳宗元指出,"君子必有游息之物",而"观游"即为其中之一。"观游",即观玩旅游,或观光游玩,也可简称旅游。它能调理人心,疏通性情,使理政者心平气和、神清志达,有助于成就事业,"则夫观游者,果为政之具欤",便是此意。与旅游功能相关的是,观游可移风易俗,使某个地区的政治清明,生活安康,民风淳朴,民俗醇正,百姓安居乐业,万物各适其性。这种其乐融融的和谐社会图景,是社会美育(包括观游)的功能及其效果。同时,一个理想的和谐的社会也可为社会美育(包括观游)功能及其效果的实现提供多方面的条件保障。实现社会美育是建构社会美的重要途径,而开展旅游休闲则是实现社会美育的重要手段。概言之,"观游"并不一定"非政"。

柳宗元一方面肯定旅游休闲活动的价值,另一方面又站在理政者的角度,警惕"以玩替政,以荒去理"。他认为,如果沉溺于旅游观玩,荒废政务,就会舍重就轻,得不偿失。柳宗元对观游与理政关系的思考,实际上触及到旅游休闲在人的整个生活结构中的地位,也就是审美性与社会性在人性结构中的关系问题。在人的日常生活中,适度的旅游休闲活动不仅是可能的,而且是必要的,它有利于人性结构的完善,也将有助于人的生活的完满。理政者要处理政务,也需要进行旅游休闲活动,这是人性健全发展的需要。二者需要合理安排,协调一致,在某个时期可以有所偏重,但是不可偏废。

---

① [唐]柳宗元:《零陵三亭记》,《柳宗元集》卷二七。

二、旅游休闲的类型

在隋唐五代,旅游休闲已经成为当时社会各阶层普遍盛行的休闲活动。从审美的角度讲,旅游休闲是以欣赏自然美与社会美为主的审美活动。旅游休闲能缓解压力,放松心情,使人暂时摆脱功利得失的计较,超越世俗生存的束缚。隋唐五代旅游休闲的类型很多,如游春、登高、临泛等①。

（一）游春

白居易说:"逢春不游乐,但恐是痴人。"②可见,唐代游春休闲之风极为兴盛。游春,也称春游、赏春,它是隋唐五代旅游休闲活动之一。隋代画家展子虔的《游春图》被誉为"隋唐艺术发展里的第一声鸟鸣,带来了整个的春天气息和明媚动人的景态。这'春'支配了唐代艺术的基本调子"③。唐诗中也有大量吟唱春游之乐的名句。烟柳轻絮,秋千罗绮。踏青林间,采桑陌上。留情芳甸,漫步湖畔。醉人的春意中总是散发出唐人游乐的兴致。每到寒食节、上巳节,外出踏青的游览者总怕耽误了游春的最佳时机。杜甫说:"三月三日天气新,长安水边多丽人。"④一个"多"字,简略而精要地道破春游民众之多,赏春气氛之浓。在这首诗里,杜甫还记述了当时游春的盛况,不再赘述。

春游休闲,主要是欣赏自然美与社会美。唐人陶醉于春色弥漫的世界,处处都是春光明媚、生机蓬勃的画卷:

> 一年三百六十日,赏心那似春中物。草迷曲坞花满园,东家少年西家出。⑤

---

① 中国古代常将登临作为游览的泛指,即登山临水,但登山不等于登高,登高则能包含登山。登临语出《楚辞·九辩》:"憭栗兮若在远行,登山临水兮送将归。"《史记·卫将军骠骑列传》:"禅于姑衍,登临瀚海。"

② [唐]白居易:《春游》,《白居易集》卷二八。

③ 宗白华:《论〈游春图〉》,《宗白华全集》第 3 册,第 278 页。

④ [唐]杜甫著,[清]仇兆鳌注:《丽人行》,《杜诗详注》卷之二。

⑤ [唐]施肩吾:《杂曲歌辞·春游乐》,《全唐诗》卷二六。

碧玉妆成一树高,万条垂下绿丝绦。不知细叶谁裁出,二月春风似剪刀。①

黄四娘家花满蹊,千朵万朵压枝低。留连戏蝶时时舞,自在娇莺恰恰啼。②

天街小雨润如酥,草色遥看近却无。最是一年春好处,绝胜烟柳满皇都。莫道官忙身老大,即无年少逐春心。凭君先到江头看,柳色如今深未深?③

孤山寺北贾亭西,水面初平云脚低。几处早莺争暖树?谁家新燕啄春泥?乱花渐欲迷人眼,浅草才能没马蹄。最爱湖东行不足,绿杨阴里白沙隄。④

天初暖,日初长,好春光。万汇此时皆得意,竞芬芳。笋迸苔钱嫩绿,花偎雪坞浓香。谁把金丝裁剪却,挂斜阳。花滴露,柳摇烟,艳阳天。雨霁山樱红欲烂,谷莺迁。饮处交飞玉斝,游时倒把金鞭,风飐九衢榆叶动,簇青钱。⑤

上引赏春诗句背后,都有诗人作为春游者的潜在视角。唐人游春的特别之处,在于春天的生意可人,更在于赏春者的兴致如春。唐诗中的春游题材极为广泛,有春天的事物(春风、春花、春雨、春笋、春柳、春光等),也有春天的活动(如春游、春行、春节、春耕等)。所以说,唐人赏春,既可欣赏春天的自然美,又可欣赏春天的社会美,并不局限于某一审美领域。或许是高昂的时代精神所致,唐人游春多陶醉于春天的自然景物之美、社会美以及风情美。唐人游春,心情喜悦,心态乐观,流露出春光灿烂的生活态度。唐人把他们对生命的珍爱、时光的珍惜以及对理想的向往,统统融入春天的咏歌之中。

---

① [唐]贺知章:《咏柳》,《全唐诗》卷一一二。
② [唐]杜甫著,[清]仇兆鳌注:《江畔独步寻花七绝句》其六,《杜诗详注》卷之十。
③ [唐]韩愈著,钱仲联集释:《早春呈水部张十八员外二首》,《韩昌黎诗系年集释》卷一二。
④ [唐]白居易:《钱塘湖春行》,《白居易集》卷第二十。
⑤ [前后蜀]欧阳炯:《春光好》,《全唐诗》卷八九六。

（二）登高

登高望远也是隋唐五代旅游休闲的重要类型。旅游登高包括登台、登阁、登楼、登山等，常常生成复合型的美感体验。深秋季节，王勃登临滕王阁，百感交集，兴味无穷：

> 时维九月，序属三秋。潦水尽而寒潭清，烟光凝而暮山紫。俨骖騑于上路，访风景于崇阿；临帝子之长洲，得天人之旧馆。层峦耸翠，上出重霄；飞阁流丹，下临无地。鹤汀凫渚，穷岛屿之萦回；桂殿兰宫，即冈峦之体势。披绣闼，俯雕甍，山原旷其盈视，川泽纡其骇瞩。闾阎扑地，钟鸣鼎食之家；舸舰弥津，青雀黄龙之舳。虹消雨霁，彩彻云衢。落霞与孤鹜齐飞，秋水共长天一色。渔舟唱晚，响穷彭蠡之滨；雁阵惊寒，声断衡阳之浦。遥吟俯畅，逸兴遄飞。爽籁发而清风生，纤歌凝而白云遏。睢园绿竹，气凌彭泽之樽；邺水朱华，光照临川之笔。四美具，二难并。穷睇眄于中天，极娱游于暇日。天高地迥，觉宇宙之无穷；兴尽悲来，识盈虚之有数。①

王勃欣赏着长江的自然风景，旋即又转入对宇宙、历史与人生的思悟之中："闲云潭影日悠悠，物换星移几度秋。阁中帝子今何在？槛外长江空自流。"王勃的宇宙意识是人的生命觉醒意识，自然风景之美只是他思悟宇宙、历史与人生的助力。这一登阁抒怀，似乎成为盛唐时代精神的前兆。

李白游庐山，飞流直泻的瀑布扑面而来，诗人震惊于这种壮观的场景，于是直抒胸臆，捕捉这瞬刻而至的美："日照香炉生紫烟，遥看瀑布挂前川。飞流直下三千尺，疑是银河落九天。"②这是李白游庐山所作的名句。这种豪迈壮阔的气势，为其他登高者所不及，它是李白强盛的生命精神的动态展现。这种雄壮之美也不为其他时代所通有，它是盛唐气象与伟大时代的文化标志。天地造化如此神奇，通过李白这个漫游者的审

---

① ［唐］王勃：《秋日登洪府滕王阁饯别序》，《全唐文》卷一八一。
② ［唐］李白：《望庐山瀑布二首》其二，《李太白全集》卷之二十一。

美眼光,将庐山瀑布这个意象定格为永恒。

比较唐代其他时期的同类游记诗文,就会发现这样一种现象:同是登临亭台楼榭,初盛唐人的登高体验与中晚唐人的登高体验有很大的差异。

盛唐人登高咏怀,常是心胸开阔,意境雄浑,豪迈之势,弥漫天宇。杜甫登东岳有感:"岱宗夫如何? 齐鲁青未了。造化钟神秀,阴阳割昏晓。荡胸生曾云,决眦入归鸟。会当凌绝顶,一览众山小。"①这是一首具有盛唐气象的登高杰作。全诗采用远望、近望、细观、俯察等视角,描述杜甫登临泰山所感。"会当凌绝顶,一览众山小",显示出登高者的豪迈志气与博大胸襟。这首诗作于开元二十四年(736),当时杜甫正值青春年少,北游齐、赵等地,过着裘马清狂的生活。这首游览之作洋溢着登高者个人的青春朝气,也流露出乐观自信的盛唐气象。杜甫游览泰山,获得的是一种壮美豪放的体验,非大胸襟者莫办。

再来看杜甫的另一首登高之作:"风急天高猿啸哀,渚清沙白鸟飞回。无边落木萧萧下,不尽长江滚滚来。万里悲秋常作客,百年多病独登台。艰难苦恨繁霜鬓,潦倒新亭浊酒杯。"②这首诗作于唐代宗大历二年(767)秋天。这时,"安史之乱"虽然结束已有四年,然而时势并未出现明显的好转。杜甫只身无靠,离开成都草堂,南行几个月之后,来到夔州。在接下来的几年里,他的生活依旧困苦,疾病缠身。就在这种窘迫的心境下,他独自登上夔州白帝城外的高台,临江远眺,触目伤怀,百感交集,进而引发身世飘零之感,顿生老病孤愁之悲。此时此地,诗人再也难以激发出早年那种气壮山河、俯瞰一切的登临豪气了。

可见,旅游休闲同样具有一定社会性与时代性,它不只是纯粹个体性的审美活动。旅游休闲生成的美和美感与旅游者所处的社会环境、时代氛围、休闲心境存在或显或隐的联系。

---

① [唐]杜甫著,[清]仇兆鳌注:《望岳》,《杜诗详注》卷之一。
② [唐]杜甫著,[清]仇兆鳌注:《登高》,《杜诗详注》卷之二十。

与初盛唐人漫游四方的热情及其壮举相比,中晚唐人的旅游休闲活动大为减少,其审美体验也有很大变化,他们欣赏到的多是残春、寒秋,游览时总是抹不去那一抹淡淡的哀愁,牵系着那一丝莫名的惆怅,伴随着那无可奈何花落去的追忆。尽管中晚唐人也试图解脱苦闷,释放情绪,但很少能真正将心门打开。导致这种旅游现象的原因很多,其中包括游览者所处社会环境、审美风尚的影响,佛教禅宗的广泛传播等。

唐人喜欢选择在民间节庆登高望远,重阳节便是其一。九月九日,是中国古代的重阳节。这一天有登高的习俗。重九登高,远望江山历落,乡关路远,心中惆怅不已,顿感人在旅途,无枝可栖。重九登高,举目无亲,常忆家乡故土,更思先人前贤。如:"九月九日眺山川,归心归望积风烟。他乡共酌金花酒,万里同悲鸿雁天。"①又如:"九月九日望乡台,他席他乡送客杯。人情已厌南中苦,鸿雁那从北地来。"②唐人选择重阳节登高,在初盛唐时期更为普遍,而中唐以来则较为少见。重九登高这种旅游休闲活动主要出于对家人亲友的思念,思念之中总是弥漫着浪迹天涯的落寞情怀,散发着漂泊无依的惆怅意绪。

唐人好游,不少文人都有漫游天下的经历。常年的漫游生活开阔了他们的视野,丰富了他们的生活阅历,同时,他们又以诗文的方式传达其漫游体验。登高是唐人漫游休闲的重要方式,唐代文人登高,既欣赏自然风景,又观叹历史名胜。

旅游登高包括欣赏自然风景,这是毫无疑问的。李白说:"江城如画里,山晓望晴空。两水夹明镜,双桥落彩虹。人烟寒橘柚,秋色老梧桐。谁念北楼上,临风怀谢公。"③这主要是在欣赏自然风景之美。"远上寒山石径斜,白云生处有人家。停车坐爱枫林晚,霜叶红于二月花。"④通过对自然景物之美的欣赏,杜牧将无边的秋意渲染出来。当然,更多的时候,

---

① 〔唐〕卢照邻:《九月九日登玄武山》,《全唐诗》卷四二。
② 〔唐〕王勃:《蜀中九日》,《全唐诗》卷五六。
③ 〔唐〕李白:《秋登宣城谢朓北楼》,《李太白全集》卷之二十一。
④ 〔唐〕杜牧:《山行》,《全唐诗》卷五二四。

旅游登高意味着复杂的情绪体验,而不只是对自然风景的欣赏。

隋唐时期,都城长安之乐游原、曲江池、杏园、慈恩寺等旅游景地最让人留恋。乐游原是汉宣帝时修建而成,到了武则天时,乐游原已经成为长安士女的游乐之所。北望渭水,南眺终南,京华风光,尽收眼底。"夕阳无限好,只是近黄昏。"①在黄昏暮影之下,李商隐驱车登临乐游原,其迷离之美让他惊叹不已。当然,唐人登临乐游原时,也常生发庙园废弃、万事东流的慨叹,这在中晚唐以来的游览诗中不乏其例。

除了自然美的欣赏之外,旅游登高主要有三种体验值得注意,即登高时触发的人生感、历史感与宇宙感。这三种美感体验也可看做是登高休闲的审美境界。

其一,旅游登高能生发人生体验。

曲江又名曲江池,位于长安城南朱雀桥东边,是隋唐五代长安城最大的风景名胜区。曲江芙蓉苑是唐代以自然风景为主的公共休闲游乐场所。唐代诗文里的曲江意象记述了大唐帝国的盛衰荣辱与历史沧桑。初盛唐时,烟花三月,曲江最为热闹,因为新科及第的进士们经常在曲江亭举行宴会,称为曲江宴,这种宴会影响很大。参加宴会的文人可以一边品尝美味佳肴,一边欣赏曲江风光,游览长安盛景。唐宣宗大中八年(854)进士刘沧有诗:"及第新春选胜游,杏园初宴曲江头。紫毫粉壁题仙籍,柳色箫声拂御楼。霁景露光明远岸,晚空山翠坠芳洲。归时不省花间醉,绮陌香车似水流。"②这首诗描述的就是当时曲江宴集的盛况。

"安史之乱"以后,曲江已经成为荒芜之地,诗人游览曲江,常抒发世事如梦的感叹。江头宫殿锁千门,明眸皓齿已不在。人生有情泪沾襟,江水无痕流不尽。杜甫多次游览曲江,并以其"诗史"之笔记述岁月的沧桑,哀叹人生的无奈。曲江花飞乱,飘风愁煞人。苑边高冢魂不归,细推物理且行乐。杜甫因而赋诗:"朝回日日典春衣,每日江头尽醉归。酒债

①[唐]李商隐:《乐游原》,《全唐诗》卷五三九。
②[唐]刘沧:《及第后宴曲江》,《全唐诗》卷五八六。

寻常行处有，人生七十古来稀。穿花蛱蝶深深见，点水蜻蜓款款飞。传语风光共流转，暂时相赏莫相违。"①这首游览诗有深切的人生体验。历经世事沧桑的杜甫感叹，人生穷达皆是造化所为，浮名世利宛如过眼云烟，只有不为浮名世利所绊，才有真正的精神自由，从而以审美之心领略眼前的风景，珍惜有限的存在。

在隋唐五代，旅游休闲所触发的人生体验并不罕见。如，李商隐登夕阳楼："花明柳暗绕天愁，上尽重城更上楼。欲问孤鸿向何处，不知身世自悠悠。"②这种"身世自悠悠"的人生体验融入了登临者的心境，也受到登临时所见自然风景的触动。这些登楼体验具有审美体验的意味，它以夕阳楼的历史文化底蕴为背景，传达出个体性的生命沉思与身世感念。

其二，旅游登高能引发历史体验。

这种体验主要是由眼前的景物联想起与此相关的人事，通过历史的触摸与想象，抒发对当下存在的依恋与珍惜。人事总有代谢，往来聚成古今。江山依旧如画，胜迹几度变迁。登临怀古，触景动情，会引发一种苍茫悠渺的历史体验。崔颢登黄鹤楼："昔人已乘黄鹤去，此地空余黄鹤楼。黄鹤一去不复返，白云千载空悠悠。晴川历历汉阳树，芳草萋萋鹦鹉洲。日暮乡关何处是？烟波江上使人愁。"③与这种历史体验相似的，如李白咏凤凰台："凤凰台上凤凰游，凤去台空江自流。吴宫花草埋幽径，晋代衣冠成古丘。三山半落青天外，一水中分白鹭洲。总为浮云能蔽日，长安不见使人愁。"④这种登高休闲引发的历史体验总是以今昔对比的方式追忆悠远的往事。

王昌龄、孟浩然、刘长卿都写过歌咏万岁楼的诗篇，尤以王昌龄所作《万岁楼》闻名："江上巍巍万岁楼，不知经历几千秋。年年喜见山长在，

---

① ［唐］杜甫著、［清］仇兆鳌注：《曲江二首》其二，《杜诗详注》卷之六。
② ［唐］李商隐：《夕阳楼》，《全唐诗》卷五四〇。
③ ［唐］崔颢：《黄鹤楼》，《全唐诗》卷一三〇。
④ ［唐］李白：《登金陵凤凰台》，《李太白全集》卷之二十一。

日日悲看水独流。猿狖何曾离暮岭，鸬鹚空自泛寒洲。谁堪登望云烟里，向晚茫茫发旅愁。"①这种登临抒怀之作蕴含着深厚的历史感。登高怀古可以是休闲审美活动，但是它的美感不可能是纯粹的愉悦体验，而是一种复合型的历史感，登高者思忖历史，或追问当下，或感伤，或悲愁，或惆怅。旅游登高的历史体验实质上是一种时间的反思意识。

其三，旅游登高能生成宇宙体验。

清人沈德潜说："余于登高时，每有今古茫茫之感。"②这也是唐人登高的普遍体验。柳宗元登楼有感："城上高楼接大荒，海天愁思正茫茫。"③柳宗元的"茫茫"之叹就富有宇宙体验的意味。陈子昂也好登台，每登高，必有宇宙之思，其登高之作，最具形而上的意蕴。其实，触发沈德潜如此慨叹的，正是陈子昂的登台名句："前不见古人，后不见来者。念天地之悠悠，独怆然而涕下。"④旅游登高能生成宇宙体验，这种宇宙体验不再因为四时季节的更替而触景伤怀，也不再是为了放松心情而寻找精神的自由，它是一种蕴含着个人对无边世界、广袤宇宙的感受，也包括对无穷无尽的时空的感悟。这种旅游登高体验是登高者对宇宙无限性的深沉玩味，与前面两种登高体验相比，它的美感内涵更为丰富，也更为复杂，有忧怀，有悲伤，也有惆怅。

在这三种体验之外，旅游登高还能获得生命与存在的超越体验。这种超越体验又可分为三个层次。

其一，旅游登高能使人心境超然，尘埃荡尽。王维在写给好友裴迪的信里说："当待春中，草木蔓发，春山可望，轻鲦出水，白鸥矫翼，露湿青皋，麦陇朝雊，斯之不远，傥能从我游乎？非子天机清妙者，岂能以此不急之务相邀，然是中有深趣矣。"⑤王维写这封信的本意是，想约裴迪一起

① ［唐］王昌龄：《万岁楼》，《全唐诗》卷一四二。
② ［清］沈德潜：《唐诗别裁集》卷五。
③ ［唐］柳宗元：《登柳州城楼寄漳汀封连四州》，《柳宗元集》卷四二。
④ ［唐］陈子昂，徐鹏校点：《陈子昂集》补遗，《登幽州台歌》，第 232 页，中华书局上海编辑所，1962 年。
⑤ ［唐］王维撰，［清］赵殿成笺注：《山中与裴秀才迪书》，《王右丞集笺注》卷之十八。

游春,因为游春休闲"有深趣"在焉。这深趣就是在大自然的怀抱中疏散性情,舒卷襟抱,澡雪精神。这种萧散襟怀的物外之趣常使游览者心神陶醉,忘却归路。旅游的快乐既来自所游之地的优美风景,又离不开游览者的休闲心境,只有二者的妙契无间,才能引发旅游的无穷乐趣。

　　游不必远,心不必高。何必沧浪水,庶兹浣尘襟。正如王勃所言:"物外山川近,晴初景霭新。芳郊花柳遍,何处不宜春。"①登城观望,春光灿烂,无处不美。春天的美景遍在世界之中,关键在于登临者是否具有休闲的心境,是否能开启审美的眼光。松风阵阵散尘襟,啸傲云林独自赏。刘长卿游四明山:"白云本无心,悠然伴幽独。对此脱尘鞅,顿忘荣与辱。"②这种旅游登高者往往逍遥世外,荣辱皆忘,悠然畅怀,万虑顿消。这就是一种心境的超越。

　　其二,旅游登高能突破世俗生存的有限,体验宇宙存在的无限。这种超越体验源于人突破现有的视野,超越有限的存在,从而走向高远境界的生命冲动。王之涣登鹳雀楼:"白日依山尽,黄河入海流。欲穷千里目,更上一层楼。"③这首登楼名作将人从有限的山河实景引入无限的时空中去。白居易说:"临高始见人寰小,对远方知色界空。回首却归朝市去,一稀米落太仓中。"④此情此景,登高者会有一种超越时空限制的自在体验。所谓思接千载,胸罗宇宙,卷舒自在,毫无挂碍,意近于此。

　　其三,旅游登高能使人获得精神的自由,感受生命与存在的快乐。纵然生活贫贱简朴,乐观之人并不为此而忧心忡忡。他们常通过旅游登高等休闲活动,调理心神,保持精神的愉悦状态。白居易说:"虽贫眼下无妨乐,纵病心中不与愁。自笑灵光岿然在,春来游得且须游。"⑤旅游是有闲阶层的休闲活动,也是人的精神生活的一大乐趣。人们通过旅游休

①〔唐〕王勃:《登城春望》,《全唐诗》卷五六。
②〔唐〕刘长卿:《游四窗》,《全唐诗》卷一五一。
③〔唐〕王之涣:《登鹳雀楼》,《全唐诗》卷二五三。
④〔唐〕白居易:《登灵应台北望》,《白居易集》卷第二十五。
⑤〔唐〕白居易:《会昌二年春,题池西小楼》,《白居易集》卷第三十六。

闲这种及时行乐的方式,安顿心灵,感受生命与存在的快乐。这种超越体验的审美愉悦性更为突出。

当然,这三个层次的超越体验有时是复合在一起的。如:"步登春岩里,更上最远山。聊见宇宙阔,遂令身世闲。"①极目远眺,胸襟开阔,整个身心获得一种前所未有的解放感、自由感,摆脱有限时空的限制,从而与无限的宇宙相照面。

隋唐五代佛教兴盛,寺院也常成为时人的游览场所。古木苍烟,水石多姿。香气空翠中,猿声暮云外。游览寺院,最重要的是在清幽洁净的氛围中观心自照,拂涤尘染,释放心结。"一从方外游,顿觉尘心变。"②此言深得寺院游览之精神。刘长卿说:"寥寥禅诵处,满室虫丝结。独与山中人,无心生复灭。徘徊双峰下,惆怅双峰月。杳杳暮猿深,苍苍古松列。玩奇不可尽,渐远更幽绝。林暗僧独归,石寒泉且咽。竹房响轻吹,萝径阴馀雪。卧涧晓何迟,背岩春未发。此游诚多趣,独往共谁阅。"③游览寺院,远离了尘世的喧嚣,净化了外界的风雨,借此清凉地,助我方外游。此时,尘世空幻之感常会不经意地触发,而本真的心源也会毫无戒备地开启。王勃游寺赋诗:"杏阁披青磴,雕台控紫岑。叶齐山路狭,花积野坛深。萝幌栖禅影,松门听梵音。遽忻陪妙躅,延赏涤烦襟。"④世间万有如同泡影,寺院的一声钟,古德的一吆喝,乃至院中一滴露水,墙角一寸嫩绿,有时都会让游览者突然心有所悟。所谓单刀直入,直契心源,言语道断,目击道存。所以,寺院游览又可称为清净之游、无迹之游。

(三)临泛

临泛也是一种休闲活动。临泛休闲,可以欣赏优美的自然风景。深秋夕阳西落时分,白居易见到江景如斯:"一道残阳铺水中,半江瑟瑟半

---

① [唐]羊滔:《游烂柯山》,《全唐诗》卷三一二。
② [唐]张羽:《游栖霞寺》,《全唐诗》卷一一四。
③ [唐]刘长卿:《宿双峰寺,寄卢七、李十六》,《全唐诗》卷一四九。
④ [唐]王勃:《游梵宇三觉寺》,《全唐诗》卷五六。

江红。可怜九月初三夜,露似真珠月似弓。"①这是一种极尽视觉美感的愉悦体验。其实,隋唐五代文人临水游玩,不只是欣赏自然风景之美,他们还经常触景伤怀,不由自主地想到自身的遭际,于是慨叹岁月无情,人生无奈,韶华流逝,物是人非。罗隐临水所思:"野水无情去不回,水边花好为谁开。只知事逐眼前去,不觉老从头上来。穷似丘轲休叹息,达如周召亦尘埃。"②面对流水,罗隐同样临水而观照自身。不过,他知天乐命,穷达不滞于心,坦然大化,达观自在,表露出生命觉者的深思情致。

临水者眼望滚滚长江东逝水,禁不住慨叹荣华得失不复回。但慨叹之后,很多人心境豁然开朗,烦恼顿消。这种由苦而乐的临泛体验,再度提示临泛者不要成为笼中之鸟,而要释放生命的自由天性,放任双翅自在飞。裴夷直说:"一见心原断百忧,益知身世两悠悠。江亭独倚阑干处,人亦无言水自流。"③裴夷直的临泛体验同样体现出觉者的生命意识。滔滔江水,与天地同流。如花岁月,与乐观共在。

江边临泛,是隋唐五代最有休闲意味的活动之一。请听这些临泛休闲者的心声:

> 旅人倚征棹,薄暮起劳歌。笑揽清溪月,清辉不厌多。④
>
> 楚塞三湘接,荆门九派通。江流天地外,山色有无中。郡邑浮前浦,波澜动远空。襄阳好风日,留醉与山翁。⑤
>
> 幽意无断绝,此去随所偶。晚风吹行舟,花路入溪口。际夜转西壑,隔山望南斗。潭烟飞溶溶,林月低向后。生事且弥漫,愿为持竿叟。⑥
>
> 武陵川路狭,前棹入花林。莫测幽源里,仙家信几深。水回青

---

① [唐]白居易:《暮江吟》,《白居易集》卷第十九。
② [唐]罗隐:《水边偶题》,《全唐诗》卷六五七。
③ [唐]裴夷直:《临水》,《全唐诗》卷五一三。
④ [唐]张旭:《清溪泛舟》,《全唐诗》卷一一七。
⑤ [唐]王维撰,[清]赵殿成笺注:《汉江临泛》,《王右丞集笺注》卷之八。
⑥ [唐]綦毋潜:《春泛若耶溪》,《全唐诗》卷一三五。

嶂合,云度绿溪阴。坐听闲猿啸,弥清尘外心。①

　　子陵江海心,高迹此闲放。渔舟在溪水,曾是敦夙尚。朝霁收云物,垂纶独清旷。寒花古岸傍,唳鹤晴沙上。纷吾好贞逸,不远来相访。已接方外游,仍陪郢中唱。欢言尽佳酌,高兴延秋望。日暮浩歌还,红霞乱青嶂。②

在唐代文人看来,临泛类似登山,皆为闲情高致,逸兴风流。唐人将临泛活动以审美休闲的方式呈现出来,或描绘临泛的自然风景之美,或记述临泛时的陶醉心情,或认为泛舟可以涤荡胸间尘埃,获得清旷的体验,也就是孟浩然所说的"弥清尘外心"。漾舟碧波上,临泛何容与。沿洄自有趣,何必五湖中。心念空空,江水澄澄,一叶扁舟悠飘其间,知音雅客宴坐舟中,观芦洲隐遥嶂,望露日映孤城。自顾疏野之性,常怀鸥鸟之情。湖光泛泛,泛去了礼俗的束缚桎梏;微波荡荡,荡尽了平日的郁结愁思。

唐代文人普遍爱好周游名山大川,访友问道,稽古探胜。唐人爱好漫游,李白一生的大部分时光都在漫游中度过,杜甫青年时代也有过漫游十年的经历。盛唐时期,民间旅游之风也极为盛行。唐人漫游,既是开放自由的社会环境的产物,又与唐代政府提供的制度保障有关。在开元、天宝年间,官员的旅游活动得以制度化,并给予一定的物质资助。这种措施无疑促进了当时旅游事业的发展,影响到旅游活动的盛行。

长期的漫游生活不仅丰富了唐代文人的生活阅历,开阔了他们的见闻视野,而且也陶冶着他们的人文情操,极大地拓宽了他们的审美心境。唐代文坛重视漫游之风,还有一个直接的原因,那就是大量文人出仕期间都遭遇过贬谪或升迁的人事变动,于是周游四方,浪迹天涯。这也促成唐代文人漫游休闲活动的展开。他们中的不少文人(如刘禹锡、柳宗元等)因为贬谪之故,委顺大化,因地而游,随遇而安,及时行乐,以细微

① 〔唐〕孟浩然:《武陵泛舟》,《全唐诗》卷一六〇。
② 〔唐〕钱起:《同严逸人东溪泛舟》,《全唐诗》卷二三六。

的笔触描述他们的旅游体验。这些旅游体验大多内涵丰富,情感真挚,意蕴深厚,富有价值。

旅游是一种大众性的休闲活动。旅游休闲要成为审美活动,具备审美活动的性质,除了所游之地的景观因素之外,还需要满足一些基本的条件。这些条件主要有三:

首先,游览者应该具备闲适的心境。旅游休闲具有多重审美意蕴,最为突出的就是,它包含着游览者的审美体验,因为游览者的审美体验能直接反映出旅游功能的实现情况以及游览者的精神境界。这种审美体验的生成,与游览者的心境有关。这在唐代诗文里也有大量的表述:

> 独泛扁舟映绿杨,嘉陵江水色苍苍。行看芳草故乡远,坐对落花春日长。曲岸危樯移渡影,暮天栖鸟入山光。今来谁识东归意,把酒闲吟思洛阳。①
>
> 言入黄花川,每逐清溪水。随山将万转,趣途无百里。声喧乱石中,色静深松里。漾漾泛菱荇,澄澄映葭苇。我心素已闲,清川澹如此。②
>
> 众鸟高飞尽,孤云独去闲。相看两不厌,只有敬亭山。③
>
> 四隅白云闲,一路清溪深。芳秀惬春目,高闲宜远心。④
>
> 清铎中天籁,哀鸣下界秋。境闲知道胜,心远见名浮。⑤

这些材料表明,游览者应该拥有闲适的心境,这是旅游休闲成为审美活动的前提。游览者只有具备闲适冲淡的心境,心无取舍,圆活自在,才能见山是山,见水是水,触目即道,处处菩提。

其次,游览者应该具备乘兴而游的热情。审美活动需要感兴,登山旅游也同样需要感兴:"清晓因兴来,乘流越江岘。沙禽近方识,浦树遥

---

① [唐]刘沧:《春日游嘉陵江》,《全唐诗》卷五八六。
② [唐]王维撰,[清]赵殿成笺注:《青溪》,《王右丞集笺注》卷之三。
③ [唐]李白:《独坐敬亭山》,《李太白全集》卷之二十三。
④ [唐]严维:《游灞陵山》,《全唐诗》卷二六三。
⑤ [唐]欧阳詹:《和严长官秋日登太原龙兴寺阁野望》,《全唐诗》卷三四九。

莫辨。渐至鹿门山，山明翠微浅。岩潭多屈曲，舟楫屡回转。"①乘兴而游是旅游审美活动的感兴状态，游览者因感兴而产生旅游的冲动。旅游休闲与审美活动一样，需要热情和兴致，旅游休闲的热情和兴致又决定着它们不同于日常生活体验的审美特征。白居易说："心兴遇境发，身力因行知。寻云到起处，爱泉听滴时。"②热情和兴致是旅游休闲成为审美活动的重要条件，缺乏热情和兴致的旅游难以激发游览者的审美体验，因而也就不可能会有旅游美感的生成。"更说东溪好，明朝乘兴寻。"③讲的就是这个道理。

再次，旅游审美活动是游览者旅游兴致与自然风景的契合。

"幽赏"是一个较有影响的唐代旅游休闲概念。韦应物说："时事方扰扰，幽赏独悠悠。弄泉朝涉涧，采石夜归州。挥翰题苍峭，下马历嵌丘。所爱唯山水，到此即淹留。"④皎然送人游天台感怀："渐看华顶出，幽赏意随生。十里行松色，千重过水声。海容云正尽，山色雨初晴。事事将心证，知君道可成。"⑤这两首诗都是游山之作，都提到"幽赏"这种游览者的审美体验。也有人将"幽赏"称作"寂寞游"。如："一步复一步，出行千里幽。为取山水意，故作寂寞游。"⑥大致而言，唐代旅游休闲文化中的"幽赏"概念主要包含三层意思：

其一，它着眼于所游之处环境的幽静。幽赏不是世俗社会的交游集会，而是游览者融怀于幽泉胜景之中，它是一种方外之游，这是从所游之处的风景方面来说的。

其二，它是指游览者心境的幽闲，即游览者应该从世俗的实用功利的生存状态摆脱出来，护养超然物外的闲适情趣，参与旅游休闲活动，并获得愉悦的审美体验。

---

① [唐]孟浩然：《登鹿门山》，《全唐诗》卷一五九。
② [唐]白居易：《秋游平泉，赠韦处士、闲禅师》，《白居易集》卷第二十二。
③ [唐]钱起：《宿远上人兰若》，《全唐诗》卷二三七。
④ [唐]韦应物：《游西山》，《全唐诗》卷一九二。
⑤ [唐]皎然：《送重钧上人游天台》，《全唐诗》卷八一八。
⑥ [唐]孟郊：《游枋口》，《全唐诗》卷三七六。

其三,它是指一种个性化的休闲方式,这种休闲方式在审美氛围与审美心境等方面不同于宴集等群体性的社交休闲活动。

三、旅游休闲的境界

"独游寄象外",这是崔国辅游法华寺时提出的旅游休闲命题。他说:"松雨时复滴,寺门清且凉。此心竟谁证,回憩支公床。壁画感灵迹,尨经传异香。独游寄象外,忽忽归南昌。"①何谓"独游寄象外"? 它是对旅游休闲境界的一种规定。"独游"接近于"幽赏",但"寄象外"意蕴的丰富性又远非"幽赏"足以概括。独游是要旅游者超越尘世之网的束缚,释放自在无拘的游戏天性。

同时,独游还指从身边所游、眼前所见,引向身之所未曾游,眼之所未曾见的无限时空之中,从游览时的特定情境出发,体味旅游休闲所蕴含的形而上的意蕴。王昌龄独游有感:"林卧情每闲,独游景常晏。时从灞陵下,垂钓往南涧。手携双鲤鱼,目送千里雁。悟彼飞有适,知此罢忧患。放之清冷泉,因得省疏慢。永怀青岑客,回首白云间。神超物无违,岂系名与宦。"②在审美内涵方面,王昌龄的"独游"与前面提到的"幽赏"颇为接近。

柳宗元在柳州刺史任上撰有《南涧中题》,也提到独游这个话题。柳宗元说:"秋气集南涧,独游亭午时。回风一萧瑟,林影久参差。始至若有得,稍深遂忘疲。羁禽响幽谷,寒藻舞沦漪。"③独游是指山水风景本来秀美,游玩触处成趣,游览者至此心物两忘,碧泉幽绝,乐此不疲,独赏而不忍归去。

"与造物者游",这是柳宗元推重的旅游休闲境界。柳宗元贬谪永州期间,常寄情山水,漫漫而游,上高山,入深林,穷回溪,涉荒境。举凡幽泉

---

① [唐]崔国辅:《宿法华寺》,《全唐诗》卷一一九。
② [唐]王昌龄:《独游》,《全唐诗》卷一四一。
③ [唐]柳宗元:《南涧中题》,《柳宗元集》卷四三。

怪石,名迹胜景,他总是慕名而往,乐此不疲,不畏路途遥远,其足迹几乎遍及永州的山水名胜。有一次,他在法华西亭偶然望见"西山之怪特",于是派人过湘江,缘染溪,斫榛莽,焚茅茷,穷其高山而止:

> 攀援而登,箕踞而遨,则凡数州之土壤,皆在衽席之下。其高下之势,岈然洼然,若垤若穴,尺寸千里,攒蹙累积,莫得遁隐。萦青缭白,外与天际,四望如一。然后知是山之特立,不与培塿为类,悠悠乎与颢气俱,而莫得其涯;洋洋乎与造物者游,而不知其所穷。引觞满酌,颓然就醉,不知日之入。苍然暮色,自远而至,至无所见,而犹不欲归。心凝形释,与万化冥合。然后知吾向之未始游,游于是乎始,故为之文以志。①

这篇游记作于元和四年(809)。对于柳宗元来说,这次西山之游具有特别的意义。他声称"吾向之未始游,游于是乎始",换句话说,只有这次旅游才算是真正的旅游。这种真正的旅游是指柳宗元推重的旅游休闲境界,也就是"心凝形释,与万化冥合",它是指在旅游休闲时澄怀味道,体验人与万物一体的境界。西山之游追求旅游者与万物融为一体的境界,而现代不少旅游者则多将旅游作为走马观花式的地名浏览,或当作对自然风景的视觉扫描,这与柳宗元的旅游境界迥然有别。

世有好游者,有善游者,好游者未必善游,善游者亦未必好游。柳宗元既好游,又善游,还乐游。他推重"与造物者游"的休闲境界,且将这种境界落实到他在永州的旅游活动之中:

> 自西山道口径北,踰黄茅岭而下,有二道:其一西出,寻之无所得;其一少北而东,不过四十丈,土断而川分,有积石横当其垠。其上为睥睨梁欐之形,其旁出堡坞,有若门焉。窥之正黑,投以小石,洞然有水声,其响之激越,良久乃已。环之可上,望甚远。无土壤而生嘉树美箭,益奇而坚,其疏数偃仰,类智者所施设也。噫!吾疑造

---

① [唐]柳宗元:《始得西山宴游记》,《柳宗元集》卷二九。

物者之有无久矣,及是,愈以为诚有。①

柳宗元善于在旅游休闲时感受天地造化的赐予,玩味生命存在的乐趣。他所喜好的旅游之地,大多不在众人熟知之地或常人光顾之所,而在那些地理位置较为偏僻,而自然风光却幽静天成之处。荒山野岭,冷水僻泉,不为人工修整,全因造化而成,其间风景独佳,别有一番意趣,因而受到柳宗元的嘉许。钴鉧潭西小丘,生竹树,其石突怒偃蹇,负土而出,奇形怪状,人不以为重,柳宗元不以为薄,稍作修整,则"嘉木立,美竹露,奇石显。由其中以望,则山之高,云之浮,溪之流,鸟兽之遨游,举熙熙然回巧献技,以效兹丘之下。枕席而卧,则清泠之状与目谋,瀯瀯之声与耳谋,悠然而虚者与神谋,渊然而静者与心谋。不匝旬而得异地者二,虽古好事之士,或未能至焉"②。钴鉧潭西小丘之游生成了多重美感体验,主要包括形状美(目谋)、声音美(耳谋)、虚静意境美(神谋、心谋)。这多重美感体验是富于乐趣的,它是游览者审美心境与天地造化相交融的休闲境界。

作为唐代杰出的旅游休闲理论家,柳宗元认为旅游之乐不只在自然风景本身,他还特别重视游览者对可游之处及其自然风景的发现过程。也就是说,他所推重的"与造物者游"的旅游境界,需要游览者具有超出一般游客的审美发现与审美体验的见识和眼光,能从普通的自然风景乃至荒山野岭之中发现美,体验美,在常人习以为常处感受不平常,并将这种不平常审美地描述出来。

在另一篇游记里,柳宗元也谈到旅游休闲的境界问题:

> 从小丘西行百二十步,隔篁竹,闻水声,如鸣佩环,心乐之。伐竹取道,下见小潭,水尤清冽。全石以为底,近岸卷石底以出,为坻为屿,为嵁为岩。青树翠蔓,蒙络摇缀,参差披拂。潭中鱼可百许头,皆若空游无所依。日光下澈,影布石上,怡然不动;俶尔远逝,往

---

① [唐]柳宗元:《小石城山记》,《柳宗元集》卷二九。
② [唐]柳宗元:《钴鉧潭西小丘记》,《柳宗元集》卷二九。

来翕忽,似与游者相乐。

潭西南而望,斗折蛇行,明灭可见。其岸势犬牙差互,不可知其源。坐潭上,四面竹树环合,寂寥无人,凄神寒骨,悄怆幽邃。以其境过清,不可久居,乃记之而去。[1]

这段话表明,旅游美与美感的生成离不开游览者的审美心境与自然风景的相互契合,旅游休闲是一种心物交融的审美活动。小石潭之所以可游,与其潭水清冽、岸势怪奇相关,这是自然景物方面的因素。然而,如果只有这些自然风景,而"寂寥无人",则"其境过清,不可久居",仍然不是长游之处。这是因为,自然风景过于冷清,人迹罕至,游览者的心境也就难以与之交融,不利于旅游美感体验的生成。倒是在清冽的潭中,游鱼远近往来,动静不居,"似与游者相乐",为幽静的自然景物增添了活泼泼的生趣,游览者也因此感受到所游之处的勃然生机。在这种活泼灵动的心境之下,游览者更容易与自然风景发生契合,心物无间,达到与造化同流的最高旅游休闲境界。

四、从潇湘洞庭到以苏杭地域为中心的江南

在本节的最后部分,简要讨论隋唐五代旅游休闲文化中的一个现象,即旅游休闲的文化重心逐渐从潇湘洞庭转移到以苏杭地域为中心的江南。

仅从地域因素来考虑,潇湘洞庭归属江南文化毫无疑问。但是,从六朝以来江南文化的发展看,潇湘洞庭在江南文化系统里却找不到应有的位置,它通常被认为是与江南文化不同性质的另类。这种现象在隋唐五代旅游休闲领域也有明显的反映。

自屈骚以来,潇湘洞庭主要是作为贬谪者的精神家园而存在的,它是中国文人官场失意、理想失落之后的心灵寓所。洞庭意象在中国文学

---

[1] [唐]柳宗元:《至小丘西小石潭记》,《柳宗元集》卷二九。

中总是伴着抹不去的哀怨,挥不尽的忧伤。隋唐以来,潇湘洞庭的文化负载依然沉重。李白游洞庭有感:

> 洞庭西望楚江分,水尽南天不见云。日落长沙秋色远,不知何处吊湘君。
>
> 南湖秋水夜无烟,耐可乘流直上天。且就洞庭赊月色,将船买酒白云边。
>
> 洛阳才子谪湘川,元礼同舟月下仙。记得长安还欲笑,不知何处是西天。
>
> 洞庭湖西秋月辉,潇湘江北早鸿飞。醉客满船歌《白苧》,不知霜露入秋衣。
>
> 帝子潇湘去不还,空余秋草洞庭间。淡扫明湖开玉镜,丹青画出是君山。①

李白虽为豪放洒落之士,但他游览洞庭湖时仍然排遣不了"吊湘君""谪湘川"等沉重的精神重负。

作为一个已有千余年贬谪情感积累的审美意象,潇湘洞庭在隋唐文人心中依旧是那么沉重,那么让游览者难以释怀。过潇湘,游洞庭,或作为他们缅怀屈原精神的凭吊仪式,或成为他们在无奈的现实命运面前的自我审视与精神抚慰,或意味着他们坚守生命信仰、追求唯美人格的文化寻根。因此,隋唐文人的潇湘洞庭之游必然具有极为强烈的情感震撼力,也具有深厚的历史文化意蕴。贾至与李白等同泛洞庭,深有感触地说:

> 江上相逢皆旧游,湘山永望不堪愁。明月秋风洞庭水,孤鸿落叶一扁舟。枫岸纷纷落叶多,洞庭秋水晚来波。乘兴轻舟无近远,白云明月吊湘娥。江畔枫叶初带霜,渚边菊花亦已黄。轻舟落日兴

---

① [唐]李白:《陪族叔刑部侍郎晔及中书贾舍人至游洞庭五首》,《李太白全集》卷之二十。

不尽，三湘五湖意何长。①

泛游洞庭，总抹不去那一缕淡淡的哀怨愁绪，这似乎是中国文人的千古宿命。隋唐文人对命运的无奈体验也常从他们的游记里流淌而出，当然，更为庄严的是对屈原伟岸人格的敬仰。但是，总体而言，潇湘洞庭之游所引发的沉重的历史感、人生感与命运感，与中晚唐以闲适为审美情调的审美活动（也包括旅游休闲）的主潮是不和谐的。

中晚唐旅游休闲诗文里出现的江南意象主要传达的是愉悦体验。试举刘长卿、白居易、刘禹锡的诗文为例。刘长卿说："江南风景复如何，闻道新亭更欲过。处处纫兰春浦渌，萋萋藉草远山多。壶觞须就陶彭泽，时俗犹传晋永和。更待持橈徐转去，微风落日水增波。"②这里的江南如二月小雨、三月惠风，总是温柔得让游览者的心魂为之失散，抹去了哀怨，淡化了忧伤。白居易对于"江南"的追忆与想象，也是以江南之春为蓝本的：

> 江南好，风景旧曾谙：日出江花红胜火，春来江水绿如蓝。能不忆江南？
>
> 江南忆，最忆是杭州：山寺月中寻桂子，郡亭枕上看潮头。何日更重游？
>
> 江南忆，其次忆吴宫：吴酒一盃春竹叶，吴娃双舞醉芙蓉。早晚复相逢！③

这就是白居易曾经见到的以及当下想象的江南。江南是一个群体性意象，它由春江、明月、杭州、吴宫、吴酒、吴娃等意象化合而成。从文化地理学的角度来说，通过白居易的江南追忆与想象，大致可见旅游休闲文化重心已从潇湘洞庭逐渐转移到以苏杭地域为中心的江南。或者说，白居易江南意象的情感基调已抚平了因贬谪而生发的哀怨情绪，并

---

① ［唐］贾至：《初至巴陵与李十二白、裴九同泛洞庭湖三首》，《全唐诗》卷二三五。
② ［唐］刘长卿：《三月李明府后亭泛舟》，《全唐诗》卷一五一。
③ ［唐］白居易：《忆江南词三首》，《白居易集》卷第三十四。

且使之转化为欣赏陶醉的愉悦体验。这种旅游休闲文化重心转移的迹象极为明显,试读白居易、刘禹锡等的如下诗词:

> 吴中好风景,八月如三月。水荇叶仍香,木莲花未歇。海天微雨散,江郭纤埃灭。暑退衣服干,潮生船舫活。两衙渐多暇,亭午初无热。骑吏语使君,正是游时节。①

> 吴中好风景,风景无朝暮。晓色万家烟,秋声八月树。舟移管弦动,桥拥旌旗驻。改号齐云楼,重开武丘路。况当丰熟岁,好是欢游处。州民劝使君,且莫抛官去。②

> 春过也,共惜艳阳年。犹有桃花流水上,无辞竹叶醉樽前,惟待见青天。春去也,多谢洛城人。弱柳从风疑举袂,丛兰裛露似沾巾,独笑亦含颦。③

虽然白居易、刘禹锡都有贬谪的遭遇和经历,但他们同时又是中唐以来"中隐""吏隐"处世哲学的提倡者,由于长期受到佛教文化的熏陶,他们的旅游休闲诗文里的情感体验已然淡化,远离了一般贬谪游览者的哀怨和感伤。白居易、刘禹锡都陶醉于江南风景,他们认为吴中风和日暖,山水如画,才是欢游的去处。他们所指的"江南",是狭义的以苏杭地域为中心的江南地域,江南意象甚至成为苏州风景的别称。很显然,在这样的江南文化中,潇湘洞庭找不到合适的位置。

中晚唐以来,江南意象一直处于中国人审美世界的重要位置,甚至还有人参照潇湘洞庭意象,并以苏州山水为底稿,勾勒并想象出一个吴中洞庭。江南意象的不断突出,逐渐冲淡了潇湘洞庭的贬谪内涵,并逐渐以吴中洞庭取代原初意义上的潇湘洞庭。在这种文化意象的转移过程中,白居易、刘禹锡所起的导引作用是不可忽视的。白居易、刘禹锡对于江南休闲文化的诗意想象,在隋唐五代美学史上具有一定的意义。

---

① [唐]白居易:《吴中好风景二首》其一,《白居易集》卷第二十一。
② [唐]白居易:《吴中好风景二首》其二,《白居易集》卷第二十一。
③ [唐]刘禹锡:《杂曲歌辞·忆江南》,《全唐诗》卷二八。

从潇湘洞庭到以苏杭地域为中心的江南,这种旅游休闲文化现象的出现绝不是文人的即兴之见,也不是一种偶然的现象,其中蕴含着中晚唐以来中国人审美情调变迁的迹象。从此,以优美闲适为美感基调的、以苏杭地域为中心的江南意象,逐渐成为文人墨客津津乐道的审美意象。诗人杜牧书写江南,他笔下的江南显得迷离别致,饶有余味。杜牧有句:"千里莺啼绿映红,水村山郭酒旗风。南朝四百八十寺,多少楼台烟雨中。"[①]温庭筠笔下的江南则充满着别样的情意:"千万恨,恨极在天涯。山月不知心里事,水风空落眼前花。摇曳碧云斜。梳洗罢,独倚望江楼。过尽千帆皆不是,斜晖脉脉水悠悠。肠断白蘋洲。"[②]温庭筠将个人情感的失落揉入江南迷离的烟雨之中,任其扩散,弥漫,尽管这种江南意象依旧充满着哀愁和感伤,但这种哀愁和感伤已经不再具备屈骚的贬谪内涵。从潇湘洞庭到以苏杭地域为中心的江南,这种旅游休闲重心转移的现象隐含着多层次的意蕴,不只是审美的、文化的,也有历史的、人生的。

以上各节,从日常生活休闲、赏玩休闲、旅游休闲等方面探讨了隋唐五代休闲文化与审美的基本内涵,这里略作小结。从美学的角度讲,休闲活动主要是人以闲适的心境参与,并能在参与的过程中生发审美体验的娱乐活动的总称。白居易说:"兀兀寄形群动内,陶陶任性一生间。自抛官后春多醉,不读书来老更闲。琴里知闻唯渌水,茶中故旧是蒙山。穷通行止长相伴,谁道吾今无往还。"[③]白居易描述的琴、茶、诗、酒这些超越世俗化生存状态的休闲方式,都具有审美活动的性质。因此,休闲活动又被称为审美休闲。休闲文化在中晚唐以来越来越受到重视,并直接影响到宋元以来休闲文化的繁荣发展。

休闲活动要成为审美活动,需要具备多方面的条件。在这些条件当中,闲适的超功利的心境最为关键。闲适心境是休闲者文化人格、审美

---

① [唐]杜牧:《江南春绝句》,《全唐诗》卷五二二。
② [唐]温庭筠:《忆江南》,《全唐诗》卷八九一。
③ [唐]白居易:《琴茶》,《白居易集》卷第二十五。

态度与生活情趣的综合体现,有了闲适的心境,才能在休闲活动时触发审美感兴,并在特定的休闲情境中生成愉悦(也包括其他形态)的审美体验。隋唐五代休闲文化既为中国美学的发展贡献出一些有价值的思想,又将平凡人生诗意化,将人的日常生活审美化,将休闲娱乐活动提升为审美活动,这些审美活动不只是指审美鉴赏活动,还包括审美创造活动。同时,探讨隋唐五代休闲文化与审美的关系还能为当代休闲文化建设提供富有美学价值的理论资源。

主要参考文献

《道藏》第4册、第5册、第11册、第13册、第14册、第16册、第18册、第20册、第21册、第22册、第23册、第24册、第28册，文物出版社、上海书店、天津古籍出版社，1988。

《云笈七签》，(宋)张君房编，李永晟点校，北京：中华书局，2003。

《老子想尔注校证》，饶宗颐著，上海：上海古籍出版社，1991。

《老子道德经河上公章句》，王卡点校，北京：中华书局，1993。

《太平经合校》，王明编，北京：中华书局，1997。

《无求备斋老子集成初编》，严灵峰辑，台北：台湾艺文馆，1965。

《大正藏》第八卷，高楠顺次郎等辑，东京：大正一切经刊行会，大正十三年(1924)。

《大正藏》第九卷、第十卷、第十二卷、第十四卷，高楠顺次郎等辑，东京：大正一切经刊行会，大正十四年(1925)。

《大正藏》第卅三卷、第卅八卷，高楠顺次郎等辑，东京：大正一切经刊行会，大正十五年(1926)。

《大正藏》第四十五卷，高楠顺次郎等辑，东京：大正一切经刊行会，昭和二年(1927)。

《大正藏》第四十八卷、第五十一卷，高楠顺次郎等辑，东京：大正一切经刊行会，昭和三年(1928)。

《大正藏》第八十五卷，高楠顺次郎等辑，东京：大正一切经刊行会，昭和七年(1932)。

《大乘起信论校释》，(梁)真谛译，高振农校释，北京：中华书局，1992年。

《古尊宿语录》，(南宋)赜藏主编集，萧萐父、吕有祥、蔡兆华点校，北京：中华书局，1994年。

《华严金师子章校释》，(唐)法藏著，方立天校释，北京：中华书局，1983年。

《六祖坛经》，(唐)慧能撰，杨曾文校写，北京：宗教文化出版社，2001年。

《神会和尚禅话录》，杨曾文编校，北京：中华书局，1996年。

《祖堂集》，(南唐)静、筠二禅师编撰，孙昌武等点校，北京：中华书局，2007年。

《宋高僧传》，(宋)赞宁撰，范祥雍点校，北京：中华书局，1987年。

《五灯会元》，(宋)普济著，苏渊雷点校，北京：中华书局，1984年。

《王弼集校释》，(魏)王弼撰，楼宇烈校释，北京：中华书局，1980年。

《隋书》，(唐)魏徵、令狐德棻撰，北京：中华书局，1973年。

《周书》，(唐)令狐德棻等撰，北京：中华书局，1971年。

《贞观政要》，(唐)吴兢编著，上海：上海古籍出版社，1978年。

《大唐新语》，(唐)刘肃撰，北京：中华书局，1985年。

《杜氏通典》，(唐)杜佑撰，嘉靖十八年西樵方献夫刊本。

《唐国史补》，(唐)李肇撰，《学津讨原》本。

《旧唐书》，(后晋)刘昫撰，北京：中华书局，1975年。

《旧五代史》，(宋)薛居正等撰，北京：中华书局，1976年。

《新唐书》，(宋)欧阳修、宋祁撰，北京：中华书局，1975年。

《新五代史》，(宋)欧阳修撰，(宋)徐无党注，北京：中华书局，1974年。

《十三经注疏》，(清)阮元校刻，北京：中华书局，1980年。

《庄子集释》，(清)郭庆藩撰，王孝鱼点校，北京：中华书局，1961年。

《虞秘监集》，(唐)虞世南撰，《丛书集成续编》第99册，上海：上海书店，1994年。

《张燕公集》，(唐)张说撰，上海：上海古籍出版社，1992年。

《杨炯集》，(唐)杨炯著，徐明霞点校，北京：中华书局，1980年。

《陈子昂集》，(唐)陈子昂撰，徐鹏校点，中华书局上海编辑所，1962年。

《杜诗详注》，(唐)杜甫著，(清)仇兆鳌注，北京：中华书局，1979年。

《杜诗镜铨》，(唐)杜甫著，(清)杨伦笺注，上海：上海古籍出版社，1980年。

《李太白全集》，(唐)李白著，(清)王琦注，北京：中华书局，1977年。

《孟浩然集校注》，(唐)孟浩然撰，徐鹏校注，北京：人民文学出版社，1989年。

《王右丞集笺注》，(唐)王维撰，(清)赵殿成笺注，上海：上海古籍出版社，1961年。

《河岳英灵集注》，(唐)殷璠撰，王克让校注，成都：巴蜀书社，2006年。

《白居易集》，(唐)白居易撰，顾学颉校点，北京：中华书局，1979年。

《刘禹锡集》，(唐)刘禹锡撰，卞孝萱校订，北京：中华书局，1990年。

《元稹集》，(唐)元稹撰，冀勤点校，北京：中华书局，1982年。

《新校元次山集》，(唐)元结撰，孙望编校，台北：世界书局，1984年。

《韩昌黎诗系年集释》，(唐)韩愈著，钱仲联集释，上海：上海古籍出版社，1984年。

《韩昌黎文集校注》，(唐)韩愈撰，马其昶校注，马茂元整理，上海：上海古籍出版社，1986年。

《颜鲁公集》，(唐)颜真卿撰，上海：上海古籍出版社，1992年。

《柳宗元集》，(唐)柳宗元撰，北京：中华书局，1979年。

《历代诗话》，(清)何文焕辑，北京：中华书局，1981年。

《历代诗话续编》，丁福保辑，北京：中华书局，1983年。

《毛诗指说》，(唐)成伯瑜撰，清同治十二年粤东书局《通志堂经解》重刊本。

《全唐诗》(增订本)，(清)彭定求等编，北京：中华书局，1999年。

《全唐文》，(清)董诰等编，北京：中华书局，1983年。

《诗式校注》，(唐)皎然著，李壮鹰校注，北京：人民文学出版社，2003年。

《诗品集解》，(唐)司空图著，郭绍虞集解，北京：人民文学出版社，1963年。

《隋唐嘉话》，(唐)刘𫗧撰，程毅中点校，北京：中华书局，1979年。

《苏轼诗集》，(宋)苏轼撰，(清)王文诰辑注，孔凡礼点校，北京：中华书局，1982年。

《苏轼文集》，(宋)苏轼撰，孔凡礼点校，北京：中华书局，1986年。

《文苑英华》，(宋)李昉等编，北京：中华书局，1966年。

《太平广记》，(宋)李昉等编，北京：中华书局，1961年。

《吟窗杂录》，(宋)陈应行编，王秀梅整理，北京：中华书局，1997年。

《唐才子传校笺》，(元)辛文房撰，傅璇琮主编，北京：中华书局，1990年。

《五代诗话》，(清)王士禛原编，郑方坤删补，戴鸿森校点，北京：人民文学出版社，1989年。

《唐诗别裁集》，(清)沈德潜编，北京：中华书局，1975年。

《闻一多全集》第6卷，闻一多著，武汉：湖北人民出版社，1993年。

《墨薮》，(唐)韦续纂，《丛书集成新编》第五二册，台北：新文丰出版公司，1986年。

《乐府杂录》，(唐)段安节撰，《丛书集成新编》第五三册，台北：新文丰出版公司，1985年。

《茶经》，(唐)陆羽撰，左氏《百川学海》第二十八册壬集中。

《琴诀》，(唐)薛易简著，(明)蒋可谦编，天津图书馆藏明万历十八年刻《琴书大全》本。

《啸旨》，(唐)撰人不详，《丛书集成新编》第五四册，台北：新文丰出版公司，1985年。

《洛阳名园记》，(宋)李廌记，王云五主编《丛书集成初编》第1508册，上海：上海商务印书馆，1936年。

《画禅室随笔》，(明)董其昌撰，康熙十七年天都汪氏刻本。

《珊瑚网》，(明)汪砢玉撰，文渊阁四库全书本。

《六艺之一录》，(清)倪涛撰，文渊阁四库全书本。

《佩文斋书画谱》,(清)孙岳颁等撰,上海:上海古籍出版社,1991年。

《历代书法论文选》,华东师范大学古籍整理研究室选编校点,上海:上海书画出版社,1979年。

《中国书画全书》第一册、第四册,卢辅圣主编,上海:上海书画出版社,1993年。

《饮冰室文集》第一册,梁启超,北京:中华书局,1988年。

《新唯识论》,熊十力著,北京:中华书局,1985年。

《十力语要》,熊十力著,北京:中华书局,1996年。

《空之探究》,印顺著,台北:正闻出版社,2000年。

《华严宗哲学》,方东美著,台北:黎明文化事业公司,1981年。

《宗白华全集》第2册、第3册,宗白华著,合肥:安徽教育出版社,1994年。

《元白诗笺证稿》,陈寅恪著,上海:上海古籍出版社,1978年。

《吕澂佛学论著选集》,吕澂著,济南:齐鲁书社,1987年。

《佛光大辞典》第5册,慈怡主编,高雄:佛光出版社,1989年。

《中国道教史》,任继愈主编,上海:上海人民出版社,1990年。

《中国道教史》第二卷,卿希泰主编,成都:四川人民出版社,1992年。

《傅抱石美术文集》,傅抱石著,上海:上海古籍出版社,2003年。

《从西方哲学到禅佛教》,傅伟勋著,北京:读书·生活·新知三联书店,1989年。

《隋唐佛教史稿》,汤用彤著,北京:中华书局,1982年。

《隋唐佛教》,方立天著,北京:中国人民大学出版社,2006年。

《唐五代禅宗史》,杨曾文著,北京:中国社会科学出版社,1999年。

《华夏美学》,李泽厚著,天津:天津社会科学院出版社,2001年。

《传统文化、哲学与美学》,刘纲纪著,桂林:广西师范大学出版社,1997年。

《中国美学史大纲》,叶朗著,上海:上海人民出版社,1985年。

《美在意象》,叶朗著,北京:北京大学出版社,2010年。

《中国美学名著导读》,朱良志著,北京:北京大学出版社,2004年。

《中国美学十五讲》,朱良志著,北京:北京大学出版社,2006年。

《佛法与诗境》,萧驰著,北京:中华书局,2005年。

《道教美学思想史研究》,潘显一等著,北京:商务印书馆,2010年。

《儒教与道教》,(德)马克斯·韦伯著,王如芬译,北京:商务印书馆,1999年。

《中国音乐美学史》,蔡仲德著,北京:人民音乐出版社,2004年。

Owen, Stphen. The End of Chinese Middle Ages: Essays in Mid-Tang Literary Culture (Stanford University Press, 1996).

Xiaoshan Yang, Metamorphosis of the Private Sphere: Gardens and Objects in Tang-Song Poetry (Cambridge, Massachusetts, Harvard University Asia Center, 2003).

索 引